100 Jahre Bunsen-Gesellschaft
1894 – 1994

Dem Andenken an

JOHANNES JAENICKE[1]

1888 – 1984

Mitglied der Bunsen-Gesellschaft 1922 – 1984

(Nr. 1798)

Mitglied des Ständigen Ausschusses

1953 – 1956 und 1960 – 1963

[1] H. Witte, Ber. Bunsenges. phys. Chem. 67 (1963) 138

Walther Jaenicke

100 Jahre Bunsen-Gesellschaft
1894 – 1994

Steinkopff Darmstadt

Herausgeber:
Deutsche Bunsen-Gesellschaft
für Physikalische Chemie e.V.
Geschäftsführer Dr. Heinz Behret
Carl-Bosch-Haus
Varrentrappstraße 40/42
60486 Frankfurt 90

Die Deutsche Bibliothek – CIP Einheitsaufnahme

Jaenicke, Walther:
100 Jahre Bunsen-Gesellschaft : 1894 – 1994 / Walther Jaenicke.
[Hrsg.: Deutsche Bunsen-Gesellschaft für Physikalische
Chemie e.V.]. – Darmstadt : Steinkopff, 1994
ISBN 3-7985-0979-4
NE: Deutsche Bunsen-Gesellschaft für Physikalische Chemie; Jaenicke,
Walther: Hundert Jahre Bunsen-Gesellschaft

Verlagsredaktion: Dr. Maria Magdalene Nabbe – Herstellung: Heinz J. Schäfer
Umschlaggestaltung: Erich Kirchner, Heidelberg

Printed in Germany

Satzherstellung: Typoservice, Alsbach
Druck und Weiterverarbeitung: Betz-Druck, Darmstadt
Gedruckt auf säurefreiem Papier

Inhalt

1. Teil
Die Zeit und der Verein

VI. Die zweiten 50 Jahre (1945 – 1994)

2. Teil

Die Repräsentanten der Deutschen Bunsen-Gesellschaft Kurzbiographien und Bilder

Anhang
Übersichten und Tabellen

1. Teil
Die Zeit und der Verein

1.1 Einleitung und Übersicht

Am 21. April 1894, nachmittags um 4 Uhr trafen sich im „Hotel Prinz Friedrich Wilhelm“ zu Kassel 26 würdige Herren, um im Namen von 65 Mitgliedern einen neuen Verein ins Leben zu rufen. Sie waren voller Optimismus und erwarteten sicher, daß er auf lange hinaus blühen und gedeihen würde, nicht anders als das Kaiserreich, in dem sie sich so wohl fühlten. Aber schon acht Jahre später gab es die „Deutsche Elektrochemische Gesellschaft“ nicht mehr, dem listigen Wilhelm Ostwald war es gelungen, ihr eine veränderte Zielrichtung und den Namen „Deutsche Bunsen-Gesellschaft für angewandte physikalische Chemie“ zu verpassen. In dieser Form überstand sie immerhin Kaiser und Reich. 1945 bis 1948 verbrachte sie in einem Dämmerzustand; als sie sich wieder erhob, verschwand endgültig das längst nicht mehr zutreffende und offiziell schon früher abgelegte „angewandte“ aus dem Namen und so, kurz „Bunsen-Gesellschaft“ genannt, gedenkt sie ihr 100jähriges Jubiläum zu feiern.

Eine Geschichte der Gesellschaft zu schreiben hatte bereits zu ihrem 25. Geburtstag ihr langjähriger Geschäftsführer Julius Wagner, Professor an Wilhelm Ostwalds Leipziger Institut, versprochen[1]. Sie wäre sicher mit der ihm eigenen Gewissenhaftigkeit und aus persönlicher Kenntnis all ihrer berühmten Mitglieder verfaßt worden, aber Krankheit hat ihn daran gehindert, und auch in seinem Nachlaß hat sich nichts vorgefunden.

Einen erneuten Beschluß zu einer Chronik gab es 1928, als das 40. Lebensjahr des Vereins nahte[2], aber auch dieser blieb folgenlos. Selbst eine Geschichte der Geschäftsstelle, verfaßt von der treuen Sekretärin, ist unzugänglich, denn sie wurde in den Grundstein des Carl Bosch-Hauses in Frankfurt eingemauert[3].

Die einzige bisherige Publikation ist eine kleine Schrift von wenigen Seiten[3a], in der H. Witte eine Übersicht über „Die Entwicklung der physikalischen Chemie in Deutschland und die Deutsche Bunsen-Gesellschaft“ gegeben hat.

Heute, nach 100 Jahren, dem Verlust vieler Unterlagen und dem Tode der Zeugen aus der Gründerzeit gehörte die ahnungslose Unbekümmertheit des Amateurs dazu, den Auftrag einer „repräsentativen“ Geschichte (Kap. 1.45) zu übernehmen, und die allzu späte Erkenntnis seiner Tücken, ihn nicht rechtzeitig wieder zurückzugeben. So blieb nichts übrig, als das Vorhandene durchzuseihen und das Genießbare

---

1 Z. Elektrochem. 30 (1924) 349

2 Brief Wilhelm Bachmann (Geschäftsführer der Bunsen-Gesellschaft) an Wilhelm Ostwald, 27. 4. 1928. Sitzung des Ständigen Ausschusses der Bunsen-Gesellschaft vom 17. 5. 1928.

3 Brief F. Vorländer an G. M. Schwab, 27. 6. 1957.

3a Deutsche Bunsen-Gesellschaft 1981, 8 S.

ein wenig garniert auf den Tisch zu bringen. Jedenfalls darf niemand etwas Tiefgründiges und Umfassendes wie „100 Jahre Physikalische Chemie in Deutschland" erwarten – ein solches Vorhaben ist heute nur noch als Sammelwerk vieler Autoren vorstellbar[4], wobei seinem Herausgeber schon die Frage Schwierigkeiten machen würde, wie physikalische Chemie abzugrenzen sei.

Der Leser wird sich zuweilen durch längere Exkurse aufgehalten sehen, die scheinbar wenig mit der Bunsen-Gesellschaft zu tun haben. Sie sind in der Hoffnung geschrieben, interessanter zu sein als das, was der Verein zur gleichen Zeit sonst zu bieten hatte, und ein Zusammenhang mit ihm oder wichtigen Repräsentanten ist garantiert.

Teil 1 schildert die Wandlungen der Zeit und die des Vereins in ihr. In einem ersten Abschnitt wird zunächst das kurze Leben der Elektrochemischen Gesellschaft beschrieben. Dazu gehört insbesondere ein Blick auf die technischen, wirtschaftlichen und wissenschaftlichen Voraussetzungen, die ihr rasch einen beträchtlichen Zulauf gebracht haben. Die Phase der Vorarbeit und die Gründung selbst sind gut dokumentiert und können daher recht ausführlich dargestellt werden. Die Kindheit pflegt ja im Rückblick immer am schönsten zu sein. Es folgen die Aktivitäten der ersten Jahre, während derer sich allmählich der Wandel in der Zielsetzung abzeichnete.

Im zweiten Abschnitt wird auf die physikalische Chemie seit den 80er Jahren des vorigen Jahrhunderts eingegangen. Es zeigt sich, daß der Name dieses Wissenszweiges weniger eine Fachbezeichnung als ein Programm bedeutete, um sich innerhalb der damaligen Chemie zu behaupten. Bunsen war dazu ein guter Schutzpatron.

Der dritte Abschnitt ist der Geschichte der Gesellschaft vom Wechsel ihres Namens bis zum Ende des Kaiserreichs gewidmet, der vierte und fünfte beschreibt die Zeiten der Weimarer Republik und des Nationalsozialismus.

Der geschichtliche Teil schließt mit der stetigen und wenig aufregenden Entwicklung von der Wiedergründung 1948 bis zur Gegenwart. Mit ihrer ständigen Folge von Vorsitzenden und Tagungen wird diese Periode nur kursorisch abgehandelt, zumal mit der Annäherung an die Gegenwart eine wachsende Zahl von Lebenden sich getroffen fühlen könnte.

Der zweite Teil ist den Repräsentanten der Bunsen-Gesellschaft gewidmet. Hier werden in Bild und Kurzbiographie in zeitlicher Reihenfolge die ersten Vorsitzenden, die Ehrenmitglieder, die Träger der Bunsen- und der Nernst-Denkmünze und schließlich die durch Nernst-, Haber- und Bodensteinpreise geehrten jüngeren Wissenschaftler vorgestellt. Dazu kommt eine tabellarische Übersicht über die Schatzmeister, die Geschäftsführer und die Redakteure der Zeitschrift.

Ein dritter Teil bringt als Anhang Tabellen über die Tagungen, die Entwicklung der Mitgliederzahlen und der Zeitschrift sowie Angaben über sonstige Veröffentlichungen der Gesellschaft.

Zitierte Briefe und Dokumente ohne Quellenangabe stammen aus dem Archiv der Bunsen-Gesellschaft.

---

4 Für die ersten 45 Jahre hat Wilhelm Jost in Annu. Rev. Phys. Chem. 17 (1966) 1 noch als einzelner wenigstens eine ganz kurze Übersicht versucht.

I. Die Elektrochemie und die Deutsche Elektrochemische Gesellschaft

1.2 Die gemeinschaftlichen Interessen der deutschen elektrotechnischen und chemischen Industrie zwischen 1870 und 1890

Der Wirtschaftsaufschwung von der Mitte der sechziger Jahre bis kurz nach der Reichsgründung 1871 war besonders dem Eisenbahnbau und seiner Zubringerindustrie zu verdanken[5]. Spekulation führte zu Überkapazitäten und der scharfen Depression der Gründerjahre – Grund genug für Bismarck, die Freihandelspolitik aufzugeben und zu Schutzzöllen zurückzukehren. Dies gefiel Landwirtschaft und Schwerindustrie, half aber wenig der auf Export angewiesenen chemischen und Leichtindustrie, die gerade in dem vergangenen Jahrzehnt einen gewaltigen Aufschwung genommen hatte. Es war die Entstehungszeit der großen noch heute bestehenden chemischen Werke, jetzt unter den Namen BASF, Bayer, Hoechst, Cassella, Agfa etc. bekannt, die sich 1925 unter dem Namen IG-Farbenindustrie AG zusammenschließen sollten und bereits damals mit ihren synthetischen Farben den Weltmarkt zu beherrschen begannen.

Etwa zur gleichen Zeit entstand eine bedeutsame elektrotechnische Industrie. Die Entdeckung des dynamoelektrischen Prinzips durch Werner Siemens (1867) hatte Starkstrom verfügbar gemacht, Elektromotoren und elektrische Beleuchtung wurden technisch interessant, Firmen wie Siemens und später die AEG wurden Großunternehmen, wobei letztere dank der Weitsicht ihres Gründers Emil Rathenau besonders durch den Ausbau der Elektrizitätsversorgung zeitweilig an die Spitze gelangte. Dies ließ ihn Anfang der neunziger Jahre sogar das Wagnis eingehen, mit der Gründung der elektrochemischen Werke Rheinfelden und Bitterfeld unter der Leitung seines Sohnes Walther Elektrotechnik und Chemie im gleichen Konzern zu verknüpfen[6]. Das erwartete Ergebnis stellte sich jedoch nicht ein, und so wurde das Werk in Bitterfeld an die Konkurrenzfirma Griesheim Elektron verkauft.

Die Depression der siebziger Jahre hatte eine Konzentration der Firmen zur Folge, man griff zu Kartellen und Absprachen, um der Überproduktion beizukommen. Auch als sich die Bedingungen wieder verbesserten, blieb es dabei – schon damals war die Marktwirtschaft eher eine Sache erbaulicher Reden als praktischer Taten.

In der chemischen Industrie begannen weitschauende Unternehmen mit vertikaler Produktion von Grundstoffen bis zu hochwertigen Verkaufsartikeln. Vor allem entstanden firmeneigene Laboratorien, die durch neue oder abgewandelte Produkte

5 Vgl. H.-U. Wehler, das deutsche Kaiserreich, Göttingen 1975, S. 26.

6 U. Mader, Emil Rathenau und die elektrochemischen Werke, Jb. f. Wirtschaftsgesch. 1990/4, S. 191; U. Mader, Walther Rathenau und die Elektrochemischen Werke im Wirkungsfeld der AEG, Jb. f. Wirtschaftsgesch. 1991/3, S. 159.

und Verfahren rasch auf wirtschaftliche Änderungen reagieren sollten. Schon damals wurde als entscheidende Aufgabe erkannt, wenn auch noch keineswegs erreicht, Verfahren so auszuwählen und zu kombinieren, daß alle entstehenden Produkte, also Stoffe und Wärme, möglichst vollständig weiter umgesetzt werden konnten[7].

Nicht weniger wichtig als die innere Stärkung der Firmen und Konzerne war ihre Vertretung nach außen gegenüber dem neu gegründeten Reich. Im Höhepunkt der Krise entstand 1877 der „Verein zur Wahrung der Interessen der Chemischen Industrie Deutschlands“, der wie viele andere konkurrierende Verbände eifrig hinter den Kulissen wirkte, um die wenig durch parlamentarische Gremien gestörten Politiker und Ministerialbürokraten im Sinne der guten Sache zu bearbeiten.

Neben Zoll- und Tariffragen interessierte besonders das Patentrecht. Hatte vor der Reichsgründung das Fehlen eines wirksamen Patentschutzes die zurückgebliebene deutsche Industrie gegenüber dem Ausland, vor allem England, begünstigt, so erwies sich nach ihrem Erstarken das 1877 beschlossene und 1891 neu gefaßte deutsche Patentgesetz als äußerst wirksam – nicht umsonst hatte die Lobby der chemischen Industrie ihre Hand dabei im Spiel, sollte doch *diese Gesetzgebung als Ziel und Inhalt in erster Linie die Förderung der Industrie und nicht das einseitige Erfinderrecht im Auge haben und letzteres nur insoweit schützen, … als es nöthig ist, um den Fortschritt lebendig zu erhalten und die neuen Ideen der heimischen Industrie vorzugsweise, oder doch gleichzeitig mit der anderer Länder zuzuführen*[8]. Da prinzipiell keine Stoffe, sondern nur Verfahren patentiert werden konnten, war der Anreiz groß, ständig nach neuen, verbesserten Herstellungsmethoden zu suchen. In den USA gab es dagegen Patentschutz für Stoffe, was wiederum der deutschen chemischen Industrie half, ihren Vorsprung zu wahren, wo sie an der Spitze lag.

Das Paradebeispiel für einen Prozeß, in dem der Zwang zu einem neuen Verfahren die Interessen von Elektrotechnik und chemischer Industrie verknüpfte, bietet die Fabrikation von Soda und den damit zusammenhängenden Produkten. Als sich das neue, wirtschaftlich günstige Solvay-Verfahren immer größere Marktanteile eroberte, standen die noch nach Leblanc arbeitenden Firmen vor dem Ruin, wenn es ihnen nicht gelang, ein neues Verfahren zu finden. Etwa ab 1890 löste die Chloralkali-Elektrolyse das Problem, rief neue Industrien für die Verwendung von Chlor und Wasserstoff ins Leben und verschaffte der elektrotechnischen Industrie gleichzeitig einen Stromkunden, der alle damaligen Verbraucher übertraf.

Da das Problem des Transports und der Verteilung elektrischer Energie noch nicht gelöst war, entstanden neue Werke zur Chloralkali-Elektrolyse in unmittelbarer Nachbarschaft von Flüssen, an denen Wasserkraft verfügbar war, oder in Gebieten mit billiger Kohle, z.B. im mitteldeutschen oder rheinischen Braunkohlenrevier. Später erwies es sich als glücklicher Zufall, daß auch die großen Salzlagerstätten in der Nähe lagen.

---

7 Vgl. O.N. Witt in: Die Kultur der Gegenwart (Hrsg. P. Hinneberg) 3. Teil, Bd. 2: Chemie, Leipzig 1913, Kap. 8.

8 Ber. Dtsch. Chem. Ges. 7 (1874) 837. Zitiert in W. Ruske, 100 Jahre Deutsche Chemische Gesellschaft, Weinheim 1967, S. 67.

Die Chloralkali-Elektrolyse ist typisch für die Verwendung von Strom als chemischem Reagens. Dies gilt ebenso für die Metallabscheidung aus Lösungen und Schmelzen, die gleichfalls in diesen Jahren technisches Interesse gewann, jedoch erst nach der Jahrhundertwende wirtschaftlich bedeutsam wurde.

Die Nutzung der Elektrizität als Quelle thermischer Energie begann zur gleichen Zeit. Mit Hilfe von Generatoren konnte man nun in elektrischen Öfen höchste Temperaturen in vorgegebener Atmosphäre wirtschaftlich erzeugen, und bald gab es Elektrostahl (1879), Calciumcarbid und Acetylen (1892), Ferrosilicium und zahlreiche andere Legierungen.

Für diese Symbiose von Elektrotechnik und Chemischer Industrie war das Wort „Elektrochemie“ wie geschaffen. Es hörte sich gut an und eignete sich vortrefflich, die gemeinsamen wirtschaftlichen Interessen und die damit verbundenen Forderungen an den Staat zu formulieren. Eine genauere Analyse des Begriffs war dafür nicht notwendig, sie hätte eher Schwierigkeiten geschaffen.

Obwohl Physik und Chemie bereits die Grundlagen zur Verfügung gestellt hatten, wobei in der Elektrotechnik seit Maxwell (1864) sogar die gesamte Theorie bekannt war, fällt doch auf, daß damals die Technik häufig eher da war als die Wissenschaft. Es gab zwar ein vages Verständnis für die Elektrolyse, zahlreiche Reaktionen waren publiziert, man muß aber berücksichtigen, daß Arrhenius die Ionentheorie erst 1887 aufstellte, Nernst die Theorie der galvanischen Ketten nach den Vorarbeiten von Helmholtz (1878 – 82) erst 1889 formulierte. So wundert es nicht, daß das grundlegende Patent der Chloralkali-Elektrolyse[9], bei dem versucht wurde, die Abscheidung von Wasserstoff zu verhindern, sich bei praktischer Anwendung als absurd erwies und die Lösung, die in der Firma Griesheim-Elektron schließlich entstand, noch jahrelang geheimgehalten werden konnte.

1.3 Elektrochemie an den Hochschulen bis zur Gründung der Deutschen Elektrochemischen Gesellschaft

Elektrochemie als Fachbezeichnung gab es vor Gründung der Deutschen Elektrochemischen Gesellschaft nur an Technischen Hochschulen. Auf Anregung des Chemikers W. v. Miller[10] errichtete die TH München das erste Institut dieses Namens 1886, also noch vor dem Laboratorium für Elektrotechnik (1887)[11]. Gleichzeitig entstand auch in Aachen ein Laboratorium für Elektrochemie mit dem Extraordinarius A. Classen als Leiter (1885).

Andere Hochschulen hatten wenigstens Vorlesungen in ihrem Studienprogramm, die z.T. von Elektrotechnikern angeboten wurden. So las W. Dietrich an der

9 DRP 30 222 (1884), Erfinder C. Hoepfner. Siehe: Dokumente aus Hoechster Archiven, Heft 34, ferner: Z. Elektrochem. 7 (1901) 415.

10 Z. Elektrochem. 4 (1897 – 98) 74.

11 M. Rasch, Ber. Wissenschaftsgesch. 11 (1988) 429.

TH Stuttgart 1886: Elemente, Akkumulatoren, spezielle Elektrotechnik für Chemiker, an der TH Dresden gab es 1884, in Darmstadt 1889 eine Vorlesung „Elektrochemie mit besonderer Berücksichtigung der Galvanoplastik und Elektrometallurgie". Sie waren Angebote des Vertreters der Chemischen Technologie. Um dies auch offiziell zu dokumentieren, beantragte die TH Darmstadt 1894, den bisherigen Lehrstuhl für chemische Technologie in einen solchen für Chemische Technologie und Elektrochemie umzuwandeln[12].

Diese wenigen und meist auf keinem hohen Niveau stehenden Aktivitäten schrien danach, dem Fach, das industriell immerhin bereits einige Bedeutung hatte, ein stärkeres Gewicht einzuräumen. So bemühte man sich damals noch an mehreren Hochschulen, die Landesregierungen für die Elektrochemie zu interessieren.

An den Universitäten gab es bereits seit langem Forscher, die sich mit elektrochemischen Fragen beschäftigten. Sie waren oft bedeutender als ihre Kollegen an den Technischen Hochschulen, es waren jedoch Lehrstuhlinhaber der Physik wie F. Kohlrausch und H. v. Helmholtz, oder der Physik und Chemie wie W. Hittorf. Eine Sonderstellung nahm Wilhelm Ostwald ein, der seit 1887 den 2. Lehrstuhl für Chemie in Leipzig innehatte und dort bald eine lebhafte Agitation für die jüngst von Arrhenius aufgestellte Ionentheorie beginnen sollte (vgl. Kap. 1.17).

1.4 Vereine und Zeitschriften

Es wäre ein Wunder gewesen, wenn sich in Deutschland, dem klassischen Land der Vereinsmeierei, beim Aufblühen eines Spezialgebiets nicht bald die Fachleute gesellig, wissenschaftlich, aber auch zur Förderung ihrer Standesinteressen zusammengefunden hätten. Aus naheliegenden Gründen gab es zuerst meist örtliche Vereine, die jedoch zuweilen schon mit größeren Ambitionen auftraten.

Bei den Chemikern war dies vor allem die Deutsche Chemische Gesellschaft zu Berlin, die unter diesem Namen nationalen Anspruchs bereits 1867, also vor dem Deutschen Reich, gegründet wurde. Eröffnet hatte die Gründungsversammlung der Professor für Organische Chemie an der Kgl. Gewerbeakademie Adolf Baeyer; ihr erster und später noch vielfacher Präsident und für 25 Jahre ihr einflußreichstes Mitglied wurde A. W. v. Hofmann, der zuvor lange Zeit in London gewirkt hatte und bereits Präsident der Chemical Society gewesen war. Neun Jahre später, als Nicht-Berliner bereits den größten Teil ihrer Mitglieder ausmachten, strich die Gesellschaft den Zusatz „zu Berlin" aus ihrem Namen und empfand sich seither mit ihrer Zeitschrift „Berichte der Deutschen Chemischen Gesellschaft" als Repräsentant der Chemiker Deutschlands, zumal sie von Anfang an Wissenschaftler, Industriechemiker und Unternehmer in ihren Reihen vereinte.

Nicht alle waren jedoch mit diesem Anspruch einverstanden, immer neue Gruppen und Grüppchen fanden sich zusammen, die ihr ganz besonderes Anliegen nicht

12 Z. Elektrochem. 2 (1895 – 96) 449.

genügend vertreten fanden. Bald gab es Vereine der analytischen (1877) und der Färbereichemiker, später der Lederindustriechemiker (1896), der selbständigen öffentlichen Chemiker (1897), der Nahrungsmittelchemiker (1902), der Zellstoff- und Papierchemiker (1905) und manche andere – die Deutsche Elektrochemische, spätere Bunsen-Gesellschaft ist nur ein weiteres Beispiel hierfür. Die besonderen Gründe für ihr Entstehen werden sich zeigen.

Die an öffentlichem Einfluß wichtigste und an Mitgliedern bald größere Konkurrenzgründung zur Deutschen Chemischen Gesellschaft sollte der Verein Deutscher Chemiker werden. Ursprünglich mit der Betonung auf Belange der technischen Chemie gegründet, übernahm er später insbesondere Aufgaben der Standesvertretung. Seine Entstehungsgeschichte weist viele Parallelen zu der der Bunsen-Gesellschaft auf, so daß es sich lohnt, darauf kurz einzugehen.

Die treibende Kraft war der Chemie-Ingenieur und Professor Ferdinand Fischer, ein Mitglied des Vereins deutscher Ingenieure (VDI). Ihm gelang es, den seit zehn Jahren bestehenden Verein analytischer Chemiker für seine Zwecke umzufunktionieren, indem er im Jahr 1887 die von gerade 12 Mitgliedern besuchte Generalversammlung dazu brachte, sich in „Deutsche Gesellschaft für angewandte Chemie" umzubenennen[13]. Dahinter darf man wohl auch das Interesse vermuten, der von ihm kurz zuvor gegründeten „Zeitschrift für die chemische Industrie" eine Vereinsbasis zu schaffen. Sie erhielt den Namen „Zeitschrift für angewandte Chemie" und behielt ihn auch bei, nachdem die Gesellschaft 1896 auf Antrag von Carl Duisberg den Namen „Verein Deutscher Chemiker" (VDCh) erhielt. Eine rege Versammlungstätigkeit, die Gründung von Ortsvereinen, einflußreiche Vorsitzende aus Industrie und Wissenschaft, dazu eine ausgezeichnete Redaktion der Zeitschrift verhalfen dem Verein schon 1895 zu 1100, 1912 bereits zu 4700 Mitgliedern (im gleichen Jahr besaß die DChG 3360, die Bunsen-Gesellschaft nur 750).

Als besonders zukunftsträchtig, wenn auch zunächst noch nicht sehr erfolgreich, erwies sich die Bildung von Fachgruppen, in denen sich die Vertreter von Sonderinteressen tummeln konnten, aber nach Möglichkeit davor bewahrt werden sollten, weitere Vereine zu gründen. Es bedarf schon einer näheren Untersuchung, wie es kam, daß weder die Deutsche Elektrochemische Gesellschaft damals noch die Bunsen-Gesellschaft bis heute unter die Fittiche des Vereins Deutscher Chemiker gefunden hat, der jetzt mit der Deutschen Chemischen Gesellschaft unter dem Namen „Gesellschaft Deutscher Chemiker" (GDCh) vereinigt ist und eine ständig wachsende Zahl von Fachgruppen anbietet (vgl. Kap 1.46).

13 Näheres bei B. Rassow, Geschichte des Vereins Deutscher Chemiker 1887 – 1912, Leipzig 1912.

1.5 Die Gründungsväter der Deutschen Elektrochemischen Gesellschaft und der Zeitschrift für Elektrotechnik und Elektrochemie

Den Anstoß zur Gründung der elektrochemischen Gesellschaft hat der Elektrotechniker Arthur Wilke[14] (13. 1. 1853, Cottbus – 6. 1. 1913, Berlin) gegeben, der als Mediziner begann, aber ohne das Studium abzuschließen in die USA ging, wo er sich zum Ingenieur ausbildete. Nach der Rückkehr arbeitete er in einigen Firmen, u.a. bei Siemens und Halske, bis er sich ausschließlich einer Tätigkeit als Buchautor und Redakteur zuwandte. Seit 1895 in Berlin, ist er in dortigen Adreßbüchern zunächst als Techniker, später als Ingenieur, als Oberingenieur, seit 1909 als Oberingenieur und Chefredakteur nachzuweisen. Dies scheint sich auf die redaktionelle Leitung eines „Elektrotechnischen Anzeigers" zu beziehen, der besonders für Fachschulangehörige gedacht war. Von seinen Büchern ist „Die Elektrizität, ihre Erzeugung und Anwendung" in vielen Auflagen bis 1929 erschienen[15]. Daß er auch Verbindungen zur AEG, also wohl auch zu Emil Rathenau, hatte, zeigt eine gut informierte Schrift über die Berliner Elektrizitätswerke[16]. Weiterhin schrieb er ein Vademecum für Elektrotechnik sowie ein Elektrotechnisches Wörterbuch und hat auch eine Stipendienstiftung zum Besuch von Ingenieurschulen ins Leben gerufen, die nach Max Günther, dem Verleger einiger seiner Bücher, benannt wurde[17].

Dieser Biographie ist nicht leicht zu entnehmen, was ihn zu einem so großen Engagement für die Elektrochemie veranlaßte. Eitelkeit kann es kaum gewesen sein, denn er hat immer vorgezogen, im Hintergrund zu bleiben und akademisch gebildeten Mitstreitern den Vortritt zu lassen. Zu ihnen sollte auch Wilhelm Ostwald gehören, der sich in seiner Selbstbiographie[18] ein wenig zu sehr im Mittelpunkt sieht. Als Wilke starb, erinnerte der damalige Vorsitzende des Vereins, Max Le Blanc, noch einmal dankbar an ihn, der sich bei der Namensänderung der Gesellschaft still zurückgezogen hatte, und meinte, *„er war ein Mann mit ausgesprochenen Idealen, aber es war ihm nicht vergönnt, sich durchzusetzen*[19]."

Wilkes erste Mitstreiter waren Wilhelm Borchers und Friedrich Vogel.

Borchers (6. 10. 1856, Goslar – 6. 1. 1925, Goslar) hat in seinen späteren Jahren eine bedeutende Karriere gemacht[20]. Als Betriebsleiter der metallurgischen Abteilung von Riedel de Haen schrieb er ein Buch „Elektrometallurgie", mit dem er einen

---

14 Die Quellenlage zu dieser geheimnisvollen Person ist sehr dürftig. Ein kurzer Nachruf in: Z. Elektrochem 20 (1914) 88; siehe auch Z. Elektrochem. 8 (1902) 471; 20 (1914) 356.

15 Besprechung z.B. Z. Elektrochem. 20 (1914) 197.

16 A. Wilke, Die Berliner Elektrizitätswerke, eine Beschreibung ihrer Entwicklung und Einrichtung, Berlin 1890.

17 Heinr. Voigt, Nachdenkliches und Heiteres aus den ersten Jahrzehnten der Elektrotechnik, Leipzig 1925, S. 5.

18 W. Ostwald, Lebenslinien Bd. 2, Berlin 1927, S. 234.

19 Z. Elektrochem. 20 (1914) 356.

20 Nachruf: F. Wüst, Stahl und Eisen, 45 (1925) 287. – H. H. Klinkenberg (Hrsg) Die RWTH Aachen 1870 – 1970, Stuttgart 1970, S. 237.

Wilhelm Borchers

Arthur Wilke

solchen Erfolg hatte, daß er sich zu einer Hochschullaufbahn entschloß. Er begann sie mit einem Zweitstudium des Hüttenwesens und Maschinenbaus in Clausthal, ging 1892 als Lehrer an die Kgl. Maschinenbau- und Hüttenschule zu Duisburg, von wo ihn 1897 die TH Aachen als Extraordinarius für Metallhüttenkunde und Elektrometallurgie berief. Kurze Zeit darauf zum Ordinarius ernannt, baute er ein neues Institut für sein Fach, das später mit dem für Eisenhüttenkunde unter F. Wüst vereinigt wurde. Seine Forschungen waren vor allem der Verhüttung schwer verwertbarer Erze und der Herstellung säurefester Legierungen gewidmet. Einflußreich war er auch als Autor umfangreicher Monographien und als Redakteur der Zeitschrift für das gesamte Hüttenwesen. Während seiner fünfjährigen Amtszeit als Rektor (1904 – 1909) wurde die physikalische Chemie an der TH als Lehrstuhl etabliert. Seine Rektoratsrede 1904 preist sie als *die* Chemie des Hüttenmannes[21].

Friedrich Vogel (5. 10. 1856, Salzbrunn (Schlesien) – 28. 8. 1907, Berlin) war nach seiner Promotion als Lehrer tätig, bis er eine Stelle bei den Siemens-Schuckert-Werken in Nürnberg fand. 1887 erhielt er einen Lehrauftrag an der TH Braunschweig, trat 1890 in das Patentamt in Berlin ein und habilitierte sich an der TH, wo er als Privatdozent bis zu seinem Tode Elektrotechnik und Elektrochemie lehrte[22] und als eifriger Autor hervortrat[23].

21 Z. Elektrochem. 10 (1904) 128.

22 Nachrufe: Chronik der Kgl. TH zu Berlin, Programm für das Studienjahr 1908 – 1909, S. 151, Glasers Annalen für Gewerbe und Bauwesen 61 (1907) 227.

23 z.B. F. Vogel, Theorie elektrolytischer Vorgänge, Halle 1895.

Wilke scheint Borchers und Vogel durch seine literarischen Interessen kennengelernt zu haben. Alle waren Autoren des Verlegers Wilhelm Knapp in Halle; bei ihm sollte auch die für 1894 geplante „Zeitschrift für Elektrotechnik und Elektrochemie" erscheinen, für die Wilke den elektrotechnischen, Borchers den elektrochemischen Teil zu übernehmen gedachte.

So gebührt Wilhelm Knapp (2. 5. 1840, Halle – 24. 11. 1908, Halle) zweifellos ein weiterer Ehrenplatz unter den Vätern des Vereins. Er hatte den theologischen Verlag seines früh verstorbenen Vaters übernommen, ihn 1877 verkauft und sich weltlicheren Interessen zugewandt. 1881 gründete er eine neue Verlagsbuchhandlung unter seinem Namen, in der er besonders photographische Literatur, aber auch zahlreiche technische Bücher und eine Reihe von Zeitschriften herausbrachte. Sein Briefwechsel mit Wilhelm Ostwald[24] und seine späteren Verhandlungen mit den Vertretern der Elektrochemischen Gesellschaft zeigen ihn als einen aus der Reihe fallenden Vertreter seiner Zunft[25]. Er hat 20 Jahre lang immer wieder Verluste der Zeitschrift mitgetragen.

Den Gründern lag der Hintergedanke einer Symbiose von Verein und Vereinsblatt wahrscheinlich nicht fern, ähnlich wie beim Verein Deutscher Chemiker mit der Zeitschrift für angewandte Chemie. Nur fehlte hier noch der Verein – Grund genug, für ihn so schnell wie möglich zu sorgen.

1.6 Die Industrie wird eingespannt

Wilke begann sehr umsichtig mit verdeckten Karten, indem er zunächst für ein anderes Ziel warb. So konnte er die Reaktion testen und sich gleichzeitig bekannt machen. Er besuchte Hochschullehrer und Industrielle und schrieb an größere chemische Werke, um sie *„für eine zunächst in kleineren elektrotechnischen Kreisen begonnene Agitation zur Errichtung von Lehrstühlen und Laboratorien für Elektrochemie an unseren techn. Hochschulen zu interessieren"*, wie es mit Datum vom 27. 1. 1894 in einem dieser Briefe[26] heißt. Er brauche angesichts des Mangels an wissenschaftlich ausgebildeten Elektrochemikern die Notwendigkeit nicht darzulegen, füge aber hinzu, daß er mit den Herren Prof. Dr. Ostwald und Dr. Langbein (Direktor der Langbein-Pfanhauser-Werke) in Leipzig gesprochen habe, welche, wie auch Prof. Dr. Vogel in Berlin, die Aktualität der Frage anerkennten. Solle die Agitation Erfolg haben, müsse vor allem die wirtschaftliche Bedeutung dargetan werden, wozu es der Mitwirkung der Großindustrie bedürfe. Wilke regt dann einen Ausschuß aus Industrievertetern und Hochschullehrern an, der eine Denkschrift zur Eingabe an Ministerien und den Bundesrat ausarbeiten und sie den chemischen und elektro-

24 Briefwechsel Knapp – Ostwald 1894 – 1897 im Ostwald-Archiv der Akademie der Wissenschaften (AdW), Berlin.

25 vgl. Z. Elektrochem. 15 (1909) 780. – Börsenblatt d. dtschen Buchhandels 1908, Nr. 275, S. 13659 (26. 11. 1908).

26 Bayer-Archiv.

technischen Vereinen zur Unterschrift vorlegen solle, woran sich eine Agitation in der Fachpresse anschließen würde.

Die Farbenfabriken antworten umgehend am 3. 2. 94[27], sie hielten die Errichtung von Lehrstühlen und Laboratorien für Elektrochemie an Technischen Hochschulen für dringend notwendig und seien bereit mitzuwirken, hielten es jedoch für das Richtigste, wenn der Verein zur Wahrung der chemischen Interessen Deutschlands (sic!) die Angelegenheit in die Hand nähme. *„Unser Herr Director Böttinger wird als Mitglied des Abgeordnetenhauses gern Veranlassung nehmen, die Angelegenheit zur Sprache zu bringen und werden wir auch in dem obigen Verein einen diesbezüglichen Antrag stellen“.*

Hätte Wilke sich lediglich in den Vordergrund spielen wollen, konnte er dies nur als höfliche Distanzierung betrachten, aber er hatte andere Ziele und in diesem Sinn war der Brief sehr erfolgreich, fanden sich doch unter den ersten 20 Mitgliedern der Elektrochemischen Gesellschaft wenige Wochen später die drei Direktoren der Farbenfabriken vorm. Bayer & Co, Elberfeld (heute Bayer AG, Leverkusen): Friedrich Bayer, Henry Böttinger und Carl Duisberg.

1.7 Vorbereitungen zur Gründung der Deutschen Elektrochemischen Gesellschaft

Dank der Sorgfalt Arthur Wilkes und der glücklichen Erhaltung der Akte sind wir über kein Ereignis des Vereins so gut unterrichtet wie über die Vorbereitungen zu seiner Gründung und die konstituierende Versammlung 1894[28].

Für diesen Anlaß hat Wilke am 12. 4. 1894 ein Exposé verfaßt, das die Gründe für seine Initiative in seiner besonderen Vorstellung von Elektrochemie verstehen läßt und die Pläne für ihre Verwirklichung beschreibt:

„In Erwägung, daß die gewerbliche Anwendung der Elektrochemie in den letzten Jahren einen überraschenden Aufschwung gewonnen hat, daß nach Überwindung eines kostspieligen und an Mißerfolgen nicht armen Stadiums der Versuche die Elektrochemische Industrie sich zu einem gewinnbringenden und entwicklungsfähigen Gewerbezweige zu entwickeln beginnt, ferner in Erwägung, daß die industrielle Machtstellung Deutschlands auf dem Gebiete der chemischen wie der elektrochemischen Industrie durch die Förderung der sich entfaltenden Elektrochemie nach Möglichkeit zu wahren und zu vermehren ist, haben sich die drei Herren Dr. Borchers in Duisburg, Prof. Dr. Vogel in Berlin und Arthur Wilke durch persönliche Besprechungen und durch Briefwechsel zu dem Unternehmen geeinigt, eine „Deutsche Elektrochemische Gesellschaft“ ins Leben zu rufen, deren Aufgabe es sein solle, die Ergebnisse der wissenschaftlichen Forschung durch Überleitung auf die Technik für die Industrie nutzbar zu machen und umgekehrt der Wissenschaft durch ihre Verbindung mit der

27 Bayer-Archiv.
28 Archiv der Bunsen-Gesellschaft.

Technik neue Anregungen zuzuführen; ferner die Technik der Elektrochemie zu fördern, gegebenenfalls auch auf die wirtschaftlichen Verhältnisse der elektrochemischen Industrie vorteilhaft einzuwirken und endlich eine Verbindung der deutschen Elektrochemiker in persönlicher Beziehung herbeizuführen.

Wenngleich somit das Unternehmen einen wesentlich nationalen Charakter erhalten sollte, so war keineswegs gemeint, diesen Charakter zu einem ausschließlichen zu machen; im Gegenteil sind sich die drei genannten Herren bewußt gewesen, daß die unanfechtbare Internationalität der Wissenschaft auch eine Pflege und Berücksichtigung der internationalen Beziehungen verlange und daß darum die Deutsche Elektrochemische Gesellschaft ihren Wirkungskreis nicht an die Grenzen des Reiches binden dürfe, daß der nationale Charakter nur insoweit zur Geltung kommen dürfe, als es sich aus den wirklichen Verhältnissen zwanglos ergiebt. Was das letztere angeht, so ist leicht zu verstehen, daß die Hauptmasse der künftigen Mitglieder Deutsche sein werden, daß ferner zunächst die deutsche elektrochemische Industrie – an sich schon zur Zeit die größte – in erster Reihe für die Gesellschaft in Frage kommt, daß damit schon durch diese Momente ein Ubergewicht des Deutsch-Nationalen bedingt wird und die Hauptthätigkeit wie auch der Schwerpunkt der Gesellschaft innerhalb der deutschen Grenzen bleiben wird. (...)

Neben diesen Erwägungen, welche die Nothwendigkeit und Zeitgemäßheit einer Gesellschaft wie der geplanten betreffen, traten auch noch andere auf, welche sich auf die eigenartige Stellung der Elektrochemie beziehen.

Die Elektrochemie ist weder ein Zweig der Chemie noch der Elektrotechnik. Die gegenteilige Auffassung, welche vielfach einerseits von Chemikern, andererseits von Elektrotechnikern vertreten wird, muß als eine einseitige und schädliche bezeichnet werden. Denn die Elektrochemie ist nach beiden Seiten hin eng und mit zahllosen Fäden hin verbunden, und wollte man sie auf die eine oder andere hinüberziehen, so zerrisse man jene Fäden, jene Lebensfäden, welche sie mit der anderen Seite verknüpfen.

Aus diesen Erwägungen entsprang für die genannten drei Herren der Grundsatz, daß der Elektrochemie vor allem ihre notwendige Selbstständigkeit zu sichern sei, und darum mußte die Elektrochemische Gesellschaft als selbstständige und unabhängige entstehen. Es galt sie in dieser Hinsicht zu sichern; deshalb war geboten, die Gesellschaft bei Zeiten ins Leben zu rufen, damit nicht ein derartiger Verein als Dependenz einer chemischen oder elektrotechnischen Vereinigung entstände, damit nicht die Elektrochemie verkrüppelt werde.

Aus diesen Anschauungen heraus entwickelte sich bei den Genannten im Februar 1894 der Plan, die Interessenten zu einer Vereinigung einzuladen. Die Ausführung des Planes war derart gedacht, daß ein jeder der drei zunächst durch persönliche und andere Beziehungen eine Anzahl maaßgebender Herren für das Unternehmen gewinnen sollte. Aus den so gewonnenen präsumptiven Gründern der Gesellschaft sollte dann ein Gründungsausschuß zusammengesetzt werden und dieser dann durch Einladungen an weitere Kreise der Gesellschaft neue Mitglieder zuführen, bis etwa die Zahl von 40 – 50 erreicht wäre, worauf dann die DEG formell gegründet werden sollte. Mit dieser vollendeten Tatsache wäre dann der Kern geschaffen, an welchem sich nach einem bekannten Associationsprincipe die weiteren Interessenten leicht angliedern würden.“

Überraschend ist, wie schwierig es sich erwies, den späteren ersten Vorsitzenden des Vereins und bald maßgebenden Mann, Wilhelm Ostwald, zu gewinnen. Dies hatte sich Wilke vorgenommen, nachdem er ihn bereits zuvor (s.o.) wegen der Einrichtung von Lehrstühlen für Elektrochemie aufgesucht hatte. Ostwalds Unterstützung erschien besonders wichtig, denn er besaß bereits großes Ansehen und hatte zwei Jahre zuvor die neue Entwicklung der Elektrochemie in seinem vielgelesenen Lehrbuch der allgemeinen Chemie erstmals dargestellt.

Schon am 28. 2. 94 schrieb Wilke an ihn[29]: *„Vor einiger Zeit hatte ich die Ehre, mit Ihnen über die Nothwendigkeit der Errichtung von Lehrstühlen und Laboratorien für die Elektrochemie an den techn. Hochschulen zu sprechen. Ich habe die Sache nun weiter verfolgt, und wegen derselben mit einer Anzahl Herren aus der Elektrotechnik und aus der chemischen Gross-Industrie mündlich und schriftlich Rücksprache genommen. Aufgrund dieser Umfragen kann ich Ihnen berichten, dass die Mehrheit der angegangenen Herren der Sache sympathisch gegenübersteht. Nunmehr scheint mir zur Weiterführung der Propaganda ein neuer Schritt geboten, nämlich die Gründung eines besonderen Vereins für die Pflege der Elektrochemie, in erster Reihe der technischen. … Zur Gründung dieser „Deutschen Elektrochemischen Gesellschaft" verschicke ich zunächst den mitgehenden Aufruf. Da es aber nothwendig ist, daß dieser Aufruf eine grössere persönliche Basis erhält, so wollen wir zunächst 20 – 30 erste Namen auf diesen Aufruf sammeln und in diesem Sinne bitte ich auch Sie, das nützliche Werk auch dadurch zu fördern, dass Sie den Aufruf unterzeichnen …"*

Ostwald antwortete noch am gleichen Tag, jedoch ohne zu unterschreiben. Man merkt, daß er zunächst auf gute Gesellschaft wartete:

„Wiewohl ich etwas zweifelhaft bin, ob die Zeit für eine Deutsche Elektrochemische Gesellschaft bereits gekommen ist, will ich doch vorläufig unter Vorbehalt einer endgültigen Entscheidung mich gerne Ihrem Unternehmen anschließen und bitte mir seinerzeit weitere Mittheilungen, insbesondere über die Namen weiterer Theilnehmer zukommen zu lassen. Als weitere geeignete Persönlichkeiten möchte ich Herrn Dr. Le Blanc, Privatdozent an der hiesigen Universität namhaft machen, ferner Prof. Dr. Nernst, Göttingen …" Und nun folgt eine Bemerkung, die ebenfalls das Zögern erklären könnte: *„Es wird Ihnen ohne Zweifel bekannt sein, daß soeben von Berlin aus die Gründung einer Elektrochemischen Zeitschrift betrieben wird, die in Fischers Technol. Verlag erscheinen soll; Herausgeber Dr. v. Klobukow … Ist eine Beziehung zwischen dem Verein und dieser Zeitschrift geplant oder vorhanden?*[30]*"*

Ostwald hatte sich kurz zuvor bereit erklärt, an dieser Neugründung mitzuwirken, denn mit Datum vom 10. März dankte ihm deren Redakteur für seine Bereitwilligkeit, schickte eine Liste der bereits zahlreichen Mitarbeiter und bat um einen Beitrag[31].

Wilke antwortete am 1. 3. 94, dankte für den Hinweis auf die beiden Interessenten, denen er sofort schreiben werde, und erklärte, daß die Bestrebungen der Initiatoren weder mit Klobukows Zeitschrift noch mit einem anderen Unternehmen in

29 AdW, Zentrales Archiv, Nachlaß (= NL) Ostwald.

30 AdW, Zentrales Archiv, NL-Ostwald, Kopierbuch.

31 AdW, Zentrales Archiv, NL-Ostwald.

Beziehung ständen. Soweit es an ihnen läge, würden sie der Vereinigung die volle Freiheit zu wahren suchen, so daß sie auch nach erfolgter Konstituierung entscheiden könne, wie sie wolle.

Nachdem es nicht sofort gelungen war, Ostwald zu überzeugen, verzichteten die drei Initiatoren auf weitere Unterschriften und verschickten unter ihrem Namen Anfang März den geplanten Aufruf, dessen Fanfarentöne ganz den Stil Kaiser Wilhelms trugen und nicht recht zu Wilke paßten[32]:

> „Die rasche und glänzende Entwicklung welche die **Elektrochemie** in unseren Tagen zu zeigen beginnt, hat für **Deutschland** eine grosse Bedeutung. Denn unser Vaterland steht in der Chemie wie in der Elektrotechnik allen anderen Ländern voran und diesen Vorrang muss es auch auf dem so viel versprechenden Mittelgebiete, in der Elektrochemie bewahren. In der That macht sich ja auch bei uns ein bewusstes starkes Streben nach diesem Ziele hin geltend und mit Stolz können wir darauf hinweisen, **dass die Elektrochemie, ihre Wissenschaft wie ihre Anwendung, auf deutschem Boden die grösste Förderung findet.**
>
> Der Vorrang Deutschlands auf dem elektrochemischen Gebiete verpflichtet es aber in erhöhtem Maasse zu der **Pflege dieser Wissenschaft und Technik** und, da eine solche Pflege eine Gemeinsamkeit der Arbeit erheischt, so muss es als eine **Ehrenpflicht** der berufenen Gelehrten und Techniker erscheinen, ein **Organ zur Pflege der Elektrochemie,** ihrer Forschung und ihrer Anwendung zu schaffen. ... Hoffend, dass Sie hochgeehrter Herr, die Richtigkeit dieser kurzen Ausführung anerkennen werden, bitten wir Sie, **an der Arbeit für dieses zeitgemässe und nationale Werk theilzunehmen** und sich mit uns für die Gründung der Gesellschaft zu vereinigen ...“

Nach wenigen Tagen gab es bereits eine Reihe von Zusagen, alle waren mit dem Text zufrieden, nur Prof. Goppelsroeder aus Basel, damals Direktor der Höheren Schule für Chemie in Mülhausen (Elsaß), nahm rote Tinte zur Hand und änderte „allen Ländern voran“ in „mit an der Spitze“, „die grösste Förderung“ in „eine mächtige Förderung“ und den „Vorrang Deutschlands“ in „die hervorragende Stellung Deutschlands“, bevor er unterschrieb. Viel half es nicht, aber immerhin verzichtete eine Neuauflage des Aufrufs wenigstens auf den deutschen Vorrang und besserte auch sonst ein wenig am Text.

Diese zweite Fassung wurde am 15. März verschickt und trägt nunmehr zwanzig Unterschriften einschließlich der Wilhelm Ostwalds. Wilke hatte nicht locker gelassen, und ihn noch zweimal umworben. Der letzte Brief vom 13. März scheint ihn endlich überzeugt zu haben – wahrscheinlich sah er inzwischen in dem geplanten Verein eine Möglichkeit, selber öffentlichen Einfluß zu nehmen. Wilke konnte berichten,

32 Archiv der Bunsen-Gesellschaft.

Direktor Böttinger habe soeben im preußischen Landtage die Angelegenheit der elektrochemischen Lehrstühle zur Sprache gebracht und bei der Regierung zwar aus finanziellen Gründen noch keine endgültige Zusage, jedoch Geneigtheit gefunden, und er fährt fort: *„wenn nun aber in der DEG ein kraftvolles Organ entsteht, so scheint mir die Möglichkeit geboten, die reiche chemische Industrie zu einer Beisteuer zu bewegen und, wenn der preuss. Regierung ein solcher Vortheil geboten wird, kann sie nicht umhin, ihn anzunehmen, d.h. die gedachten Lehrstühle und Laboratorien zu errichten. Es liegt uns darum daran, mit der Gründung der DEG thunlichst rasch zu Stand zu kommen. Zögern wir, so entsteht die grosse Gefahr, dass eine derartige Gründung von interessierter Seite bewirkt wird .... Nehmen Sie es deshalb nicht übel, wenn ich Sie dringend bitte, mir das erbetene: Einverstanden! zu schicken. Sie nehmen andernfalls einen Eckstein aus dem wohlgefügten Fundament*[33]*.“*

1.8 Die Gründungsversammlung

Bis zum 30. März 1894 hatten sich die 40 Interessenten gemeldet, mit denen man zur Gründung des Vereins schreiten wollte. Zur Zeit der Gründungsversammlung sollten es bereits 65 sein. Der provisorische Geschäftsführer konnte mit Befriedigung feststellen, daß er Leute von Rang und Einfluß zusammengetrommelt hatte: 16 (18)[34] Hochschullehrer, darunter so berühmte wie W. Ostwald, W. Nernst, M. Le Blanc, Cl. Winkler, ferner 11 (14) Fabrikbesitzer und -direktoren, außer denen der Farbenfabriken Bayer z.B. H. Goldschmidt (Fa. Th Goldschmidt, Essen), H. Roesler (Degussa, Frankfurt), Pauli (Farbwerke Hoechst) und Walther Rathenau (siehe Kap. 1.2), ein ausgebildeter Elektrochemiker und als Direktor der Elektrochemischen Werke Bitterfeld[35] der erste, der die Bedeutung der mitteldeutschen Braunkohlevorkommen erkannt hatte, ferner 13 (32) Industriechemiker und Ingenieure, darunter das erste ausländische Mitglied, Eric Watson aus South Birkenhead. Mit Henry Böttinger hatte man sogar einen Abgeordneten des preußischen Landtags und eine Säule der Nationalliberalen dabei, dessen Einfluß weit reichte.

Zur Gründungsversammlung lud Wilke auf eine vielleicht in den USA gelernte höchst demokratische Weise ein: Alle Interessenten erhielten die Mitgliederliste und eine Antwortpostkarte, auf der diejenigen, die kommen wollten, den gewünschten von sechs verkehrsmäßig günstig gelegenen Orten, ferner das geeignete Viertel des gewünschten Monats und den Wochentag nach erster (2 Punkte) und zweiter Wahl (1 Punkt) eintragen sollten. So kam Kassel als Ort, Sonnabend als Tag und mit gleicher Stimmenmzahl das 3. und 4. Viertel des April zustande, was als einzige Lösung den 21. 4. ergab. Schon am 10. April erging eine gedruckte Einladung mit Tagesordnung, Ergebnis der Abstimmung, Hotelreservation und einem genauen Fahrplan der

33 AdW, Zentrales Archiv, NL Ostwald.

34 In Klammern die Zahlen am Datum der Gründungsversammlung.

35 Z. Elektrotechn. u. Elektrochem. 1 (1894/5) 251.

Züge für die Teilnehmer, passend für die Ankunft vor der Sitzung und die Abfahrt nach ihrem Schluß.

So vorbereitet verlief die Gründung ebenso glatt. Da ein Vorstand noch fehlte, eröffnete Wilke und schlug vor, einen ersten und zweiten Vorsitzenden der Versammlung in einem Wahlgang nach Zahl der Stimmen zu ermitteln. Die Zettel mit den beiden Namen sind erhalten und man stellt mit Vergnügen fest, daß eine der 17 von 19 Stimmen für Ostwald seine eigene ist, wenn auch vorsichtshalber an die zweite Stelle gesetzt. (Der erste Name galt einem, der wenig Chancen hatte – diese Taktik hat er später in seiner Selbstbiographie beschrieben[36].) Wegen der Stimmenzersplitterung gab es für den zweiten Vorsitzenden eine neue Wahl, aus der Böttinger als Sieger hervorging. Schriftführer wurde natürlich A. Wilke, außerdem Hans Goldschmidt, Mitinhaber der späteren Th Goldschmidt AG, Essen.

Der Name des Vereins stand nicht zur Diskussion, obwohl er eine sehr unbefriedigende grammatikalische Konstruktion darstellte. Man diskutierte eine von Wilke bereits entworfene Satzung und übertrug die Feinarbeit dem ersten Vorsitzenden, sprach in der Pause über Lehrstühle und Laboratorien der Elektrochemie, und schritt dann zu den Wahlen, bei denen durch Zuruf natürlich die zuvor Gewählten bestätigt wurden.

Zu Beisitzern (später als Ständiger Ausschuß bezeichnet) wurden in einem Wahlgang nach Stimmenzahl Prof. A. Classen (Aachen), Prof. F. Vogel (Berlin), Dr. W. Rathenau (Berlin) und Prof. K. Kraut (Hannover) gewählt, zum Schatzmeister Dr. P. Marquart, Inhaber einer chemischen Fabrik in Bettenhausen bei Kassel. Als Vereinsblatt bot sich die von zwei Gründungsmitgliedern redigierte Zeitschrift für Elektrotechnik und Elektrochemie an, deren erstes Heft gerade erschienen war. Nachdem Berlin zum Sitz der Gesellschaft bestimmt und die bisherigen Kosten der Geschäftsstelle in Höhe von insgesamt 57 M 20 Pfg anerkannt waren, konnte man schließen und das weitere dem Vorstand anheimstellen, der dann am Sonntag zusammentraf, 1000 M für Mitgliederwerbung aussetzte, Berlin zum Ort der ersten Jahresversammlung erkor und die von Ostwald noch in der Nacht verfaßte Satzung billigte. Der Mitgliedsbeitrag sollte 15 M, die Aufnahmegebühr 5 M betragen. Im übrigen beschloß man, die Entscheidung noch anstehender Fragen dem Vorstand zu überlassen – ein Verfahren, das sich dieser gern gefallen ließ. Es hat sich auch die nächsten 100 Jahre gehalten.

1.9 Die Gesellschaft tritt in die Öffentlichkeit

Ihre beiden Gründungsvorsitzenden hätte die Gesellschaft nicht besser auswählen können. Die unglaubliche Schaffenskraft und das öffentlichkeitswirksame Auftreten Ostwalds verbanden sich mit dem Einfluß, den Böttinger als erfolgreicher Unternehmer in Gremien der Wirtschaft, bei Politikern und Behörden besaß. So fand der Verein rasch Zulauf und auch Beachtung in der Öffentlichkeit.

36 W. Ostwald, Lebenslinien, Bd. 3, Berlin 1927, S. 277.

Ostwalds erster Erfolg war eine Vereinbarung mit Wilhelm Knapp, in der dieser sich verpflichtete, die Zeitschrift für Elektrotechnik und Elektrochemie portofrei an die Gesellschaft für einen Mitgliedspreis von jährlich 6M, also den halben Ladenpreis zu liefern.

Es war ein für alle Seiten erfreuliches Ergebnis: Der Verlag verbreiterte die Geschäftsbasis seiner Zeitschrift, die nun neben dem Elektrotechnischen Verein Leipzig und dem Berliner Elektrotechniker-Verein einen weiteren Verein betreute, die DEG erhielt ein Organ, dessen Herausgeber sich zweifellos besonders für sie einsetzen würden, die Redaktion konnte mit Arbeiten höherer Qualität rechnen, als von Mitgliedern der anderen Vereine zu erwarten waren.

Im Programm der Zeitschrift hatten Wilke und Borchers geschrieben: *„Eine Trennung von Elektrotechnik und Elektrochemie schien uns zunächst nicht ratsam, denn in den Arbeitsgebieten der Stromerzeugung, Stromspeicherung, Telegraphie, Strommessung, der elektrokalorischen Technik, der elektrischen Metallbearbeitung u.s.w. findet sich für den Elektrotechniker und für den Chemiker, bzw. Metallurgen eine zu große Anzahl von Berührungspunkten, welche gerade ein gemeinschaftliches Vorgehen zur Pflicht machen."*

Es sollte sich allerdings bald zeigen, daß sie sich mit der neuen Gesellschaft ein Kuckucksei ins Nest gelegt hatten: Wenige Jahre später waren sie beide aus ihrer gemeinsamen Gründung verdrängt. Aber zunächst herrschte Einvernehmen. Schon das zweite Heft eröffnete ein dreiseitiger Aufruf mit der Aufforderung zum Beitritt, der schon ganz die Handschrift Wilhelm Ostwalds zeigt[37]:

„Sechs Wochen haben genügt," heißt es da, *„um die Idee von dem ersten Auftreten bis zur Verwirklichung zu fördern. ... Lehrer unserer Universitäten wie der technischen Hochschulen, Ingenieure und Industrielle, Chemiker und Elektrotechniker sind ... auf der Cassler Versammlung erschienen. Das giebt eine gute Mischung und es ist ein gutes Zeichen, daß diese Mischung sich gleich zu Anfang als eine homogene erwiesen hat."*

Ostwald fragt, warum die Elektrochemie in den früheren Jahren zwar Wurzeln gefaßt, sich aber noch nicht zum starken Baum entwickelt habe – die Wissenschaft sei da gewesen, das notwendige Agens, der Starkstrom auch, gefehlt habe jedoch die Kenntnis der Forschung bei den Praktikern: Ohmsches Gesetz und chemische Formeln seien nun einmal nicht ausreichend. Es müsse also Forschung und Anwendung zusammengeführt werden. Dabei werde die Elektrochemie als das Bessere die heutige chemische Industrie bedrohen, umso mehr sei es daher nötig, diese beizeiten von den Neuerungen zu unterrichten; der Elektrotechnik werde sie andererseits ein neues, reiches Arbeitsfeld eröffnen. *„Ja, wenn wir in die Zukunft ausschauen und uns vorstellen, daß das Studium der Elektrolyse auch dasjenige ihrer Umkehrung einschließt, so werden wir die Möglichkeit ins Auge fassen dürfen, daß aus der Elektrochemie neue Verfahren zur Stromerzeugung oder Aufspeicherung entspringen"*.

Dieser Blick auf die Brennstoffzelle war allerdings sehr weit in die Zukunft gerichtet, aber selbst in so fortschrittsgläubigen Zeiten wie 1894 gab es niemand, der in Optimismus mit Ostwald wetteifern konnte, und so fährt er fort, indem er auch die

---

37 Z. Elektrotech. u. Elektrochem. 1 (1894/1895) 33.

Wissenschaftler auffordert mitzumachen, da *„die theoretische Forschung aus ihrer Zusammenarbeit mit der Anwendung die schönsten Früchte gewinnt, daß ferner die Nutzung die materielle Grundlage der Wissenschaft bildet und daß, ideell betrachtet, der Gewinn der Forschung für die Menschheit die ethische Aufgabe der Wissenschaft darstellt.“*

Vor der Menschheit sollte allerdings das eigene Volk stehen. In einer im 3. Heft der Zeitschrift abgedruckten Rede auf dem Verbandstag der Elektrotechniker über die wissenschaftliche Elektrochemie der Gegenwart und die technische der Zukunft[38], in der er das Thema der Brennstoffzelle als ideale Maschine wieder aufnimmt, und in ihr das Zusammengehen von Wissenschaft und Praxis beschwört, schließt er *„Ich sehe (darin) die sicherste Gewähr, daß auch auf diesem Felde unser deutsches Vaterland sich bald an die Spitze der übrigen Kulturvölker setzen wird. Man hat uns das Volk der Dichter und Denker genannt, wahrscheinlich dafür, daß wir so lange das Handeln – und damit das Gewinnen – anderen überlassen haben. Nun, wir haben ja inzwischen gezeigt, daß wir auch handeln können, und ich meine, wir haben gute Gelegenheit dazu, auch in diesem friedlichen Wettkampf zu zeigen, daß wir gelernt haben zu handeln, und zwar schnell und schneidig zu handeln.“* Ostwald hat es nie zum Reserveleutnant gebracht, aber er beherrschte auch diesen Ton, der so manche Irrwege der neueren deutschen Geschichte begleitet. Bemerkenswert, daß Walther Rathenau in einem persönlichen Brief vom 18. 6. 1894 den Redner ausdrücklich zu diesem Vortrag beglückwünscht[39].

Ein heutiger Leser sollte daran denken, daß selbst Adolf Harnack, immerhin ein Theologe, in seiner berühmten Denkschrift von 1909 in diesen Stil verfiel, als er den Plan der späteren Kaiser-Wilhelm-Gesellschaft vorlegte. Alles war nicht so agressiv gemeint, wie es klang, aber die Ereignisse von 1914 kamen nicht von ungefähr.

Schnell und schneidig handelte Ostwald auch, als Wilke in der Zeitschrift schon im Juni stolz über seine Bemühungen um neue Mitglieder berichtete[40]: 4000 Adressen seien verschickt worden, dazu 200 handschriftliche Anschreiben an geeignete Personen, und auch die Mitglieder seien aktiviert worden, sodaß die Zahl der Anmeldungen bereits auf 181 gestiegen sei. Ostwald machte seinem Schriftführer, der sich anscheinend noch immer als Gründer fühlte, energisch klar, daß nichts ohne seine Genehmigung erscheinen dürfe[41], worauf Wilke, der kurz zuvor noch eine Werbereise durch Deutschland angekündigt hatte, verstummte. Ähnlich erging es Vogel[42], der im Namen der Gesellschaft mit dem Anspruch auf Vereinsgelder eine Werbeveranstaltung in seinem Berliner Elektrotechniker-Verein inszenierte. Dies verärgerte auch den zweiten Vorsitzenden Böttinger nachhaltig. Er versuchte daher nach Jahresfrist auf pfiffige Weise, Vogel mit einem gezinkten Los aus dem Vorstand zu entfernen. Ostwald, der das Los zu ziehen hatte, wollte dies jedoch nicht riskie-

38 Z. Elektrotech. u. Elektrochem. 1 (1894/1895) 81, 122. Zitat S. 125.

39 AdW, Zentrales Archiv, NL Ostwald.

40 Z. Elektrotechn. u. Elektrochem. 1 (1894/1895) 112.

41 Brief Ostwalds vom 16. 6. 94, nochmaliges Verlangen nach Bestätigung am 26. 6. 94 (AdW, Zentrales Archiv, NL-Ostwald).

42 Brief Ostwalds vom 17. 6. 94 (siehe vorige Anm).

ren, was Böttinger ihm nicht verzieh. So erklärte sich jedenfalls Ostwald in seiner Selbstbiographie die Entfremdung[43] und vergaß dabei den späteren Streit um das Staatsexamen für Chemiker (Kap. 1.12).

1.10 Innere Entwicklung und Konsolidierung der Gesellschaft in den ersten Jahren

Der neue Vorstand mußte manche Weichen stellen, hatten doch verschiedene Interessen mit nicht immer gleichen Zielen bei der Gründung mitgewirkt. So war Wilke ein Anhänger von Ortsgruppen oder, wo sich solche noch nicht bilden ließen, eines Vereinskartells von Gruppen mit ähnlicher Zielrichtung, natürlich mit der DEG in der Hauptrolle. Er fürchtete nichts mehr, als daß sich andere Vereine die Elektrochemie aneignen könnten. Dies sei z. B. in Frankfurt geschehen, wo sich die Gesellschaft für angewandte Chemie und der elektrotechnische Verein zusammengetan hätten, um Vorträge über Elektrochemie zu veranstalten[44], ähnliches wäre in Köln, München und Hannover möglich[45].

Schon damals vertraute die Mehrheit aber ihrer guten Sache (und bedachte die noch allzu geringe Dichte der Mitglieder). So wurde die Frage der Ortsgruppen sehr dilatorisch behandelt. Wo sich solche später bildeten, wie in Frankfurt oder Zürich, spielten sie kaum eine Rolle und gingen bald wieder ein.

In der Werbung wollte man die Sache voranstellen und dabei gewonnene Mitglieder eher als Nebeneffekt ansehen. So wurde Geld für Vorträge ausgesetzt[46], mit denen später vor allem Ostwalds früherer Lehrer in Dorpat, A. v. Öttingen an vielen Orten großen Erfolg hatte. Man zögerte nicht, sich der Unterstützung durch die Gesellschaft für angewandte Chemie zu bedienen[47] und erreichte so Leute, die man heute als Multiplikatoren bezeichnen würde. Böttinger schrieb nach einem solchen Vortrag an Ostwald, es seien etwa 200 Personen da gewesen und hätten anderthalb Stunden mit intensivster Aufmerksamkeit gelauscht. Statt sie direkt zu werben, werde er den Anwesenden, die er ja im großen ganzen kenne, ein Exemplar des Statuts und eine kleine persönliche Aufforderung zuschicken[48].

Der Vorstand beschloß ferner, die Gesellschaft durch die Wahl von Ehrenmitgliedern zu ehren und jüngere Mitglieder durch einen Ehrenpreis von 600 M auszuzeichnen, für den ein Ehrungsrat aus Vorsitzendem und weiteren vier prominenten Mitgliedern zuständig war, die auf Lebenszeit gewählt wurden.

Die ersten Ehrenmitglieder entsprachen ganz Ostwalds Geschmack: 1894: Robert Bunsen, Friedrich Kohlrausch, Wilhelm Hittorf und dazu Gustav Wiede-

---

43 W. Ostwald, Lebenslinien Bd. 2, Berlin 1927, S. 240.
44 Brief Wilkes an Ostwald, 13. 10. 94.
45 Brief Wilkes an Ostwald 17. 10. 94. (AdW, Zentrales Archiv, NL-Ostwald).
46 Z. Elektrochem. 3 (1896/97) 304, 328, 352, 376, 416.
47 Z. Elektrochem. 2 (1895/96) 118.
48 Böttinger an Ostwald 10. 1. 1895 (AdW, Zentrales Archiv, NL Ostwald).

mann, sein Vorgänger in Leipzig, 1895: Jacobus Hendricus van't Hoff und Svante Arrhenius.

Ehrenpreise erhielten 1898 K. Elbs (Gießen), 1899 G. Bredig (Leipzig). 1900 wurde die Summe auf 1000 M erhöht und für einen Bewerber ausgesetzt, der die Pariser Weltausstellung 1901 besuchen wollte. Er fand sich in Friedrich Quincke (Stolberg), Mitgliedsnr. 38. 1902 vergab die Gesellschaft die gleiche Summe, zu der J. H. van't Hoff als frischer Nobelpreisträger nochmals das Doppelte beisteuerte, an den Assistenten und Extraordinarius Fritz Haber mit dem Auftrag, Industrieanlagen und Hochschulen in den USA zu besuchen und darüber zu berichten. Eine Reihe bemerkenswerter Aufsätze in der Zeitschrift für Elektrochemie[49] zeugt für den scharfen Blick des Reisenden, ebenso die Empfehlung, das Anfängerpraktikum nicht allein mit Analysen zu bestreiten, sondern nach amerikanischem Muster mit physikalisch-chemischen Experimenten zu beginnen, was ihn zur Übersetzung der Praktikumsanleitung von A. Smith veranlaßte, die mehrere Auflagen erlebte, und noch in den 40er Jahren z. B. in Leipzig benutzt wurde.

Die vielen Aktivitäten des Vorstands verlangten bald eine bezahlte Kraft, und so sah man sich schon im Herbst 1894 nach einem nebenamtlichen Geschäftsführer um. Ostwald bot A. Wilke das Amt an; in welcher Form, ist nicht bekannt, aber sein Mahnschreiben vom 8. 10. 94 mag einen Hinweis geben. Hier heißt es: „*Bei dieser Gelegenheit bitte ich Sie, mir definitiv den Termin anzugeben, bis zu welchem Sie Ihren Entschluß bezüglich des Antrags gefaßt haben werden, welchen ich im Namen des Vorstands gestellt habe. Ich sollte meinen, daß 14 Tage, also die Zeit bis zum 20. Okt. dazu ausreichend wären. Hochachtungsvoll*[50]" Die Ablehnung kam postwendend und Ostwald konnte seinen langjährigen treuen Assistenten Julius Wagner zum Geschäftsführer machen. Er hat mit seiner sagenhaften Ordnungsliebe später selbst Nernsts ebenso sagenhafter Unordnung standgehalten[51].

1.11 Die ersten Hauptversammlungen als Festivitäten (1894 – 1897)

Die Selbstherrlichkeit, deren sich Fr. Vogel als Beisitzer während der Gründungsphase schuldig gemacht hatte, brachte ihm eine kräftige Abmahnung des ersten Vorsitzenden ein. Nun mußte er sich bewähren und dafür sorgen, daß sich in Berlin am 5. und 6. Oktober 1894 „*zum ersten Male die Deutsche Elektrochemische Gesellschaft vereinig(e), um den wichtigsten Akt ihrer Lebensthätigkeit, die Hauptversammlung, zu vollziehen.*" So jedenfalls Ostwald bei ihrer Eröffnung[52]. Noch fand sie in bescheidenem Rahmen statt, für die Mitgliederversammlung und den wissenschaftlichen Teil war je ein halber Tag vorgesehen. Aber manches war schon so, wie es auch später

49 Z. Elektrochem. 9 (1903) 291, 893.

50 Ostwald an Wilke 8. 10. 1894.

51 M. Bodenstein an H. Grimm, 6. 1. 1936.

52 Bericht über die 1. Jahresversammlung der DEG, Halle 1894, Sonderdruck, S. 5, Ostwald-Gedenkstätte, Großbothen.

bleiben sollte: Der Vorstand traf sich am Vortage (damals Freitag nachmittag) und beschloß, die Mitglieder kamen am nächsten Vormittag und waren einverstanden. Nur an Vorträgen mangelte es noch etwas: Um den Nachmittag zu füllen, mußten einige noch kurzfristig aufgenommen werden.

Für die 78 Teilnehmer genügte ein Restaurant, immerhin mit einer Adresse Unter den Linden, als Ehrengast mußte man mit einem Vortragenden Rat im preußischen Kultusministerium vorliebnehmen. Er kam, um seine Behörde zu preisen, beabsichtigte sie doch – vorbehaltlich der Zusage des Finanzministeriums –, an allen Technischen Hochschulen des Landes Lehrstühle für Elektrochemie zu errichten.

Ostwald benutzte die Gelegenheit, den Vertretern der elektrochemischen Industrie den Vorrang der Chemie vor der Elektrotechnik aufzuzeigen. Unter den Mitgliedern der Gesellschaft gäbe es derzeit 183 Chemiker, aber nur 33 Elektrotechniker (neben 24 in anderen Berufen). Künftige technische Elektrochemiker müßten zwei Wissensgebiete beherrschen: Elektrotechnik und Chemie. Er habe aber niemals gehört, daß jemand, der in seiner Jugend in einem anderen Fach ausgebildet worden sei, später wirklich Chemie gelernt habe. So gäbe es eine ganze Reihe hervorragender Physiker, die als Chemiker begonnen hätten, aber keinen einzigen Chemiker, der vorher Physiker gewesen wäre. Also kämen für die zu schaffenden Lehrstellen für die Ausbildung vornehmlich Chemiker in Frage, zudem läge die Entwicklung der Elektrochemie ganz auf der chemischen und nicht der elektrotechnischen Seite.

Nach dem Bericht des zweiten Vorsitzenden über die Beschlüsse des Vorstands und dem des Schatzmeisters über die Finanzen kam man zum Höhepunkt: Ostwald sprach über Johann Wilhelm Ritter, den Entdecker der Spannungsreihe, als Begründer der wissenschaftlichen Elektrochemie. Er bekannte darin freimütig, sieben Jahre wie Jacob um Rahel um den zweiten Hauptsatz geworben zu haben, ohne ihn zu verstehen, aber alles sei ihm aufgegangen, als er auf die Quellen zurückgegangen sei und Carnots Arbeit gelesen habe. Als Elektrochemiker solle man ebenso J. W. Ritter studieren. Man staunt über diese beiden Beispiele, aber Ostwald war nie darum verlegen, in dem, was er an sich entdeckte, ein allgemeines Gesetz zu sehen und diesem dann mit aller Kraft Geltung zu verschaffen. Immerhin verdanken wir dieser Eigenheit „Ostwalds Klassiker“, die berühmte Sammlung von kommentierten Originalabhandlungen, die er seit 1889 herausgab und die noch heute fortgesetzt wird[53].

Der wissenschaftliche Teil bestand aus sieben Vorträgen, von der praktischen Anwendung des Ozons bis zu neuen Zuleitungen in Glühbirnen. Einzig ein meßtechnischer Beitrag von Nernst ragte heraus, an Originalität vielleicht die Behauptung von Borchers, Kohlenoxid in einer Brennstoffzelle mit Kupfer(I)ionen als Katalysator oxidiert zu haben. Die Zuhörer waren begeistert, aber die wirkliche Reaktion war sicher nicht die postulierte.

Bis zum Ende des ersten Jahres stieg die Zahl der Mitglieder auf 375; es sollte fast bis zum Beginn des Weltkriegs dauern, bis sie sich noch einmal verdoppelte.

53 z.B. Band 265: J. H. van't Hoff, Studien zur chemischen Dynamik, Leipzig 1984, Band 266 J. Heyrovský, Polarographie, Leipzig 1985 (inzwischen in Frankfurt verlegt).

Unter den etwa 35 Firmenmitgliedern befand sich bereits die gesamte chemische, elektrochemische und elektrotechnische Großindustrie, dazu viele Bergwerksunternehmen, aber auch Silberwarenfabriken, Apparatehersteller, Keramikindustrie, pharmazeutische Werke etc[54].

Obwohl die Elektrochemie damals (und weitgehend bis heute) nur für anorganische Grundstoffe wirtschaftlich bedeutsam war, zog die Elektrolyse auch in die präparative organische Chemie ein. J. Tafel entdeckte als Assistent Emil Fischers die erste quantitative Beziehung der Elektrodenkinetik. So finden sich sehr bald auch Organiker wie E. Fischer, J. Wislicenus, A. Hantzsch, C. Liebermann, L. Knorr, E. Beckmann unter den Mitgliedern der Gesellschaft. Auf der 3. Hauptversammlung (Stuttgart 1896) war der einleitende Vortrag von W. Löb bereits dem Thema „Die Bedeutung der Elektrochemie in der organischen Chemie" gewidmet[55], jedoch sollte die organische Elektrochemie ebensowenig wie später die theoretische und die physikalische organische Chemie in dem Verein jemals eine nennenswerte Rolle spielen – Ostwalds Einstieg in die physikalische Chemie wirkte fort: *„das Dorpater Labor war ganz anorganisch, als wären wir alle im Sauerstoff-Strom ausgeglüht worden[56]."*

In Berlin wurde beschlossen, die künftigen Tagungen geographisch gut verteilt an verschiedenen Orten abzuhalten. Die folgenden drei Hauptversammlungen in Frankfurt/Main (1895), Stuttgart (1896) und München (1897) waren wissenschaftlich kaum ergiebiger als die Berliner Tagung, die Zahl der Vorträge schwankte zwischen 7 und 9. Das steigende Ansehen des Vereins dokumentierte sich aber durch den immer höheren Rang der Ehrengäste. Die Tagungen entarteten zu gesellschaftlichen Ereignissen.

Die Stuttgarter Tagung anläßlich einer großen elektrotechnischen Ausstellung 1896 war Höhepunkt in diesem Stil und ganz nach Böttingers Geschmack. Über ihre Organisation schrieb er an Duisberg[57]: *„Am 25., 26. und 27. Juni tagt die deutsche elektrochemische Gesellschaft in Stuttgart, wofür ich die sämtlichen Arbeiten und auch den Vorsitz zu führen habe, da Ostwald leider sehr schwer erkrankt und zur Zeit auf der Insel Wright sitzt. Es ist mir gelungen, einige recht interessante Vorträge zu bekommen u.a. auch den berühmten Professor Vanthoff (!), auch Nernst in Göttingen als Dankbarkeit für meine Bemühungen für die elektrochemischen Lehrstühle* (vgl. Kap. 1.18) *und stehe ich zur Zeit noch mit Röntgen in Korrespondenz, dass er uns auch über seine neuen Strahlen berichtet. Das Stuttgarter Comité will uns sehr grossartig empfangen und verspricht das Ganze ein sehr nettes Fest zu werden."*

Es kamen zwar weder der berühmte Professor noch Röntgen und auch Nernst hatte wenig zu sagen, aber dafür nahm die feierliche Eröffnung mit erlauchter Beteiligung und gegenseitigen Elogen (alle getreulich in der Zeitschrift abgedruckt) und die anschließende Mitgliederversammlung fast den ganzen Vormittag ein. Die beiden Nachmittage waren für Besichtigungen vorgesehen, die beiden Abende für

54 Vgl. Z. Elektrochem. 2 (1895/6) 117.
55 Z. Elektrochem. 3 (1896/1897) 42.
56 W. Ostwald, Gedächtnisrede auf van't Hoff, Ber. Dtsch. Chem. Ges. 44 (1911) 2220.
57 am 21. 5. 96 (Bayer-Archiv).

Ehrentrunk und Festessen. Beim Ehrentrunk ergriff seine Hoheit, Prinz Hermann von Sachsen-Weimar, das Wort und wies *„in begeisterter Rede darauf hin, daß einerlei, welche Thätigkeit jeder entfalte, alle Arbeit geschehe zum Wohle des gemeinsamen deutschen Vaterlandes“* und man schloß mit dreifachem Hoch und Deutschlandlied[58]. Es war kaum Zeit für die Vorträge. Die größte Aufmerksamkeit fand nicht die Elektrochemie, sondern die Demonstration der „Röntgen'schen Strahlen“ in Gegenwart des Prinzen, bei der Prof. König ein bedauernswertes Kind gründlich durchleuchtete, aber über die Natur der Strahlen nur Widersprüchliches berichten konnte[59].

Auch auf der Münchener Tagung 1897 bekam die staunende Versammlung einschließlich Ihrer Kgl. Hoheit Prinzessin Therese und zahlreicher Exzellenzen einen großen technischen Fortschritt zu sehen: K. Linde führte sein Verfahren zur Luftverflüssigung mit Gegenstromkühlung vor, nicht ohne sich zu entschuldigen, daß es nichts mit Elektrochemie zu tun habe. Ostwald als Vorsitzender stimmte gern in die Begeisterung ein, handelte es sich doch wieder um die technische Anwendung eines rein wissenschaftlichen Experiments, das diesmal sogar um über 50 Jahre zurücklag, es sei geradezu ein Beispiel der Abfallverwertung, so wie die Farbenindustrie dem Steinkohlenteer entsprossen sei, und rege zu den schönsten Hoffnungen für die Zukunft an[60]. Es entging ihm, daß er dabei Joule und Thomson auf die Deponie warf.

1.12 München 1897: Der Kampf gegen das Staatsexamen für Chemiker

Für die Elektrochemie mochte die Tagung der DEG in München wenig bedeuten, für das Chemiestudium sollte sie weitreichende Folgen haben, denn sie wurde unverhofft der Schauplatz einer heftigen Diskussion um den geeigneten Studiennachweis für Chemiker, bei der die beiden Vorsitzenden sich als Protagonisten verschiedener Parteien gegenüberstanden.

Anlaß war eine Petition des Vereins Deutscher Chemiker an den Reichskanzler. Böttinger hatte sie schon im Jahr zuvor auf der Versammlung in Stuttgart vorgetragen, aber wegen der Abwesenheit Ostwalds auf eine Diskussion verzichtet. In der Eingabe war gebeten worden, geeignete Schritte bei den Bundesstaaten zu veranlassen, um ein Staatsexamen für Chemiker einzuführen.

Im einzelnen ähnelte der Entwurf mit Vorprüfung am Ende des 4. und Hauptprüfung einschließlich schriftlicher Arbeit nach mindestens 4 weiteren Semestern beschämend genau dem heutigen Diplom. Sogar die Grundzüge der physikalischen Chemie und Elektrochemie sollten obligatorisch sein, wenn auch erst im zweiten Studienabschnitt[61].

58 Z. Elektrochem. 3 (1896/1897) 24.
59 Z. Elektrochem. 3 (1896/1897) 54.
60 Z. Elektrochem. 4 (1897/1898) 1.
61 Z. Elektrochem. 3 (1896 – 1897) 36.

Nun ging es darum, möglichst viele chemische Vereinigungen im gleichen Sinn intervenieren zu lassen. Derartige Vorstöße hatten eine über zehnjährige Geschichte und waren ministeriell bisher abgelehnt worden, da der Staat damals eigene Regelungen nur im staatlichen Bereich, etwa bei Lebensmittelchemikern, für notwendig hielt, sich aber nicht in die Interessen der Wirtschaft und Industrie einmischen wollte. Es hatte auch nichts geholfen, als Böttinger 1894 im preußischen Abgeordnetenhaus schwarz für die Zukunft der chemischen Industrie und damit für das Reich gesehen hatte, wenn es nicht zu einer besseren Chemikerausbildung käme.

Zweifellos gab es Probleme: Die Universitäten besaßen das Monopol auf den prestigeträchtigen Doktortitel, bildeten aber sehr einseitig aus: In den Chemischen Instituten herrschten überall Organiker, die ihr Ansehen mit Arbeiten ihrer Doktoranden zu mehren gedachten, also wenig Interesse an anorganischer, analytischer oder auch physikalisch-chemischer Ausbildung zeigten.

Die Technischen Hochschulen hatten einen geordneteren Studiengang, aber kein Promotionsrecht. Ihr Diplomexamen war für Maschinenbauer und Architekten attraktiv, nicht jedoch für Studenten der Chemie, der einzigen Fachrichtung, die es an beiden Ausbildungsstätten gab. Die meisten versuchten daher, ihr Studium an den Universitäten abzuschließen, was die Technischen Hochschulen als ständige Benachteiligung empfinden mußten, so daß sie immer lauter das Promotionsrecht verlangten[62].

Auch in der Wirtschaft wuchs die Unzufriedenheit. Die Farbenindustrie konnte zwar mit den vorhandenen Bewerbern leben, andere Industriezweige vermißten bei ihnen zunehmend anorganische und analytische Kenntnisse.

Weitschauende Unternehmer wie Carl Duisberg sahen die Zukunft in einer Symbiose zwischen Industrie und Hochschulen und waren keineswegs abgeneigt, sehr direkte Wünsche an die Hochschulen zu richten. Es war die gleiche Denkweise, die einige Jahre später zur Gründung der Kaiser-Wilhelm-Gesellschaft führen sollte. Mit der Forderung nach einem Staatsexamen konnte man eigene Interessen fördern und gleichzeitig mit dem Wohlwollen der Technischen Hochschulen rechnen[63]. Es gab auch Universitätsprofessoren, die eine derartige Prüfung begrüßten, da sie meinten, man könne auf diese Weise unfähige Doktoranden loswerden. Sie merkten nicht, daß sie damit den Verfechtern des Staatsexamens keinen Gefallen taten, aber diese zählten sie trotzdem gerne zu ihren Verbündeten.

Duisbergs Freund und Kollege Böttinger übernahm es, in der DEG für die Petition zu werben. Der gewandte Parlamentarier glaubte leichtes Spiel mit der Versammlung zu haben, aber er hatte nicht mit dem wieder gesundeten und kampffähigen Ostwald gerechnet. Dieser hatte vorsorglich ein weiteres Mal die einleitende Festrede angekündigt, diesmal mit dem unverfänglichen Titel „Über wissenschaftliche und technische Bildung[64]". Sie entpuppte sich als leidenschaftliches Plädoyer für das Bestehende, also für das ungeregelte deutsche Studium und gegen ein System

---

62 O. N. Witt, Z. Angew. Chem. 10 (1897) 374.

63 H. Scholz in: Das System Althoff in historischer Perspektive, Herausgeber B. vom Broke, 1991, S. 337.

64 Z. Elektrochem. 4 (1897/1898) 1, W. Ostwald Abhandlungen und Vorträge allgemeinen Inhalts, Leipzig 1903, S. 311.

der Auslese, wie es sich etwa in Frankreich vorfände, bei dem der beste und arbeitsfreudigste Teil des Lebens damit zugebracht würde, sich die Gedanken anderer zueigen zu machen. Der Mangel an Vorgeschriebenem sei das Geheimnis des deutschen Erfolgs, mit der Freiheit gegenüber dem Examen sei die Freiheit der persönlichen Entwicklung verbunden: An selbst gewählter Arbeit müßten sich die jungen Kräfte versuchen. Daran, wie sie ungelöste Probleme bewältigten, könne man sie beurteilen, also durch eine Forschungsarbeit und nicht durch ein Examen, das überhaupt nichts beweise. Und schließlich: Die von den Befürwortern von Staatsexamina gerügte ungleichförmige Ausbildung der heutigen Chemiker sei nicht beklagens- sondern wünschenswert. Ohne Spezialisierung und eine gewisse Einseitigkeit ginge nichts mehr. Die Natur sei jedoch überall vollständig: habe man sie an einer Stelle erfaßt, sei dies der Schlüssel zu ungeahnt vielen anderen Dingen.

Der Redner mochte vielleicht sein eigenes Institut zutreffend beschreiben, die Verhältnisse andernorts traf er kaum. Es war aber wieder ein echter Ostwald: Eindrucksvoll und bedenkenswert im allgemeinen, bedenklich im speziellen. Der Kern des Ganzen ließ sich in dem Zitat zusammenfassen: *„Bismarck hat einmal ... geäußert: Solange sie unseren Sekondeleutnant nicht nachmachen können, habe ich keine Sorge. Auch für unser Gebiet gilt ein ähnliches Wort: Solange sie unseren Dr. phil. nicht nachmachen können, behalten wir die Oberhand*[65]*.“*

Kein Zweifel, daß die Versammlung beeindruckt war. Böttinger blieb nur übrig, die Diskussion bis nach der Frühstückspause zu verschieben, obwohl der Vorsitz dann wieder an Ostwald fiel. Ganz sicher hatte er nicht damit gerechnet, daß Adolf v. Baeyer sich sofort nachher zu Wort melden und, ohne Ostwalds Vortrag gehört zu haben, sein außerordentliches Ansehen für ein Votum einsetzen würde, das dessen immerhin ziemlich extremen Ansichten sehr nahe kam (Baeyer hatte beim Frühstück mit Victor Meyer und anderen Kollegen gesprochen und kannte Ostwalds Votum[66]). Er sei sicher, sagte er – und Victor Meyer bekräftigte dies anschließend noch –, daß ein Staatsexamen mit vorgegebenem fachlichen und zeitlichen Rahmen die Bedeutung der Forschungsarbeit und damit den Wert des Studiums entscheidend mindern würde.

Böttinger, selbst kein Chemiker, sondern Kaufmann und erst seit einem Jahr Göttinger Ehrendoktor, suchte nun einen Kompromiß und wollte das Staatsexamen als Nachweis zureichenden Wissens für eine Doktorarbeit angesehen haben, worauf Baeyer, Duisbergs Lehrer und auch sonst eng mit den Elberfelder Farbwerken verbunden, sich glücklich schätzte, nun doch einer Meinung mit seinem Kontrahenten zu sein, denn er habe seit langem Doktoranden nicht ohne gründliche chemische Vorbildung, meist erst nach sechs Semestern und nach einem privaten mündlichen Examen, angenommen. Leider habe er wegen Widerstands in der Fakultät bisher sein Ideal nicht erreicht, dann ganz auf die mündliche Doktorprüfung zu verzichten – Examinieren sei die härteste Beschäftigung, die es gebe.

Böttinger wollte das Auditorium glauben machen, diese Regelung für alle Hochschulen als verbindlich zu erklären, sei doch gerade, was man wolle, und identisch

65 Z. Elektrochem. 4 (1897/1898) 5.

66 W. Ostwald, Abhandlungen und Vorträge allgemeinen Inhalts, Leipzig 1903, S. 466.

mit der Einführung eines Staatsexamens. Er brachte eilig einen Antrag ein, die Versammlung möge die Einführung eines Staatsexamens für wünschenswert erklären und in diesem Sinn an die Reichsregierung appellieren.

Die Gegner paßten jedoch auf. Sie wußten, daß das Staatsexamen in den Augen vieler Techniker die Promotion ersetzen sollte und zeigten, daß es sich einmal um ein Vorprüfung, das andere Mal um ein ganzes Studium handle, und daß man nie wisse, was herauskomme, wenn man den Staat eingeschaltet habe. Zu der Klage über zu wenig Fachkenntnisse in anorganischer Chemie erklärte einer der Anwesenden trokken, man solle die Anorganiker besser bezahlen, dann hätte man in Kürze genug Bewerber.

Böttinger versuchte noch mehrere Umformulierungen, aber am Schluß erklärte Ostwald schlicht: „Das ist also ein Antrag auf Einführung eines Staatsexamens" und ließ abstimmen. Wenige waren dafür.

Die Debatte sollte Folgen haben. Keine der beiden Seiten gab sich zufrieden, denn beide hatten Intentionen, die sie öffentlich nicht aussprachen. Allein Ostwald, der die Debatte ins Rollen gebracht hatte, war sicher reinen Herzens. Er hatte mit seiner Intervention keine Rücksicht auf die physikalische Chemie genommen, die im Entwurf für das Staatsxamen als Prüfungsfach vorgesehen war. Trotzdem griff Duisberg ihn sofort heftig in seiner Zeitschrift an und empörte sich über sein unsolides Gerede gegenüber etwas so Seriösem wie dem VDCh-Entwurf. Besonders ärgerte ihn der Sekondeleutnant und er betonte, als Industrieller wisse er besser als Professoren, daß es keinerlei Grund zur Selbstgefälligkeit gebe, einzig auf dem Farbengebiet sei die deutsche chemische Industrie dominierend[67]. Einem Exposé Duisbergs an Böttinger ist zu entnehmen, daß die Forderung nach dem Staatsexamenm nicht zuletzt das Ziel hatte, endlich Lehrstühle für anorganische und technische Chemie einzurichten[68].

Baeyers Sorgen lagen anderswo. Er fürchtete, daß die Technischen Hochschulen das Chemiker-Examen dazu benutzen wollten, um den Doktortitel zu entwerten, wenn sie ihn nicht bekommen könnten[69]. Dies bedrohte den Vorrang der Universitäten. Auch Nernst dachte ähnlich, wie aus einem Brief an Ostwald vom 22. 7. 1897[70] hervorgeht. Dort heißt es: „*... Wir müssen darauf halten, daß die Chemie an die Universitäten gehört. Die Polytechniker denken natürlich anders, der ins Wasser gefallene ‚Dr. Chymiae', jetzt das Staatsexamen sind einfach Schachzüge gegen die Universität. ... Da wir hier einer großen Macht gegenüberstehen, heißt es vorsichtig operieren; Negationen werden uns wenig helfen. Wenn jetzt die Polytechniker die Technik mobil gemacht haben (mit ihrer Staatsexamensbewegung), so thäten wir, glaube ich, besser den entfesselten Energiestrom in verständige Bahnen zu lenken, als uns in unsere Professorentoga zu hüllen und auf unsere großen Erfolge hinzuweisen. In einem Staatsexamen, das u n t e r dem Niveau des Dr. phil gehalten wird, in jeder Beziehung, was*

67 C. Duisberg Angew. Chem. 10 (1897) 531; Antwort Ostwalds: Z. Angew.Chem. 10 (1897) 625, Entgegnung Duisbergs: Z. Angew. Chem 10 (1897) 627, 691.

68 undatiert, Bayer-Archiv.

69 Baeyer an Duisberg, 24. 7. 1897 (Bayer-Archiv).

70 AdW, Zentrales Archiv, NL Ostwald.

Anforderungen wie sociales Ansehen anbelangt, sehe ich nicht nur keine Gefahr, sondern wir würden dann umgekehrt als Sieger aus dem Kampf hervorgehen. Dann könnte jeder Chemiker an der Universität studieren und es zum Staatsexamen, wenn er wenig leistet, zum Dr. wenn er tüchtig ist, bringen und der Pfeil würde auf die Polytechniker zurückfallen. Daß die ganze Bewegung einen berechtigten Kern hat, daß nämlich die anorganische und analytische Ausbildung der Chemiker vielfach reformbedürftig ist, scheint mir unzweifelhaft.“

Es gelang Baeyer auf der nächsten Tagung der Gesellschaft deutscher Naturforscher und Ärzte[71], einen „Verband der Laboratoriumsvorstände an deutschen Hochschulen“ ins Leben zu rufen, dem sich auch die Technischen Hochschulen anschlossen. Er sollte sich als erste Aufgabe stellen, Mißstände bei der Ausbildung der Chemiker zu beseitigen. Zur Abhilfe einigte man sich schließlich auf eine private Prüfung, das sogenannte Verbandsexamen[72], das erst im „Dritten Reich“ von einem staatlichen Diplomexamen abgelöst wurde. Der Verband, später Arbeitsgemeinschaft der Deutschen Unterrichtsinstitute für Chemie genannt und ADUC abgekürzt, besteht noch heute als letzte Säule einstiger Ordinarienherrschaft (Kap. 1.46). Die damalige Elektrochemische, heute Bunsen-Gesellschaft mit ihrer Tagung von 1897 kann sich dieser Nachwirkung rühmen, wenn sie will.

Das Staatsexamen hatte, im Gegensatz zu der Meinung Böttingers, in den Kultusministerien der Länder nie eine ernste Chance, aber die beschriebenen Diskussionen blieben nicht ohne Einfluß auf den kaiserlichen Erlaß, der im Jahr 1900 den Technischen Hochschulen das Promotionsrecht erteilte, womit diesen endlich der Ruch der Zweitrangigkeit genommen war.

1.13 Die Gesellschaft am Ende des Jahrhunderts. Bemühungen um die anorganische Chemie (1898 – 1901)

In den letzten Jahren des Jahrhunderts hatte sich bereits eine gewisse Routine eingestellt. Die Mitgliedsbeiträge blieben konstant; obwohl dank des vermehrten Umfangs der Zeitung die Zahlungen an den Verlag stiegen (z.B. 1898 bereits auf 9 M je Mitglied), blieb stets ein finanzieller Überschuß. Die Versammlungen hatten eine feste Form angenommen; zuerst 1899 in Göttingen, dann regelmäßig seit 1904, gab es auch mit dem Beginn am Himmelfahrtstag einen traditionellen Termin. Außer in seltenen Fällen, wo es um aufregende Neuerungen ging, wie etwa den neuen Namen des Vereins (Kap. 1.19), übten sich die Mitglieder in wohlwollender Zurückhaltung. Mit Recht konnte Ostwald auf der Leipziger Tagung 1898 sagen[73]: *„Ich konstatiere mit nicht geringer Freude, daß seit Bestehen der Gesellschaft überhaupt noch kein Vorschlag des Vorstandes abgelehnt worden ist. Ich wünsche daß dieses gedeihliche Verhältnis zwischen Vorstand und Mitgliedern für immer andauern möchte.“* Es hat.

71 Braunschweig, September 1897.
72 Z. Elektrochem. 5 (1898/99) 25.
73 Z. Elektrochem. 4 (1897/98) 479.

Auch die Wiederwahl des Vorstands und der Beisitzer pflegte per Akklamation so lange fortgesetzt zu werden, bis die Gewählten sich standhaft weigerten. Eine merkwürdige Ausnahme bot lediglich einige Jahre später die Abwahl von Walther Rathenau[74], wo der Wahlleiter plötzlich für den Abwesenden einen anderen Kandidaten nominierte und die Versammlung ihm willig folgte.

Die Zahl der Mitglieder wuchs nur noch langsam und lag um 1900 bei 600, aber der wissenschaftliche Anspruch stieg deutlich: Der Anteil von Originalarbeiten in der Zeitschrift nahm auf Kosten der Referate zu, die Zahl der Vorträge auf den Tagungen verdoppelte sich gegenüber den ersten Jahren auf 16 bis 20. Dafür gab es weniger Festivitäten und Besichtigungen. Der Anteil nicht-elektrochemischer Beiträge lag zwischen einem Viertel und einem Drittel.

Die Schlichtheit der Eröffnungssitzung auf der Leipziger Tagung 1898 war allerdings eine Ausnahme und sicher dem Energetischen Imperativ des Gastgebers Wilhelm Ostwald[74a]

Vergeude keine Energie!
Verwerte und veredle sie!

zu verdanken. Schon im nächsten Jahr in Göttingen nahmen die Eitelkeiten wieder beträchtlich zu. Diesmal hatte Nernst eingeladen.

In beiden Jahren konnten die Teilnehmer neue Institute am Ort in Augenschein nehmen (um die Maßstäbe zurechtzurücken: weitere gab es nicht): In Leipzig begann die Tagesordnung mit der Besichtigung des soeben fertigen chemisch-physikalischen Instituts der Universität, das „allgemeinste Bewunderung erregte“, in Göttingen konnte man das vor drei Jahren getaufte Institut für Physikalische und besonders Elektrochemie[75] besehen und *„ein erfreuliches Bild davon gewinnen, wie es voran gegangen ist unter den allerdings wirklich gottgesegneten Händen seines Leiters, des Herrn Prof. Dr. Walther Nernst.“* So jedenfalls der Kurator der Universität als Vertreter des preußischen Unterrichtsministers, *„der seinerzeit bei der Eröffnung gesagt hatte, er glaube sich nicht zu täuschen, dass die künftige Generation unter dem Zeichen Ihrer Wissenschaft* (d.h. der physikalischen Chemie) *stehen werde. Meine Herren, wenn ein Staatsmann einen Ausspruch dieser Art thut, wenn ein Unterrichtsminister eines großen Staates solche Worte redet, so sind diese Worte nicht leerer Schall, so hat damit anerkannt werden sollen, dass unter den Interessen, die der Herr Unterrichtsminister für seine Pflicht hält, vorab zu fördern, zu hegen und zu pflegen, die Elektrochemie, die physikalische Chemie in erster Reihe steht. … In einem grossen Werk, das in dem Bezirk Ihrer Wissenschaft in den letzten Jahren entstanden ist, ist geäussert worden, dass die Elektrochemie unmittelbar vor Aufgaben steht, mit denen sie eine Umwälzung der äusseren Welt wahrscheinlich hervorbringen werde, die in nichts geringer zu taxieren sein dürften, als jene grosse Weltveränderung, die seiner Zeit durch die Dampfmaschine hervorgebracht worden ist. Meine Herren, unter Ihnen wird wohl niemand sein, der diesen prophetischen Ausspruch skeptisch betrachtet*[76]*.“*

74 Z. Elektrochem. 12 (1906) 501.
74a Ostwald, Lebenslinien, Bd 3, Berlin 1927, S. 320.
75 Z. Elektrochem. 3 (1896/97) 629.
76 Z. Elektrochem. 6 (1899/1900) 1.

Es wäre schön, die zitierte Firma zu kennen. Die Bayerwerke waren es jedenfalls nicht. Sie schrieben damals an Borchers, als er sich für seinen Tagungsbeitrag über den gegenwärtigen Stand der elektrochemischen Technik bei ihnen informieren wollte: *„In höflicher Beantwortung Ihres Geehrten vom 18. 3. teilen wir Ihnen mit, dass es uns trotz massenhafter Versuche auf elektrochemischen Gebiet, die uns sehr viel Geld gekostet haben, bis jetzt nicht gelungen ist, elektrochemische Verfahren ausfindig zu machen, welche für unsere Zwecke Vorteile vor den rein chemischen gezeigt hätten. Wir haben daher bis jetzt keinen einzigen elektrochemischen Betrieb*[77]*.“*

In Leipzig erregte Hans Goldschmidt mit der Vorführung des Thermit-Verfahrens Aufsehen, mit dem er erstmals schwer schmelzbare kohlenstoffreie Metalle herstellen konnte, Zsigmondy zeigte Goldkolloide und der junge Privatdozent Fritz Haber berichtete über seine berühmten Versuche zur potentialgesteuerten Reduktion organischer Nitroverbindungen. Was damals am meisten beeindruckte, war allerdings die atemberaubende Geschwindigkeit, mit der er redete – noch viele Jahre später erinnerte sich Ostwald in seiner Selbstbiographie daran[78].

Ein wichtiges Ereignis der Leipziger Tagung war der Rücktritt Ostwalds, der meinte, Intrigen jüngerer Kräfte zu spüren[79]. Natürlich geschah das nicht ohne daß er im Vorstand blieb und für einen Nachfolger seiner Wahl gesorgt hätte. Mit der Nennung van't Hoffs schnitt er weitere Diskussionen ab und nahm anderen Kandidaten den Wind aus den Segeln. Wer wollte schon gegen einen so großen Wissenschaftler und liebenswürdigen Menschen antreten?

Im Jahr darauf in Göttingen (1899) gab van't Hoff bereits ein Beispiel eines anderen Stils, als er einleitend an die Haager Friedenskonferenz erinnerte, die gerade begonnen hatte, es bedauerlich fand, daß es die Kirchen nicht für nötig gehalten hätten, dieses Ereignisses besonders zu gedenken, und von international verbundenen wissenschaftlichen Korporationen und einer erreichbaren wissenschaftlich-humanistischen Einigung sprach[80].

Im Programm gab es Vorträge von Nernst über elektrolytische Leitfähigkeit bei hohen Temperaturen und von Arrhenius über Salzeffekte, untersucht anhand von Protonenkatalyse. Einen besonderen Raum nahm eine umfangreiche Diskussion über die Lage der anorganischen Chemie an den Universitäten ein. Schon im Jahr zuvor hatte van't Hoff die von mehreren tausend Teilnehmern besuchte Tagung der Gesellschaft Deutscher Naturforscher und Ärzte benutzt, um für Besserung einzutreten.

Jetzt war Hittorf zum einleitenden Referat aufgefordert worden. Er wies darauf hin, daß die anorganische Chemie mit ihren Mineralanalysen seinerzeit als abgeschlossene Wissenschaft angesehen worden sei und sich die synthetische organische Chemie in einer Weise entwickelt habe, daß neben ihr kaum mehr etwas anderes gepflegt werden konnte, zumal ihre Vertreter selber Spezialisten werden mußten.

---

77 23. 3. 1899, Bayer-Archiv.

78 W. Ostwald, Lebenslinien Bd. 2, Berlin 1927, S. 253. – Z. Elektrochem. 28 (1922) 397.

79 Vielleicht meinte er Nernst. W. Ostwald, Lebenslinien Bd. 2, Berlin 1927, S. 251. – Aus dem wissenschaftlichen Briefwechsel Wilhelm Ostwalds Bd. 2 (Hrsg. H. G. Körber), Berlin 1969, S. 256, 274.

80 Z. Elektrochem. 6 (1899/1900) 4.

Als passendes Beispiel führte er seine eigenen elektrolytischen Arbeiten an, die über zwei Jahrzehnte völlig unbeachtet geblieben waren, da sie in das Gedankengebäude der organischen Chemie nicht hineinpaßten. Die anorganische Chemie sei keineswegs am Ende, sie sei auch für die Technik unverzichtbar. Sie könne nicht, wie bisher fast überall, lediglich durch vom Institutsvorstand eingesetzte und weisungsgebundene Abteilungsvorsteher vertreten werden. So empfahl er, eine vorbereitete Adresse an die Unterrichtsminister anzunehmen, nach der die anorganische Chemie in Lehrstühlen u n d Laboratorien mit der organischen gleichberechtigt gepflegt werden müsse.

Im Text war bereits der einstimmige Beschluß durch die Gesellschaft enthalten. Dies machte einige Mühe, Böttinger war zwar begeistert, sah er doch die Ziele, die er seinerzeit durch Prüfungen erreichen wollte, jetzt auf anderem Wege ermöglicht, aber Vertreter der technischen Hochschulen hatten Sorge, daß eine allzu technische Version des Faches an den Universitäten eingeführt würde, und Ostwald fürchtete für die physikalische Chemie, aber er fand doch Grund zuzustimmen: Habe doch Hittorf jedesmal, wenn er Laboratorium, Lehrstuhl oder Fach „anorganisch" genannt habe, genau so passend „physikalisch-chemisch" sagen können. Außerdem glaube er, daß die künftigen Lehrstuhlinhaber der anorganischen Chemie sich aus den Leuten rekrutieren würden, die heute physikalische Chemiker hießen (Heiterkeit, Beifall)[81]. Die bereits einkalkulierte Einstimmigkeit war gerettet.

Die Tagung in Zürich 1900 war so stark durch Elektrochemie geprägt wie nie zuvor, sicher bedingt durch die Interessen der Schweizer chemischen Industrie, die damals von elektrischer Energie aus Wasserkraft abhing. Die wirtschaftliche Nutzung dieser Kräfte war auch das Thema des Hauptvortrags, den Oskar v. Miller, der Schöpfer des Walchenseewerks, hielt und an den sich eine große Diskussion anschloß, in der Vertreter der Schwerindustrie auch gegenteilige Rechnungen aufmachten. In einem weiteren eingeladenen Vortrag befaßte sich der Zürcher Elektrochemiker Richard Lorenz, ein Schüler von Nernst, mit der Ausbildung zum Elektrochemiker. Es war ein Nachklang der Debatten um das Staatsexamen, die anorganische Chemie und das Verhältnis von Universitäten und Technischen Hochschulen, und ein Plädoyer für die ETH, wo es weniger organische Chemie, dafür mehr Mathematik gab als anderswo. Vertreter deutscher Technischer Hochschulen, inzwischen im Besitz des Promotionsrechts, hielten dagegen, Elektrochemie erst in der Dissertation angemessen zu betreiben.

Für die Zukunft wichtig waren Ausführungen von Nernst über Elektrodenpotentiale, in denen er wohlbegründet die bisherigen Methoden zu Bestimmung absoluter Potentiale ablehnte und die Wasserstoffelektrode als Standard empfahl, ferner ein Vortrag von E. Cohen über das Gleichgewicht der zwei Zinnmodifikationen, das wenige Jahre später für Nernst eine wichtige Rolle zur experimentellen Bestätigung des dritten Hauptsatzes spielen sollte.

Die ausführlichen Berichte über die 73. Versammlung deutscher Naturforscher und Ärzte in der Zeitschrift zeigten allerdings, welch geringen Rang ihr gegenüber damals die Tagung der Deutschen Elektrochemischen Gesellschaft einnahm.

---

81 Z. Elektrochem. 6 (1899/1900) 27.

1.14 Die Entwicklung der Zeitschrift: Die Gesellschaft wird Miteigentümer (1900)

Schon in der ersten Sitzung des Vorstands (7. 6. 1894) hatte man den kühnen Gedanken erwogen, die Zeitschrift in eigene Regie zu übernehmen und den Verleger Knapp gebeten, die Herstellungskosten einer eigenen Vereinszeitschrift zu kalkulieren[82].

Knapps Antwort ist auch heute noch interessant. 1000 Exemplare zu je 36 Bogen (576 Seiten) in der zweispaltigen Aufmachung der bisherigen Zeitschrift kosteten 8300 M Inbegriffen waren 1000 M Redaktionshonorar für den Referatenteil, 1400 M zur Honorierung der Artikel, Handlungskosten 1000 M, Porti 1000 M, somit für Satz, Druck, Papier, Illustrationen und Bindekosten 3900 M. Mit den bisherigen Preisen sei bei 800 verkauften Exemplaren, davon 400 für den Verein, nur noch durch Inserate ein Gewinn zu erzielen.

Dies dämpfte zunächst die Unternehmungslust. Augenscheinlich war die Zeitschrift für Elektrotechnik und Elektrochemie noch ein Verlustunternehmen für den Verlag. So beschloß man, zunächst mit der Elektrochemischen Zeitschrift ins Geschäft zu kommen.

Ihr Verleger S. Fischer in Berlin hatte zunächst versucht, sie der Firma Knapp zu verkaufen, sie dann der DEG zu unglaublich günstigen Bedingungen als Hauszeitschrift anzubieten, zuletzt eine Vereinigung beider Zeitschriften mit Teilung des Gewinns vorgeschlagen. Knapp konnte, obwohl Ostwald ihn bedrängte und er bereit war, anfangs Verluste hinzunehmen, keinen Sinn in dem Ganzen sehen. Inzwischen hatte sich auch Borchers eingeschaltet und warnte Ostwald vor dem schlechten Leumund des S. Fischer Verlags[83]. Borchers war da ganz der Meinung S. M. des Kaisers, der den Verleger von „Rinnsteinkunst" wie Ibsen, Hauptmann und ähnlichen Subjekten ebenfalls mißbilligte. Die Verhandlungen zerschlugen sich, S. Fischer gab wenige Jahre später seinen ganzen Technologischen Verlag in andere Hände.

Es war bald abzusehen, daß der Verlust für Wilhelm Knapp wachsen mußte, denn der Umfang ließ sich nicht halten, wenn die Zeitschrift pünktlich Originalartikel zur Elektrotechnik und Elektrochemie, Repertorium des Neuesten, Patentnachrichten zu beiden Gebieten, Handelsdaten und Vereinsnachrichten bringen wollte.

Schon nach wenigen Monaten erwies sich die Trennung von Elektrochemie und Elektrotechnik als sachlich geboten. Die Zeitschrift erschien daraufhin in zwei Abteilungen 14tägig, abwechselnd Elektrochemie, herausgegeben von W. Borchers, und Elektrotechnik unter A. Wilke. Nach einem Jahr verschwanden die Elektrotechnik und ihr Herausgeber aus dem Impressum[84]. Der gesamte Platz stand nunmehr der Elektrochemie und ihrer Gesellschaft zur Verfügung. Ostwald trat vorübergehend in die Redaktion ein, aber schon ab Band 3 (1896/97) übernahmen Walther Nernst und Wilhelm Borchers die Verantwortung (vgl. Tabelle 2.6).

---

82 Nur die Antwort von Knapp (27. 8. 1894) ist erhalten (AdW, Zentrales Archiv, NL Ostwald).

83 W. Borchers an W. Ostwald, 22. 10. 1894 (AdW, Zentrales Archiv, NL Ostwald).

84 A. Wilke gab noch einige Jahre seinen Anteil als Zeitschrift für Elektrotechnik heraus.

Der neue Mitherausgeber, längst dem Schatten Ostwalds entwachsen und wohl nicht abgeneigt, eine Konkurrenz zu dessen Zeitschrift aufzubauen, war unzufrieden. Van't Hoff schrieb an Ostwald[85]: „*Vor einigen Tagen war Nernst … hier und sprach u.a. über die Zeitschrift für Elektrochemie, sich beklagend, daß darin jetzt fast nur Auszüge, keine Originalarbeiten erscheinen. … Großen Preis würde er offenbar darauf stellen falls Sie und Ihre Schule sich entschließen könnten dann und wann einmal etwas einzusenden. … Ohne sich zu sehr zu binden, wäre vielleicht eine Formel zu finden wonach die Originalarbeiten über beide Zeitschriften vertheilt werden. … Ich schrieb im Sinn an Nernst.*"

Ostwald hatte sofort[86] einen für ihn wesentlich profitableren Vorschlag: „*Nachdem ich Ihnen eben geschrieben habe, daß das Manuscript für die Zschr. f. phys. Chemie in letzter Zeit etwas knapp geworden war (jetzt habe ich wieder bis Januar incl.), bin ich ein wenig erstaunt, daß Sie mir zureden, Arbeiten aus meinem Laboratorium in der Zschr. f. Elektrochemie zu veröffentlichen. Ich sehe wirklich keine Notwendigkeit dazu, und wenn Sie die private Geschichte meiner vorübergehenden Tätigkeit in der Ztschr. f. E. kennen würden, so würden Sie mich noch besser verstehen.*

Damit bin ich ganz einverstanden, daß die Ztschr. f. E. in ihrem gegenwärtigen Zustand keinen befriedigenden Eindruck macht, da ihr Inhalt zu heterogen ist. Mir scheint, daß es besser wäre, die Veröffentlichung rein wissenschaftlicher Abhandlungen in extenso aus der Z. f. E. fernzuhalten. Wir müssen doch Rücksicht auf die Mehrheit unserer Mitglieder nehmen, die der Technik angehören. Zum Ersatz würde ich viel größeres Gewicht auf ausführliche und vollständige Referate legen; die Ztschr. f. E. würde dann in unserer Gesellschaft dieselbe Rolle spielen, wie das ‚Centralblatt' für die chemische …"

Knapp blieb optimistisch und versuchte zunächst durch vermehrten Umfang und schnelleres Erscheinen die Chancen der Zeitschrift zu mehren. So kam sie bald wöchentlich heraus, davon meist drei mal ein Bogen mit Nachrichten und Referaten, einmal ein dickeres Heft, in der Hauptsache mit Aufsätzen. Nach einigen Jahren waren die Verluste aber so groß geworden, daß Knapp einen Verzweiflungsbrief an Ostwald schrieb. Vor allem klagte er, man sperre zu rigoros die Lieferung der Zeitschrift, wenn die Beiträge im Rückstand seien. So gingen die Mitglieder wieder verloren, mit denen er gerechnet habe[87]. Eine Preiserhöhung für die Mitglieder sei unumgänglich, wenn der Umfang 48 Bogen übersteige. Sie kam bereits 1898, auch ohne vermehrten Umfang (vgl. Kap. 1.13).

Auf der Hauptversammlung 1899 erhielt der Vorstand die Vollmacht, in Verhandlungen mit dem bisherigen Hauptredakteur Borchers und dem Verlag Knapp einzutreten, um der Gesellschaft einen direkten Einfluß auf die Zeitschrift zu verschaffen. Wie sich dabei herausstellte, gab es einen Assoziationsvertrag zwischen Redakteur und Verleger, die Gesellschaft besaß aber nur eine Abmachung über die Nutzung der

---

85 Datum: 4. 12. 1898. Aus dem wissenschaftlichen Briefwechsel Wilhelm Ostwalds Bd. 2 (Hrsg. H. G. Körber) Berlin 1969, S. 283.

86 Datum 7. 12. 1898. Siehe vorige Anm., S. 283.

87 W. Knapp an W. Ostwald 28. 4. 1896 (AdW, Zentrales Archiv, NL Ostwald).

Zeitschrift. So verlegte sie sich aufs Pokern und brachte sogar die Herausgabe einer eigenen Zeitschrift ins Spiel[88].

Noch während der außerordentlichen Mitgliederversammlung am 15. 12. 1900, die eigens einberufen war, um das Ergebnis abzusegnen, mußte van't Hoff um zwei Stunden unterbrechen, da man noch immer nicht fertig mit den Verhandlungen war[89]. Aber dann konnte er stolz vor die Versammlung treten: Ab sofort gehörte die Hälfte der Zeitschrift der Deutschen Elektrochemischen Gesellschaft. Borchers hatte sich auf 15000 M in zwei Raten herunterhandeln lassen und seinen Anteil im Einverständnis mit dem Verleger verkauft. Knapp und er erklärten sich bereit, nicht vor dem 1. 1. 1904 eine neue, eventuell konkurrierende Zeitschrift für Metallurgie und Elektrometallurgie zu gründen (Sie erschien dann pünktlich unter dem unverfänglichen Titel „Metallurgie" und wurde kurze Zeit später in „Zeitschrift für das gesamte Hüttenwesen" umgetauft, vgl. Kap. 1.5). Knapp gestand der Gesellschaft zu, selbst einen Redakteur zu ernennen, und war sogar bereit, jederzeit seinen Anteil an sie zu verkaufen. Die Mittel für die Ablösung kamen großenteils durch Spenden zusammen[90].

Borchers wäre gern als Gründer auf dem Titelblatt verblieben, aber die Redaktion war nur für eine Dankadresse zu haben. So lobte ihn Nernst für seine kritischen Referate zur technischen Elektrochemie und für seine Bemühungen, auch Firmen davon zu überzeugen, ihre Erfahrungen der Öffentlichkeit mitzuteilen, anstatt sie in Patentschriften zu verbergen[91].

Als neuen Redakteur ab 1901 versuchte man zunächst Friedrich Foerster (1866–1931), Professor für Elektrochemie an der TH Dresden, zu gewinnen[92], nach seiner Absage entschied man sich für den Nernst-Schüler Richard Abegg (1863 – 1910), Breslau. Ihm stand eine Kommission zur Seite, die ihn wissenschaftlich und gegenüber dem Verlag beraten sollte. Ihr gehörten Ostwald, van't Hoff, Le Blanc, sowie Marquart und Böttinger an. Ab 1902 ließ man den Band endlich mit dem Jahresanfang beginnen und brachte dank der erfreulichen Zunahme von Manuskripten und Referaten zwei Bogen je Woche heraus, wobei sich der Verleger erneut großzügig zeigte und zunächst weiter auf Gewinn verzichtete. Der Redakteur hatte für sein Honorar von nunmehr 3000 M zehn Bogen Berichte und Referate selbst zu verfassen, Autoren erhielten ebenfalls Geld, und eine Extrasumme wurde für besonders hervorragende Arbeiten vorgesehen. Leider ist nicht festzustellen, wer sie erhielt.

Mit dem so erreichten Zustand war die Zeitschrift in ruhiges Fahrwasser geraten; bis 1921 änderte sich nichts mehr an ihren Besitzverhältnissen, und auch ihre Struktur blieb annähernd erhalten, wenn auch ihr Volumen Wohlstand und Not der kommenden Jahre getreulich widerspiegeln sollte (siehe Tabelle A.7 im Anhang).

---

88 W. Ostwald an J. H. vant' Hoff 13. 11. 1900, Aus dem wissenschaftlichen Briefwechsel Wilhelm Ostwalds Bd. 2 (Hrsg. H. G. Körber), Berlin 1969, S. 297.

89 Z. Elektrochem. 7 (1900/01) 417.

90 Z. Elektrochem. 8 (1902) 455.

91 Z. Elektrochem. 7 (1900/01) 389.

92 J. H. vant' Hoff an W. Ostwald 27. 10. 1900, Aus dem wissenschaftlichen Briefwechsel Wilhelm Ostwalds, Bd. 2 (Hrsg. H. G. Körber), Berlin 1969, S. 295.

II. Die physikalische Chemie und die Umbenennung der Deutschen Elektrochemischen Gesellschaft

Physikalische Chemie ist aber auch eine Spezialität, die nur Ostwalds und Nernst's Schüler forcieren und die ja als Modesache heute viel poussiert wird, die aber dem für die Praxis bestimmten Chemiker wenig oder gar nichts nützt. Die physikalische Chemie ist eben eine für die theoretische Erkenntnis der chemischen Vorgänge sehr wichtige Wissenschaft, wird aber practische Dienste niemals leisten.

Carl Duisberg an Henry T. Böttinger (1897)[1]

Herr Schenck, lasse Se das dumm' Zeug!

Jacob Volhard 1894 zu seinem Assistenten, als dieser Interesse für physikalische Chemie äußerte[2]

1.15 Physikalische Chemie, der Begriff und seine Komplikationen

Die Entwicklung der Erkenntnis über die Natur hat Ostwald in seiner Antrittsvorlesung an der Universität Leipzig am 23. 11. 1887 in einem schönen Bild beschrieben[3]. Ihm zufolge heben sich aus dem Meer der Unwissenheit bei seinem Zurücktreten einzelne Inseln, die höchsten Gipfel des Meeresbodens, heraus, diese werden immer größer, bis sich nach dem Eintrocknen zeigt, daß alles im Grunde zusammenhängt. Die Forscher tummeln sich also mehr oder weniger weit von den Ufern entfernt auf dem Meer und versuchen zu ergründen, was da unten los ist.

Chemie und Physik als Wissenschaften sind in der Tat als weit voneinander entfernte Inseln aufgetaucht. Wenn man mit Kant (und zweifellos unzulänglich) die mathematische Formulierung von Gesetzen als Voraussetzung für Wissenschaftlichkeit ansieht, ist die Chemie erst 200 Jahre nach der Physik, etwa der Zeitspanne zwischen Galileis Mechanik und Daltons Verbindungsgewichten (1808), Wissenschaft geworden. Mit ihrer Vorstellung von Atomen mit von Element zu Element verschiedenen Eigenschaften und aus Verbindungen, die sich aus ihnen mit bestimmten Zahlenverhältnissen und in bestimmter Struktur bilden, hat sich die Chemie jedoch im Laufe des vorigen Jahrhunderts immer weiter von dem mit der damaligen Physik Erklärbaren entfernt, besonders, als dort die Frage der Stabilität der Atome akut

1 Brief vom 20. 2. 1897 (Bayer-Archiv, Personalia H. v. Böttinger, Bd. 1a, 1882 – 1900, S.44 – 47).
2 R. Schenck an K. Stantien 11. 3. 1938.
3 W. Ostwald, Abhandlungen und Vorträge allgemeinen Inhaltes, Leipzig 1904, S. 185.

wurde. Das von der Chemie so vollendet benutzte Modell hat der Physik noch bis ins erste Viertel unseres Jahrhundert zu schaffen gemacht. Inzwischen haben sich Lösungen gefunden, die für die Chemie im Prinzip ausreichen – mancher meint schon, wenn sein Rechner nur groß genug sei, könne er alles erfahren, was er wolle.

So könnte der Chemiker bescheiden zugeben, daß die Chemie in der Physik aufgegangen ist. Aber er kann auch selbstbewußt sein und Fritz Haber zustimmen, der im Scherz zu sagen pflegte: *„Das eigentlich Interessante an der Physik ist doch die Chemie!“*[4]

1843 hatte Hermann Kopp (1817 – 1892) in den Schlußbetrachtungen zu seiner berühmten Geschichte der Chemie eher den umgekehrten Schluß gezogen[5]: *„... und so zieht die Chemie immer mehr von dem, was früher als ausschließlicher Gegenstand der Physik betrachtet wurde, in ihren Bereich; und zwar läßt sich dies behaupten – und nicht umgekehrt daß die Physik immer mehr von der Chemie an sich zieht, – weil man in der Erkenntnis der Affinität und der Zusammensetzung das Bedingende, in den physikalischen Eigenschaften das Bedingte erkennt.“* Ein genauerer Blick zeigt aber, daß er zu seinem überraschenden Schluß kommt, weil er eine auf das Makroskopische verengte Definition der Physik benutzt.

Heute bietet die Wortverbindung „Physikalische Chemie“ erhebliche Probleme. Schon 1741 von M. V. Lomonossov (1711 – 1765) in durchaus moderner Weise verstanden als *„die Wissenschaft, die auf Grund der Gesetze der Physik die Ursache dessen erklärt, was in den zusammengesetzten Körpern mittels chemischer Operationen geschieht“*[6], hat sie in der heutigen Situation keinen rechten Sinn mehr, denn die gesamte Chemie ist physikalisch, allenfalls mag man noch von chemischer Physik reden. In den USA gibt es bekanntlich beides, wobei (an den Zeitschriften gemessen) die chemische Physik augenscheinlich die etwas vornehmere Gattung mit besonderem geistigen Anspruch darstellt.

Der Name ist also nur historisch zu verstehen. Man könnte genau so gut einen anderen, ebenfalls historischen Namen benutzen und das Fach (da „Theoretische“ Chemie, von der Hermann Kopp 1857 sprach, inzwischen anderweitig festgelegt ist) als „Allgemeine Chemie“ definieren. Diese stellt die (physikalischen) Modelle zusammen, mit denen die chemischen Erscheinungen auf verschiedenem Niveau und mit verschiedenem Anspruch behandelt werden können. Sie ist also nicht, wie es zeitweise schien, ein Teil- oder Grenzgebiet der Chemie, sondern versucht diese zu erklären, was immer das heißen mag.

Diese Vorstellung ist keineswegs neu, und ihr Anspruch läßt sich bereits den ersten Lehrbüchern des Fachgebiets entnehmen. Beide führen die von ihnen bevorzugte Betrachtungsweise bereits im Titel: Wilhelm Ostwalds 2bändiges „Lehrbuch der Allgemeinen Chemie“ (1883 – 1887) mit seiner Gliederung in „Stöchiometrie“ und „Verwandtschaftslehre“ und Walther Nernsts „Theoretische Chemie vom Standpunkt der Avogadroschen Regel und der Thermodynamik“, 1893.

---

4 zitiert bei K. F. Bonhoeffer, Z. Elektrochem. Ber. Bunsenges. phys. Chem. 57 (1953) 3.

5 Hermann Kopp, Geschichte der Chemie, Bd. 1, Braunschweig 1843 S. 453.

6 V. M. Lomonossov, Ostwalds Klassiker Bd. 178, Leipzig 1910, S, 39. (im Lehrkursus der wahren physikalischen Chemie, Vorlesung 1752 in St. Petersburg). – M. Davies, Chem. Brit. 27 (1992) 728.

Die Stöchiometrie beschrieb dabei den Zusammenhang zwischen physikalischen Eigenschaften und chemischer Konstitution, also das, wovon Kopp spricht, die Avogadrosche Regel bedeutete einen Hinweis auf die molekulare Betrachtungsweise chemischer Erscheinungen (und damit einen kleinen Seitenhieb auf Ostwald), während die chemische Verwandtschaft sich in der Geschwindigkeit der Reaktionen und der Lage der Gleichgewichte ausdrückte.

Zum Trost für seine Vertreter ist das Gebiet aber noch immer Lehrfach, die Zahl seiner Lehrbücher wächst ständig und für ihren Inhalt hat sich ein gewisser Kanon herausgebildet, der sicher nur zum Teil auf gegenseitigem Abschreiben beruht.

1.16 Zum Entstehen der physikalisch-chemischen Arbeitsrichtung bei den Chemikern

Der Chemiker, der kein Physiker ist, ist gar nichts.

Robert Wilhelm Bunsen[7]

Anhand ihrer Fachvertreter waren bis zur Mitte des 19. Jahrhunderts Physik und Chemie oft kaum voneinander abzugrenzen und es gab an mehreren kleinen Universitäten nur einen einzigen Lehrstuhl für beide Fächer, auf dem allerdings fast immer jemand saß, der in keinem von ihnen Originelles zu sagen hatte. Andererseits konnten Autodidakten wie Michael Faraday (1791 – 1867) oder studierte Mediziner wie Hermann Helmholtz (1821 – 1894) noch außergewöhnliche Beiträge liefern.

Es gab auch bedeutende Entdeckungen, bei denen Forscher, die sich als Chemiker und solche, die sich als Physiker fühlten, zusammenarbeiteten, wie etwa die Spektralanalyse 1859 (Robert W. Bunsen (1811 – 1899) und Gustav Kirchhoff (1824 – 1887)) oder das Massenwirkungsgesetz (Cato M. Guldberg und Peter Waage 1867).

Es war jedoch verständlich, daß sich mit wachsender Spezialisierung beide Fächer zunächst auseinander entwickelten[8] und es auch unter den Chemikern untereinander zu Animositäten kam. Vor allem in Deutschland führte der Triumph der präparativen organischen Chemie zu Einseitigkeiten. Ihre Ergebnisse widersprachen den damaligen physikalischen Modellen chemischer Bindung, wie sie z. B. Jacob Berzelius (1779 – 1848) vertrat. Mineral- und anorganische Chemie verloren an Interesse (vgl. Kap. 1.12 und 1.13), Chemiker und Organiker wurden fast Synonyme und bei vielen Vertretern des Fachs breitete sich eine gewisse Theoriefeindlichkeit aus. Bei Emil Fischer gab es ein Merkblatt für die Praktikanten[9]: *„Man wird dringend gewarnt, sich beim Beobachten der Erscheinungen, der Ausführung der Analysen und anderer Bestimmungen durch Theorien oder sonstige vorgefaßte Meinungen beeinflussen zu lassen."*

7 zitiert von W. Ostwald in Z. Elektrochem. 7 (1900/01) 611.

8 Allgemeines hierzu: W. Girnus, Grundzüge der Herausbildung der physikalischen Chemie als Wissenschaftsdisziplin, Diss. B, Humboldt-Universität Berlin 1982.

9 E. Fischer in F. Herneck, Abenteuer der Erkenntnis, Berlin 1973, S. 122.

Wer so erzogen wurde, merkte vielleicht nicht, wie sehr seine Experimente von Theorien geleitet wurden, die allerdings den damals vorstellbaren physikalischen Modellen weit voraus waren. Selbst die Strukturformeln von Joseph Loschmidt[10] (1821 – 1895) und August Kekulé (1829 – 1896), in denen diese Theorien gipfelten, fanden eine Zeitlang heftige Gegner, wie etwa Hermann Kolbe (1818 – 1884).

Trotzdem gab es im In- und Ausland zwischen etwa 1860 und 1880 zahlreiche wichtige Beobachtungen, die zur physikalischen Chemie zu rechnen sind, etwa Molekulargewichtsbestimmungen in der Gasphase (z. B. Victor Meyer 1878), die kritischen Erscheinungen (Thomas Andrews 1869) und die van-der-Waals-Gleichung (1873), Kolloide (Thomas Graham 1861) und osmotischer Druck (Wilhelm Pfeffer 1877), Kontaktkatalyse und Vergiftung (Rudolf Knietsch 1875), es gab Messungen von Stoffgrößen und Versuche, sie zu ordnen, z. B. das Periodensystem (Dmitrij Mendeleev, Lothar Meyer 1869) sowie von Reaktionswärmen (Peter J. Thomsen (1853), Marcelin Berthelot (1867)). Die richtige Anwendung der Thermodynamik auf das chemische Geschehen machte jedoch trotz der Arbeiten von Helmholtz Schwierigkeiten und gelang nur wenigen, wie etwa August Horstmann (1871). In der Kinetik geschah seit den Pionierarbeiten von Ludwig Wilhelmy (1850) und von Marcelin Berthelot (1862) so gut wie nichts.

Der Durchbruch kam dann in der Mitte der achtziger Jahre durch Jacobus Hendricus van't Hoff (1852 – 1911), Wilhelm Ostwald (1853 – 1932) und Svante Arrhenius (1859 – 1927), zu denen sich bald noch Max Planck (1858 – 1947) gesellte. Thermodynamische und kinetische Methoden fanden nun Eingang in die Chemie und bald auch in die Industrie.

Die früher (ab 1873) veröffentlichten fundamentalen Arbeiten von Josiah W. Gibbs (1839 – 1903) waren in Deutschland nahezu unbeachtet geblieben, was sich auch nach ihrer Übersetzung durch Ostwald (1892) nur langsam änderte. Der Übersetzer hatte zwar wie immer mit untrüglichem Gefühl ihre Bedeutung erkannt, sie aber sicher nie völlig verstanden[11] . In der holländischen Schule (z. B. J. J. van Laar) verlief dagegen die Entwicklung anders.

Die statistische Deutung der Thermodynamik fand bei den Vorkämpfern der physikalischen Chemie erst spät Anklang und blieb eine Domäne der von der Physik Geprägten. Nicht zuletzt lag das an den mathematischen Anforderungen des Gebiets, denen Chemiker nur in seltenen Fällen gewachsen waren[12], da in ihrer Ausbildung Mathematik keine Rolle spielte, während allen die gleiche unverhältnismäßig ausgedehnte Laborarbeit zugemutet wurde.

Dasselbe Problem sollte zumindest den in Deutschland ausgebildeten Chemikern später bei der Anwendung der Quantentheorie auf die chemische Konstitution noch einmal zu schaffen machen[13]. Liebigs Erbe wirkte fort (und tut es noch heute – sicher ein Grund dafür, daß inzwischen die Lehrstühle der physikalischen Chemie in immer größerem Umfang von Physikern übernommen werden).

---

10 C. R. Noe, A. Bader, Chem. Brit, 29 (1993) 126.

11 In W. Ostwald, Lebenslinien Bd. 2, Berlin 1927, S. 64 wird dies deutlich.

12 W. Ostwald, Lebenslinien, Bd. 2, Berlin 1927, S. 187.

13 vgl. hierzu W. Jost, Annu. Rev. Phys. Chem 17 (1966) 1.

1.17 Das Triumvirat Ostwald, van't Hoff, Arrhenius und die Gründung der Zeitschrift für Physikalische Chemie

Noch bevor sie ein offizielles Lehrfach war, gab es „physikalische Chemie" bereits als Wunschvorstellung, und man verband große Hoffnungen mit ihr. Ein schönes Beispiel bietet die Rede Emil du Bois-Reymonds, mit der er Hans Landolt, der sich um Messungen des optischen Drehvermögens organischer Substanzen verdient gemacht hatte, im Jahr 1882 in der Berliner Akademie begrüßte. Der Physiologe, der seinerzeit in einer berühmten Rede viele Fragen ganz unzeitgemäß mit „Ignorabimus" beantwortet hatte, geriet bei der physikalischen Chemie ins Schwärmen[14]: *„Im Gegensatz zur modernen Chemie kann man die physikalische Chemie die Chemie der Zukunft nennen. ... Wie blendend auch die Erfolge der Strukturchemie sind, ... die Ungeduld der außerhalb Stehenden vermißt daran noch etwas, was ihr sogar die Hauptsache däucht. ... Wissenschaft in jenem höchsten menschlichern Sinne wäre Chemie erst, wenn wir die Spannkräfte, Geschwindigkeiten, labilen und stabilen Gleichgewichtslagen der Teilchen ursächlich in der Art durchschauten, wie die Bewegungen der Gestirne ...*

Man denke sich eine bunte Reihe von Wasserstoff- und Chlormolekeln. Ein mechanisch wohl bekannter Anstoß, ein Ätherwellenzug treffe diesen Chlorknallgasfaden. Unter Wärmeentwicklung zwar, doch schließlich ohne Volumänderung lagern sich die Atome zu Chlorwasserstoff-Molekeln um. Die mathematisch-mechanische Darstellung solch eines einfachen chemischen Vorganges dürfte die Aufgabe sein, die der Newton der Chemie anzugreifen hätte. ... Wann dieses Ziel erreicht wird, wer kann es sagen? Vielleicht übt jener Newton schon irgendwo auf den Schulbänken jugendliche Kräfte; vielleicht auch befinden sich nach hundert Jahren noch unsere Nachfolger der Umwandlung der Chemie in Mechanik gegenüber noch ebenso ratlos, wie wir ..."

Wie wir wissen, gibt es prinzipielle Schwierigkeiten mit der Mechanik, aber keine Ratlosigkeit mehr. Immerhin war der früheste Zeitpunkt, mit dem der Redner rechnete, ausgezeichnet geschätzt, denn Walther Nernst (1864 – 1941), der den ersten Schritt tun und den beschriebenen Prozeß 36 Jahre später als Radikalkettenreaktion formulieren sollte, verließ damals gerade die Schulbank.

Heute wird der Eintritt des neuen Fachgebiets in die wissenschaftliche Öffentlichkeit nicht nur Deutschlands oft auf das Jahr 1887 datiert, als die Zeitschrift für physikalische Chemie zu erscheinen begann, herausgegeben von Wilhelm Ostwald (Leipzig) als aktivem Redakteur und J. Hendricus van't Hoff (Amsterdam) als stillem Teilhaber[15]. Schon im ersten Band konnte sie mit den berühmten, sich ergänzenden Arbeiten von Arrhenius zur Ionentheorie und von van't Hoff zur osmotischen Theorie der Lösungen glänzen, mit denen die Thermodynamik der Mischphasen endlich von den Gasen auf das praktisch viel wichtigere Gebiet der kondensierten Systeme ausgedehnt wurde. Bald kamen auch Arbeiten hinzu, die die osmotischen

14 Zitiert von W. Ostwald im Geleitwort für seine neue Zeitschrift, Z. phys. Chem 1 (1887) 1. Siehe auch: Physiker über Physiker Bd. 2, Berlin 1979, S. 127.

15 Eine Gesamtdarstellung der ersten 100 Jahre der Zeitschrift bei Th. Hapke: Die Zeitschrift für physikalische Chemie, Stöchiometrie und Verwandtschaftslehre und ihre Nachfolger, Köln 1987.

Erscheinungen molekulartheoretisch deuteten (Ludwig Boltzmann, 1890). Die Befürchtung Wiedemanns, des Konkurrenten von den „Annalen der Physik", die Zeitschrift werde zu einem Institut gegenseitiger Bewunderung weniger Skribenten entarten, erwies sich rasch als unbegründet.

Mit einer eigenen Zeitschrift hatte Ostwald, damals noch in Riga, schon einige Zeit geliebäugelt, als er bei den Koryphäen der Deutschen Chemischen Gesellschaft in Berlin die Meinung spürte: *Die janze Richtung paßt uns nicht*[16]" und als sich zeigte, daß die „Berichte" in ihrer einseitig organischen Orientierung physikalisch-chemische Arbeiten nur nach Prüfung durch einen nicht übermäßig kompetenten Gutachter (H. Landolt) annehmen wollten[17]. Da überraschten ihn Bemühungen des Verlegers Voß, ihn als Referenten für eine Physikalisch-Chemische Zeitschrift zu gewinnen, die er unter der Redaktion von Isidor Traube plante, und zu der er auch van't Hoff schon als Mitarbeiter gewonnen hatte. Nachdem Ostwald bei seinem eigenen Verleger Engelmann Interesse festgestellt hatte, schrieb er Voß ab: *„Er wolle nicht im eigenen Haus zur Miete wohnen"* und nahm die Sache mit der ihm eigenen Energie selbst in die Hand, wobei er neben der Redaktion auch Tausende von Referaten übernahm.

Die „Zeitschrift für Physikalische Chemie, Stöchiometrie und Verwandtschaftslehre" sollte einen ungeahnten Aufschwung nehmen und zumindest bis zum Krieg 1914 – 18 das weltweit führende Organ des Faches werden.

Die drei Protagonisten waren zwischen 28 und 35 Jahre alt und bei all ihrer Verschiedenheit Freunde. Gemeinsam war ihnen, daß sie außerhalb Deutschlands ausgebildet waren und daher der dort vorherrschenden Richtung unbefangen gegenüberstanden. Van't Hoff hatte in Utrecht zwar in organischer Chemie promoviert, aber auch eine mathematische Ausbildung, Ostwald war in Dorpat geradezu in Verachtung gegen die organische Chemie aufgezogen worden, hatte dann einen Ruf nach Riga erhalten, wohin sein Lehrer ihn mit den Worten empfohlen hatte, er sei aus der gleichen Kombination von C, H, O, N, S und P geschaffen wie die Genies Bunsen, Kirchhoff und Helmholtz[18]. Erste Arbeiten über Azidität von Säuren hatten ihm einige Bekanntheit verschafft, die er durch Rundreisen in Deutschland geschickt verstärkte.

Als ihm Arrhenius seine Dissertation über Leitfähigkeiten von Säuren schickte, die bei seinen Lehrern in Stockholm wenig Anklang gefunden hatte, erkannte er die Parallelität der Ergebnisse. Sofort suchte er Arrhenius auf, um mit ihm zu diskutieren, was dessen Stellung so aufwertete, daß er trotz allem eine Dozentur angeboten bekam, allerdings nur für physikalische Chemie, die gar kein Lehrfach war[19]. Gleichzeitig gab man ihm ein Reisestipendium, um ihn loszuwerden.

Arrhenius nutzte dieses in einer Weise, die seine frühe wissenschaftliche Übersicht bewies: Er besuchte Ostwald, der ihm als Katalysator für die endgültige Aufstellung der Ionentheorie dienen sollte, ferner van't Hoff in Amsterdam, der gerade seine berühmte Arbeit zur chemischen Dynamik (1884) fertiggestellt hatte, in der

16 W. Ostwald, Lebenslinien, Bd. 1, Berlin 1926, S. 187.
17 W. Hückel, Chem. Ber. 100 (1967) I.
18 N. I. Rodny und Ju. I. Solowjev Wilhelm Ostwald, Leipzig 1977 S. 30.
19 R. Abegg in Z. Elektrochem. 10 (1904) 109.

erstmals mobile chemische Gleichgewichte mit Hilfe der Kinetik einwandfrei formuliert und mit wenigen Experimenten verifiziert wurden und die auch bereits die später nach Arrhenius benannte Temperaturabhängigkeit der Reaktionsgeschwindigkeit enthält. Er versäumte auch nicht, Boltzmann in Graz aufzusuchen. Indessen war er kein Mann, „to suffer fools gladly"[20], und so dauerte es noch 10 Jahre, bis er eine Professur erkämpfte.

Alle drei sollten innerhalb weniger Jahre den damals gerade gestifteten Nobelpreis erhalten, Arrhenius daraufhin sogar ein eigenes Institut von der Stiftung gebaut bekommen. Eine besondere Anerkennung für die junge Wissenschaft war es, daß die erste Auszeichnung, die überhaupt für Chemie verliehen wurde, 1901 an van't Hoff ging. Arrhenius schrieb darüber an Ostwald[21]: *„Die größte Freude war, daß van't Hoff den chemischen Preis eroberte. Er wohnte bei mir und er erwarb sich aller Liebe durch die Anspruchslosigkeit, die ihm eigentümlich ist."* In seiner Antwort fühlte Ostwald sich als Mit-Sieger: *„Daß van't Hoff den Nobelpreis erhalten hat, ist eine sehr gute Sache für die physikalische Chemie in Deutschland. Denn jetzt fangen hier die Organiker an, Angst für ihre Hegemonie zu bekommen und versuchen überall uns zu unterdrücken. So haben sie sich auch sehr geärgert, daß nicht Baeyer oder Fischer bevorzugt worden ist ..."*[22] – Emil Fischer brauchte übrigens nicht lange zu warten, er bekam den Preis im nächsten Jahr.

Ostwald hat später seine Rolle in dem Triumvirat wie folgt beschrieben: *„Es ist in der Wissenschaftsgeschichte dieser Zeit üblich geworden, mit den Namen van't Hoff und Arrhenius auch den Namen Wilhelm Ostwald zu verbinden, obwohl er nicht durch eine gleichwertige Entdeckung um dieselbe Zeit hervorgehoben wurde.* (In späterer Zeit holte er auf, will er damit sagen, und dachte dabei an den Nobelpreis für die Formulierung der Katalyse.) *Dies liegt daran, daß in meiner Person sich der organisatorische Faktor verkörperte, ohne welchen eine derart schnelle und weitreichende Gestaltung eines neuen Wissensgebietes nicht stattfinden kann."* Und er fährt fort: *„Denn die neue Wissenschaft gewann durch meine Berufung nach Leipzig einen geographischen und schulebildenden Mittelpunkt*[23]*."*

1.18 Die ersten Lehrstühle der Physikalischen Chemie, ihre Vorgeschichte und ihre ersten Inhaber

Ostwald hat mit den letztgenannten Worten seine geschichtliche Bedeutung genau beschrieben. Wie es in Leipzig bereits 1871 zu dem damals einzigen Lehrstuhl für physikalische Chemie in Deutschland kam[24] und wie Ostwald 1887 sein zweiter Inhaber wurde, ist eine kurze Schilderung wert.

---

20 K. J. Laidler, Arch. Hist. Exact Sci. 32 (1985) 43.

21 am 4. 1. 1902. in: Aus dem wissenschaftlichen Briefwechsel Wilhelm Ostwalds Bd. 2 (Hrsg. H. G. Körber), Berlin 1969, S. 167.

22 Am 11. 1. 1902, siehe vorige Anm., S. 168.

23 W. Ostwald, Lebenslinien, Bd. 1, Berlin 1926, S. 252.

24 F. Schmithals „Ein Unterfangen von höchster wissenschaftlicher Bedeutung". Die erste Berufung für physikalische Chemie, erscheint in NTM (Intern. Zschr. Geschichte u. Ethik d. Naturwiss., Techn. u. Medizin).

Nach dem Tode des Vertreters der technischen Chemie beschloß die Fakultät, dieses Fach abzuschaffen und den Lehrstuhl mit einem zweiten Vertreter der allgemeinen Chemie zu besetzen. Direktor des ersten Chemischen Instituts war Hermann Kolbe, machtbewußt und streitsüchtig, dem es bald gelang, die Mehrheit der Fakultät für einen Berufungsvorschlag einzuspannen, in dem ein nicht zu Gewinnender an erster Stelle stand, an zweiter aber einer seiner ehemaligen Assistenten.

Die Minderheit (sicher nicht ganz ohne persönliche Animositäten) hatte argumentiert, die Gelegenheit sei günstig, einer im Entstehen begriffenen Wissenschaft, der sogenannten physikalischen Chemie, eine Chance zu geben. Wie die beiden Mathematiker, die die Opposition führten, hierauf kamen, ist nicht geklärt, aber es ergibt sich aus der Korrespondenz, daß der Vater des einen, der Physiker Franz Neumann, bei einer Vakanz in Königsberg die gleiche Meinung vertreten hatte. Die Opposition beließ es nicht beim Protest, sondern suchte Rat bei einer Reihe von berühmten Fachvertretern, nämlich Rudolf Clausius und August Kekulé (Bonn), Gustav Kirchhoff (Heidelberg), Wilhelm Weber und Friedrich Wöhler (Göttingen); sie nannte bereits einen möglichen Kandidaten (Alexander Naumann (1837 – 1922), seit 1853 o. Prof. der theoretischen Chemie in Gießen – auch hier ist unklar, woher dieser Vorschlag kam). Alle Befragten setzten sich mit Wärme für die physikalisch-chemische Arbeitsrichtung ein, wobei die Voten der beiden Chemiker sehr verschieden zu bewerten sind: Kekulé hatte allen Grund, Kolbe keinen Gefallen zu tun (vgl. Kap. 1.16) und erklärte es für einen Luxus, einen weiteren Organiker zu berufen, aber der fast 70jährige Wöhler, den Weber um sein Urteil gebeten hatte, war sicher nicht Partei. Er schloß mit den Worten: „*Bestärke nur recht die Leipziger Collegen in der Ansicht von der jetzigen großen Wichtigkeit der physik. Chemie*[25]."

So gerechtfertigt, legte die Minderheit ein überzeugend begründetes und glänzend formuliertes Sondergutachten vor, neben dem sich das der Fakultät recht dürftig ausnahm. Das Ministerium war beeindruckt, zog Erkundigungen über die vorgeschlagenen und weitere Kandidaten ein, wobei nur Lothar Meyer und Gustav Wiedemann (beide Karlsruhe) übrig blieben, und überließ der Fakultät die Entscheidung, die sie an Kolbe weitergab. Natürlich votierte dieser für den Physiker Wiedemann, der keinerlei Konkurrenz für ihn bedeutete, aber es ist doch erstaunlich, wie er in seinem abschließenden Gutachten Lothar Meyer beurteilte, nachdem er ihn weit unter die Kandidaten seiner eigenen Liste eingeordnet hatte: „*Die letzten Arbeiten Meyers 'Über das Molecularvolumen chemischer Verbindungen', und 'Über die Natur der chemischen Elemente als Funktion der Atomgewichte' entbehren gänzlich eigener experimenteller Forschung. Sie enthalten eine Reihe von aus den Arbeiten Anderer hergeleiteter Berechnungen.*"

Die Opponenten hatten mit der Berufung Wiedemanns zwar erreicht, Kolbe zu ärgern und Leipzig das erste Physikalisch-chemische Institut in Deutschland zu verschaffen[26], aber dem Fach war kaum geholfen, wenn das wirklich ihr Ziel gewesen sein sollte.

---

25 F. Schmithals (Anm. 24), Anlage 2: Fr. Wöhler an Wilh. Weber, 1. 11. 1869.

26 F. Schmithals (Anm. 24).

Auch der Lehrstuhl gleichen Namens in Wien, den Loschmidt 1872 erhielt, konnte das Gebiet nicht fördern, so schlecht waren dort die Arbeitsmöglichkeiten.

1887 wechselte Wiedemann auf den physikalischen Lehrstuhl am gleichen Ort, und seine Nachfolge stand an[27]. Inzwischen war Johannes Wislicenus an Kolbes Stelle getreten, dessen Machtbewußtsein nicht geringer, dessen Verständnis für die Theorie aber erheblich größer war. So hatte er sich früh für die Theorie des asymmetrischen Kohlenstoffatoms begeistert, mit der van't Hoff als 21jähriger Student hervorgetreten war, und hatte für die Übersetzung seiner Arbeit ins Deutsche gesorgt.

Da er aber einen umfangreichen Institutstausch durchsetzte, der dem Nachfolger schlechtere Arbeitsbedingungen verschaffte und ihm gleichzeitig vermehrte Ausbildungsaufgaben, z. B. in der Pharmazie, zuschanzte, war es unmöglich, den damals berühmten Hans Landolt zu gewinnen.

Immerhin blieb man zunächst bei der physikalischen Chemie, die Kommission schlug erneut Lothar Meyer vor, erwähnte die *„ungleich produktiveren jüngeren Ostwald und van't Hoff, von denen letzterer, der genialere von beiden, als eine der ernstesten Würdigung werthe Persönlichkeit erscheinen würde, wenn ihm nicht der gleiche, namentlich von physikalisch-chemischer Seite* (also von Wiedemann) *erhobene Vorwurf wie Ostwald anhaftete, nämlich derjenige eines gewissen Mangels an Gründlichkeit u. Vorsicht bei Ableitung allgemeiner Gesichtspunkte aus beobachteten Thatsachen. ... Beide Männer lassen bei ihrem Reichthum an Ideen mit der Zeit noch Bedeutendes erwarten und werden in Zukunft vielleicht die Führer der physikalisch-chemischen Richtung werden. Für jetzt erscheint auch Ostwald fast zu jugendlich, um für die hiesige Stelle unbestritten in Frage zu kommen."* Bei einem solchen Fehlurteil über die penible und selbstkritische Arbeitsweise van't Hoffs blieb somit als zweiter Kandidat nur der Anorganiker Cl. Winkler.

Während Wislicenus sich anscheinend intern mit van't Hoff in Verbindung setzte, ihm aber unzumutbare Bedingungen stellte[28], verhandelte das Ministerium nur mit Winkler. Als dieser ablehnte, schlug es vor, den Lehrstuhl zu streichen. Als die Fakultät daraufhin wieder nur Meyer und als weitere Kandidaten zwei Organiker zu nennen wußte, darunter einen Schüler von Wislicenus, wandte sich der zuständige Beamte kurzentschlossen an Ostwald, der auf die Frage, ob er annehmen wolle, nur antwortete[29], *„Es ist, als ob Sie einen Unteroffizier fragen, ob er General werden will."* Nicht alle Unteroffiziere dürften Ostwalds Selbstbewußtsein besitzen.

Innerhalb weniger Jahre hat Ostwald in Leipzig eine Schule aufgebaut, die ihresgleichen suchte. Ganz anders als bei dem stillen, zurückhaltend liebenswürdigen van't Hoff, der all seine Arbeiten mit nur ein bis zwei Assistenten machte und nur wenige Schüler hatte, herrschte in Ostwalds Institut ein reges Leben. *„Er war ein pausenlos sprudelnder Quell neuer Ideen[30]"*, sein Enthusiasmus steckte an, seine zahlreichen Mitarbeiter aus dem In- und Ausland, denen er viel Freiheit ließ, besetz-

27 Akte Nachfolge Wiedemann, Universitätsarchiv Leipzig.
28 W. Ostwald, Lebenslinien, Bd. 1, Berlin 1926, S. 264.
29 W. Ostwald, Lebenslinien, Bd. 1, Berlin 1926, S. 268.
30 F. G. Donnan.

ten auf Jahre hinaus einen großen Teil der verfügbaren Stellen in Hochschulen und Industrie. Es heißt, aus seinem Institut seien 70 Hochschullehrer hervorgegangen[31]. Als namhafte Ausländer sind z. B. zu nennen Theodore W. Richards, Arthur A. Noyes, Gilbert N. Lewis aus den USA, Frederic G. Donnan, Alexander Findlay, Frederic Cottrell aus Groß-Britannien, Vladimir A. Kistiakovskij aus Rußland. Seine bedeutendsten Assistenten waren jedoch die beiden „Postdocs“ Svante Arrhenius und Walther Nernst. Dieser habilitierte sich 1889 in Leipzig mit seiner Theorie der galvanischen Zelle.

Dies alles gelang trotz anfangs kümmerlicher Arbeitsbedingungen. Erst 1897 konnte das große neue Institut bezogen werden, das Ostwald kurz darauf der Deutschen Elektrochemischen Gesellschaft in ihrer Hauptversammlung vorführte. Alles war bei Ostwald so gut organisiert, daß selbst seine allmähliche Abwendung vom Fach, aufkommender Widerwille gegen die Lehre und eine längere Erkrankung dem Institut keinen Abbruch taten. Er selbst isolierte sich allerdings ziemlich, als er einige Jahre lang bis zur besseren Einsicht das Atom als eine unbewiesene und unnötige Hypothese erklärte – eine Meinung, die ihn aber nicht hinderte, die Berufung von Ludwig Boltzmann nach Leipzig durchzusetzen. Seine letzten wesentlichen Arbeiten (zumindest auf seinem Fachgebiet) waren den katalytischen Erscheinungen gewidmet, wobei er mit der Ammoniak-Oxidation auch technische Fragen anging.

Erst 52 Jahre alt, trat er nach einem Streit mit der Fakultät von seinem Amt zurück (1905). Vorsichtige Versuche, eine Forschungsprofessur zu erhalten, wie Emil Fischer sie van't Hoff verschafft hatte, fanden taube Ohren[32]. Der „Klassiker“ Fischer konnte den „Romantiker“ Ostwald schwer ertragen. So zog er sich auf seinen Landsitz „Haus Energie“ zurück und widmete sich fortan dem Monismus, der Kunstsprache Ido, der Normung alles Erdenklichen, der Menschheitsbeglückung auf energetischer Grundlage und der Farbenlehre[33]. Er war zweifellos die farbigste Erscheinung, die die physikalische Chemie hervorgebracht hat, aber Richard Willstätter hat wohl recht, wenn er nach einigen Einwänden gegen ihn sagt[34]: *„... was noch wichtiger war, ihm fehlte die Bescheidenheit des Naturforschers“,* eine Bemerkung, die ebenso ihn wie ihren Autor charakterisiert.

Auf die Frage, wie er all seine Arbeit geschafft habe, antwortete er: *„Weil es mich so gefreut hat.“* Wer es mit ihm zu tun hatte, freute sich nicht immer. Empfindlichen und zur Melancholie neigenden Naturen wie Boltzmann machte seine Polemik sehr zu schaffen. Mit seinem „robusten Charme“ setzte er die meisten Gegner matt. So gelang es ihm, die Ionentheorie gegen eine Mauer von Unverständnis durchzusetzen, aber so konnte er auch dem todkranken van't Hoff die Freundschaft aufkündigen, als dieser dem Verleger zustimmte, keine Referate in Ido in der Zeitschrift für

---

31 P. Walden, Wilhelm Ostwald, Leipzig 1904.

32 Zu vant' Hoffs Professur siehe Ende dieses Kapitels. Van't Hoff an Ostwald, 23. 1. 1905, Antwort 1. 3. 1905 in: Aus dem wissenschaftlichen Briefwechsel Wilhelm Ostwalds, Bd. 2, (Hrsg. H. G. Körber) Berlin 1969, S. 306, 307.

33 Diesen Betätigungen ist Bd. 3 seiner Lebenslinien mit dem bescheidenen Untertitel „Großbothen und die Welt“ gewidmet.

34 R. Willstätter, Aus meinem Leben, Weinheim 1949, S. 90.

physikalische Chemie aufzunehmen[35]. Sein Mangel an Verständnis für die organische Chemie, die schon zu seiner Zeit auch ohne mathematische Formeln viel theoretischer und physikalischer war, als er merkte, hat sich bei all seinen Gründungen, auch der Bunsen-Gesellschaft, noch lange negativ ausgewirkt.

Walther Nernst, der zweite, der einen Lehrstuhl für physikalische Chemie erhielt, war als Wissenschaftler bedeutender, als Mensch nicht gerade liebenswürdiger, aber komplizierter, von amüsanter Eitelkeit und doch frei von Vorurteilen, eine Quelle unzähliger Anekdoten[36]. Albert Einstein bemerkte in seinem Nachruf[37], er sei eine originale Persönlichkeit gewesen, er habe nie wieder jemand getroffen, der ihm auch nur in einem Punkte ähnlich gewesen wäre. *„Solange seine egozentrische Schwäche nicht auf den Plan trat, bewies er eine nur selten zu findende Objektivität, einen unfehlbaren Sinn für das Wesentliche und eine echte Leidenschaft für die Erkenntnis der tieferen Zusammenhänge in der Natur.“* Es paßt zum Sinn für das Wesentliche, daß er einmal bemerkte, man solle vermeiden, Experimente durchzuführen, die mehr als 10 Prozent Genauigkeit beanspruchten.

Die Geschichte der Berufung des damals erst 31jährigen ist ebenfalls bemerkenswert, denn sie ist das Ergebnis einer langfristig angelegten Strategie Friedrich Althoffs, der von 1882 bis zu seinem Tode 1907 die Wissenschaftspolitik Preußens bestimmte[38]. Ihm ist es mit einer Mischung von Autokratie und Diplomatie gelungen, in der Konkurrenz der deutschen Länder die beiden preußischen Universitäten Göttingen und Berlin zu Zentren der exakten Wissenschaften zu machen. Als ehemaliger Professor kannte er seine Kollegen zur Genüge und wußte sie richtig (d.h. nicht allzu hoch) einzuschätzen. Wenn es nicht anders ging, setzte er seinen Willen per Gesetz durch; so, als sich einmal ein wenig Widerstand in der Fakultät regte, den Privatdozenten der Physik Leo Arons wegen seines Eintretens für die Sozialdemokratie von der Berliner Universität zu entfernen[39].

Um die Fakultäten auf den von ihm für richtig befundenen Weg zu bringen und das Finanzministerium günstig zu stimmen, hielt er sich einen Stamm professoraler Gutachter, die er mit sicherem Blick wählte und, wenn nötig, mit Direktiven versah, stand gleichzeitig mit Abgeordneten in Verbindung, die er zu Anträgen und Interpellationen ermunterte, und hatte einflußreiche Industrielle an der Hand, die sogar zu finanziellen Transaktionen bereit waren.

Nernst war als Assistent nach Göttingen gegangen, um dort am physikalischen Institut die Elektrochemie einzuführen. Sein Ansehen war rasch so gewachsen, daß Gießen ihn berief. Göttingen versuchte ihn zu halten und Althoff, durch seine Gut-

35 Aus dem wissenschaftlichen Briefwechsel Wilhelm Ostwalds, Bd. 2, (Hrsg. H. G. Körber), Berlin 1969, S. 323.

36 K. Mendelsssohn, Walther Nernst und seine Zeit, Weinheim 1976.

37 A. Einstein, The Scientific Monthly, Vol. 54, Febr. 1942; deutsch: Aus meinen späteren Jahren, Stuttgart 1952, S. 235

38 Vgl. H. Scholz, Althoffs Einfluß auf die Entwicklung der Chemie, in: B. vom Brocke (Hrsg): Wissenschaftsgeschichte und Wissenschaftspolitik im Industriezeitalter, 1991, S. 337.

39 vgl. K. Beutler, U. Henning, Neue Sammlung 17 (1977) 1.

achter, vor allem Boltzmann, von der Bedeutung des Faches und des jungen Dozenten überzeugt, konnte ein Extraordinariat für Nernst erreichen[40].

Schon zwei Jahre später kam der nächste Ruf, diesmal nach München als Nachfolger Boltzmanns, der Nernst seinerzeit *„für den weitaus ideenreichsten und originellsten der jüngeren Forscher auf dem Gebiete der mathematisch-physikalischen Wissenschaften"* gehalten hatte. Jetzt wurde es teuer, denn Nernst kannte inzwischen seinen Wert, aber Althoff setzte alles daran, ihn Preußen und der physikalischen Chemie zu erhalten. Ostwald erhielt den Auftrag, eine Denkschrift zu verfassen, in der *„die hohe Bedeutung der physikalischen Chemie in wissenschaftlicher und wirthschaftlicher Beziehung in einer auch für den Finanzmann handgreiflichen Weise"* behandelt werden sollte; der mit Althoff befreundete Böttinger wurde veranlaßt, mit Nernst eine finanzielle Vereinbarung abzuschließen, in der er ihm das gewünschte Einkommen garantierte, bis der Staat die Einstellung genehmigen würde. Hierbei bewies Böttinger kaufmännischen Sinn: Seine Zahlung war als Mitarbeitervertrag formuliert[41], nach dem Nernst alle Erfindungen, die auf elektrochemischem Wege ausnutzbar wären, zuerst den Elberfelder Farbwerken anbieten sollte[42].

Versehen mit Ostwalds Denkschrift und in Begleitung einer hochkarätigen Kommission der Universität gelang es Althoff schließlich, beim Finanzministerium die Zusage für ein neues Institut zu erreichen. Nernst konnte der Entscheidung mit Ruhe entgegensehen, denn er hatte eine schriftliches Versprechen Althoffs in der Tasche, das ihm den gerade unbesetzten Berliner Lehrstuhl für Physik zusagte, wenn seine Forderungen für Göttingen abgelehnt werden sollten[43].

Als 1905 jedoch der Lehrstuhl von H. Landolt frei wurde, entschied er sich endgültig für Macht und Einfluß, also für Berlin, und machte damit die Hauptstadt auch zum Zentrum der physikalischen Chemie. Dort kam ihm schon in seinem ersten Semester mitten in einer Vorlesungsstunde die Idee des dritten Hauptsatzes – welch ein Argument für die Humboldtsche Einheit von Forschung und Lehre!

Nernsts Göttinger Institut war zwar lediglich Umbau und Erweiterung der ehemaligen Villa des Kurators, aber es war die erste eigens der physikalischen Chemie

---

40 Angaben hierzu in H. Scholz: Zu einigen Wechselbeziehungen zwischen chemischer Wissenschaft, chemischer Industrie und staatlicher Administration, sowie deren Auswirkungen auf die Entwicklung der wissenschaftlichen Chemie in Deutschland in der Zeit des Übergangs zum Monopolkapitalismus, Diss (B), Humboldt-Universität, Berlin 1989, Kap. 5.3, S. 165.

41 H. Böttinger an W. Ostwald 7. 11. 1894, Ostwald-Archiv und Bayer-Archiv.

42 Dies gab bei der Erfindung des Nernstlichts später großen Ärger, da sich Nernst von Böttinger erpreßt fühlte, als er sein Patent an die AEG verkaufen wollte, und die Verhandlungen zu scheitern drohten. Duisberg vermittelte, und die AEG erhielt die Rechte (Briefe von Nernst an Duisberg vom 26. 3. 1898 und Antwort Duisbergs vom 4. 4. 1898 (Bayer-Archiv).
Als Geschäftsmann war Nernst sogar Emil Rathenau überlegen: Er ließ sich auf keine Beteiligung ein, sondern verlangte alles auf einmal. So verlor die AEG viel Geld, und Nernst wurde ein reicher Mann. Später ersetzte er auf dem bei dieser Gelegenheit erworbenen Gut die Kühe durch eine Fischzucht, da er mit seinen Tieren nicht nutzlos die Umgebung heizen wollte (K. Mendelssohn, Walther Nernst und seine Zeit, Weinheim 1976, S. 214) aber er schenkte seinem Institut auch 40 000 M, was der Kaiser huldvoll genehmigte (K. Mendelssohn, S. 68).

43 K. Mendelssohn, siehe vorige Anm. S. 59.

gewidmete Arbeitsstätte. Mit Einrichtung kostete es 165000 M. Das war weniger als halb so viel wie das damals gerade im Bau befindliche in Leipzig[44], muß aber in Relation zu den Gehältern gesehen werde. Ein Universitätsassistent verdiente 100 M bis 125 M im Monat, ein Chemiearbeiter 72,50 M[45].

Auch für van't Hoff fand sich ein Weg, ihn für Preußen zu gewinnen. Als er 1896 in die Berliner Akademie gewählt wurde, gelang es Althoff auf Betreiben Emil Fischers, ihm dort eine Forschungsprofessur ohne Lehrverpflichtung zu verschaffen. Es war eine glückliche Fügung für den wenig robusten und allzu gewissenhaften Mann, der die Laborluft nicht ertragen konnte, aber bis dahin in Amsterdam mit nur einem Kollegen für die gesamte chemische Ausbildung verantwortlich war. Leider hinderte ihn bald Krankheit, in Berlin noch einmal an die großen Leistungen seiner jungen Jahre anzuknüpfen. Sein Nachfolger auf der Professur sollte Albert Einstein werden.

1.19 Erweiterung der Ziele und ein neuer Name für die Gesellschaft

Also muss ich insgesamt das Feld des Organisators für wichtiger, weil schwieriger halten, als das des Forschers. ... Denn der Organisator baut an der Straße, der Forscher pflegt seinen Garten. Jener muß unter Menschen, weil er sie beeinflussen will, und ist daher gezwungen, all die Unbequemlichkeiten auf sich zu nehmen, welche mit Ansammlungen von Menschen verbunden sind. Unvermeidlich muß er diejenigen stören, welche bisher diese Menschenmengen in ihrem Sinne beeinflußt hatten. ... Kurz, er muß sich all den Lärm, Staub und üblen Geruch gefallen lassen, der sich von der Straße nicht trennen läßt. Ein Organisator der Wissenschaft kann aber nur einer sein, der auch Entdecker war, da er sonst keinen Maßstab für das besitzt, was er organisieren will.

Wilhelm Ostwald[46].

Bunsen war gerade ein Jahr zuvor gestorben, als Ostwald den Vorstand auf seiner Sitzung am 15. 12. 1900 während der Verhandlungen über die Zeitschrift (Kap. 1.14) mit dem Antrag überraschte, *„die Ziele der Gesellschaft zu erweitern und auch die Anwendungen der übrigen Teile der physikalischen Chemie auf technische Fragen in das Arbeitsgebiet aufzunehmen, dementsprechend auch den Namen des Vereins in ‚Deutsche Bunsen-Gesellschaft' zu ändern“.* So das Protokoll der Sitzung, und ähnlich auch die Lebenserinnerungen Ostwalds.

---

44 Z. Elektrochem. 2 (1895/96) 629.

45 F. Fischer, Das Studium der technischen Chemie an den Universitäten und technischen Hochschulen Deutschlands und das Chemiker-Examen, Braunschweig 1897, S. 38. – A. Toepper, Das Studium der Chemie, Wien, Leipzig 1903, S. 54 – W. Girnus, Diss. B, Humboldt-Univ., Berlin 1982, S. 198.

46 W. Ostwald, Lebenslinien Bd. 3, Berlin 1927, S. 435.

Anhand des inzwischen veröffentlichten Briefwechsels sieht die Vorgeschichte etwas anders aus[47]. Schon vor Beginn der Tagung in Zürich (6. 8. bis 8. 8. 1900) schrieb van't Hoff als Vorsitzender der Elektrochemischen Gesellschaft an Ostwald: *„Es tut mir überaus leid aus Ihrem Schreiben zu ersehen, daß Sie nicht mit uns sein werden in Zürich ... Die Gesellschaft durchlebt eine etwas kritische Lage und eine befriedigende Lösung der Zeitschriftenfrage*[48] *scheint mir nur möglich, falls die Gesellschaft sich entwicklungsfähig zeigt. Ich möchte deshalb in Zürich zwei Vorschläge machen:*
1. Das Arbeitsfeld der Gesellschaft auszudehnen durch Hinzuziehung von anderen Gebieten der physikalischen Chemie, welche bei der Technik sich anknüpfen. Mit Rücksicht darauf wären für 1901 Vorträge in Aussicht zu nehmen, welche diesen Gebieten gewidmet sind.
2. Die Gesellschaft erwäge die Möglichkeit der Gründung einer elektrochemischen Versuchsanstalt, welche eine Mittelstellung zwischen Laboratorium und Industrie anzunehmen hat...“

Van't Hoff hat in Zürich jedoch nichts von beidem beantragt. Vielleicht sah er ein, daß es einer Kämpfernatur bedürfe, um solche Pläne durchzusetzen. Erst kurz vor der außerordentlichen Mitgliederversammlung[49] findet sich ein Schreiben Ostwalds vom 13. 11. 1900, das sich auf das Thema bezieht. Hier heißt es[50]: *„(Vertraulich)! Beim Nachdenken über die von Herrn Dr. Bredig angeregte Idee einer Erweiterung der Zwecke und Ziele der deutschen elektrochemischen Gesellschaft bin ich auf folgenden Plan gekommen, den ich Ihrem Urteil unterbreite.*

Wir stellen uns die Aufgabe, alle neuen Seiten der Chemie, die sich unter ‚physikalische Chemie‘ vereinigen lassen, insbesondere soweit sie technische Anwendung haben oder haben können, zu pflegen. Zu dem Zwecke ändern wir die Satzung und den Namen; für letzteren schlage ich zur Erinnerung an R. Bunsen ‚Deutsche Bunsen-Gesellschaft‘ vor. Unsere Zeitschrift bekommt sinngemäß auch einen anderen Namen und Aufgabe; ich schlage vor: ‚Arbeiten der Deutschen Bunsen-Gesellschaft‘ ... Was meinen Sie dazu? Ich glaube, der Plan ist geeignet, der Gesellschaft neues Leben und neue Mitglieder zuzuführen ...“

Ob die Idee nun von van't Hoff oder von Bredig stammte, sie durchzusetzen war Ostwald nötig, und auch so dauerte es noch zwei Jahre, bis es gelang, die Mehrheit der Mitglieder zu gewinnen.

Ostwald hat seine Argumente dem Vorstand in einer kurzen Denkschrift „Über die Entwicklung der Deutschen Elektrochemischen Gesellschaft[51]“ vorgelegt, aus der die wesentlichen Abschnitte zitiert seien:

„Die DEG ist gegründet worden, um der eben im Aufblühen begriffenen elektrochemischen Wissenschaft und Technik einen Boden zu schaffen ... In derselben Lage

47 J. H. van't Hoff an W. Ostwald, ohne Datum (vor dem 5. 8. 1900) in: Aus dem wissenschaftlichen Briefwechsel Wilhelm Ostwalds, Bd. 2 (Hrsg. H. G. Körber) Berlin 1969, S. 294.

48 Siehe Kap. 1.14.

49 Am 15. 2. 1900; Z. Elektrochem. 7 (1900/01) 417.

50 W. Ostwald an J. H. van't Hoff, in: Aus dem wissenschaftlichen Briefwechsel Wilhelm Ostwalds, Bd. 2, (Hrsg. H. G. Körber), Berlin 1969, S. 297.

51 Z. Elektrochem. 7 (1900/01) 667.

... befinden sich indessen noch große weitere Gebiete, nämlich alle, für welche die in jüngster Zeit entwickelte physikalische Chemie in Frage kommt." Es wird dann auf die Vorführungen nicht-elektrochemischen Inhalts auf den Versammlungen der Gesellschaft hingewiesen, wie etwa das Thermit-Verfahren oder die Darstellung flüssiger Luft. *„Diese Erscheinungen zeigen zunächst, daß auch in anderen Gebieten der angewandten physikalischen Chemie ein Bedürfnis nach einem Boden gemeinsamer Arbeit vorhanden ist. Diesem Bedürfnis kann auf zweierlei Weise genügt werden: indem man jenen Gebieten überläßt, sich selbst die erforderlichen Organe ... zu schaffen, oder indem eine der vorhandenen Gesellschaften ihren Rahmen derart erweitert, daß auch jenen Bedürfnissen genügt werden kann.*

Es ist keinem Zweifel unterworfen, daß der zweite Weg solange der bessere sein wird, bis das Gesamtgebiet so groß geworden ist, daß es durch ein einziges Organ nicht mehr bewältigt werden kann. Daß ein solcher Zustand bei der elektrochemischen Gesellschaft erreicht ist oder nur in naher Aussicht steht, kann keineswegs behauptet werden; macht sich doch umgekehrt gerade eine gewisse Ernüchterung bezüglich des Erreichten und als erreichbar Angesehenen innerhalb der Elektrochemie selbst geltend.

Andererseits liegen ... auf der Grenze zwischen Physik und Chemie technische Bestrebungen und Erfolge von großer Wichtigkeit und Ausdehnung schon jetzt vor. Es kann keinem Zweifel unterworfen sein, daß diese Gebiete sich entsprechende Organe schaffen werden ... Wenn daher einer allzufrühen Teilung ... des jungen Organismus vorgebeugt werden soll, so ist es ein Recht und eine Pflicht der bereits organisierten und in ersprießlicher Thätigkeit befindlichen elektrochemischen Gesellschaft, ihrerseits sich einem solchen Zweck darzubieten ...

Daraus ergibt sich der Vorschlag einer Erweiterung der elektrochemischen Gesellschaft in eine Gesellschaft zur Pflege der wissenschaftlichen wie angewandten physikalischen Chemie. ... Die Gesellschaft brauchte hierbei an ihren Satzungen nur sehr wenig zu ändern ... Auch wäre mit dieser Erweiterung keine Änderung ihrer Richtung verbunden. Nach wie vor ist ihr wesentlicher Zweck die Verbindung der wissenschaftlichen Fortschritte mit den technischen ...

Da die eben angegebene Bezeichnung der künftigen Zwecke der Gesellschaft einen zu langen Namen ergibt, so wird vorgeschlagen, daß die Gesellschaft statt desselben den kurzen und ebenso bezeichnenden Namen ‚Deutsche Bunsen-Gesellschaft' annimmt. Mit dem Namen Bunsen sind nicht nur entscheidende elektrochemische Fortschritte verbunden, sondern es ist in ihm ebenso eine Kennzeichnung der weiteren Ziele der Gesellschaft enthalten. Hat doch Bunsen mehr als irgend ein anderer Forscher wissenschaftliche und technische Fortschritte miteinander zu verbinden gewußt..."

Einen geeigneten Einstieg, diesen Plan zu propagieren, fand Ostwald in einer großen Gedenkrede auf Bunsen[52] zur Eröffnung der Hauptversammlung in Freiburg 1901, bei der er zum Schluß auf die Notwendigkeit kam, Wissenschaftsgebiete zu vereinen. Dies könnte am besten durch Erweiterung der Elektrochemischen Gesell-

52 W. Ostwald, Z. Elektrochem. 7 (1900/01) 608, Abhandlungen und Vorträge allgemeinen Inhaltes, Leipzig 1904, S. 418.

schaft geschehen, und zwar unter dem Namen Bunsens als Panier, um das sich alle freudig scharen würden; *„das ewige Erbe seines großen Geistes lebendig zu erhalten, das soll die dauernde Aufgabe seines lebendigen Denkmals, der deutschen Bunsen-Gesellschaft sein!“* (lebhafter Beifall).

Obwohl nicht abgestimmt werden konnte, denn der Punkt stand nicht auf der Tagesordnung, gab es Diskussionen, die fünf Seiten der Zeitschrift füllen, von der mißmutigen Bemerkung eines Technikers, Gesellschaften änderten ihren Namen, wenn die Geschäfte schlecht gegangen seien und der Nachfolger die Schulden nicht übernehmen wolle, bis zur begeisterten Zustimmung, gerade in der chemischen Technik sei man an viel mehr interessiert als nur an der Elektrochemie. Man einigte sich darauf, bis zu einer außerordentlichen Versammlung das Thema in zwei Teilen: Erweiterung der Aufgaben und Namensänderung zu diskutieren. Bis dahin bat man um Vorschläge[53]. Die Tagung schloß mit einem Ausflug nach Heidelberg, wo Ostwald am Grabe Bunsens einen Kranz niederlegte und mit feuriger Zunge künftige Jahrtausende beschwor[54].

Noch ein besonderes Ereignis der Freiburger Tagung sollte vermerkt werden: Unter den aktiven Teilnehmern befand sich erstmals eine Frau, zugleich die erste promovierte Chemikerin: Dr. Clara Immerwahr, Schülerin von R. Abegg[55]. Wenige Monate später sollte sie Clara Haber heißen und sehr zu ihrem Kummer nie mehr in die Wissenschaft zurückkehren.

Die geplante außerordentliche Versammlung kam nicht zustande, und so stand das Thema 1902 in Würzburg erneut zur Diskussion, die diesmal etwa dreimal so lange dauerte wie zuvor, jedenfalls weit über zwei Stunden. Zum Glück, wie Ostwald in seinen Erinnerungen anmerkt[56], denn Böttinger, der Versammlungsleiter, hatte als geübter Parlamentarier der Opposition zuerst das Wort erteilt, und diese Oskar v. Miller als glänzenden Redner vorgeschickt, um für den alten Namen zu plädieren. Die Wirkung war groß, aber längst verpufft, nachdem alle anderen ihr Sprüchlein meist weniger elegant vorgebracht hatten. Am Schluß überwogen die Befürworter und die allgemeine Müdigkeit. Vor allem Le Blancs nüchterne Feststellung, niemand würde es merken, daß man künftig etwas Neues wolle, wenn man beim alten Namen bliebe, war schwer zu widerlegen. Als dann Hans Goldschmidt noch ans Gemüt rührte und Ostwald als Vater des Vereins bejubelte, dessen Herzensangelegenheit es wäre, seinem Kind einen besseren Namen geben zu dürfen, schien der Sieg gesichert und eine Mehrheit hob sowohl für die Erweiterung der Aufgaben wie für einen neuen Namen die Hand.

Damit war es noch nicht getan, es war noch eine Sitzung des Vorstands nötig, um einen konkreten Vorschlag zu machen, und eine weitere Mitgliederversammlung am nächsten Vormittag, um diesen abzusegnen.

Dazu kam eine Satzungsänderung: Das neue Bürgerliche Gesetzbuch verlangte, den Verein zu einer juristischen Person zu machen und dabei die Rechte von Vor-

53 Z. Elektrochem. 7 (1900/01) 665 – 670.
54 Z. Elektrochem. 7 (1900/01) 687.
55 Ihre Dissertation siehe Z. Elektrochem. 7 (1900/01) 477.
56 W. Ostwald, Lebenslinien Bd. 2, Berlin 1927, S. 254.

stand und Versammlung festzulegen. Dazu wollte man den bisherigen Vorstand künftig Ständigen Ausschuß nennen und einen neuen, handlungsfähigeren Vorstand aus den beiden Vorsitzenden und dem Schatzmeister bilden. Alle drei sollten von der Versammlung gewählt werden. Darüber hinaus hatte man etwas unvorsichtig, wie sich zeigen sollte, für Satzungsänderungen eine Dreiviertel-Mehrheit vorgesehen.

Am nächsten Morgen fing die Sitzung verspätet an: der Vorstand hatte sich noch immer nicht einigen können. So blieb nichts übrig, als eine schriftliche Abstimmung über den alten Namen und den neuen „Deutsche (Bunsen)-Gesellschaft für angewandte physikalische Chemie" mit oder ohne Bunsen und vorerst noch mit dem eingeklammerten Zusatz: früher Deutsche Elektrochemische Gesellschaft.

Aber die Schwierigkeiten fingen erst an, denn jetzt erhob sich eine Debatte, ob Firmendelegierte abstimmen dürften. Nein, hieß es schließlich, wenn sie keine schriftliche Vollmacht hätten. – Wie stand es aber Firmeninhabern und Institutsdirektoren, die gleichzeitig persönliche Mitglieder waren? Eine erneute Abstimmung billigte ihnen sogar zwei Stimmen zu. Damit war die gesamte Stimmenzahl endlich zu 82 festgestellt, aber nun zählte Böttinger zu seinem Entsetzen plötzlich nur 59 Zustimmungen für eine Namensänderung, und es brach eine kleine Panik aus, denn das waren weniger als drei Viertel für die mit einem neuen Namen automatisch verbundene Satzungsänderung. Nach einigem Hin und Her beruhigte man sich, ließ die alte Satzung gelten, da die neue ja noch nicht gerichtlich genehmigt sei, und begnügte sich mit zwei Dritteln, zumal einige aus der Minderheit sich ausdrücklich für die alte Satzung erklärten und selbst der schärfste Gegner sich kooperationswillig zeigte.

Die Abstimmung über den Namen verlangte glücklicherweise nur einfache Mehrheit: 47 waren für, 22 gegen Bunsen, 9 wollten beim alten bleiben.

So endete die langwierigste Debatte in der Geschichte der Gesellschaft. Zum Schluß konnte der tags zuvor gewählte neue Vorsitzende Böttinger in gewohnter Vollmundigkeit unter stürmischem Beifall verkünden, sie werde unter ihrem neuen Namen weiter arbeiten und weiter tagen *„ich hoffe, zum Segen unserer Technik, und darf wohl vor allem auf ein gemeinsames fröhliches Zusammenarbeiten und Zusammenkämpfen, ein Zusammenarbeiten der Wissenschaft und der Technik hoffen zum Heile des Ganzen!*[57]*"*

Ein kompetenter Teilnehmer aus der Großindustrie wollte nicht recht in den Beifall einstimmen. Im Archiv der Bayer-Werke befindet sich ein Bericht von Fr. Quincke an seine Firma, eines der wenigen Zeugnisse über eine Bunsentagung, die wir von Außenstehenden haben. Quincke, der im Jahre zuvor den Preis zum Besuch der Pariser Weltausstellung gewonnen hatte, später (1925) Vorsitzender des VDCh und Lehrstuhlinhaber für technische Chemie der TH Hannover werden sollte, schreibt:

„I. Allgemein: Die Versammlung war sehr gut besucht, etwa von 150 Personen, zeigt aber in jeder Beziehung eine Unterdrückung der von Ostwald abweichenden Anschauungen, die sich nicht nur in der Namensänderung zur ‚Bunsen-Gesellschaft',

57 Z. Elektrochem. 8 (1902) 479.

sondern auch in der Behandlung der Vortragsthemen immer mehr ausspricht. Auch eine ganze Anzahl der Techniker steht unter dem Ostwaldschen Einfluß (z. B. Goldschmidt, Lepsius), andere, wie O. v. Miller, Liebenow, Schmidt-Zürich sind der Dialektik Ostwalds eben nicht gewachsen.

II. Wissenschaftlich: Die Vorträge zeichneten sich theilweise durch auffallend ungenügende Vorbereitung aus; besonders bei Hittorf und Hantzsch war dies gänzlich unerklärlich. Hervorragend waren van't Hoffs Betrachtung über die Wasserabgabe des Gypses, Wiens Erläuterung der Elektronen, Zsigmondys Betrachtungen über Kolloide …

III. Technisches: Außer dem Haberschen Vortrag über die Vorgänge bei der Aluminiumdarstellung waren technische Fragen nur in den Unterhaltungen zu erfahren…"

Auf die Notwendigkeit, auch den Titel der Zeitschrift im Fall der Umbenennung der Gesellschaft oder der Erweiterung ihrer Aufgaben zu ändern, hatte Abegg schon vor der Tagung hingewiesen[58], um Lesermeinungen gebeten und bereits damals alle Namen genannt, die sie im Laufe ihrer Geschichte noch annehmen sollte. Niemand scheint sich geäußert zu haben. Ab Jahrgang 10 (1904) hieß sie dann „Zeitschrift für Elektrochemie" mit dem kleiner gedruckten Untertitel: „und angewandte physikalische Chemie".

Arthur Wilke hatte ausdrücklich den Neuerungen zugestimmt, aber er schied aus dem Vorstand aus und verließ noch im gleichen Jahr seine Gründung, die so ganz die Elektrotechnik hinter sich gelassen hatte. Mit ihm ging auch Friedrich Vogel.

Ostwalds Gedanke, einen wissenschaftlichen Verein nach einem herausragenden Fachkollegen zu nennen, machte Schule: Ein Jahr später (1903) wurde die englische physikalisch-chemische Gesellschaft als „Faraday Society" gegründet.

Bei Fachkollegen anderer Richtungen war der neue Name anscheinend nicht sehr populär. Etwas vorauseilend sei hier vermerkt, daß Sir Henry Roscoe 1904 zu seinem 50. Doktorjubiläum eine Adresse der Gesellschaft erhielt, die ihm Ostwald überreichen sollte. Aus ihr wurde, ohne die Mitgliederversammlung zu fragen, schnell eine Ehrenmitgliedschaft, denn Bunsens alter Doktorand schenkte dabei der Gesellschaft aus Freude über ihren neuen Namen die schön gebundenen Originale seines Briefwechsels mit Bunsen (heute als Leihgabe im Deutschen Museum, München).

Hieran knüpfte Theodor Curtius, damals Rektor der Universität Heidelberg, an und schrieb an den ersten Vorsitzenden Henry Böttinger, der ihn um Vermittlung eines möglichst hohen badischen Ordens für Roscoe gebeten hatte[59]: *„Ich will Ihnen, hochgeehrter Herr Geh. Rat, nicht verhehlen, daß ich bei der Nachricht, daß Roscoe die Bunsenbriefe der elektrochemischen Gesellschaft … übergeben hatte, etwas enttäuscht war. Ich glaube, sie wissen selbst, daß ein sehr großer Teil der eigentlichen Chemiker der Wissenschaft und Technik es geradezu unliebsam und schmerzlich empfanden, daß die elektrochemische Gesellschaft den Namen Bunsens für sich in Anspruch nahm. Verzeihen Sie mir, daß ich so frei rede, aber ich muß sagen, daß ich froh bin,*

58 Z. Elektrochem. 8 (1902) 156.

59 Brief vom 11. 3. 1905 (Bayer-Archiv).

daß ich durch die Hochzeit meiner einzigen Nichte damals verhindert war, an der Komödie, welche Herr Professor Ostwald am Grabe Bunsens zu diesem Zwecke inscenierte, teilzunehmen. Denn als eine solche wurde die Handlung auch von den hiesigen alten Fakultätskollegen Bunsens bitter empfunden. Die Elektrochemie verdankt Bunsen unglaublich viel, aber die Art, in welcher die heutigen physikalischen Chemiker arbeiten und namentlich, wie sie sich auch bei den kleinsten und unwichtigsten Arbeiten gegenseitig emporzuloben versuchen, um dem Publikum Glauben zu machen, daß s i e erst die anorganische Chemie groß gemacht hätten, steht der Art Bunsens zu arbeiten und seinem ganzen ureigensten Wesen so ungeheuer fern, daß der große Gelehrte dieses Treiben mit seinem ätzendsten Spotte begossen hätte.“ – Roscoe bekam keinen Orden.

III. Die Deutsche Bunsen-Gesellschaft bis zum Ende des Kaiserreichs (1902 – 1918)

1.20 Physikalische Chemie, noch immer umstritten

Mit der Umbenennung der Elektrochemischen Gesellschaft war es Wilhelm Ostwalds Rührigkeit gelungen, den Physikochemikern ein wissenschaftliches Forum und ihrem Fach eine zweite Zeitschrift als Sprachrohr zu verschaffen. Sein Vorgehen hatte aber auch Animositäten geweckt, die seinen Rückzug aus der Bunsen-Gesellschaft und seinen Rücktritt vom Lehramt (1906) überdauerten. Die folgenden Auszüge aus einem Briefwechsel von Carl Duisberg mit Fritz Foerster aus dem Jahre 1908 und Fritz Haber aus dem Jahre 1915[1] mögen eine Vorstellung davon geben, welch tiefe Wunden der chemische Emporkömmling dem zarten Gemüt von Kapitänen der Großindustrie schlagen konnte und welche Besorgnisse er hervorrief.

Carl Duisberg in seinem Dankbrief für den Ehrendoktor der TH Dresden an Fritz Foerster, 6. 1. 1908:

„.. *Ich freue ... mich, einmal Gelegenheit nehmen zu können, mich mit Ihnen über den Wert der physikalischen Chemie für den technischen Chemiker zu unterhalten. Sie wissen, wie hoch ich Ihre Disziplin für die Erkenntnis in der chemischen Wissenschaft schätze, und wie ich gerade Ihre Art der Darstellung sowie der Ausbildung der Chemiker in diesem Zweige der allgemeinen Chemie würdige, indem Sie nicht, wie es so viele Ihrer Spezialkollegen tun, sie als eine Wissenschaft für sich, als die Wurzel des fruchtbaren Baums der chemischen Erkenntnis ansehen, auf der sich die anderen Zweige der anorganischen, organischen und technischen entwickeln, sondern als die Krönung des Ganzen in erkenntnistheoretischer Hinsicht. Die physikalische Chemie ist nicht das Fundament, auf der sich die verschiedenen Gebäudeabteilungen der Chemie aufbauen, sondern sie muß das oberste Stockwerk sein, von dem aus man den umfassenden Blick von dem großen Gebäudekomplex der chemischen Wissenschaft insgesamt nehmen kann. Deshalb soll sie vor allem für den technischen Chemiker nicht Hauptzweck, sondern Nebenzweck sein. ... Zur Zeit herrscht hier ein großer Mißstand. Es gibt eine Anzahl von Chemikern, welche die physikalische Chemie hauptsächlich, die anderen Zweige der Chemie aber nebensächlich betrieben haben. Diese Herren ... wissen ausgezeichnet alle Vorgänge der chemischen Reaktionen nach den Regeln der physikalischen Chemie unter Verwendung der höheren Analysis zu erklären und sich über seltsame Vorkommnisse ... im Verlauf von chemischen Verfahren, die uns älteren Chemikern auffallen, und denen wir beunruhigt gegenüberstehen, und die uns bei der näheren Untersuchung und Prüfung meist zu neuen Erfindungen führen, sehr elegant hinweg zu theoretisieren, aber sie können nicht chemisch arbeiten und es fehlt ihnen auch sehr oft die Beobachtungsgabe und das Gefühl für das chemische Experimentieren. ... Es laufen Hunderte von solchen Chemikern jetzt herum, erleben eine Enttäu-*

1 Duisberg-Briefwechsel im Bayer-Archiv.

schung nach der anderen und sehen meist erst zu spät ein, daß sie ihren Beruf verfehlt haben.

Fragen wir nun, wer ist Schuld an diesem leider sehr unerfreulichen Zustande, so müssen wir sagen, die physikalische Chemie selbst, bezw. ihre Propagandeure. Es ist leider wahr, daß die … physikalische Chemie lange Jahre eine Aschenbrödelstellung eingenommen hat … Deshalb mußte dieser Disziplin durch energische und zielbewußte Männer der notwendige Platz gemacht werden. Das ist … endlich im Übermaß geschehen … die anfangs berechtigte Propaganda ist in eine das Ganze schädigende Reklame ausgeartet. Die Regierung, die Volksvertretung, die Studenten und das Publikum betrachten die physikalische Chemie heute als Stamm, aus dem die anderen (Zweige) herausgegangen sind, ja als die Wurzel, aus der den anderen die Nahrung zugeführt wird. Man sieht verächtlich auf anorganische und vor allem auf organische Chemiker herab, welche sich bei ihren Forschungen nicht von der physikalischen Chemie leiten lassen. Man behauptet auch, daß die technische Chemie der physikalischen Chemie unendlich viel verdanke … Ich darf wohl ohne Vorurteile darauf hinweisen, daß die technischen Erfolge der physikalischen Chemie außerordentlich dürftig sind … Die physikalische Chemie ist in den allermeisten Fällen mit ihrer theoretischen Aufklärung post festum gekommen. Auch heute spielt die experimentelle, anorganische und organische Chemie praktisch unbeeinflußt von der physikalischen Chemie auf allen den Gebieten, wo die deutsche chemische Industrie eine weltbeherrschende Stellung einnimmt, also mit Ausschluß der Metallurgie, die Hauptrolle. Ich fürchte aber, wenn es so weiter geht, werden wir mehr und mehr an dieser weltbeherrschenden Stellung Einbuße erleiden …

Fritz Foerster antwortet dem höchst einflußreichen Unternehmer am 3. 2. 1908 mit gebührender Vorsicht:

„… Es ist unbedingt erforderlich, daß jeder Chemiker gründlich anorganisch, analytisch und organisch arbeitet, gleichgültig, ob er später bei der Doktorarbeit physikalische Chemie oder einen jener Zweige bearbeiten will. Für ebenso unerläßlich aber halte ich es, daß auch derjenige, welcher speziell der anorganischen oder organischen Chemie sich widmen will, vorher Vorlesungen über physikalische Chemie gehört und Übungen darin mitgemacht hat. Dabei verstehe ich unter Übungen in der physikalischen Chemie nicht etwa nur solche über Bestimmung von Molekulargewichten, Leitfähigkeiten etc, sondern vor allem solche, wo energetische Auffassung der chemischen Vorgänge gepflegt, chemisches Gleichgewicht und Reaktionsgeschwindigkeit gründlich betrieben werden. Auch die Vorlesungen sollen die Theorie … als Denkmittel zur Erforschung der Vorgänge darthun und daher auf ihre Anwendung Bedacht nehmen. … Wenn heute tüchtige junge Leute sich vielfach physikalisch-chemischen Problemen zuwenden, so liegt dies wohl zum Teil daran, daß diese reizvoller als die rein präparativen Aufgaben der organischen Chemie erscheinen …

Vergeblich habe ich mich gefragt und auch vorsichtig herumgefragt, welche Erscheinungen darauf hindeuten, daß auch nach den zur Verfügung gestellten staatlichen Mitteln die organische Chemie sich bedrückt fühlen müßte von der physikalischen Chemie. … Wir sind in der Chemie jetzt, so weit ich sehe, in leidlich friedliche Zustände gelangt, indem die Hauptpropagandeure der physikalischen Chemie zurückgetreten sind, nachdem sie, wie Sie ja auch anerkennen, der physikalischen Chemie aus der Aschenbrödelstellung herausgeholfen haben.

Im Übrigen kann ich Ihren Ausführungen betr. der technischen Bedeutung der physikalischen Chemie nicht ganz beistimmen. Zur Zeit jedenfalls vermittelt sie Denkmittel, welche das technische Arbeiten ungemein vereinfachen und befruchten können...

Ein unmittelbarer Nutzen für die Technik kann im Allgemeinen aus der physikalischen Chemie nicht erwartet werden, denn die Technik stellt V e r b i n d u n g e n dar, die sie verkaufen will. ... Dagegen pflegt die physikalische Chemie den chemischen V o r g a n g, sie kann daher helfen, die Mittel und Wege, die zu den gewünschten Verbindungen führen, zu vereinfachen und zu verbilligen. Wenn bisher die physikalische Chemie ... die Erklärung im Wesentlichen fertiger technischer Prozesse brachte, so lag das zum großen Teil daran ... daß beide erst in etwas vorgeschrittenem Alter sich kennen lernten. ... Wenn aber einmal die systematischen, für die Theorie eines Vorgangs nöthigen Beobachtungen vorliegen, dann haben sie sich als nützlich für die Technik stets erwiesen. ... Je mehr die Lehren und Untersuchungsmethoden der physikalischen Chemie sich in den Fabriklaboratorien ... heimischer machen, umso mehr werden ganz im Stillen Erfolge hervortreten. Diese wird freilich mehr der Fabrikleiter als die Öffentlichkeit der Chemiker sehen...“

Fritz Haber an Carl Duisberg, 4. 10. 1915, in einem Briefwechsel über Material für Gasmasken:

„Bei dieser Gelegenheit bringe ich noch eine Bitte vor. Der V. d. Ch hat einen Ausschuß für deutsches Hochschulwesen. ... Dabei ist mir im Bericht über die Chemie an den deutschen Hochschulen ein Satz unterlaufen ... der im wesentlichen so verstanden wird, daß vor physikalisch-chemischen Doktor Dissertationen gewarnt wird. Darüber ist eine erhebliche Erregung entstanden, deren Entladung bei der Hauptversammlung jetzt im Kriege nicht glücklich wäre...“

Carl Duisberg an Fritz Haber, 5. 10. 1915:

„...Mir ist es unbekannt, daß der V. d. Ch einen Ausschuß für deutsches Hochschulwesen haben soll. ... Ich werde mir Antwort aus Berlin erbitten, ob überhaupt etwas an der Sache ist. Da Sie die Frage der physikalisch-chemischen Doktor-Dissertation berührt haben, so dürfte Ihnen nicht unbekannt sein, daß die Technik alle solche jungen Bewerber ablehnen und nach vielfachen Erfahrungen auch nicht gebrauchen können, die statt einer gründlichen chemischen Experimentalarbeit nur rein messende Untersuchungen vorgenommen haben, wie sie vielfach in physikalisch-chemischen Laboratorien üblich sind. Diese jungen Chemiker tun mir immer leid, denn sie versuchen überall in der Technik anzukommen und werden höchst selten genommen, während an solchen jungen Kollegen, die eine gute Experimentalarbeit gemacht haben und dabei selbstverständlich gründlich physikalisch-chemisch gebildet sind, zumal in der anorganischen Großindustrie ein großer Bedarf ist, der bis jetzt nicht gedeckt werden konnte.“

Der Verfasser hat noch 1953 auf einem Dozentenkurs in Leverkusen erfahren, wie sehr die hier geäußerten Meinungen des Chefs noch Jahrzehnte nach seinem Ausscheiden nachwirkten. Jedenfalls schätzte man damals in der Firma Chemiker, und wenn es unbedingt sein mußte, Physiker, aber keine Physikochemiker.

Seine Ansichten zur physikalischen Chemie verdankte Duisberg sicher weniger dem betrüblichen Anblick hunderter fehlgeleiteter Chemiker – sie gab es wohl nur in seiner Phantasie – als seinem Lehrer Adolf v. Baeyer. Dieser war bei August Kekulé in die Schule gegangen und hatte in ihm einen Forscher kennen gelernt, dessen Art ihm nicht nachahmenswert erschien[2]: *„Kekulé interessierte sich nicht für die Körper selbst, sondern nur dafür, ob seine Ansicht mit dem Verhalten des Körpers übereinstimmte, und probierte das. Wenn es ging, war es gut, wenn es nicht ging, wurde es verworfen."* So habe er mit seiner Vorstellung des vierwertigen Kohlenstoffs das ganze damalige Erfahrungsmaterial der Chemie durchgearbeitet und rasch zahlreiche Ergebnisse erzielt. In ähnlicher Art seien die großen Erfolge der physikalischen Chemie in ihrer Gründungsphase zustande gekommen. Man könne dies mit dem raschen Gewinn der Goldsucher vergleichen, die mit dem neuen Cyanidverfahren den alten Abraum aufarbeiteten. Im Gegensatz zu Kekulé habe er, sagte Baeyer, aus Interesse an den Stoffen geforscht, und nicht, um zu sehen, ob er recht habe.

Der Gedanke, ein besseres Verfahren, Gold zu gewinnen, könne auch für frisch zutage gefördertes Erz vorteilhaft sein, war Baeyer wohl nicht gekommen, jedenfalls gab es bis 1915 keine physikalische Chemie in München. Erst sein Nachfolger Richard Willstätter hat sich um das Fach bemüht. Auch er neigt etwas zu Baeyers Kritik, aber er sah weiter, sogar weiter als Foerster (vielleicht dank seiner Freundschaft mit Fritz Haber), als er sich weigerte, dem Drängen Duisbergs[3] zu folgen und sich bevorzugt um die anorganische Chemie zu bemühen:

„Meine erste Sorge betraf die physikalische Chemie. ... Die Blütezeit dieses Sonderfaches ging vielleicht schon zu Ende, aber für die Ausbildung der Chemiker war es notwendig, den Grenzgebieten zwischen Physik und Chemie und der Physik selbst, ihren Erkenntnissen und Methoden und der vorbereitenden Mathematik mehr Pflege und Raum zu schaffen. ... Aber wenn man die Rolle der physikalischen Chemie nur als vorübergehende Erscheinung anerkennen wollte, so zeigte es sich, daß dies nur für das Spezialfach mit den wissenschaftlichen Mitteln und der Begrenzung der Ostwaldschen Epoche gelten konnte. Die Physik selbst und die theoretische Physik bemächtigten sich der großen Probleme und schufen, von der Entdeckung der Röntgenstrahlen und der Radioaktivität ausgehend, die neuen und tiefen Fundamente der Chemie[4]." Es war folgerichtig, daß er Kasimir Fajans als Abteilungsleiter an sein Institut holte (und, da es keine Stelle gab, von seinen Kolleggeldern bezahlte).

1.21 Deutschland vor 1914

Es ist schwer, Deutschland in seinen letzten Friedensjahren aus der Zeit heraus zu beurteilen, ohne das Ende mitzudenken. Die Militarisierung des öffentlichen Lebens und ihre damals weithin akzeptierte, heute so lächerlich erscheinende Verkörperung durch Wilhelm II. verdecken leicht den Blick auf die großen Leistungen der Künste und Wissenschaften, die eine politikferne bürgerliche Schicht damals hervorbrachte. Außer den neuen Erkenntnissen der Naturwissenschaften gibt es wenig

2 Zitiert in Z. Elektrochem. 12 (1906) 127.
3 Brief von C. Duisberg an R. Willstätter vom 14. 6. 1915 (Duisberg – Briefwechsel im Bayer-Archiv).
4 R. Willstätter, Aus meinem Leben, Weinheim 1949, S. 290.

in den so gerühmten „Zwanziger Jahren", was sich nicht schon vor 1914 voll entwikkelt hatte.

Sicher war das Reich dank des übermächtigen Preußen ein Feudalstaat, regiert von einer kleinen Kaste von Grundbesitzern und einem Bürgertum, dessen Ziel es war, auch dazu zu gehören. Nernst, H. Goldschmidt, H. T. Böttinger und viele andere endeten als Gutsherren, der letztere sogar seit 1907 mit erblichem Adel.

Alle einte die Furcht vor der Revolution von unten – wie sich später herausstellte, eine ziemlich unnütze Sorge, wenn man an die Ereignisse von 1914 und 1918 denkt, wo sich die Arbeiter als Patrioten und ihre Führer als Bürokraten erwiesen, die lieber die alten Mächte einschreiten ließen, als revolutionäre Unordnung zu dulden. Schon 1912 wurden die Sozialdemokraten im Reichstag die stärkste Fraktion, aber der Reichstag hatte nicht viel zu sagen. Das hinderte Böttinger aber nicht, empört die Nationalliberale Partei zu verlassen, als sie bei der Wahl eines Sozialdemokraten zum Parlamentspräsidenten mitwirkte.

Auch in der Wirtschaft ging es noch immer feudal zu, aber sie blühte, nicht nur wegen der Aufrüstung, und selbst wo durch Überproduktion Schwierigkeiten auftraten, wie in der chemischen Industrie, gelang es nach amerikanischem Vorbild, wenn auch in weniger strikter Form, durch Kartelle die Lage zu stabilisieren. Damals verbanden sich die BASF, Bayer und Agfa zum Dreibund (1904), Hoechst, Cassella und Kalle zum Dreierverband (1906).

Die Hochschullehrer rekrutierten sich noch immer weitgehend aus einer kleinen arrivierten Schicht. Kritik und düstere Vorahnungen konnte man eher bei Dichtern finden als bei der Professorenschaft. Emil du Bois-Reymond nannte sie einmal das geistige Leibregiment der Hohenzollern und meinte das als Lob.

Auch bei der Bunsen-Gesellschaft passen die zugänglichen Verlautbarungen in dieses Bild, ganz gleich, ob sie von Industriellen, Hochschullehrern oder Staatsdienern stammen. Sie alle überraschte der Krieg in völliger Unschuld und Ahnungslosigkeit.

1.22 Organisatorische Entwicklung der Gesellschaft bis 1914 Die Bunsen-Denkmünze

Für die Gesellschaft war es zweifellos ein Vorteil, daß 1902 mit H. T. Böttinger gerade ein Industrieller den Vorsitz eingenommen hatte, als sie ihren neuen Namen erhielt. So konnten die Mitglieder aus der Technik, die vielfach noch immer Vorbehalte gegen die neue Wissenschaft hatten, sich leichter mit der Änderung abfinden. Seit dieser Zeit hielt sich die Versammlung fast ausnahmslos an den Vorschlag van't Hoffs[5], abwechselnd Vertreter der Industrie und der Hochschulen als Erste Vorsitzende zu wählen, auch wenn dies wohlweislich nicht in die Satzung aufgenommen wurde. Ebenso bildete sich die Tradition aus, dem abtretenden ersten Vorsitzenden

5 Z. Elektrochem. 7 (1900/01) 664.

den Platz des zweiten einzuräumen[6]. So erschien wenigstens alle drei Jahre ein neues Gesicht.

Der Ständige Ausschuß wurde satzungsgemäß 1903 auf 4 – 7[7], 1909[8] auf 6 – 11 Mitglieder vergrößert. Zwar hatte die Versammlung jedes Jahr ein Drittel neu zu wählen, aber die Amtsdauer verewigte sich durch ständige Wiederwahl, und nur der Tod konnte diese mit Sicherheit verhindern. Selbst der schärfste Protest half nicht immer: Als Ostwald keinesfalls wieder kandidieren wollte, beschloß man, die ehemaligen ersten Vorsitzenden als lebenslänglich beratende Mitglieder in den Ständigen Ausschuß aufzunehmen[9]. Der ungenügende Wechsel war sicher mit dafür verantwortlich, daß die Gesellschaft nicht schnell genug auf manche modernen Entwicklungen einging.

Neben der Sorge um die Tagungen und die Zeitschrift gab es einige dauernde Aufgaben des Vorstands, die meist durch Delegierte wahrgenommen wurden. Hierzu gehörte z. B. die Beteiligung am Ausschuss für Einheiten und Formelgrößen (AEF)[10], an einer Potentialkommission[11] und der jährlich erscheinenden Internationalen Sammlung physikalisch-chemischer Konstanten[12].

Der Vorstand hatte ferner über Ehrungen zu beschließen, wobei der in den ersten Jahren verteilte Ehrenpreis allerdings in Vergessenheit geriet.

Es gab wieder eine Anzahl verdienter Ehrenmitglieder, über deren Auswahl nur Spekulationen möglich sind. Einige hatte sicher Ostwald entdeckt: Es waren, wie seinerzeit Wilhelm Hittorf, Pioniere, deren bedeutende Leistungen lange zurücklagen und die man fast unerwartet noch unter den Lebenden fand, nachdem sie schon unter „Ostwalds Klassiker" geraten waren. So wurden 1904 Sir Henry E. Roscoe (Ostwalds Klassiker Nr. 34), 1906 Stanislao Cannizzarro (Ostwalds Klassiker Nr. 30), 1912 August Horstmann (Ostwalds Klassiker Nr. 137) Ehrenmitglieder.

Dann gab es ehrwürdige Vorgänger, die der Nachfolger ehren wollte: Ebenso wie Ostwald für Wiedemanns Ehrung gesorgt hatte, so kümmerte sich Nernst 1904 um Hans Landolt, dem er in Berlin gefolgt war. Einige hatten aber auch ganz aktuelle Leistungen aufzuweisen: William Ramsay (1904), Alfred Werner und Walther Nernst (beide 1912). Es spricht für den Vorstand, daß er in allen drei Fällen (wie schon bei Henri Moissan 1899) dem Nobelkommittee zuvorkam, was später viel seltener gelang.

Als neue Ehrung trat seit 1908 die Bunsen-Denkmünze hinzu. H. T. v. Böttinger hatte sie mit einem Schreiben vom 29. 4. 1907 gestiftet[13]. Es war sein Dank für die Ehrenmitgliedschaft, die ihm die Bunsen-Gesellschaft 1906 verlieh. Der Vorstand

---

6 Z. Elektrochem. 14 (1908) 391
7 Z. Elektrochem. 9 (1903) 608.
8 Z. Elektrochem. 14 (1908) 553.
9 Z. Elektrochem. 13 (1907) 358.
10 Z. Elektrochem. 16 (1910) 417; 17 (1911) 551.
11 Z. Elektrochem. 13 (1907) 360; 15 (1909) 464, 781.
12 Z. Elektrochem. 18 (1912) 412.
13 Z. Elektrochem. 13 (1907) 355.

war damals mit Recht dem Vorschlag Nernsts gefolgt und von der bisherigen Übung abgewichen, nur wissenschaftliche Verdienste zu ehren[14].

Wie es in der Satzung hieß, wird sie *„während der Generalversammlung in feierlichem Akt ... zum Andenken an Robert Bunsen und zur Förderung der Ziele der Deutschen Bunsen-Gesellschaft ... an solche Persönlichkeiten verliehen, welche die Ziele der physikalischen Chemie durch wissenschaftliche oder praktische Leistungen in hervorragender Weise gefördert haben.“* Für den Beschluß war der Ständige Ausschuß mit mindestens 2/3 der Stimmen zuständig, nachdem er die bisherigen Inhaber der Denkmünze befragt hatte. Seit einem Beschluß vom 3. 8. 1913 wurde nur noch im Ständigen Ausschuß abgestimmt[15]. Es wurde erwartet, daß der Geehrte sich mit einem kurzen Vortrag erkenntlich zeigte.

Zur Stiftung gehörte ein Kapital von 8000 M, dessen Zinsen dazu dienen sollten, etwa alle drei Jahre oder auch öfter die goldene Medaille mit dem Bilde Bunsens und der Widmung sowie dem Namen des Trägers (den des Stifters nicht zu vergessen) auf der Rückseite zu prägen. Für ihren Entwurf hatte Böttinger Rudolf Meyer von der Karlsruher Kunstschule beauftragt, der Bunsen noch gekannt hatte.

1.23 Die Hauptversammlungen bis 1914

1903 war Deutschland der Gastgeber des alle zwei Jahre stattfindenden Internationalen Kongresses für angewandte Chemie. Die Bunsen-Gesellschaft wurde eingeladen, am Kongressort, dem Berliner Reichstag, eine der Sektionen zu organisieren. Nach einigem Zögern stimmte man zu, denn dies gab die Möglichkeit, diese Sektion als Hauptversammlung abzuhalten und sich so in wesentlich größerem Rahmen als bisher darzustellen. 51 Vorträge wurden angemeldet, und obwohl schließlich nur 38 zustande kamen, mußte man die Vortragsdauer beschränken und erstmals zwei Parallelsitzungen abhalten. Der Reichstagsdiener gab derweilen auf einer Tafel vor dem Saal an, welche Vorträge gerade anderswo stattfanden[16]. So liefen alle hin und her, und Böttinger mußte bekümmert feststellen, daß die Mitgliederversammlung nur sehr dürftig besucht war, eine damals noch ungewohnte Erscheinung[17]. Im Diskutieren ließ man sich allerdings nicht stören. So findet man eine bemerkenswerte Diskussion von Bredig, Nernst, Bodenstein, Noyes, Schenck, Bodländer und Tammann über Diffusion und Reaktion bei der heterogenen Katalyse, die in der Zeitschrift 10 Seiten einnimmt und bei der Bodenstein bereits den Bedeckungsgrad der Oberfläche als maßgebende Größe erkannte[18], 15 Jahre vor Langmuirs Ansatz.

---

14 Siehe Brief J. H. vant' Hoffs an W. Ostwald vom 17. 6. 1906 in: Aus dem wissenschaftlichen Briefwechsel Wilhelm Ostwalds Bd. 2 (Hrsg. H-G Körber), Berlin 1969, S. 310.

15 Heute ist man wieder zur alten Sitte zurückgekehrt.

16 Z. Elektrochem. 9 (1903) 608.

17 Z. Elektrochem. 9 (1903) 608.

18 M. Bodenstein, Z. Elektrochem. 9 (1903) 696, Diskussion: 742 – 751.

Die Berliner Erfahrungen zeigten, daß eine kleine Gesellschaft mehr Aufmerksamkeit erregt, wenn sie allein tagt. Man war zwar noch mehrfach bereit, an der Organisation anderer Tagungen, auch im Ausland, wie etwa in Rom oder London, mitzuwirken, aber in den Hauptversammlungen blieb man künftig unter sich.

So konnte Böttinger 1904 in Bonn erleichtert feststellen, daß die Gesellschaft wieder in ihrer richtigen Gestalt zusammengekommen sei[19]. Auch die Begrüßungsreden waren fast wie gewohnt, nur Bürgermeister Spiritus muß an dieser Stelle ehrend genannt werden, denn er sprach die Worte: *„Der Bunsenbrenner, die Gaskochmaschine sollten jeden Tag unseren Hausfrauen, wenn sie zur Ersparung der teuren Kohlen mit Gas kochen, vor Augen führen, was wir Ihrer Wissenschaft verdanken!“* und besitzt somit die Priorität für ein Thema, dem die Bunsen-Gesellschaft auf ihren Tagungen nur selten entgangen ist.

Ostwald verabschiedete sich mit einem Vortrag über Stöchiometrie von seinen Fachkollegen, den er kurz zuvor schon als Faraday Lecture vor der Royal Society in London gehalten hatte. Es war ein seltsamer Versuch, das Gesetz der konstanten und multiplen Proportionen ohne Atombegriff abzuleiten. Van't Hoff und Roozeboom verzichteten auf Einwände und stammelten betreten einiges über ihre Verständnisschwierigkeiten.

Auch der Versuch von Arrhenius, die Serumtherapie mit einem primitiven physikalisch-chemischen Massenwirkungsmodell zu erklären, erregte Abwehr, vor allem bei Paul Ehrlich, den Nernst dabei vehement unterstützte[20]. Ehrlich hatte Arrhenius seinerzeit angeregt, sich mit diesem Problem zu beschäftigen, fühlte sich nun aber in seinem Lebenswerk angegriffen[21].

Der offizielle Vertreter der Faraday Society, John B. C. Kershaw, hat einen lebendigen Bericht veröffentlicht, von dem einige Sätze in der Originalsprache wiedergegeben seien (dies im Sinne der Mitglieder, die damals beklagten, daß Böttinger seinen Dank an Roscoe auf Englisch telegrafiert hatte und beschlossen, alle offiziellen Schriftstücke seien zukünftig in der eigenen Sprache abzufassen[22]):

„The meeting was … fairly international in character, although all the papers were read in German. It may be remarked here that Germans do not ‚read papers‘, as generally understood by that phrase. … The usual plan is for the author to fill himself with facts and figures … and to ‚orate‘ upon it for a period which is supposed to be thirty minutes, but usually much exceeds this limit. The results of this system (which no doubt has some advantages), are, that the author has rarely said all he wished to say, when compelled by the chairman … to suspend his flow of oratory. … There is the further disadvantage that no one, not even the author himself, has any idea how long his

19 Z. Elektrochem. 10 (1904) 455.

20 Z. Elektrochem. 10 (1904) 377, 661.

21 Die Kontrahenten waren noch lange böse aufeinander. Arrhenius behauptete, Ehrlich habe später ihm die Schuld daran gegeben, daß er den Nobelpreis (1908) mit Metschnikoff habe teilen müssen. Umgekehrt fühlte sich Arrhenius von seinen wissenschaftlichen Gegnern boykottiert, indem alle, welche avancieren wollten – in dieser Branche seien in Deutschland fast ausschließlich Semiten tätig – sich von ihm abhielten. (Aus dem wissenschaftlichen Briefwechsel Wilhelm Ostwalds, Hrsg. H. G. Körber), Bd. 2, Berlin 1969, S.177, 190.)

22 Z. Elektrochem. 11 (1905) 541.

‚Paper' will occupy – and if he is gifted with words, as most Germans are, and filled with a sense of his own importance, it is most difficult to suppress him, even when his thirty minutes has run into forty or fifty. Professor van't Hoff, who took the chair at all the sittings … in fact found himself several times during the meeting, quite powerless to stop certain very long-winded and very self-willed orators of this stamp, and his office was certainly no sinecure.

As regards the papers themselves, those which attracted the most attention related to new developments of the ‚Phasenlehre', and to the interaction of toxines and antitoxines in the animal and human organism. … Papers on applied electrochemistry and electrometallurgy were few in number, and only that by Dr. Rathenau upon a new method of producing metallic calcium, was of exceptional interest and importance. It was notable, however, that these papers excited little interest, and led to practically no discussion, whereas those papers dealing with abstract theoretical subjects like the ‚Phasen-lehre' and the ‚Mass-action of toxines' were heard with the greatest attention and keenly debated. The German is by nature and training more interested in the discovery of laws and principles than in their practical applications, and hence the general character of the papers read at the annual meeting of the Bunsen-Gesellschaft, always tends towards theory rather than to practice[23]*.“*

Zweifellos ist der Bericht durch einige Stereotype von Engländern gegenüber Deutschen gefärbt, aber auch ein Mann wie Duisberg äußerte sich nicht viel anders (siehe Kap. 1.20).

Trotz diesem immer wieder fühlbaren Unbehagen der Praktiker entwickelte sich die Gesellschaft prächtig: 1904 verkündete sie stolz ihr 10jähriges Jubiläum und meldete zugleich, die Mitgliedsnummer 1000 sei erreicht[24].

In Karlsruhe konnte der Vorsitzende 1905 sogar den Erbgroßherzog Friedrich von Baden begrüßen, der es sich nicht nehmen ließ, einen Teil der Tagung mitzumachen. – Baden war das liberale Musterland, und in seiner Dynastie gab es wirkliches Verständnis für Kunst und Wissenschaft[25]. Dagegen hatte der Innenminister die Einladung nicht genau gelesen und sprach zu einer Versammlung für angewandte Chemie.

Le Blanc als Gastgeber machte die Versammlung auf bedenkliche Entwicklungen aufmerksam[26]: Die physikalische Chemie besäße zwar in Karlsruhe gleichen Rang wie die anderen chemischen Fächer, werde aber bei der geplanten Technischen Hochschule in Breslau als unnütz angesehen. So heiße es in der dortigen Denkschrift: *„Denn so große wissenschaftliche Bedeutung dieses in glänzender Entwicklung befindliche Forschungsgebiet auch ohne Zweifel besitzt, so entspricht es doch nicht der Arbeitsrichtung des Technikers, für die es genügt, sich mit den gesicherten Resultaten dieser Forschungen bekannt zu machen.“* Außer in Baden und Sachsen sei es mit etatmäßigen Stellen für physikalische Chemie schlecht bestellt, sie seien sogar

23 Proc. Faraday Soc. 2 (1904) 736.
24 Z. Elektrochem. 10 (1904) 296.
25 Auch einige Jahre später in Heidelberg (1912) hörte sich der inzwischen zur Regierung Gekommene alle Hauptvortäge an.
26 Z. Elektrochem. 11 (1905) 533.

zurückgegangen. Dabei habe die organische Farbenchemie ihren Höhepunkt überschritten, wofür schon der Zusammenschluß der Farbenfabriken spräche. (Le Blanc konnte sich als kompetent fühlen, denn er hatte eine zeitlang in der Farbenindustrie gearbeitet.) Jetzt käme es darauf an, auf allen Gebieten systematisch die Verfahren zu verbessern, also das Anliegen physikalisch-chemischer Forschung.

Es ist in der Tat auffällig, wie häufig zu dieser Zeit die physikalische Chemie in lichte Höhen gehoben wurde, damit sie aus dem Gesichtskreis verschwand.

In der Tagungspraxis hatte man aus den Erfahrungen der vergangenen Jahre gelernt. So gab es erstmals Vorschriften für die Länge der Vorträge. Als besonders umstritten erwiesen sich die anisotropen Flüssigkeiten, deren Pionier, O. Lehmann, in Karlsruhe lehrte und für die Emil Bose (Danzig) bereits eine akzeptable Theorie entwickelt hatte. Gustav Tammann, wie so oft von eigener Unfehlbarkeit überzeugt, erklärte das Ganze für einen Dreckeffekt. Man solle sich nicht durch Staubteilchen zu Spekulationen verleiten lassen. Es wurde sogar eine Kommission „Flüssige Kristalle" errichtet, die nach einiger Zeit deren Existenz trotz Tammann für erwiesen erklärte und sich dann auflöste.

1906 in Dresden konnte der neue Vorsitzende Walther Nernst den Kronprinzen begrüßen, viele Vorträge ankündigen, von denen aber keineswegs alle gehalten und noch weniger alle gehört wurden; der Minister sprach vom selbstlosen Drang nach Wahrheit, von Gas- und Wasserleitungsanstalten, Straßenbahn, Schul- und Feuerlöschwesen, der Bürgermeister von der städtischen Wohlfahrtspolizeipflege und der Nernstlampe. Nach einigen ähnlichen Reden erhob sich der Kronprinz und eilte davon, was Nernst in ein begeistertes dreifaches Hoch ausbrechen ließ, in das die Anwesenden stehend einstimmten.

Im allgemeinen Teil nahm die Schulfrage einen wesentlichen Raum ein. Anlaß waren Diskussionen in der Versammlung der Gesellschaft deutscher Naturforscher und Ärzte 1904, wo es um den darniederliegenden naturwissenschaftlichen Unterricht in Gymnasien ging, bei dem besonders die Biologie fehlte. In der dort gebildeten Kommission waren Mathematik, Physik, Biologie und Schulhygiene vertreten, aber nicht die Chemie. Diese hatte man als Hilfswissenschaft angesehen, die lediglich Stoffkenntnisse zu vermitteln habe. Für die praktische Ausbildung der Lehrer sollten dann einige Analysen genügen. Auch 60 Jahre später war es nicht viel anders.

Schon 1905 hatte Julius Wagner in Karlsruhe über physikalische Chemie und Schulunterricht referiert[27] und dabei die Ansicht vertreten, je elementarer der Unterricht sein solle, desto mehr sei in ihm die physikalische Chemie zu betonen. Man müsse das Verständnis der Mathematiker und Physiker wecken, die Chemie aus ihrer Schulzeit nur als Stoffhuberei erfahren hätten und sie für eine beschreibende Wissenschaft hielten.

Van't Hoff hatte Bedenken gegen weitere Forderungen gehabt: Die Mathematiker wollten mehr Mathematik, die Biologen mehr Biologie, und nun kämen die Chemiker mit mehr Chemie, *„er möchte vorziehen, daß die Chemie etwas geschädigt*

---

27 Z. Elektrochem. 11 (1905) 725.

wird, als daß die Jugend geschädigt wird[28]*"*, worauf Wagner entgegnete, wenn man nicht dränge, würde man zur Seite gedrängt, ihm wäre eine Schädigung der Jugend durch Chemie allemal lieber als ausschließlich durch Mathematik und andere Dinge. Freund (Frankfurt) hatte wohl den besten Vorschlag bereit: Man müsse nicht bei den Schülern anfangen, sondern die Lehrer vernünftiger ausbilden, dann folge alles weitere von selbst.

In Dresden wurde die ein Jahr zuvor in Karlsruhe verfaßte Resolution mit einigen Verbesserungen beschlossen – sie braucht nicht angeführt zu werden, denn diese Diskussionen wiederholten sich noch mindestens weitere 70 Jahre mit ähnlichen Argumenten, aber an der Stoffbezogenheit der Schulchemie änderte sich wenig.

Bei den Vorträgen gab es erstmals ein Schwerpunktsthema, diesmal die Stickstoff-Aktivierung, z.B. als Kalkstickstoff (Frank-Caro-Verfahren) oder als direkte Oxidation im Lichtbogen, wobei es darum ging, ob dies eine rein thermische Reaktion sei. Es gab fünf Übersichtsvorträge, auch zwei Einzelvorträge konnten unter dies Thema gerechnet werden.

Fr. Quincke als Berichterstatter (siehe Kap. 1.19) war diesmal wesentlich zufriedener als zwei Jahre zuvor[29]: *„Die Versammlung zeichnete sich dadurch aus, daß die Vorträge weit verständlichere Themata als vor mehreren Jahren umfaßten und daß rein physikalische Ergebnisse gegenüber der früher überwiegenden Ostwald'schen Schule öfters zu Wort kamen. ... Interessant war mir, daß in der anorganischen Abteilung in Ludwigshafen nicht weniger als 6 physikalische Chemiker tätig sind."*

Ein regelmäßiges Hauptthema wurde ein Jahr später offiziell eingeführt. Die Tagung in Hamburg 1907 stand unter dem Thema „Radioaktivität und Atomzerfallhypothese". Die Erscheinung wurde also noch als Hypothese angesehen, und die sieben eingeladenen Redner, unter ihnen Otto Hahn, waren vorsichtig, wenn auch in sehr verschiedenem Maße. Besonders rätselhaft war damals noch die Temperaturunabhängigkeit des Prozesses und ungelöst die Einordnung der gefundenen Stoffe in das Periodensystem. Für Gustav Tammann war die Beobachtung von Helium beim Zerfall allerdings nur der Beweis dafür, daß Radium kein Element sei, Radon kein Edelgas.

Die Vorträge mochten der Fortbildung der Physikochemiker gedient haben, aber noch lagen ihre Interessen auf ganz anderen Gebieten. Kein angemeldeter Vortrag beschäftigte sich mit dem Thema der Tagung. Ihr folgenreichstes Ereignis war die Diskussion, die sich an Nernsts Vortrag über das Ammoniakgleichgewicht[30] anschloß. Er begann mit den Worten: *„Als ich vor einiger Zeit ein neues Wärmetheorem entwickelte..."*. Seine mit Jost durchgeführten Hochdruckexperimente hatte er in schönstem Einvernehmen mit seinem Theorem gefunden, während Habers ältere Messungen mit van Oordt bei Normaldruck höhere Ammoniakgehalte lieferten und ihm nicht zu entsprechen schienen. Nernst schloß: *„Es ist bedauerlich, daß das Gleichgewicht nach der Seite der viel geringeren Bildung verschoben ist, als man nach*

28 Z. Elektrochem. 11 (1905) 542.
29 Bericht vom 31. 5. 1906 (Bayer-Archiv).
30 Z. Elektrochem. 13 (1907) 521.
31 Z. Elektrochem. 16 (1910) 244.

den stark unrichtigen Zahlen Habers bisher angenommen hat, denn man hätte wirklich daran denken können, Ammoniak synthetisch herzustellen aus Wasserstoff und Stickstoff. Aber jetzt liegen die Verhältnisse viel ungünstiger, die Ausbeuten sind ungefähr dreimal kleiner als zu erwarten war.“

Auch Haber hatte nicht an eine technische Realisierbarkeit geglaubt, wehrte sich aber nach Kräften, führte neue Versuche mit Le Rossignol an, die tatsächlich etwas niedrigere Werte als früher ergeben hätten, und wies darauf hin, er habe jetzt das Gleichgewicht von beiden Seiten erreicht. Nernst, schon ganz in olympischen Höhen, schloß jedoch die Debatte mit den Worten: *„... und da möchte ich doch vorschlagen, daß Herr Professor Haber statt seiner früher angewandten Methode, die so unsichere Werte gegeben hat, doch nun auch eine Methode anwendet, die wegen der größeren Ausbeute wirklich präzise Werte geben muss.“*

Diese Abfertigung muß in Haber ungeahnte Kräfte erregt haben. Er ruhte nicht eher, als bis er sein Umlaufverfahren zur Abtrennung des Produkts bei konstantem hohen Druck entwickelt und einen geeigneten Katalysator gefunden hatte. Sogar als Experimentalvortrag führte er 1910 in Karlsruhe seine Apparatur vor[31] und noch bis unmittelbar vor dem Krieg gab es eine ganze Serie von Publikationen in der Zeitschrift für Elektrochemie, in denen das Gleichgewicht nach allen Seiten hin untersucht wurde und sich auch ergab, daß die alten Messungen durchaus einwandfrei waren und die Diskrepanzen hauptsächlich auf den benutzten Wärmekapazitäten beruhten.

In Wien war 1908 das Hauptthema „Photochemie“, wobei aber die Hälfte der acht zusammenfassenden Vorträge der Photographie gewidmet waren. Um für die Photochemie im heutigen Sinn fruchtbar zu sein, war die Tagung wohl zu früh anberaumt.

Ein wenig nachdenklich können den heutigen Leser einige Worte Nernsts in seinem Dank für die üblichen Tiraden der Eröffnungsredner stimmen[32]. Er glaube, was die Aufrechterhaltung der Kultur der Menscheit anlange, daß die reine Wissenschaft leider nicht völlig die Erwartungen habe erfüllen können, die man noch vor 10 oder 20 Jahren auf sie gesetzt habe. Je tiefer man eindringe, auf desto größere Komplikationen stieße man, und es läge in der Natur der Sache, daß derartige Arbeiten der Allgemeinheit kaum zugänglich gemacht werden könnten. Da könne man, auch im Sinne der Bunsen-Gesellschaft mit ihrer Verbindung von Wissenschaft und Technik, betonen, daß es keinen stärkeren Schutz dagegen gäbe, daß die Menschheit wieder in den Zustand des finsteren Mittelalters und seiner düsteren Barbarei zurückfalle, als gerade die scheinbar äußerlichen technischen Fortschritte. *„Um ein einfaches Beispiel hier zu nennen, scheint es mir in der Tat ausgeschlossen, daß jemals Zeiten kommen werden, wo man etwa per Telephon zu einer Hexenverbrennung einladen oder wo man mit einem 40pferdigen Mercedes zu einem Autodafé sich versammeln wird.“* (Heiterkeit, heißt es dazu im Protokoll).

Ein Höhepunkt der Tagung war die Verleihung der ersten Bunsen-Denkmünze an Friedrich Kohlrausch. Alter und Krankheit hinderten ihn an der Teilnahme und

32 Z. Elektrochem. 14 (1908) 383.

der geforderten Rede, aber durch seinen Schwiegersohn, den Physiker Hallwachs, ließ er einen langen Brief verlesen, in dem er ebenso literarisch wie physikalisch eindrucksvoll die Geschichte seiner Messungen und Techniken beschrieb[33].

Für Pfingsten 1909 hatte Ramsay nach London zum VII. Internationalen Kongreß für Angewandte Chemie eingeladen. Nach den Erfahrungen in Berlin verzichtete man auf die Beteiligung, fand aber einen Kompromiß, indem man die eigene Tagung von Himmelfahrt auf den folgenden Sonntag verschob und von Kiel nach Aachen verlegte, um den Weg nach London zu verkürzen. Als Hauptthema bot sich für diesen Ort „Die Bedeutung der physikalischen Chemie für die Metallurgie" an, was sich in der Tat als sehr fruchtbar erwies, da sich die Theorie des metallischen Zustands, die Metallurgie und die Thermodynamik metallischer Phasen damals stürmisch entwickelten, wie die vier Hauptvorträge und eine Reihe von Kurzvorträgen zeigen.

Den Vorsitz der Gesellschaft hatte inzwischen Paul Marquart übernommen, der ihr seit der Gründung als Schatzmeister gedient hatte. Auch er versuchte sich bei der Eröffnung in Prophetien, traf es aber besser als sein Vorgänger, als er auf den letzten gemeinsamen Triumph von Wissenschaft und Technik, die Überführung des Luftstickstoffs in Salpetersäure, hinwies und meinte, es könne nicht mehr lange dauern, bis auch ein weiterer Traum in Erfüllung ginge, die Überführung des Luftstickstoffs in Ammoniak. Er wußte noch nicht, daß die BASF Habers Verfahren einige Monate zuvor angemeldet hatte. Vielleicht wußte er es auch, denn von Menschheitsträumen pflegt man meist zu reden, wenn man soweit ist und die Illusionen sich noch nicht verflüchtigt haben.

Gießen 1910 war eine eher unauffällige Tagung. Hier vertrat mit K. Elbs seit langem ein Elektrochemiker die physikalische Chemie und so wählte man „die neuere Entwicklung der Elektrochemie" als Thema. Diese erwies sich jedoch als nicht allzu aufregend, trotz Rednern wie W. Nernst und M. Bodenstein.

1911 konnte man sich endlich, wie schon Jahre zuvor geplant, in Kiel versammeln, denn der Himmelfahrtstag fiel auf ein besonders spätes Datum, so daß man sich in den kalten Norden des Reiches wagen konnte. Zumindest mit dem nationalen Klima konnte man im Kriegshafen des Reichs zufrieden sein – es war erhitzt genug. Dem Telegramm der Versammelten an den Kaiser mit *„ehrfurchtsvollem Dank für die große nationale Tat der Gründung der Kaiser-Wilhelm-Gesellschaft"* (siehe Kap. 1.24) schloß sich der Vertreter des Ministers für geistliche und Unterrichtsangelegenheiten an[34]: *„Wenn Deutschland der Blüte seiner Universitäten ... seine führende Stellung in dem wissenschaftlichen Leben der Völkerwelt verdankt, so haben an dieser Weltmachtstellung Deutschlands die Naturwissenschaften und unter ihnen die Chemie hervorragenden Anteil. ... Die Chemie darf nun hoffen, in absehbarer Zeit zwei Forschungsinstitute zu erhalten, darunter eins für physikalische Chemie, wo begabte Männer, befreit von der Last des Unterrichts, ausgestattet mit reichsten Mitteln, die volle Ruhe für das Forschungsexperiment gewinnen und ihren erfinderischen Sinn betätigen*

---

33 Z. Elektrochem. 14 (1908) 384. Der Brief kam als Leihgabe ins Deutsche Museum: Z. Elektrochem. 15 (1909) 781.

34 Z. Elektrochem. 17 (1911) 546.

können. Möchte es der Kraft und Kühnheit deutschen Denkens und Forschens, wie sie sich verkörpert finden in den leuchtenden Namen, welche die Deutsche Bunsen-Gesellschaft unter ihren Mitgliedern zählt, auch in fernerer Zukunft gelingen, der deutschen Wissenschaft die welterobernde Machtstellung zu erhalten...“

Einer der leuchtenden Namen erhielt die Bunsen-Denkmünze: Ignaz Stroof, der ab 1884 in den Chemischen Werken Griesheim die Chloralkali-Elektrolyse als erstes elektrochemisches Verfahren zu großtechnischer Bedeutung gebracht hatte. Voller Rührung erklärte der 73jährige Preisträger und mehrfache Ehrendoktor die Medaille zum schönsten Schmuck seines Heims.

Das Hauptthema „Neuere Entwicklung der anorganischen Chemie“ spiegelt einmal mehr die damals gemeinsamen Interesssen von anorganischer und physikalischer Chemie wider und gipfelte in Vorträgen z. B. über Struktur und Thermodynamik der Silikate und über Theorie der Valenz und Komplex-Verbindungen (Alfred Werner). In der Diskussion nach einem Vortrag von Niels Bjerrum über Schwingungswärmen von Gasen als Funktion der Temperatur machte Robert Luther den Vorschlag, die Planck-Einsteinsche Quantentheorie als Hauptthema der nächsten Tagung zu wählen, und dafür Planck und Nernst zu Referat und Koreferat aufzufordern. Vielleicht hatte ihn eine Bemerkung Nernsts dazu angeregt. Dieser hatte die kühne Vorstellung entwickelt, da jede der vielen Eisenlinien im Spektrum der Sonne einem Freiheitsgrad entspreche, müsse diese eine enorme Wärmekapazität besitzen, was ihre langsame Abkühlung erkläre[35].

Für die Tagung in Heidelberg 1912 wurde Luthers Vorschlag zwar nicht befolgt, aber das zum Andenken Bunsens gewählte Thema „Die neuere Entwicklung der Spektralanalyse“ lag ihm nicht ganz fern. Es gab Übersichtsvorträge über den Zusammenhang zwischen Absorptions- sowie Lumineszenzspektren und chemischer Konstitution, die Bedeutung der Spektren für die Atomistik und für kosmische Probleme, sogar über die Photochemie des Sehvorgangs, aber es fällt auf, daß fast keiner der Einzelvorträge mit dem Hauptthema zusammenhing. Noch lag das Zentrum der physikalischen Chemie in der Thermodynamik.

Nach langer Debatte und ganz gegen den Willen des neuen Vorsitzenden Max Le Blanc hatte man für 1913 den üblichen Termin zu Himmelfahrt verlassen und sich auf den August nach Breslau verabredet, um dort in die 100-Jahrfeier der Freiheitskriege mit einzustimmen. Man traf sich in der neuen Technischen Hochschule und wurde durch zahlreiche Redner daran erinnert, daß der junge Bunsen seinen ersten Ruf an die Breslauer Universität erhalten und dort Kirchhoff kennengelernt hatte.

Das Hauptthema „Arbeitsleistung der Verbrennungsvorgänge“ bot dem Auto-Fan Nernst die Möglichkeit, über den maximalen Nutzeffekt der Verbrennungsmotoren zu berichten, es wurde über Gasmotoren und Sprengstoffe gesprochen, aber auch über Verbrennungsvorgänge in den Organismen und ihren Zusammenhang mit der Muskelwirkung. Von den Einzelvorträgen sei Max Bodensteins Arbeit über die photochemische Kinetik des Chlorknallgases genannt, in der er (noch falsch gedeutete) Reaktionsketten postulierte, und an die sich eine Diskussion anschloß, die 10 Seiten in der Zeitschrift einnimmt.

---

35 Z. Elektrochem. 17 (1911) 734.

Ein angemeldeter Vortrag über das Altbackenwerden des Brotes wurde nicht gehalten, denn der Autor, ein menschenfreundlicher Arzt aus Amsterdam, hatte sich beeilt, seine Experimente schon vor der Tagung in der Zeitschrift zu veröffentlichen[36], war doch sein Ziel, den Bäckern die Nachtarbeit zu ersparen.

1914 traf sich die Gesellschaft zum zweiten Mal in Leipzig, wo ihr derzeitiger Vorsitzender seit 1906 als Nachfolger Ostwalds wirkte. Man hatte ein originelles, der Hauptstadt der Buchverlage angepaßtes Thema gefunden: „Physikalische Chemie und Buchgewerbe", das wenigstens insofern aktuell war, als gerade eine internationale Ausstellung für Buchgewerbe und Graphik stattfand. So wurden Themen angeboten wie: Chemie im Dienst der Papierindustrie, Druckfarben, graphische Technik und Galvanoplastik.

Es gab auch mehr ins Grudsätzliche gehende Vorträge, z. B. von Kasimir Fajans über radioaktive Isotope und ihre Einordnung ins Periodensystem, oder von Otto Sackur über Gaskompressibilität bei tiefen Temperaturen und Quantentheorie. Dasselbe Thema griff Nernst auf, der die Bunsendenkmünze in Abwesenheit erhielt und mit einer Spekulation über Gasentartung im Zusammenhang mit seinem Theorem dankte, die sein Schüler Hans v. Wartenberg vorlas.

Neuer Vorsitzender wurde Hans Goldschmidt, der in einer kleinen Antrittsrede mit einem Lob auf studierte Chemikerinnen überraschte und eine Idee in die Debatte warf, aus der sich später das Liebig-Stipendium entwickeln sollte[37] (siehe Kap. 1.26).

1.24 Forschung und Lehre; Die Gründung des Kaiser-Wilhelm-Instituts für Physikalische Chemie

Vorlesungen über physikalische Chemie gab es um 1914 an allen deutschen Universitäten und Technischen Hochschulen, spezielle Praktika nur an wenigen. Das Fach wurde aber zum Teil noch durch Privatdozenten vertreten, die Hörergelder brauchten, oder von Extraordinarien im Assistentenstatus, die vom Ordinarius dazu verpflichtet wurden, zuweilen, ohne für das Fach speziell ausgebildet zu sein. Lehrstühle gab es nur an den Universitäten Berlin, Gießen, Göttingen, Leipzig und an den Technischen Hochschulen Aachen, Berlin, Breslau, Dresden, Karlsruhe. Dagegen nahm die Zahl der planmäßigen Extraordinarien für das Fach gegen Ende des Zeitabschnitts rasch zu.

In den vorausgegangenen Jahrzehnten pflegten Hochschullehrer selber zu experimentieren, später bezogen sie das Ausgangsmaterial für ihre Publikationen meist von Doktoranden. Rechnet man die Vorlesungen hinzu, opferten sie einen erheblichen Teil ihrer Arbeitskraft der Ausbildung, während sie ihr Ansehen in immer stärkerem Maße ihrer Forschung verdankten. Die Schwierigkeiten wuchsen bei Fächern wie der Physik oder physikalischen Chemie, bei denen Fortschritte immer kompliziertere Apparaturen erforderten.

---

36 E. Katz, Z. Elektrochem. 19 (1913) 202, 663.

37 Z. Elektrochem. 20 (1914) 363.

So wurde der Ruf nach reinen Forschungseinrichtungen laut[38]. Den Staat konnte dies zunächst nur mittelbar interessieren, wohl aber die Industrie, die es oft billiger fand, sich des Rates wissenschaftlicher Kapazitäten zu bedienen und sich ihrer Ergebnisse zu versichern, als eigene Forschungen auf Neuland zu betreiben. Aber es gab auch hochherzigere Motive, die wohlhabende Vertreter der Wirtschaft in einer fortschrittsgläubigen Zeit zu Mäzenen speziell der Naturwissenschaften werden ließen. Das Vorbild der amerikanischen Stiftungsuniversitäten oder der Carnegie-Stiftung mochte einen zusätzlichen Antrieb geben, spielten doch im kaiserlichen Deutschland die USA die Rolle der aufsteigenden Macht, die bedrohlich werden konnte.

All dies erklärt die Initiative zur Gründung einer Chemischen Reichsanstalt, zu der sich, nicht ohne das Wirken Friedrich Althoffs im Hintergrund, Industrielle und Hochschullehrer zusammenfanden, an ihrer Spitze Emil Fischer, Wilhelm Ostwald und Walther Nernst. Die Institution sollte gemeinsam von Spendern und vom Staat getragen werden. 1908 entstand zunächst ein Verein, der bald eine Millionensumme an Mitgliedsbeiträgen zusammenbrachte[39], darunter auch mehrere hunderttausend Mark des Bunsen-Schülers Ludwig Mond[40], der nach England ausgewandert war und dort die heutige ICI gegründet hatte.

In kleinerem Maßstab war schon vorher durch die Initiative Henry Böttingers und Felix Kleins in der „Göttinger Vereinigung für angewandte Mathematik und Physik" ein ähnlicher Zusammenschluß von Industrie und Wissenschaft entstanden, der den Zweck hatte, Mittel für ein Technisch-Physikalisches Institut an der Universität Göttingen zu sammeln (was die Technischen Hochschulen nicht erfreute).

Finanzschwierigkeiten des Reichs verzögerten das Projekt der chemischen Reichsanstalt einige Jahre, *„der Gedanke diffundierte jedoch in die höfischen Gebiete und brachte eine neue Kristallisation von wesentlich anderer Art hervor[41]"*, die 1911 unter dem Namen Kaiser-Wilhelm-Gesellschaft zur Förderung der Wissenschaften ans Licht trat. Ihr Zweck und Ziel war durch ein Gutachten Adolf v. Harnacks bestimmt, ihr Entscheidungsgremium, der Senat, setzte sich aus Staatsvertretern und Spendern zusammen. Sie sollte Forschungsinstitute um einen bedeutenden Wissenschaftler herum gründen. Emil Fischer erkannte sofort die Möglichkeit, die für die chemische Reichsanstalt gesammelten Mittel hier wirksam werden zu lassen und erreichte so, daß schon 1912 in Dahlem ein Institut für Chemie mit mehreren selbständigen Abteilungen eröffnet werden konnte. Direktor wurde der fast 70jährige Ernst Beckmann, Ostwalds ehemaliger Mitarbeiter.

Die physikalische Chemie erhielt ein eigenes Institut auf einem anderen Weg: Zur gleichen Zeit wie das chemische, nach einer unglaublich kurzen Bauzeit von elf Monaten, konnte Se. Majestät höchstselbst das auf dem Nachbargrundstück liegende

---

38 Vgl. hierzu F. R. Pfetsch, Zur Entwicklung der Wissenschaftspolitik in Deutschland 1750 – 1914, Berlin 1974, S.158; – L. Burchardt, Halbstaatliche Wissenschaftsförderung im Kaiserreich und in der Weimarer Republik, in: Medizin, Naturwissenschaft, Technik und das zweite Kaiserreich, (Hrsg. G. Mann und R. Winau), Göttingen 1977, S. 35.

39 Z. Elektrochem 12 (1906) 170, 500.

40 W. Ostwald, Lebenslinien Bd. 3, Berlin 1927, S. 266.

41 W. Ostwald, Lebenslinien Bd. 3, Berlin 1927, S. 271.

Kaiser-Wilhelm-Institut für Physikalische Chemie feierlich einweihen. Irgendwo in der Schar der Gäste befand sich der Stifter, der die Gesamtsumme von etwa einer Million Mark gespendet hatte. Er ist auf keiner Aufnahme zu sehen und auch anderswo hat sich kein Bild von ihm finden lassen: der Bankier und Unternehmer Leopold Koppel (1854 – 1933), der als kleiner Bankangestellter begonnen hatte, aber um die Jahrhundertwende bereits einer der reichsten Männer Berlins war[42]. So wollte er, wie er dem Kultusministerium schrieb, für sich und seine Familie nichts mehr hinzuerwerben. Er halte es für die Pflicht des Reichen, sein Vermögen nicht ins Ungemessene anzuhäufen. Auf die schwere Zeit des Erwerbens solle jetzt die schönere des Gebens folgen.

Nach einigem Zögern – der Selfmade-man war preußischen Beamten etwas unheimlich – wurde die „Leopold-Koppel-Stiftung zur Förderung der geistigen Beziehungen Deutschlands zum Ausland“ in Höhe von zunächst 1 Million M huldvoll genehmigt. Eine ihrer ersten Taten war 1905 ein Stipendium von 12000 M, mit dem Wilhelm Ostwald eine USA-Austausch-Professur wahrnehmen sollte[43].

Als die Gründung der Kaiser-Wilhelm-Gesellschaft nahte, schrieb Koppel dem Kaiser, er bäte, ihm am Geburtstag der Gesellschaft das erste ihrer Institute, nämlich ein chemisch-physikalisches Forschungsinstitut, darbringen zu dürfen. Die Förderung der physikalischen Chemie läge ihm besonders am Herzen, weil sie am direktesten auf die Industrien einwirke, denen er selbst nahestehe. (Er war Hauptaktionär der Auer-Gesellschaft).

Der Kaiser stimmte mit persönlichem Handschreiben zu und akzeptierte damit nicht nur das Institut, sondern auch seinen Direktor, denn für diesen hatte Koppel sich Fritz Haber ausgesucht, der 1906 Le Blancs Nachfolger in Karlsruhe geworden war. Eine bessere Wahl könne man gar nicht treffen, erklärte Arrhenius dem Nachfolger Althoffs, Friedrich Schmitt-Ott, als dieser nach Stockholm fuhr, um sich nach Habers Qualitäten zu erkundigen[44].

Obwohl es Kaiser Wilhelms Namen trug, unterstand das Institut der Koppel-Stiftung, bis diese 1923 der Inflation zum Opfer fiel.

Mit Nernst und Haber war Berlin das Zentrum der physikalischen Chemie in Deutschland geworden[45]. Nernst gründete eine Schule, aus der Generationen von Physikochemikern hervorgingen (z. B. H. v. Wartenberg, F. Simon, A. Eucken, F. A. Lindemann, O. Stern, O. Sackur, P. Günther, E. Cremer, vor allem auch sein Nachfolger in Berlin, Max Bodenstein), Haber beeindruckte am stärksten bereits fertige Wissenschaftler, wie J. Franck, G. Hertz, K. F. Bonhoeffer, H. Freundlich, M. Polanyi, P. Harteck, H. Kopfermann, denen er in seinem Institut große Selbständigkeit und ausgezeichnete Arbeitsbedingungen bieten konnte.

All dies endete 1933, als beide von ihren Ämtern zurücktraten. Gleichzeitig wurde Leopold Koppel als Jude aus dem Senat der Kaiser-Wilhelm-Gesellschaft entfernt. Drei Monate später war er tot.

---

42 E. Schierhorn in: Berliner wissenschaftshistorische Kolloquien, Heft 61, Berlin 1987, S. 117.

43 W. Ostwald, Lebenslinien Bd. 3, Berlin 1927, S. 27.

44 Geschildert in Z. Elektrochem. 35 (1929) 530.

45 Siehe W. Jost, Annu. Rev. Phys. Chem 17 (1966) 1.

1.25 Der Weltkrieg und die Physikochemiker

Für einen, der die bedrückte Stimmung erlebt hat, die sich 1939 bei Kriegsausbruch in Deutschland ausbreitete, ist die patriotische Begeisterung des Jahres 1914 kaum nachvollziehbar. Alle inneren Probleme schienen zum Schweigen gebracht, und alles rechnete mit einem Befreiungsschlag von wenigen Wochen. Ein Kriegsplan, der mit dem Einmarsch in Belgien die eigene Seite ins Unrecht setzte, erschien als notwendiges Übel. Am erschreckendsten dabei ist die Unverantwortlichkeit der Militärs, die alles auf eine Karte gesetzt und höchstens auf einige Monate vorgesorgt hatten.

In der Industrie wechselte die Stimmung mit den Kriegsmeldungen, aber schon vier Wochen nach Kriegsbeginn schrieb Carl Duisberg an Ludwig Knorr, der Krieg sei kaum vor der Mitte des nächsten Jahres zu Ende, er könne pessimistische Gefühle nicht los werden. Auch Emil Fischer sähe die Situation nicht so günstig, wie es vielfach der Fall sei. *„Es ist uns vor dem Krieg, wenigstens in der chemischen Industrie so gut gegangen, wie es besser zwar möglich, aber nicht nötig war. Ich kann deshalb auch an die große kommende Zeit nicht glauben und werde froh sein, wenn wir in Jahren mühsamer Arbeit so weit sind wie wir waren[46].“*

Eine Woche später war er schon wieder optimistisch, und bald sorgte sich Böttinger bereits darum, daß die Industrie auf den georderten Kriegschemikalien sitzen bleiben könnte[47].

Ein wenig überspitzt läßt sich sagen, daß der Chemie, und speziell der physikalischen Chemie, der zweifelhafte Ruhm gebührt, daß der Krieg jahrelang durchgehalten werden konnte. Es war die Ammoniaksynthese, die das Heer mit Munition und das Land mit Dünger belieferte, es war Walther Rathenau, der das Kriegsministerium davon überzeugte, eine Art Planwirtschaft zur Versorgung mit Rohstoffen einzuführen, deren Amt er zeitweilig leitete, wobei Haber die Sparte Chemie übernahm.

Die Planung war äußerst geschickt, denn man gewann das Wohlwollen der Industrie, indem man weder in die Preisgestaltung noch in ihre Investitionen und Abschreibungen eingriff. Als Duisberg hörte, eine Dividendensteuer sei geplant, schrieb er an Böttinger[48]: *„Deine Mitteilungen über die geplante Dividendensteuer ... haben mich sehr erregt und in mir, auch nach reiflicher Überlegung mit den anderen Herren des Direktoriums den Glauben befestigt, daß, wenn die Konservativen und die Sozialdemokraten, die ersteren, weil sie nicht mitzuleiden haben, die letzteren, weil sie der Industrie ans Zeug gehen können, sich wirklich zu einer derartigen Steuer zusammenfinden, dies den Ruin Deutschlands bedeutet ...“* – Dieser kam in der Tat bald, aber kaum durch die Steuer, denn sie wurde nie erhoben.

Als Gegenbeispiel sei aus einem Brief Habers an Duisberg zitiert, in dem er sehr klar auf die leichtfertigen Staatszahlungen für den Krieg hinweist[49]: *„... Wenn jeder Einzelne im Staate die volle Freiheit bewahrt, seine Kraft und Zeit so zu verwenden,*

46 Datum 2. 9. 1914, Briefwechsel C. Duisberg (Bayer-Archiv).
47 H. v. Böttinger an C. Duisberg, 1. 10. 1914 (Duisberg Briefwechsel im Bayer-Archiv).
48 Datum 5. 4. 1917 (Duisberg Briefwechsel im Bayer-Archiv).
49 F. Haber an C. Duisberg, 31. 5. 1918 (Duisberg Briefwechsel im Bayer-Archiv).

daß er selber am meisten verdient und nicht gewisse Beschränkungen gelten, welche ihn nötigen, in einem Rahmen zu bleiben, in dem seine Tätigkeit dazu dient, daß die Gesamtheit auf diesem Arbeitsgebiet möglichst viel verdient, so werden wir trübe Dinge erleben. Ich glaube, daß es dazu auf allen Gebieten straffer syndikatischer Organisation bedarf und ich glaube weiter, daß es eine große Gefahr ist, wenn Männer ... unter dem Beifall der Menge predigen, daß der Egoismus des einzelnen die sicherste Quelle für den größten Verdienst der Gesamtheit bildet ..."

Das berühmteste und das berüchtigste Beispiel für die Chemie im damaligen Krieg, Ammoniaksynthese und Gaskampf, sind beide mit dem Namen Habers verknüpft. Die Ammoniaksynthese nach seinem Verfahren hatte Carl Bosch in ingeniöser Weise großtechnisch durchführbar gemacht, Kuhlmann und später Ostwald hatten die Möglichkeit nachgewiesen, Ammoniak katalytisch zu verbrennen, Alwin Mittasch die geeigneten Katalysatoren für beide Prozesse gefunden. Mitten im Krieg wurden gewaltige Anlagen gebaut und die Produktion an gebundenem Stickstoff von 1000 Tonnen 1913 auf 185000 Tonnen 1918 gesteigert, um Landwirtschaft und Heer zu versorgen.

Für Gaskrieg und Gasschutz hat Haber sein ganzes eben eröffnetes Institut zur Verfügung gestellt und, ohne nach rechts und links zu blicken, hierfür die Energie und Organisationsgabe eingesetzt, die er bereits bei der Ammoniaksynthese bewiesen hatte – „*Im Frieden der Menschheit und im Kriege dem Vaterland*[50]." Dem Judentum früh entfremdet, gedachte er sich von niemand an Patriotismus übertreffen zu lassen[51]. Seine Frau, die ihn nicht vom Einsatz für den Gaskrieg zurückhalten konnte, beging Selbstmord. Öffentlichen Vorwürfen war er nur vereinzelt ausgesetzt, etwa von Hermann Staudinger, der damals in der Schweiz lebte. Ihnen begegnete er mit einiger Verständnislosigkeit und konnte sie nur als unpatriotisch empfinden[52].

Bei seinen anderen Fachkollegen gab es höchstens technische Bedenken. Der Briefwechsel Duisbergs enthält zahlreiche Zeugnisse. So schrieb Emil Fischer am 20. 12. 1914[53]: „*... Der Kollege Nernst ist stark mit seinen Schießversuchen beschäftigt und mit ungeheurem Eifer hinter der Sache her. Ihm zu Gefallen habe ich nun auch die wasserfreie Blausäure hergestellt und zweckentsprechend verpacken lassen. Sie soll am nächsten Dienstag verschossen werden. Bezüglich ihres Erfolges bin ich aber ziemlich skeptisch. Vor 2 Tagen wurde ich ganz unerwarteter Weise von Kriegsminister Falkenhayn zu einer Unterredung eingeladen. Er sprach dabei über die neuen Stinkstoffe und war mit deren Wirkung noch nicht zufrieden. Er will etwas haben, was die Menschen*

---

50 Diese Wendung benutzte Haber im Abschiedsbrief an sein Institut am 1. 10. 1933.

51 Es ist nicht ohne Reiz, festzustellen, daß auf alliierter Seite ein in anderer Weise ebenso patriotischer Chemiker nicht weniger folgenreich gewirkt hat: der Zionist und Lecturer in Manchester Chaim Weizmann. Englands Dank für seine fermentative Darstellung von Aceton war letzthin die berühmte Balfour-Declaration, die viele Jahre später den Staat Israel ermöglichte. – Weizmann hat sich äußerst kritisch zu Haber und seinem Patriotismus geäußert. (Vgl. seine Selbstbiographie Trial and Error, New York 1949, S. 172 und 352).

52 F. Haber am 23. 10. 1919 an H. Staudinger Dagegen die eindrucksvolle und prophetische Antwort Staudingers vom 17. 11. 1919 (Staudinger-Archiv, Deutsches Museum, München).

53 E. Fischer an C. Duisberg (Duisberg Briefwechsel im Bayer-Archiv).

dauernd kampfunfähig macht. Ich habe ihm auseinandergesetzt wie schwer es sei, Stoffe zu finden, die in der außerordentlich starken Verdünnung noch eine tödliche Vergiftung herbeiführen. Ich kenne zwar einen Stoff, der sehr schlimm ist, aber ich wage es nicht, ihn zu empfehlen, weil wir in Deutschland nicht die nötigen Rohmaterialien besitzen, und deshalb wenn die Sache zur Kenntnis des Feindes kommt, uns in das eigene Fleisch schneiden können."

Es ist heute nach so viel schrecklicheren Erfahrungen kaum angemessen, die Frage nach der Verantwortung der Wissenschaftler am Gaskrieg zu exemplifizieren. Die schwedische Akademie, die Haber 1918 den Nobelpreis zuerkannte, hat sich durch seine Kriegstätigkeit nicht davon abhalten lassen. Damals versuchten die Professoren aller Fachrichtungen das Ihre zum Sieg beizutragen: Philosophen und Historiker durch geistige, Naturwissenschaftler durch materielle Aufrüstung, und es herrschte ein rührendes Vertrauen in die Gerechtigkeit und Makellosigkeit der eigenen Sache. Albert Einstein schrieb deprimiert an H. A. Lorentz: *„Nur ganz selten selbstständige Charaktere können sich dem Druck der herrschenden Meinungen entziehen. In der Akademie scheint kein solcher zu sein*[54]*."*

Der berühmt-berüchtigte Aufruf „An die Kulturwelt" vom Oktober 1914 stellte gegen alle Behauptungen von Übergriffen, Völkerrechts- und Neutralitätsverletzungen sechsmal fest[55]: *„Es ist nicht wahr, daß ..."* und erklärte den deutschen Militarismus zum Retter der deutschen Kultur: ohne ihn wäre sie längst vom Erdboden vertilgt, wofür 93 *„Vertreter deutscher Wissenschaft und Kunst mit ihrem Namen und ihrer Ehre"* standen. Immerhin trug er nicht nur Unterschriften von solchen, deren späteres Verhalten es ahnen läßt, wie etwa Philipp Lenard[56] und Wilhelm Wien, sondern auch von Adolf v. Baeyer, Carl Engler, Emil Fischer, Fritz Haber, Walther Nernst, Wilhelm Ostwald, Max Planck, Wilhelm Röntgen, Richard Willstätter, um nur die Naturwissenschaftler zu nennen[57].

Leider war vieles doch wahr. Diese Meinung äußerte auch William Ramsay in recht scharfer Form, worauf im Ständigen Ausschuß der Bunsen-Gesellschaft beantragt wurde, ihm „unter aller Anerkennung seiner Verdienste, besonders auf experimentellem Gebiet" die Ehrenmitgliedschaft zu entziehen (Sitzung vom 17. 10. 1915). Zur Ehre der dort Verantwortlichen sei gesagt, daß Ramsay diese Strafe erspart blieb. Man kann beruhigt sein: gleichzeitig gab es in der Londoner Chemical

---

54 A. Einstein an H. A. Lorentz, 3. 4. 1917 (Einstein und der Friede, herausgegeben von O. Nathan und H. Norden, Bern 1975, S. 38).

55 Verfaßt von H. Sudermann, verbreitet von M. Erzberger. Der gesamte Text findet sich bei: G. F. Nicolai, Die Biologie des Krieges, Bd. 1, 2. Aufl, Zürich 1919, S. 7.

56 Dieser hatte einen besonderen Grund, die Kultur zu verteidigen, schrieb er doch an James Franck ins Feld, besonders die Engländer müßten besiegt werden, da sie ihn nie richtig zitiert hätten (siehe A. D. Beyerchen, Wissenschaftler unter Hitler, Köln 1980, S. 123).

57 Einige hatten zugestimmt, ohne den Text gelesen zu haben, z.B. M. Planck und E. Fischer, wie Albert Einstein berichtet (Brief an H. A. Lorentz, 2. 8. 1915, in: Einstein und der Friede, (Hrsg. O. Nathan und H. Norden), Bern 1975, S. 28), aber zumindest bei Fischer mag dies bezweifelt werden, denn er schrieb am 15. 10. 1914 an Ludwig Fulda, den er irrtümlich für den Autor hielt, er habe mit seiner markigen und doch vornehmen Sprache allen aus dem Herzen gesprochen. (Emil Fischer Papers, Bancroft Library).

Society einen analogen Antrag gegen die deutschen Ehrenmitglieder, und es stimmt versöhnlich, daß gerade Ramsay dagegen sprach. Ostwald strich allerdings die Widmung an ihn in der zweiten Auflage seiner „Abhandlungen".

Typisch für den Geist der Zeit dürften die Worte eines sonst so vornehm denkenden Mannes wie Hans Goldschmidt sein, als er bei der Eröffnung der Hauptversammlung 1916 der verstorbenen Ehrenmitglieder gedachte: „*Zwei Ehrenmitglieder hat der Verein verloren, Roscoe und Ramsay; Roscoe, der Assistent und Gehilfe unseres Bunsen, Ramsay, der feine Experimentator, der es verstanden hat, mit kleinen, ich möchte sagen fast unzulänglichen Mitteln Hervorragendes zu leisten. Wir wissen aber sehr wohl: Zu den ganz Großen haben diese ebenso wenig wie z. B. Henri Moissan gehört. Sie waren feinsinnige und feinfühlge Experimentatoren. Ich möchte sie vergleichen mit geschickten Chirurgen, die eine neue Operation zum ersten Mal erfolgreich ausführen. Tiefere Kenntnisse vom allgemein chemischen Mechanismus haben sie uns nicht verschafft. … Unsere Tageszeitungen waren gewöhnt, diese Herren bei internationalen Kongressen oder anderen Gelegenheiten auf dasselbe Podium zu erheben, auf dem unsere großen Naturforscher ihren Platz haben; ich brauche keine Namen zu nennen, sie sind auf unserer aller Lippen. So mag es gekommen sein, daß ein Name wie Ramsay der gebildeten Laienwelt, wenn sie der Chemie ferner steht, bekannter geworden ist als etwa der eines Hittorf*[58]."

Im Verlauf des Krieges schieden sich die Geister. Gelehrte wie Fischer oder Planck distanzierten sich von ihrer Unterschrift[59], Nernst sprach sogar beim Kaiser vor, um ihn zum Frieden zu bewegen, aber der hatte die Macht längst an das Militär verloren. Generalstabschef Ludendorff bestimmte auch die Innenpolitik diktatorisch, durchaus in Übereinstimmung mit einflußreichen Kreisen, auch in der chemischen Industrie, wo die Töne schriller und die Kriegsziele maßloser wurden, je schlimmer sich die Verhältnisse an der Front und im Hinterland entwickelten.

Besonnenere stellten sich auf die Seite der Sozialdemokraten und verlangten innere Reformen, so Haber die Änderung des preußischen Dreiklassenwahlrechts, später sogar Sozialisierung z. B. von Bergbau und Landwirtschaft, aber nicht des geistigen Eigentums, etwa der Erfindungen[60], aber auch er kämpfte bis zum letzten Tag. Noch im Dezember 1918, als der Kaiser geflohen und der Waffenstillstand unterzeichnet war, lesen wir in der Zeitschrift für Elektrochemie, daß dem Geh. Reg.-Rat Prof. Dr. F. Haber der Kronenorden III. Klasse verliehen worden sei[61].

---

58 Z. Elektrochem. 23 (1917) 2.

59 H. Stiller (Hrsg.) Chemiker über Chemiker, Berlin 1986, S. 44. – Fischer war sogar zum Widerruf bereit, fand aber keine Gleichgesinnten (K. Hoesch, Emil Fischer, Ber. dtsch. chem Ges, 54 (1921) 178, 181.)

60 Briefe an Duisberg, 11. 2. und 30. 11. 1918 (Duisberg Briefwechsel im Bayer-Archiv).

61 Z. Elektrochem. 24 (1918) 396.

1.26 Die Bunsen-Gesellschaft im Krieg; der Liebig-Stipendien-Verein

Der patriotische Drang, der auch die Hochschulen befallen hatte, ließ ein Engagement für den Verein kaum mehr erwarten. Eine Umfrage traf jedoch auf solche Zustimmung, daß sich der Vorstand entschloß, die Aktivitäten mit vermindertem Aufwand fortzusetzen. Die Mitgliederversammlungen wurden wie zuvor mit Vorträgen verbunden, die aber nur ein bis anderthalb Tage einnahmen und kein Hauptthema enthielten. Auf die geplanten Tagungsorte (1915 Karlsruhe, 1916 Utrecht) wurde verzichtet und statt dessen Berlin gewählt, wo die Organisation keine besondere Mühe machte. So traf man sich dort dreimal hintereinander, 1915 und 1916 im Spätherbst, 1918 um die Osterzeit, im Anschluß an die Feier zum 50. Jubiläum der Deutschen Chemischen Gesellschaft. 1917 fiel die Tagung ganz aus (vgl. die Tabelle A.1 im Anhang.)

Ein wichtiges Experiment war der Vorschlag an die Autoren, ausführliche Referate zu verfassen, die den Teilnehmern vorher zugehen sollten. Man hoffte, so Zeit für die Aussprache zu gewinnen und auch weniger prominenten Teilnehmern Mut zum Diskutieren zu machen. Ob der Vorschlag seinen Zweck erfüllte, ist nicht dokumentiert, jedenfalls kehrte man nach einiger Zeit wieder zum früheren bequemen Verfahren zurück.

Wenigstens an einer Stelle wurde während des Krieges eine Abwehrfront durchbrochen. Erstmals kamen Frauen zu Wort: 1916 sprach Gertrud Kornfeld aus Prag über Austausch an Permutiten, 1918 waren es sogar zwei Frauen. Vor allem erregte Lise Meitner Aufsehen mit einem Bericht über ein neues langlebiges radioaktives Element, das Protactinium, das sie gerade gemeinsam mit Otto Hahn entdeckt hatte. Über die Zeitreaktion bei der Neutralisation des Kohlendioxids sprach die Nernst-Schülerin Lotte Pusch, bald die Frau Max Volmers, der drei Jahre zuvor debütiert hatte.

Es gab die ersten Arbeiten von Paneth, in denen er Metallwasserstoffe nachweisen konnte, hier durch Radioaktivität (1918), ferner neue Experimente über die Chlorknallgasreaktion (1915), zu deren kinetischer Behandlung Bodenstein seine berühmte Stationaritätsbedingung einführte und Nernst in der Diskussion vorschlug, Chloratome als Kettenträger anzusehen[62]. Drei Jahre später konnte er aus Daten, die er mit seinem Wärmesatz gewonnen hatte, Wasserstoffatome als weitere Kettenträger sichern[63]. Eine bedeutsame technische Neuerung führte Otto Schaller 1916 vor: die Herstellung von Wolfram-Einkristallfäden für Glühlampen[64].

1918, als gerade die letzte Offensive im Westen begonnen hatte, steuerte auch die Bunsen-Gesellschaft ihr Scherflein bei und verlieh drei Repräsentanten des Siegeswillens die Bunsen-Denkmünze – nicht in Gold, denn das gab es nicht mehr, aber in echtem deutschen Stahl: Fritz Haber, Carl Duisberg und Carl Bosch. Die Geehrten

62 Z. Elektrochem. 22 (1916) 62.
63 Z. Elektrochem. 24 (1918) 335.
64 Z. Elektrochem. 23 (1917) 121.

dankten mit Vorträgen[65]. Am kriegerichsten klang das Thema Habers: „Beziehungen zwischen Militär und Technik“, aber was er sagte, blieb ungedruckt. Dagegen sind die beiden anderen Vorträge erschienen. Bosch sprach, um keine Industriegeheimnisse zu verraten, nicht über die Ammoniaksynthese, sondern „Über die Verarbeitung des Ammoniaks auf Düngemittel[66]“, wobei er eindrucksvoll schilderte, welche Schwierigkeiten seinerzeit ganz einfache Prozesse, wie etwa die Einleitung von Ammoniak in Schwefelsäure, großtechnisch boten. Auch Duisberg bemühte sich um ein Thema aus der Chemie, obwohl er längst Wichtigeres zu tun hatte, und berichtete in höchst verklausulierter Form „Über die Kriegstätigkeit der chemischen Industrie, besonders über künstlichen Kautschuk[67]“. Trotz dieser Ehrung hatte er aber keinen Frieden mit der physikalischen Chemie geschlossen, wie seine Intrigen anläßlich der Nachfolge Emil Fischers in Berlin zeigen sollten (Kap. 1.29).

Eine Dankesschuld konnte der Verein abtragen, als er nach dem Tode Hittorfs die Würde des Ehrenvorsitzenden dem 70jährigen Henry v. Böttinger anbot. Er akzeptierte gerührt mit den Worten, *„wer sich einem Dank entzieht, erniedrigt den Schenker.“* Ohne daß man es ahnte, war dieser Akt im Jahre 1918 eine Art Nachruf auf die Kaiserzeit – Böttinger war ein Repräsent ihres Unternehmertums in seiner besten und weltläufigsten Form.

Eine damalige Initiative Hans Goldschmidts, deren Wirkung bis heute reicht, ist die Gründung des Liebig-Stipendien Vereins 1916. Schon bei seinem Amtsantritt (Kap. 1.23) hatte er bemerkt, es wirke sich ungünstig aus, wenn Chemiker versuchten, unmittelbar nach der Promotion in der Industrie unterzukommen, denn es habe zur Folge, daß sie ihre Ausbildung nicht vertiefen könnten und gleichzeitig ihre Lehrer Schwierigkeiten bekämen, die Assistentenstellen fachgerecht zu besetzen.

In der Industrie herrschte andererseits die Meinung, den frisch Promovierten fehle es nicht so sehr an Kenntnissen, als an der Fähigkeit, sie nutzbar zu machen, wozu größere Erfahrung nötig sei. Auch den Firmen konnte also bei der damaligen Studienzeit von 8 – 10 Semestern bis zur Promotion durchaus daran gelegen sein, junge Mitarbeiter erst nach einiger Assistentenzeit einzustellen.

Günstiger konnte die Lage für Förderungsmaßnahmen nicht sein: Sie war im Interesse aller Beteiligten, der Hochschullehrer, der Mitarbeiter und der Industrie. Erwägungen für die Zeit nach dem Krieg kamen hinzu: Angesichts der Verluste mußten mehr Chemiker ausgebildet werden, um die deutsche Überlegenheit zu wahren, an die man noch immer glaubte.

Nach längerer Beratung im Ständigen Ausschuß sah man von einem Alleingang ab. Es gelang schnell, die anderen Organisationen der Chemiker zu interessieren, Duisberg gewann die Großindustrie. So entstand 1916 unter seinem Vorsitz nach bewährtem Muster ein Verein, der nach kurzer Zeit über die Summe von einer Million aus Mitgliedsbeiträgen von Firmen verfügte, aus der Stipendien an geeignete Bewerber gezahlt werden sollten, um ihnen die Möglichkeit zu geben, nach dem Examen noch eine Zeitlang weiter an den Hochschulen zu arbeiten.

---

65 Z. Elektrochem. 24 (1918) 145.
66 Z. Elektrochem. 24 (1918) 361.
67 Z. Elektrochem. 24 (1918) 369.

Man kam überein, diesen „Liebig-Stipendiaten“ keinerlei Bedingungen für ihre künftige Tätigkeit zu stellen, sie aber durch höhere Anfangsgehälter zu locken. Seinerzeit war die Industrie durchaus interessiert, auch Praktikumsassistenten zu fördern[68], heute müssen es angehende Forscher sein.

1.27 Die Zeitschrift und andere Publikationen bis 1918

Der neue Name der Gesellschaft seit 1902 machte sich in ihrer Zeitschrift nur durch einen kleingedruckten Zusatz im Titel bemerkbar. Ihr Erscheinungsbild blieb so bunt wie zuvor und verriet im Gegensatz zur seriösen Zeitschrift für Physikalische Chemie deutlich den Charakter eines Vereinsblattes, das jedem aus einer sehr heterogenen Leserschaft etwas bieten wollte, und dies so schnell wie möglich. Für den Hochschullehrer gab es Hochschul- und Personalnachrichten, sowie Auszüge aus den Vorlesungsverzeichnissen deutschsprachiger Hochschulen, soweit sie physikalische und Elektrochemie betrafen, für den Industriechemiker ausführliche Patentberichte und Referate über technische Neuerungen und Literatur, bevorzugt Elektrochemisches, gelegentlich auch Firmennachrichten und Marktübersichten, für den Ratsuchenden eine Sparte Sprechsaal. Einzelne Institutionen, wie die Physikalisch-Technische Reichsanstalt berichteten jährlich über ihre Leistungen. Ausführliche Versammlungsberichte über nationale und internationale Kongresse sorgten für die wissenschaftliche Allgemeinbildung, verschwanden aber weitgehend gegen Ende des Zeitraums. Dafür nahmen Buchbesprechungen einen immer größeren Raum ein.

Die eigentlichen Artikel wurden vermutlich am wenigsten gelesen, wofür schon spricht, daß sie dank des wöchentlichen Erscheinens der Zeitschrift nur allzu oft in mehreren Portionen herauskamen. Die Autoren dürften trotzdem zufrieden gewesen sein, denn ihre Arbeiten erschienen um 1906 etwa in drei Wochen, und noch im Krieg lag die Verweilzeit selten bei mehr als zwei Monaten. Die kritische Sichtung durch die Redaktion dürfte kaum Zeit beansprucht haben. Es gab auch prominente Autoren, z. B. Albert Einstein über die Brownsche Bewegung[69], Perrin über Sedimentationsgleichgewichte[70], Nernst über die Anwendung der Quantentheorie auf physikalisch-chemische Fragen[71].

Trotzdem schien man im Vorstand nicht recht zufrieden. Eine Kommission wurde gegründet, sie schickte Fragebogen an eine Reihe von Firmen. Die Redaktion, zu der Abegg inzwischen seinen Mitarbeiter H. Danneel hinzugezogen hatte, erhielt den Auftrag, ein neues Konzept zu entwickeln (1907). Dieses lief in der Hauptsache darauf hinaus, die wissenschaftlichen und technischen Spezialgebiete

68 Z. Elektrochem. 22 (1916) 437.
69 Z. Elektrochem. 13 (1907) 41; 14 (1908) 235.
70 Z. Elektrochem. 15 (1909) 269.
71 Z. Elektrochem. 17 (1911) 265.

systematisch und regelmäßig durch honorierte Sammelreferate zu erschließen und auf 14tägiges Erscheinen überzugehen. Der Vorstand reduzierte die geplanten 40 Bogen Referate auf die Hälfte und stimmte im übrigen zu.

Weiterhin wurde beschlossen, Arbeiten größeren Umfangs, die ein Gebiet mit einer gewissen Vollständigkeit behandelten, als „Abhandlungen der Bunsen-Gesellschaft" gesondert herauszugeben.

Ab 1909 hatte sich das neue Konzept eingeführt und erregte allgemeine Zufriedenheit[72]. Kurz zuvor war Paul Askenasy (1869 – 1938) an die Stelle von Danneel getreten. Schon 1910 wurde ihm die Alleinredaktion übertragen, als Richard Abegg, der gerade auf den Lehrstuhl für physikalische Chemie der neu gegründeten TH Breslau berufen worden war, bei der Landung eines Freiballons tödlich verunglückte.

Askenasy hatte großen Erfolg bei der Gewinnung von Beiträgen, besonders auch technischer Art[73], der Umfang der Zeitschrift stieg beträchtlich und die Zahl der Bezieher nahm zu, obwohl der Abonnementspreis von 30 M auf 40 M stieg, aber die Institution der regelmäßigen Fortschrittsberichte entwickelte sich, wie zu erwarten, entsprechend dem Fleiß der Beteiligten. Einige wie Foerster (Elektrochemie der Metalle), v. Wartenberg (Gasgleichgewichte), Lottermoser (Kolloide) schrieben fleißig Jahr für Jahr, bei anderen Gebieten half es auch nicht, immer neue Referenten zu suchen.

Im Krieg schlief dann das Berichtswesen ein. Brauchbare Manuskripte wurden selten. Nun gab es Nachrichten in der Art wie „Herr Dr. ... ist zum Landsturm-Gefreiten befördert worden[74]". Es machte solche Mühe, auch einen stark verminderten Umfang aufrechtzuerhalten, daß man erwog, Dissertationen anzunehmen[75]. Statt dessen erschien, sicher zum Erstaunen des Publikums, ein langer Artikel über die allgemeine Relativitätstheorie[76].

Allmählich wurde die Papierbeschaffung schwierig und der Druck teuer: die Kosten je Druckbogen vervierfachten sich von 1913 bis 1918. Trotzdem machte die Zeitschrift dank des verminderten Umfangs erstmals einen Gewinn, sodaß man großzügig 1000 M als Druckkosten für eine geplante Geschichte der Gesellschaft zu ihrem 25. Geburtstag zurücklegte[77]. Der Rest, den die Inflation zurückließ, hätte allerdings nicht weit gereicht.

Von den Abhandlungen der Bunsen-Gesellschaft waren bis zum Ende des Krieges acht Hefte erschienen. (Siehe Anhang, Tabelle A.8.)

---

72 Z. Elektrochem. 15 (1909) 464.
73 Z. Elektrochem. 16 (1910) 411.
74 Z. Elektrochem. 22 (1916) 323.
75 Sitzung des Ständigen Ausschusses am 8. 4. 1916.
76 F. Jüttner, Z. Elektrochem. 23 (1917) 272.
77 Z. Elektrochem. 24 (1918) 124.

IV. Die Bunsen-Gesellschaft während der Weimarer Republik (1919 – 1932)

1.28 Der Weg der Republik

Der Weg der Weimarer Republik bildet ein bedrückendes Kapitel deutscher Geschichte. An Selbstüberschätzung hatte es seit den Tagen von Sedan nicht gefehlt (einige Beispiele zeigt auch dieser Bericht), Wortführer wie Treitschke hatten sie untermauert, die Kriegspropaganda hatte getan, was sie konnte. Als nun der Krieg nach vier Siegesjahren plötzlich verloren war, brach in den tragenden Schichten bis weit hinein in die schlichteren Gemüter eine Art Massenwahn aus, mit dem es sich besser leben ließ, als wenn man der Wahrheit ins Auge schauen mußte. Man fühlte sich „im Felde unbesiegt", Opfer eines Betrugs der Alliierten, die nicht mehr die 14 Punkte des amerikanischen Präsidenten Wilson anerkennen wollten, auf Grund derer man angeblich die Waffen niedergelegt hatte – als man noch zu siegen glaubte, hatte man sie zurückgewiesen – vor allem aber als Opfer roter Aufrührer in der Heimat, die dem siegreichen Heer einen „Dolchstoß in den Rücken" versetzt hätten. So konnte sich der Militärdiktator Ludendorff und die ganze Kriegspartei mit bewundeungswürdigem Geschick und nachhaltigem Erfolg aus der Verantwortung stehlen und sie denen aufbürden, die man Jahrzehnte von jeder Beteiligung an der Macht ferngehalten hatte. Sie mußten den Waffenstillstand unterzeichnen und später das Odium auf sich nehmen, das „Schanddiktat von Versailles" akzeptiert zu haben, das dem Deutschen Reich eine „jahrzehntelange Schuldknechtschaft" aufbürdete. Daß Deutschland kurz zuvor im Frieden von Brest-Litowsk das revolutionäre Rußland genau so hart behandelt hatte, war kaum ins Bewußtsein gedrungen.

Wenn es 1918 überhaupt eine Revolution gegeben hatte, so war sie bereits ein Jahr später mit Hilfe der alten Mächte unterdrückt. Die Gegenbewegung begann schon 1920 mit dem Kapp-Putsch, den die Arbeiter noch durch einen Generalstreik abwehren konnten, aber schon die nächsten Wahlen sahen die Kräfte, die den republikanischen Staat geschaffen hatten, in der Minderheit. In der Wirtschaft blieben seine Gegner unter sich, Richter und Hochschullehrer bezogen von ihm Gehalt, aber zu Loyalität fühlten sie sich nicht verpflichtet.

Nur sehr wenige dachten wie Albert Einstein, der in den Tagen der Revolution aus Berlin an seine Mutter schrieb[1]: *„Ich bin sehr glücklich über die Entwicklung der Sache. Jetzt wird es mir erst recht wohl hier. Die Pleite hat Wunder getan. Unter den Akademikern bin ich so eine Art Obersozi."*

Andere, wie Fritz Haber blickten melancholisch zurück, aber eine liberale Gesinnung und ein wenig Selbstironie erleichterte ihnen die Umstellung: *„...Ich habe aus meinem Institut eine Art Gelehrtenkommission gemacht, in der ich alle Professoren mit F als Mitglieder aufgenommen habe: Franck, Friedländer, Freundlich*

---

1 Postkarte vom 11. 11. 1918 (A. Einstein über den Frieden, Herausgegeben von O. Nathan und H. Norden, Bern 1975, S. 43)

und Flury..." und er schließt: „*Ich sitze wieder in der Akademie und höre ohne zuzuhören Herrn Struve über die Bahnen der Satelliten reden, die von dem Krieg und seinem Ausgang unberührt geblieben sind. Die glücklichen Himmelskörper haben noch die Konstitution und die Gesetze vom Frühjahr 1914 und wenn ihnen etwas abgeht, so ist es wohl nur das freie Spiel der Kräfte. Aber sie ertragen es, weil es an einem richtigen himmlischen nationalliberalen Volkswirtschaftler fehlt, der ihnen klar macht, was ihnen fehlt.*[2]"

Die meisten wehrten sich gegen alles Umdenken, und selbst wo die Niederlage Nachdenklichkeit erzeugte, wie bei Wilhelm Ostwald, hielt sie nicht lange vor. Er hatte ursprünglich den Pazifisten nahe gestanden, im Laufe des Kriegs war er jedoch für deutsche Annexionen eingetreten – es fiel ihm sicher nicht schwer, beides energetisch zu begründen. Als aber im Januar 1919 Leo Arons[3] die Professoren aufrief, sich für eine Neuordnung zur Verfügung zu stellen, antwortete er ihm: „*Ich würde Ihre Anregung sehr gern unterschreiben, wenn ich mir irgend einen Erfolg bei den Universitätsprofessoren versprechen könnte. Ich halte einen solchen aber für ausgeschlossen. Die klägliche Liebedienerei nach oben und nach rechts, welche sie vor und während dem Kriege gezeigt haben, erweist sie außerdem als völlig ungeeignet, jetzt Führer des geistigen Deutschland zu sein. Wenn auch die Arbeiter Vertrauen in die Wissenschaft haben, so besteht doch kein Vertrauen zu den Professoren*[4]." Schon wenig später war diese Einsicht verschwunden, und er machte die Männer der Republik, die nichts vom diplomatischen Handwerk verstünden, für die Friedensbedingungen verantwortlich[5].

Alle beteiligten Staaten hatten sich in dem Glauben gewiegt, am Ende werde der Verlierer die Kosten zahlen. So hatte die kaiserliche Regierung mit Billigung aller Reichstagfraktionen den Krieg durch Kredite finanziert. Auch die Zeitschrift für Elektrochemie enthält immer wieder Aufrufe zur Zeichnung der neuesten Kriegsanleihen, die letzte noch Mitte 1918[6] mit dem bereits etwas resignativen Text „Du hilfst den Krieg beenden, wenn du Kriegsanleihe zeichnest!" Im Verlauf des Krieges verfünffachte sich der Geldumlauf und bereits 1918 war die Reichsmark auf die Hälfte entwertet. Als der Krieg verloren war, gab es kein Halten mehr. Die Staatsverbindlichkeiten wurden in entwertetem Geld gezahlt, die Schuldner taten dasselbe, zumal Hohe Gerichte, in die das deutsche Volk ja noch heute sein Vertrauen setzt, dekretierten: Mark ist Mark; der Staat druckte weiter, die Preise stiegen schneller als die Löhne, aber vor allem schwanden die Geldvermögen dahin, so daß ein erheblicher Teil des Mittelstands total verarmte.

Sachwert- und vor allem Devisenbesitzer waren die Gewinner. Wie noch gezeigt wird, tat auch der Schatzmeister der Bunsen-Gesellschaft hierbei, was er konnte. Die herausragende Figur dieser Spezies, Hugo Stinnes, konnte ohne Rücksicht auf

---

2 am 6. 2. 1919 an C. Duisberg im Dankbrief für eine Gratulation zum 50. Geburtstag. (Duisberg-Briefwechsel im Bayer-Archiv).

3 Siehe Kap. 1.18.

4 Zitiert in F. Herneck, Abenteuer der Erkenntnis, Berlin 1973, S. 200.

5 Vgl. W. Ostwald, Lebenslinien Bd. 3, Berlin 1927, S. 349.

6 Z. Elektrochem. 24 (1918) 100.

die Interessen seines Landes ein ungeheures Vermögen zusammenbringen, was seiner Bewunderung durch das Volk aber keinen Abbruch tat. Sein Gegenspieler, Walther Rathenau, wurde als Außenminister der „Erfüllungspolitik“ bezichtigt und ermordet (1922). Seiner muß hier besonders gedacht werden – lange Jahre im Vorstand der Bunsen-Gesellschaft, war er bisher wohl der einzige Physikochemiker, der es zum Minister gebracht hat.

Die Alliierten beargwöhnten die Inflation als Methode, sich vor den verlangten Zahlungen zu drücken, und versuchten, durch die Besetzung des Rheinlands an ihr Geld zu kommen, befanden sie sich doch selbst in der Zwangslage, ihre Schulden an die Vereinigten Staaten zurückzahlen zu müssen. Schließlich kehrte auf allen Seiten eine gewisse Ernüchterung ein, die deutsche Währung konnte stabilisiert werden, große Mengen an Auslandskapital flossen in das Land, mit der die Industrie ihre Anlagen modernisierte. Es begannen Verhandlungen über eine vernünftige Abwicklung der Reparationszahlungen. Im Lauf der Jahre folgten einander mehrere Pläne mit ständig sinkenden Forderungen, aber es blieb das nicht besonders vernünftige Resultat, daß de facto bis 1930 (der Zeit des großen Börsenkrachs) Deutschland mehr Kredite aus den USA erhielt, als es an Reparationszahlungen leistete[7]. So kam es ab 1925 zu einigen Jahren von Normalität und weitgehender Erholung auf Pump, aber Haß und Erbitterung blieben.

Trotz ihrer Schwäche hätte die Republik ohne die Wirtschaftskrise und die ihr ab 1930 folgende Abeitslosigkeit[8] vielleicht überlebt, aber in dieser Situation gab sich der Parlamentarismus selbst auf und flüchtete in eine Art Wahlmonarchie des senilen kaiserlichen Generals, den die Mehrheit zum Präsidenten der Republik gewählt hatte. Nachdem sich einige seiner Präsidialkabinette mit Notverordnungen am Rande der Verfassung entlanggehangelt hatten, genügte schließlich eine Palastintrige, um Hitler zum Reichskanzler zu machen. Sie kam zu einer Zeit, als sich die Lage schon wieder zu bessern begann. Treibende Kraft war Alfred Hugenberg, der Vorsitzende der Deutschnationalen Partei, ein ehemaliger Generaldirektor von Krupp, der ein Presse- und Filmimperium aufgebaut hatte[9], mit dem er die Republik bösartig bekämpfte, bis er und seine Umgebung sich 1933 stark genug glaubten, mit Hitlers Hilfe die Macht zu übernehmen. Es gab ein böses Erwachen.

1.29 Fritz Haber und die Nachfolge Emil Fischers 1920 Eine neue Runde im Streit um die physikalische Chemie und die Ausbildung der Chemiker 1920 – 1929

In der Depression über das Kriegsende und in der Gewißheit, an Krebs erkrankt zu sein, hatte Emil Fischer 1919 seinem Leben ein Ende gesetzt. Zuvor hatte er noch

7 J. R. v. Salis, Weltgeschichte der neuesten Zeit, Bd. 3, Zürich 1960, S. 282, 331.
8 Auf ihrem Höhepunkt gab es etwa 2000 arbeitslose Chemiker (P. Duden, Angew. Chem. 50 (1937) 504).
9 G. W. F. Hallgarten, J. Radkau, Deutsche Industrie und Politik, Frankfurt/M, Köln 1974, S. 190.

einen großen Teil seines Vermögens der Berliner Akademie als Stiftung für junge Chemiker vermacht, die er in einem Brief beschwor, sie sollten dem armen, geschlagenen und niedergetretenen Deutschland die Treue halten[10]. Er war der König der deutschen Chemie gewesen, hatte für die Berufungen von van't Hoff, Nernst, Haber und Willstätter nach Berlin gesorgt, sein Lehrstuhl war der angesehenste in Deutschland. Sein Tod kam zur Unzeit, denn er war immer gegen jeden Chauvinismus aufgetreten und dazu prädestiniert, Deutschland wieder in die internationale Gemeinschaft der Wissenschaftler hineinzuhelfen.

Die verwickelten Umstände seiner Nachfolge[11] bieten ein für den Physikochemiker spannendes Beispiel, wie Großindustrielle ihre Interessen im Verborgenen durchzusetzen versuchten, aber auch für gegensätzliche Ansichten über die rechte Ausbildung der Chemiestudenten. Am meisten überrascht aber, wie sehr sich die Ansichten der Industrieverteter nur wenige Jahre später ändern sollten.

Zunächst sah alles einfach aus, aber der von der Fakultät bevorzugte Richard Willstätter wollte München nicht verlassen. Als der Minister drängte, nicht so sehr auf die spezielle Fachrichtung, als auf wissenschaftliche Bedeutung und internationales Ansehen Wert zu legen, schlug Nernst der Kommission eine ganz andere Lösung vor. Er habe von Plänen vernommen, das Kaiser-Wilhelm-Institut für Physikalische Chemie aus Mangel an Mitteln zu schließen. Wenn man seinen Direktor Fritz Haber, zweifellos als Anorganiker ausgewiesen, zum Nachfolger Fischers beriefe, ihm den gesamten Unterricht bis zum Verbandsexamen übertrüge, während die weitere Ausbildung der Organiker durch Ernst Beckmann übernommen würde, hätte man eine Lösung, wie man sie unter den gegebenen Umständen nicht besser finden könne, zumal die Universität dann die Zinsen der Koppelstiftung für den chemischen Unterricht einheimsen könne. Beckmann war natürlich begeistert, die Kommission angetan, und die Fakultät stimmte der Umwandlung Habers in einen Anorganiker zu.

Hierauf bezieht sich Alfred Stock, der sich selber Hoffnung auf einen Teil von Fischers Erbe machte, als er an Duisberg schrieb[12]: „*Merkwürdige Pläne bezüglich der Ersetzung Emil Fischers kristallisieren aus dem Widerspruch aller möglichen Kräfte heraus. … Mir leuchten die sachlichen Vorteile für das Berliner Institut und für die Heranbildung praktisch brauchbarer Chemiker nicht ein, welche Haber als physikalisch-chemischer Geist über den Wassern, ohne sich ganz dem Institut zu widmen, diesem bringen könnte. ‚Man' wünscht einen Gelehrten ‚von Weltruf'. Im Ministerium sind auch eifrige Kräfte am Werke, den Unterschied zwischen physikalischer und analytisch-präparativ-anorganischer Chemie zu verwischen…*"

Duisbergs Antwort[13] zeigt, daß er (mit Harnack?) bereits eifrig hinter den Kulissen gearbeitet hatte: „*Gegen die Übernahme der Gesamtprofessur Emil Fischers durch die physikalische Chemie habe ich mich kräftig gewehrt und die Interessenge-*

---

10 zitiert bei F. Welsch, H. Girnus, Entwicklung der Chemie und ihre Pflege an der Berliner Akademie, in: Chemiker über Chemiker, Berlin 1986, S. 44.

11 Archiv der Humboldt-Universität Berlin, Philosophische Fakultät 1920, 1923.

12 Brief an C. Duisberg vom 27. 3. 1920 (Duisberg-Briefwechsel im Bayer-Archiv).

13 C. Duisberg an A. Stock, 29. 3. 1920 (Duisberg-Briefwechsel im Bayer-Archiv).

meinschaft[14] *steht wie ein Mann hinter uns ... Zuerst erfuhr ich von dieser für jeden Chemiker unverständlichen Absicht durch Harnack*[15]. *Ich habe darauf sofort energisch geantwortet und Abschrift meines Briefwechsels an Unterstaatssekretär Becker und Staatsminister Dr. Schmidt gesandt und um Vertagung der Angelegenheit gebeten, bis wir in Berlin gewesen sind."*

Dort protestierte Duisberg gegen die Ernennung Habers, den er doch zuvor zu seinem Freund ernannt hatte[16]: Dieser sei als Physikochemiker zur Leitung des chemischen Unterrichts ungeeignet. Nernst scheint da anderer Meinung gewesen zu sein, denn er schrieb an Duisberg, Haber würde ganz gewiß sich so hineinarbeiten, daß er allen Ansprüchen gerecht würde[17].

Haber wurde zum persönlichen Ordinarius ernannt und war durchaus bereit, an der Ausbildung der Chemiker teilzunehmen. Da sein Institut aber erhalten blieb, konnte die Fakultät erneut auf die Suche nach einem Organiker gehen. Als schließlich Heinrich Wieland berufen wurde, überließ das Ministerium Haber die Vorabsprachen. *„Ich habe mit ihm vereinbart,"* teilte Haber Duisberg mit[18], *daß er ... die Direktion des Fischerschen Instituts uneingeschränkt erhält, die organische Vorlesung regelmäßig liest und in der anorganischen Vorlesung mit mir abwechselt. ... Immerhin mag die Sache zunächst in der Weise versucht werden, falls Wieland zusagt. Dies aber ist zweifelhaft. Denn so vollkommen die Einigkeit zwischen ihm und mir und so uneingeschränkt die Bereitwilligkeit der Regierung ist, alles zu tun, um ihn zu gewinnen, so bleibt die süddeutsche Einstellung Wielands als ein gewichtiges Moment.."*

Wieland entschied sich für Freiburg, und Duisberg gab Haber die Schuld daran, was diesen sehr erbitterte[19]: *„Ihre geneigten Zeilen habe ich erst mit Überraschung, dann mit großem Zorn gelesen und es hat eine Weile gedauert, bis ich mir klar geworden bin, daß es sich wohl um ein Mißverständnis handelt. ... Den Mißerfolg verstehen Sie danach so, daß ich mir aus dem Mantel Emil Fischers einen Vorzugsanteil herausgeschnitten und ihm den schlechteren Rest angeboten habe, womit er natürlich nicht zufrieden war. ... Sein Standpunkt ging vielmehr dahin, daß nur die ungeteilte Nachfolgerschaft Fischers ihn lockte, daß er aber nicht nur meine Mitwirkung an den Gesamtaufgaben des Unterrichts in Dahlem und in der Fakultät, sondern auch eine beschränkte Teilnahme am Unterricht in der Hessischen Straße gerne sehen würde. ... Seine Ablehnung ist nach meinem Verständnis ... aus der Bewertung hervorgegangen, die zurzeit eine große süddeutsche Professur gegenüber einer ähnlichen Berliner Professur besitzt. Vor dem Kriege, in der Zeit von 1871 bis 1914, waren die Berliner Stellen vor allen anderen geehrt und erstrebt; heute haben sie aufgehört, begehrenswert zu sein."*

---

14 Gemeint ist der Zusammenschluß aus Dreibund und Dreierverband von 1916, aus dem 1925 die IG-Farbenindustrie AG entstand.

15 Auszüge aus dem Briefwechsel zwischen C. Duisberg und A. v. Harnack bei H. J. Flechtner, Carl Duisberg, Düsseldorf 1959, S. 319.

16 So beschreibt Willstätter Duisbergs Art (Aus meinem Leben, Weinheim 1949, S. 347).

17 W. Nernst an C. Duisberg, 20. 4. 1920 (Duisberg-Briefwechsel im Bayer-Archiv).

18 F. Haber an C. Duisberg, 16. 7. 1920 (Duisberg-Briefwechsel im Bayer-Archiv).

19 F. Haber an C. Duisberg, 2. 8. 1920 (Duisberg-Briefwechsel im Bayer-Archiv).

Am Ende wurde der Lehrstuhl in anorganische und organische Chemie aufgeteilt und mit Alfred Stock und Wilhelm Schlenk besetzt. Haber brauchte nur bis 1923 anorganische Chemie zu lesen und erhielt dann den Lehrauftrag für chemische Technologie. Die Gefahr für die Studienanfänger, den Physikochemikern in die Hände zu fallen war abgewehrt, und die deutsche chemische Industrie und Wissenschaft wieder einmal gerettet, wenigstens nach Ansicht von Alfred Stock.

Dieser hatte in einem Brief an Duisberg[20] festgestellt: „... *Grundsätzlich muß durchaus daran festgehalten werden, daß die einleitende Experimentalvorlesung, sofern nicht ganz triftige Gründe entgegenstehen, von dem Anorganiker abgehalten wird, der den Anfängerunterricht leitet:*

1. ist diese Vorlesung ein sehr wesentlicher Teil dieses Anfangsunterrichts und muß mit ihm verbunden sein.
2. wird der Anorganiker – gleiches Vortragstalent vorausgesetzt – die Vorlesung im allgemeinen dem Verständnis der jungen Studierenden, mit denen er ja dauernd zu tun hat, besser anpassen, als der Physikochemiker, der sich auf den Höhen der Theorie bewegt. ‚Fortlassen' heißt die schwere Kunst der Anfänger-Vorlesung, eine Kunst, die Emil Fischer meisterte (was man z. B. von Haber, so sehr man auch sonst seine Fähigkeiten und Leistungen bewundern muß, nicht sagen kann!)
3. endlich soll man die allgemeine Vorlesung dem Anorganiker schon deshalb lassen, weil sie auf diesen selbst ... wohltuend und anregend wirkt."

Studenten dürfte besonders Punkt 3 beeindrucken. Für Stock ist die Katastrophe nahe:

„*Will man etwa die ‚allgemeine' Chemie, wie man gelegentlich die physikalische Chemie nannte, zur Klucke machen, unter der ein anorganisches und organisches Küchlein engen Platz finden solle, dann ist dies das Ende unseres zweckmäßigen Chemieunterrichts, unserer praktisch brauchbaren Chemiker und unserer leistungsfähigen chemischen Industrie und Wissenschaft.*"

Der hier mit so zweideutigem Lob bedachte Haber hatte seine Demobilisierung zum Nachdenken über neue Ziele benutzt, die alle im Jahr 1920 Gestalt annahmen: Er war treibende Kraft bei der Gründung der Notgemeinschaft der deutschen Wissenschaft, aus der die heutige „Deutsche Forschungsgemeinschaft" hervorgegangen ist, er hatte den kühnen Plan gefaßt, die deutschen Reparationszahlungen mit Gold aus dem Meerwasser zu begleichen – eine ebenso patriotische wie listige Idee, geeignet, die Ansprüche der Alliierten zu befriedigen und gleichzeitig durch das letzthin nutzlose Metall ad absurdum zu führen, und er hatte anläßlich der Fischer-Nachfolge auch neue Ideen über den chemischen Anfängerunterricht entwickelt.

So kam es, wie Willstätter[21] berichtet, daß auch Staatssekretär Becker Gründe fand, über Haber zu klagen, als Duisberg bei ihm vorsprach – hatte er ihm doch kürzlich drei Stunden seiner kostbaren Zeit durch einen Vortrag über den Unterricht in Chemie gestohlen. Worum es sich gehandelt haben dürfte, geht aus dem schon zitier-

---

20 A. Stock an C. Duisberg, 25. 4. 1920 (Duisberg-Briefwechsel im Bayer-Archiv).
21 R. Willstätter, Aus meinem Leben, Weinheim 1949, S. 242.

ten[22] Brief Habers an Duisberg hervor, von dessen Intrigen er nichts ahnte. Hier heißt es in direkter Anspielung auf Stock:

„In der amerikanischen Hochschulentwicklung spielt der Gedanke eine große Rolle, die Elemente durch Männer lehren zu lassen, die eine besondere pädagogische Begabung haben und den Unterricht während der ersten Semester mehr als eine fachliche Fortsetzung des Schulunterrichts mit besonderer Einstellung auf sichere Kenntnis der experimentellen Grundtatsachen und gewandten Handhabung der experimentellen Hilfsmittel betreiben. Für eine solche Aufgabe besitzt Herr Stock ein besonderes Talent. … Der wesentliche Punkt ist freilich, daß die amerikanischen Studenten jünger und unreifer auf die Hochschule kommen und mindestens im ersten Studienjahr mehr mit unseren Mittelschülern als mit unseren Studenten gemein haben. Davon stammt unser Verlangen, in die Vorlesung bereits den geistigen Gehalt der Wissenschaft in viel stärkerem Maße hineinzuarbeiten und die Forderung, Persönlichkeiten mit diesem Unterricht zu beauftragen, die ihren Lebenszweck in der Vermehrung dieses geistigen Gehalts erblicken…

Ich beschäftige mich im Augenblick damit, des Näheren zu überlegen, ob es möglich ist, die große Einführungsvorlesung ganz anders als bisher aufzubauen. Der Gedanke liegt mir nahe, an die Spitze die Erkenntnis zu stellen, daß der Aufbau der Welt zu Elementen aus einer Sorte negativer Träger und 92 Sorten positiver Träger erfolgt, die sich dadurch unterscheiden, daß die positive Ladung vom Wasserstoff zum Uran schrittweise um eine Einheit zunimmt. Der nächste Schritt bestände in einer Erläuterung, daß die 92 Sorten der positiven Träger nicht alle mit einem einzelnen Individuum, sondern vielfach mit mehreren ähnlichen Individuen besetzt sind, die sich durch die Masse, aber nicht durch die Ladung unterscheiden. Die Feststellung der Masse mit Hilfe der Astonschen Methode liefert dann unmittelbar die Verhältnisgewichte der kleinsten Teile, also die Atomgewichte sowohl der 92 Sorten wie der Isotopen, die die einzelne Sorte zusammensetzen. Auf diese Weise kann man, wie ich denke, auf rein physikalischem Wege den Begriff des Atomgewichts, dessen tatsächliche Ganzzahligkeit und die durch die Isotopen bedingte scheinbare Abweichung von der Ganzzahligkeit erlangen, indem man als Hilfsmittel die elementaren Kenntnisse über Kathodenstrahlen, Kanalstrahlen und Röntgenstrahlen benutzt. Der Übergang von dieser Grundlage zu den Molekülen und zum geläufigen Tatsachenbestand der Chemie vollzieht sich danach besonders einfach und die Darstellung bleibt frei von der Schwierigkeit…, daß man auf dem gewöhnlichen Wege zunächst nur die stöchiometrischen Gesetze erlangt und mindestens zweimal im Gange des Vortrages auf die Notwendigkeit stößt, über die ersten Anfänge noch einmal zurückzugreifen. … Der eine ist gegeben, wenn man zur Atomhypothese und zur Zählung der Moleküle im Mol übergeht, der andere, wenn man das Auftreten geladener Teile durch die Lösung von Salzen, Säuren und Basen in Wasser heranholt. Ich erzähle Ihnen darum so ausführlich davon, weil ich gern deutlich machen möchte, was ich für die theoretischen Gedanken halte, die in den Unterricht hineingearbeitet werden sollten“.

22 F. Haber an C. Duisberg, 16. 7. 1920 (Duisberg-Briefwechsel im Bayer-Archiv).

Ob das deduktive Verfahren Habers der Weisheit letzter Schluß ist, mag dahingestellt bleiben. Es scheint keinen Bericht über Habers Erfolge in der Grundvorlesung zu geben, aber sicher ist Chemie zu lange in einer Form dargeboten worden, als gälte es, ihren geschichtlichen Weg nachzuvollziehen.

Die Bedenken der Vertreter der Großindustrie gegen die physikalische Chemie, die sich noch 1920 in Duisbergs Protest ausdrückten, hinter dem die IG „wie ein Mann" stand, kehrten sich im Lauf weniger Jahre ins Gegenteil um. Ende 1925 wurde im ständigen Ausschuß der Bunsen-Gesellschaft eine Eingabe von Arnold Eucken und anderen Kollegen behandelt[23], in dem über die dürftige Ausstattung der physikalisch-chemischen Laboratorien und die häufig noch unselbständige Stellung ihrer Leiter geklagt und Abhilfe verlangt wurde. Diese Klagen kannte man zur Genüge, neu war aber die Stellungnahme der Industrievertreter: Nicht nur Alwin Mittasch von der BASF, sondern sogar H. Kühne von Duisbergs Firma Bayer-Leverkusen stimmten für sofortige Maßnahmen. Auch die Industrie klage über den Nachwuchs, das Angebot an Organikern sei viel zu groß, dagegen mangele es an physikalisch gebildeten Chemikern, überhaupt fehle es bei Anorganikern und Organikern sehr an Kenntnissen auf dem Gebiet der physikalischen Chemie. Auch Alfred Stock schlug sich nun auf diese Seite und regte eine Denkschrift für Öffentlichkeit und Abgeordnete an, für die auch gleich eine Kommission gebildet wurde.

Schon in der nächsten Sitzung brachte A. Mittasch ein Memorandum mit, das als Unterlage für eine Besprechung von Vertretern der IG-Farben im Berliner Ministerium dienen sollte. Es war von Carl Bosch und Kurt H. Meyer ausgearbeitet und verlangte eine gleichmäßige Ausbildung aller Chemiker in den drei Zweigen der Chemie sowie zusätzlich in Physik. Um einer schädlichen Vermehrung der Chemiestudenten vorzubeugen, sollten nicht neue Institute gebaut, sondern Räume der organischen Chemie in solche für physikalische Chemie umgewandelt werden und dort, wo es nur einen einzigen Lehrstuhl für Chemie gäbe, frei werdende, bisher von Organikern besetzte Stellen mit Anorganikern oder Physikochemikern besetzt werden[24].

So weit wollte man nicht einmal in der Bunsen-Gesellschaft gehen, sondern war mit gleichberechtigten Lehrstühlen in den drei Fächern zufrieden, eine Forderung, die sich dann auch in einem Aufruf zur Hebung des chemischen Unterrichts wiederfindet.

Ein kleines Beispiel für die (befürchtete) Wirkung der Aktivitäten der IG-Farben bietet eine Gegenäußerung der drei Münchener Chemiker Heinrich Wieland, Otto Hönigschmidt und Kasimir Fajans für die philosophische Fakultät, in der selbst der Physikochemiker die Forderungen der Industrie als zu weit gehend ansah. Wieland schrieb an Duisberg[25], er hielte die fast zur Mode gewordene Diskreditierung der organischen Chemie für besonders gefährlich, sie sei weder durch wissenschaftliche Momente auch nur im allergeringsten gerechtfertigt, noch durch die Bedürfnisse der Industrie in dieser extremen Form begründet.

---

23 Sitzung vom 28. 11. 1925 in Berlin.

24 Sitzung des Ständigen Ausschusses vom 13. 5. 1926. Vgl. auch R. Willstätter, Aus meinem Leben, Weinheim 1949, S. 273.

25 Am 23. 1. 1927 (Duisberg-Briefwechsel im Bayer-Archiv).

Duisberg, inzwischen ein wenig wankend in seinen vierzig Jahre gehegten Vorurteilen, antwortete recht unverbindlich, er stehe auf dem Standpunkt, daß die Pflege der organischen Chemie auf keinen Fall zugunsten der physikalischen Chemie vernachlässigt werden dürfe. Selbstredend müsse letztere bei der großen Bedeutung, die sie in den letzten Jahren erhalten habe, weit mehr in den Vordergrund gezogen werden. Es gelte eben, das eine zu tun und das andere nicht zu lassen[26].

Die Münchener Ängste waren unnötig, denn in den Kultusministerien hatte man andere Sorgen als die Notlage der physikalischen Chemie, und Geld war sowieso nicht da. Wie die Lage war, zeigt ein Bericht Max Bodensteins auf der Sitzung des Ständigen Ausschusses vom 8. 5. 1929: In Kiel, der Universität mit dem viertgrößten chemischen Institut sei der Privatdozent gestorben, der bisher mit einem Lehrauftrag von 408,50 RM im Monat die physikalische Chemie vertreten habe. Es sei nicht gelungen, zu solchen Bedingungen einen Nachfolger zu finden, aber die Mittel seien trotzdem nicht erhöht worden.

1.30 Die chemische Großindustrie: Angewandte physikalische Chemie und Politik

Die chemische Großindustrie hatte während des Krieges weniger in Annexionsplänen geschwelgt als die Schwerindustrie, aber dafür war sie in den Besitz gewaltiger, vom Reich finanzierter Fabrikanlagen gekommen. Nach Kriegsende hatten ihre Repräsentanten rascher als andere erkannt, daß die Zeit der patriarchalischen Betriebsführung zu Ende ging. Als es 1919/20 zu Unruhen linksgerichter Arbeiter kam, akzeptierten sie erstmals die Gewerkschaften als Gesprächspartner. Sie konnten es, denn beide Seiten waren sich in der Ablehnung alles Revolutionären einig. Im Gegensatz zu anderen Sparten hielt sich in der chemischen Industrie eine Zusammenarbeit zwischen Arbeitgebern und Gewerkschaften als Reichsarbeitsgemeinschaft Chemie bis 1933 – eine Tradition, die auch heute noch zu spüren ist.

Patente und Vertretungen in den ehemaligen Feindstaaten waren verloren gegangen, die Inflation konnte andererseits der chemischen Industrie nicht viel anhaben. Auch die Gefahr, etwa die Anlagen zur Ammoniaksynthese als Rüstungsbetriebe schließen zu müssen, ging vorüber, wobei Carl Bosch durch eine Kooperation auf dem Stickstoff- und Farbengebiet mit französischen Konzernen nachhalf.

Bereits 1916 hatten sich die führenden Chemieunternehmen in loser Form zusammengeschlossen, 1925 gelang es vor allem den Bemühungen Boschs und Duisbergs, diese Vereinigung als IG-Farbenindustrie AG zu einem Konzern umzuformen, in dem Produktion und Vertrieb gemeinsam organisiert waren. So ließ sich die Stellung gegenüber den Verbrauchern und die Konkurrenzfähigkeit gegenüber dem Ausland stärken. Mit dieser Fusion hatte sich Bosch gegen Duisberg durchgesetzt, der eine Holding-Gesellschaft befürwortete.

---

26 C. Duisberg an H. Wieland, 27. 1. 1927 (Duisberg-Briefwechsel im Bayer-Archiv).

Es gibt kein besseres Beispiel für die Erfolge und die Probleme der angewandten physikalischen Chemie in Wirtschaft und Politik der Zeit zwischen 1914 und 1945 als die hochdruckkatalytischen Verfahren, die insbesondere unter der Ägide Carl Boschs entwickelt wurden[27].

Die Notwendigkeit, die Synthese und Oxidation von Ammoniak während des Krieges möglichst rasch zu großtechnischen Verfahren zu entwickeln, hatte in dem von Alwin Mittasch geleiteten Forschungslabor zahlreiche Experten für eine Verfahrenstechnik bei hohen Drucken und Temperaturen sowie für die Entwicklung von Katalysatoren hervorgebracht. Dies Potential galt es in Friedenszeiten zu nutzen und mit ihm die vorhandenen Verfahren zu optimieren, vor allem aber neue Synthesen zu versuchen. Hier konnte auch der aus den Hochschulen herandrängende Nachwuchs an Chemikern und Ingenieuren lohnende Aufgaben finden. Treibende Kraft war wieder Carl Bosch, der 1919 Vorstandsvorsitzender der BASF, 1925 der IG-Farben AG geworden war.

Ein erstes Ziel wurde erstaunlich rasch erreicht: Bereits 1923 konnte in Oppau Methanol in großtechnischem Maßstab durch Hydrierung von Kohlenmonoxid hergestellt werden, ein Verfahren, das unmittelbar auf der Ammoniaksynthese aufbaute, aber eine ganz neue Katalysatorentwicklung verlangte, die insbesondere auf das von Matthias Pier geleitete Forschungslabor zurückging.

Dieser Erfolg ermutigte zu einem weit kühneren und technisch anspruchsvolleren Projekt, der Darstellung von synthetischem Treibstoff durch Hydrierung von Kohle. Deutschland verfügte kaum über Ölvorräte, förderte aber zwischen 1924 und 1933 von der Weltproduktion an Steinkohle 20 %, von der an Braunkohle 75 %. Eine rasch steigende Motorisierung war vorauszusehen, die Erschöpfung der Ölvorräte in verhältnismäßig kurzer Zeit wurde seit damals alle paar Jahre prophezeit. Bei der herrschenden Devisenknappheit war mit Zollschutz durch die Regierung zu rechnen, wenn es gelang, Treibstoffe halbwegs konkurrenzfähig zu synthetisieren. Schon um die vorhandenen Kapazitäten zu nutzen, war ein solches Produkt günstig, da es inzwischen Absatzschwierigkeiten für Düngemittel gab, denen man nur durch internationale Kartelle begegnen konnte.

Versuche, Kohle unter Druck, jedoch ohne Katalysator zu hydrieren, waren bereits um 1914 Friedrich Bergius gelungen, der damals im Laboratorium der Th. Goldschmidt AG tätig war. Diese Arbeiten setzte er nach dem Krieg in eigener Regie fort, bis die BASF, die unabhängig von ihm eigene Erfahrungen auf dem Gebiet gesammelt hatte, seine Patente im Jahr 1925 erwarb. Zwischen 1926 und 1932 wurden etwa 100 Millionen Mark in die Kohlehydrierung investiert, aber bei der Umsetzung der erfolgreichen Laborversuche in die Massenproduktion gab es ungeahnte Probleme. Statt der schon für 1927 erwarteten 100000 t konnten 1929 erst 49000 t produziert werden. Duisberg war für die Beendigung des Projekts, nachdem ein interner Bericht weitere 400 Millionen für Forschung und Entwicklung voraussah. Bosch konnte aber die Geschäftsleitung davon überzeugen, daß die Einstellung der

27 T. P. Hughes, Past and Present 44 (1969) 106; Übersetzung in: Moderne Technikgeschichte, Hrg. K. Hausen und R. Rürup, Köln 1975, S. 358.

Arbeiten nicht viel billiger sein würde. So vergab man Lizenzen zur Hydrierung von Rohöl an die Standard Oil und hoffte auf die Zukunft.

Diese entwickelte sich jedoch katastrophal und selbst ein Unternehmen wie die IG-Farben AG geriet in Schwierigkeiten. Neue Ölquellen wurden entdeckt, die Weltwirtschaftskrise ließ den Benzinpreis auf 5 Pfennige sinken, während die IG gehofft hatte, bei 20 Pfennigen konkurrenzfähig zu werden (1931 produzierte sie noch für etwa 40 Pfennige). Der Ernst der Lage drückte sich in der Zahl der in der IG-Farbenindustrie Beschäftigten aus, sie sank von 114 185 im Jahr 1928 auf 63 587 im Jahr 1932.

Es blieb nichts übrig, als den Reichskanzler Brüning um Hilfe zu ersuchen, dem die IG bereits vorsorglich den Wirtschaftsminister für sein Kabinett aus ihren Beständen ausgeliehen hatte. Man erreichte zwar erhebliche Schutzzölle auf Treibstoffe, aber zur Sanierung der Industrie war die Deflationspolitik Brünings nicht geeignet. Nach seinem Sturz begannen die Verantwortlichen des Konzerns, vorsichtig Kontakte zu dem kommenden Mann, Adolf Hitler, zu knüpfen, um auch in Zukunft auf Unterstützung rechnen zu können. Er erhielt eine schöne Wahlspende, und Ende 1933 gab es einen Vertrag mit seiner neuen Regierung, der eine Garantie für einen kostendeckenden Verkaufspreis und den entsprechenden Absatz für synthetischen Treibstoff vorsah. Hitler brauchte für seine Pläne kein billiges Benzin, sondern Autarkie.

Politische Voraussicht war nie die Stärke der Industriellen gewesen – sie gerade damals im erforderlichen Ausmaß zu erwarten, war sicher zu viel verlangt. Heute wissen wir: Mit diesem Vertrag hatte sich der Konzern auf einen Weg begeben, der in den Abgrund führte. Er endete mit dem gigantischen Treibstoffwerk, das die IG-Farben AG 1941 auf eigene Rechnung nahe dem Konzentrationslager Auschwitz zu errichten begann. In Erwartung großer Profite wurde fast eine Milliarde Mark verbaut, von den eingesetzten Häftlingen starben mehr als 25 000[28], aber das Werk kam nicht mehr in Gang.

1.31 Das Innenleben der Bunsen-Gesellschaft für angewandte physikalische Chemie 1919 – 1932

Der Sturz der alten Ordnung Ende 1918 hatte augenscheinlich alle Organe der Bunsen-Gesellschaft vor Schreck gelähmt. Im April des Jahres war der Gießener Elektrochemiker Karl Elbs zum ersten Vorsitzenden gewählt worden, aber es dauerte bis zum Ende seiner Amtszeit zwei Jahre später, ehe der ständige Ausschuß wieder zusammentrat. Während des ganzen Jahres 1919 liegen keine Aufzeichnungen vor, es gab keine Tagung, und der 25. Geburtstag der Gesellschaft (21. 4. 1919) wurde nur als

28 Die Arbeitsunfähigen wurden jeweils an die SS zurückgegeben (nähere Angaben bei J. Borkin Die unheilige Allianz der IG-Farben, Frankfurt/New York 1986, S. 109). – Einer der überlebenden Häftlinge war der italienische Chemiker Primo Levi, der die Zustände im angeschlossenen Buna-Werk in seinem Bericht: Ist das ein Mensch? (deutsch: Frankfurt 1961) beschrieben hat.

kurze Notiz in der Mai-Nummer der Zeitschrift für Elektrochemie unter der Überschrift „Zur Erinnerung" gewürdigt, die eher für einen Nachruf paßt.

Dort heißt es in unverändert von der Kaiserzeit in die Republik gerettetem Schwulst[29]: „*Muß auch jetzt von froher Feier abgesehen werden, bei der wir uns rückblickend der Erfolge hätten freuen können, so ziemt es doch heute, dessen ernst zu gedenken, was als Erfolg unserer Arbeit in unserer Zeitschrift und besonders in den Berichten über unsere Hauptversammlungen niedergelegt ist, sowie derer uns zu erinnern, die führend oder helfend am Werk gearbeitet haben.*

Nicht minder aber müssen wir, trotz oder gerade wegen der Schwere der Zeit, den Blick in die Zukunft richten, zwar mit Sorge wegen der bedrohlichen Fülle der nach außen durch die angewandte Wissenschaft zu leistenden wirtschaftlichen Arbeit, aber in vollen Vertrauen auf die Möglichkeit, immer neue Hilfsquellen durch die wissenschaftliche Forschung aus dem unerschöpflichen Borne der Natur zu erschließen.

Wie bisher, muß es für die Deutsche Bunsen-Gesellschaft gelten, eifrig mit allen Kräften zu wirken, im engen Verein von Forschung und Gewerbe, zum Segen des Einzelnen, zum Heile des Ganzen."

Immerhin, ganz wirkungslos ging die 1918 unvermutet hereingebrochene Demokratie auch an der Bunsen-Gesellschaft nicht vorüber. Wieder war es Fritz Haber, der versuchte, einen Anstoß zu geben, indem er in der ersten Nachkriegssitzung des Ständigen Ausschusses 1920[30] forderte, die zur Gewohnheit gewordene Wiederwahl abzuschaffen. In der Satzung solle festgehalten werden, daß die Gesellschaft von dem Ständigen Ausschuß der Mitglieder geleitet werde, der aus dem ersten und zweiten Vorsitzenden, dem Schatzmeister, zwei Schriftführern und sechs bis elf Beisitzern mit einer Amtszeit von zwei Jahren bestünde (zuvor waren es drei). Sofortige Wiederwahl solle nur einmal möglich sein, lediglich der Schatzmeister dürfe unbeschränkt wieder gewählt werden. Immerhin bootete Haber mit diesem Antrag sich selber aus dem Vorstand aus, sodaß dieser nicht gut nein sagen konnte.

Als der Geschäftsführer Julius Wagner in der folgenden Mitgliederversammlung diesen Beschluß verkündete und die vom Vorstand ausgesuchten nun wirklich neuen Kandidaten vorschlug, bat Haber ums Wort, um die Versammelten aus ihrer Lethargie zu wecken: Bekanntlich höre niemand zu, wenn über geschäftliche Angelegenheiten beraten werde, dies sei von jeher der Fall gewesen und natürlich jetzt ebenso. Man habe soeben beschlossen, daß niemand länger als zweimal hintereinander zu demselben Vorstandsamt gewählt werden dürfe. Dies sei eine fundamentale Änderung in dem Sinne, Fachgenossen in weiterem Rahmen Sitz und Stimme zu ermöglichen als bisher. Er empfehle, die jetzt Genannten en bloc zu wählen, aber bis zum nächsten Jahr Nachfolger zu erwägen, denn von nun an fände eine viel lebhaftere Änderung statt als zuvor[31]. Die Versammelten ließen keine Erschütterung erkennen, sie hoben folgsam die Hand für den Vorstandsbeschluß, und es blieb fortan bei dieser Handhabung.

---

29 Z. Elektrochem 25 (1919) 115. Der Anfang klingt merkwürdig nach Schillers Lied von der Glocke.
30 Sitzung vom 21. 4. 1920.
31 Z. Elektrochem. 26 (1920) 215.

Es ist nicht überliefert, ob seit Habers Appell irgendwann ein Vorstandsmitglied aus dem Plenum heraus vorgeschlagen worden wäre. Aus den sechziger Jahren wird berichtet, daß einmal ein Mitglied zu seinem Nachbarn gesagt habe, jetzt müsse man einmal einen Antrag stellen, worauf ein davor sitzender ehemaliger Vorsitzender sich umgedreht und gesagt habe „Sie wollen sich wohl unbeliebt machen?“ – Auch einige verdiente Mitglieder des Ständigen Ausschusses blieben ihm nach dem Ausscheiden bald wieder erhalten, indem man sie zu ständigen Beratern machte[32].

Das Hauptproblem der ersten Nachkriegsjahre war die Inflation, der die stabilitätsgewohnte bürgerliche Gesellschaft ziemlich hilflos gegenüberstand. Für einen Verein, der seinen Beitrag noch vor Jahresbeginn zu kassieren pflegt und dabei stillvergnügt einen kleinen Zinsgewinn macht, erwies sich die immer schnellere Geldentwertung als katastrophal und der langjährige Schatzmeister, der alte Henry v. Böttinger, war der neuen Lage nicht mehr gewachsen. Aber dies galt auch für den übrigen Vorstand. 1919 machte die Gesellschaft erstmals ein Defizit, aber man versäumte, die Satzung zu ändern, um Beiträge nach Bedarf anheben zu können. Dies wurde erst im nächsten Jahr nachgeholt, und so war man 1920, Böttingers Todesjahr, gezwungen, von den Mitgliedern eine freiwillige Spende in Höhe des Beitrags zu erbitten, was auch weitgehend gelang.

Der neue Schatzmeister Max Buchner (1866 – 1934), damals Chefchemiker der Fa. Riedel de Haën, war gewitzter. Er brachte es fertig, über die Inflation hinweg immer einen Überschuß in der Kasse zu behalten, vor allem mit Hilfe der in ausländischer Währung eingehenden Beiträge, aber auch durch möglichst langsame Überweisung ausstehender Summen. Dabei schonte er nicht einmal seinen Duzfreund, den ersten Vorsitzenden August Bernthsen: Als der von 128000 M Reisespesen der Bunsen-Gesellschaft 50000 M schenkte, erhielt er den Rest so spät erstattet, daß er schon 2/3 seines ursprünglichen Wertes verloren hatte, worauf Bernthsen ärgerlich die Spende zurückforderte[33]. Aber trotz dieser Tricks wirft es doch ein Licht auf die Verhältnisse, daß es im Juli 1923 Mühe machte, dem neuen Redakteur der Zeitschrift, Erich Müller (siehe Kap. 1.32), das etwas voreilig vereinbarte Honorar von 150 Goldmark zu zahlen.

Immerhin waren Ende 1923, als der Geldwert durch Einführung der Rentenmark stabilisiert wurde, 1004 Billionen Mark in der Kasse, die dann als schlichte, aber solide 1004 Rentenmark gebucht werden konnten. Die gesamten Einnahmen aus Mitgliedsbeiträgen waren von da ab wieder mit denen vor der Inflation vergleichbar, z. B. 1918: 14200 RM, 1924: 17691 RM.

Die stolzen 8000 RM 3% preußische Konsols der Böttinger-Stiftung standen gerade noch mit 20,80 RM zu Buche[34], auch eine kleine Aufwertung nach ein paar Jahren brachte nicht viel.

Seit dieser Zeit wurde es allgemeiner Brauch, Preise, Stipendien und andere Zuwendungen nicht aus Zinsen zu zahlen, sondern durch Firmenspenden zusam-

---

32 Sitzung des Ständigen Ausschusses vom 6. 1. 1923.

33 A. Bernthsen an M. Buchner, 19. 6. 23.

34 Z. Elektrochem. 30 (1924) 304. Seit 1985 ist die Stiftung aus Rücklagen mit einer Anfangssumme von DM 40000 wieder aufgelebt und inzwischen (1992) auf über DM 54000 angewachsen.

menzubringen. Sie wurden nach einem Vorschlag Carl Boschs oft nach der Zahl der Beschäftigten erhoben. So arbeitete der schon genannte Liebig-Stipendien-Verein (Kap. 1.26), später Justus-Liebig-Gesellschaft zur Förderung des chemischen Unterrichts genannt (1920), die Emil-Fischer-Gesellschaft zur Förderung der chemischen Forschung, die das Kaiser-Wilhelm-Institut für Chemie unterstützte und die ebenfalls 1920 entstandene Adolf-Baeyer-Gesellschaft zur Förderung der chemischen Literatur, aus der später auch einmal die Zeitschrift für Elektrochemie unterstützt wurde (Kap. 1.32).

Es überrascht ein wenig, daß die Bunsen-Gesellschaft mitten in der Inflation die erste Abspaltung eines ihrer Teilgebiete hinnehmen mußte: Obwohl 1922 als Spezialthema der Jahresversammlung „Grenzflächenkräfte“ vorgesehen war, wurde gleichzeitig die Kolloidgesellschaft mit einem eigenen Organ gegründet, wobei sich besonders Wolfgang Ostwald hervortat – mag sein, daß die Bunsen-Gesellschaft dem Sohn Wilhelm Ostwalds zu wenig Aufmerksamkeit gewidmet hatte. Man beschloß im Vorstand, freundschaftliche Beziehungen zu dem neuen Verein zu pflegen, aber Kolloidchemie weiter wie zuvor zu betreiben.

Ein größerer Verlust traf die Gesellschaft, als Julius Wagner einen psychischen Zusammenbruch erlitt, von dem er sich nicht mehr ganz erholen sollte. Mitte 1922 mußte er die Geschäftsführung niederlegen[35]. Er war das wandelnde Lexikon der Gesellschaft gewesen, hatte mit seinem Takt und seiner Erfahrung allen Vorsitzenden einen erheblichen Teil ihrer Arbeit abgenommen und mit seiner Genauigkeit und Ordnungsliebe alles zusammengehalten. Es war eine schöne Geste, ihm mit der Ehrenmitgliedschaft zu danken (1922).

Den Nachfolger suchte man zunächst am gleichen Ort und fand ihn in dem Privatdozenten Franz Hein, der sich später einen Namen als Anorganiker in Leipzig und Jena machen sollte. Schon nach einem Jahr mußte auch er ausscheiden, als der Direktor des chemischen Instituts A. Hantzsch ihm die Abteilung für anorganische Chemie übertrug.

Nun schlug Buchner vor, den Geschäftsführer am Ort des Schatzmeisters anzusiedeln und empfahl dazu seinen Schwiegersohn Wilhelm Bachmann (1885 – 1933), den Erfinder der Membranfilter, damals Privatdozent an der TH Hannover, der wie er in der Firma Riedel de Haën tätig war und sich sogar bereit erklärte, zunächst ehrenamtlich zu arbeiten, bis die Verhältnisse sich normalisiert hätten. Zehn Jahre hat er für die Bunsen-Gesellschaft gesorgt, bis er 1933 einem Jagdunfall zum Opfer fiel[36].

Während das Innenleben der Bunsen-Gesellschaft etwa um 1920 trotz der wirtschaftlichen Misere wieder einigermaßen in Gang gekommen war und auch die Tagungen sich im Niveau kaum mehr von denen in der Vorkriegszeit unterschieden, waren die Auslandsbeziehungen noch auf Jahre hinaus belastet. Wer sich erinnert, wie rasch Barrièren zwischen den Feindstaaten nach 1945 trotz einem Vielfachen an Barbarei abgebaut wurden, den überrascht dieser Unterschied und er fragt sich, ob diese Versöhnlichkeit ein Zeichen zunehmender Abstumpfung ist oder eher durch

35 Dankadresse von F. Foerster, Z. Elektrochem. 28 (1922) 193.
36 Z. Elektrochem. 39 (1933) 994.

den bald alles dominierenden Ost-West-Konflikt bedingt, bei dem beide Seiten Bundesgenossen suchten.

Nach 1918 dauerte es jedenfalls mehr als zehn Jahre, ehe Deutschland wieder voll in den internationalen wissenschaftlichen Gremien vertreten war. Die Association Internationale des Sociétés Chimiques, deren Präsident Wilhelm Ostwald gewesen war, hatte den Krieg nicht überlebt. Als Nachfolgeorganisation entstand 1918 die „Union Internationale de Chimie“, die heutige IUPAC (International Union of Pure and Applied Chemistry). Trotz ihres schönen Namens schloß sie in ihren Statuten Vertreter der Feindstaaten aus. Dank der Bemühungen einiger Gelehrter, unter denen besonders Ernst Cohen (Utrecht) hervortrat, wurde dieser Paragraph 1926 gestrichen[37], aber nun zögerte die Reichsregierung, weil sie die deutsche Sprache noch nicht genügend ästimiert fand. 1929 wurde Deutschland als Vollmitglied aufgenommen. Als Vertretung fungierte der Verband Deutscher Chemischer Vereine unter dem Vorsitz von Fritz Haber. In ihm hatten sich auf Anregung von Alfred Stock die Deutsche Chemische Gesellschaft, die Bunsen-Gesellschaft, der Verein Deutscher Chemiker und als willkommener Geldgeber noch der Verein zur Wahrung der Interessen der Chemischen Industrie Deutschlands zusammengeschlossen.

Auch die offiziellen Kontakte zwischen Bunsen-Gesellschaft und den englischen, französischen und amerikanischen Schwestergesellschaften kamen nur zögernd in Gang. Immerhin gab es 1927 eine Einladung nach Paris zur Feier des 100. Geburtstages von M. Berthelot. Gegenseitige Ermäßigungen der Mitgliedsbeiträge konnte man 1928 mit der American Electrochemical Society, 1929 mit der Faraday Society vereinbaren, aber erst 1930 auf der Hauptversammlung in Heidelberg gab es wieder Grüße von Vertretern der ausländischen Gesellschaften. Ehrenmitglieder aus anderen Staaten wollte man erst dann wieder ernennen, wenn man dort Deutsche geehrt hätte[38].

1.32 Die Zeitschrift: Zwei neue Redakteure und ein neuer Verlag

Angesichts der schwierigen wirtschaftlichen Lage in der ersten Nachkriegszeit hatten im Jahr 1921 die Deutsche Chemische Gesellschaft, der Verein Deutscher Chemiker und der Verein zur Wahrung der Interessen der Chemischen Industrie Deutschlands beschlossen, einen eigenen Verlag zu gründen, um literarische Unternehmungen weiterführen zu können, bei denen die ursprünglichen Verleger den Mut verloren hatten[39], z. B. das Gmelin-Handbuch und das Chemische Zentralblatt. Das Unternehmen erhielt den Namen Verlag Chemie (heute VCH genannt), Geschäftsführer wurde Hermann Degener, der sich als Schöpfer des biographischen Lexikons „Wer ist's?“ hervorgetan hatte.

37 Sitzung des Ständigen Ausschusses vom 4. 12. 1926.
38 Sitzung des Ständigen Ausschusses vom 8. 5. 1929.
39 W. Ruske, 100 Jahre Deutsche chemische Gesellschaft, Weinheim 1967, S. 142.
40 siehe Kap. 1.14.

Die Statuten berechtigten den Verlag, außer der vereinseigenen auch andere chemische Literatur herauszubringen. Dies veranlaßte den Vorstand der Bunsen-Gesellschaft, den Vertrag mit seinem Verleger Wilhelm Knapp zu kündigen, die Zeitschrift für Elektrochemie voll in den Besitz des Vereins zu bringen und sie dem Verlag Chemie in Kommission zu geben. Der Schatzmeister Max Buchner machte bei dem Kauf ein glänzendes Geschäft, obwohl er den Anteil des Verlages von 15000 M, also dem gleichen Betrag, den im Jahr 1900 der andere Gesellschafter Wilhelm Borchers bekommen hatte[40], mit einem wesentlich höheren Zeitwert (40000 M) ansetzte. Was damals in Friedenszeiten mühsam und nur mit Spenden abgezahlt werden konnte, beglich man nun nach ein wenig Wartezeit aus dem Reingewinn, der dank der Entwertung inzwischen auf 90000 M. angestiegen war.

In der Zeitschrift erschien ein überaus freundlicher Dank an die Leiter des Knappschen Verlages, denen die wertvolle Förderung, die sie den wissenschaftlichen Bestrebungen der Bunsen-Gesellschaft gewährt hätten, unvergessen bleiben solle[41]. Vermutlich sind dem Verleger auch die geschäftlichen Bestrebungen der Bunsen-Gesellschaft unvergessen geblieben.

Die rasch erlernten Vorteile der Inflation aufzugeben, fiel nicht leicht. Der Schatzmeister hatte im Verein mit dem Geschäftsführer des Verlags Phantasiepreise für ausländische Bezieher der Zeitschrift berechnet, gleichzeitig aber noch das ganze Jahr 1922 die deutschen Mitglieder für 80 M bedient, als ein Dollar bereits 300 M kostete. Als man sich nach Einführung der Rentenmark wieder an Vorkriegsverhältnissen orientieren konnte, betrug der deutsche Mitgliedsbeitrag nicht mehr 25 M wie damals, sondern nur noch 12,60 RM, der ausländische je nach Land 6 bis 9 US Dollar, und das bei einem Umrechnungskurs von 4,20 RM. Es kostete einige Zeit und viele Beschwerden erboster Bezieher, bis man wenigstens eine einheitliche Dollarbasis für Ausländer fand (6 Dollar für Mitglieder, 8 für Nichtmitglieder), und es dauerte bis 1925, ehe es dem Schatzmeister gelang, den zögerlichen Vorstand zu überreden, den Beitrag für deutsche Mitglieder wieder auf das Vorkriegsniveau anzuheben.

Dieser Preis schreckte in der Tat die treuen Mitglieder nicht ab, aber neue wollten auch nicht in genügender Zahl kommen. So begannen bescheidene Maßnahmen der Werbung: Die Annahme von Vorträgen wurde mit sanftem Druck zur Mitgliedschaft begleitet, vor allem begann man, an die Studenten und frisch Promovierten zu denken, denen die Zeitschrift für einen niedrigeren Beitrag angeboten wurde[42].

Der Verlag Chemie rechnete die Herstellungs- und Versandkosten der Zeitschrift ab und schlug einen Bruchteil seiner allgemeinen Unkosten auf. Den gesamten Betrag sollten möglichst die Abonnements der Nichtmitglieder decken. Einen Gewinn teilte der Verlag mit der Gesellschaft. Sie kam für die Kosten der Redaktion auf[43]. Später gab es Bedenken, ob diese Regelung nicht dazu verführe, die allgemeinen Verlagskosten möglichst hoch anzusetzen, und so wurde vereinbart, dem Verlag einen festen Anteil von 30% der Einnahmen von Nichtmitgliederbeiträgen zuzusprechen. Der Schatzmeister glaubte, dadurch den Verlag anzuspornen, die Zahl der

41 Z. Elektrochem. 28 (1922) 1.
42 Sitzung des Ständigen Ausschusses vom 26. 5. 1927.
43 Bericht der Kommission für die Zeitschrift vom 20. 11. 1924.

Abonnenten und so auch die Einnahmen der Gesellschaft zu erhöhen[44], merkte aber später, daß dies bei dem vorgesehenen Preisunterschied zwischen Mitgliedsbeitrag und Abonnementspreis von ebenfalls 30% auch einfacher durch neue Mitglieder möglich war. Er verlor nie ein gewisses Mißtrauen gegen den Verlag, vielleicht mit Recht, denn als er zögerte, den Vertrag zu verlängern, senkte Degener die Rabattsätze und bot eine Beteiligung des Verlages an den Unkosten an.

Da die unvermeidlich zunehmenden Herstellungskosten auf die Dauer nicht allein von den Abonnenten getragen werden konnten und da immer wieder darauf gedrängt wurde, den Umfang der Zeitschrift zu erhöhen, mußten die Mitglieder ohnehin einspringen. So stiegen die Beiträge in schöner Regelmäßigkeit bis heute, nicht ohne daß jedes Mal stolz darauf hingewiesen wurde, wie lange man bereits ohne Erhöhung ausgekommen sei.

Die allgemeine Unordnung während der Inflationszeit machte auch vor der Redaktion der Zeitschrift nicht halt. Der langjährige erfolgreiche Herausgeber, inzwischen Professor für chemische Technologie an der TH Karlsruhe, legte sich mit dem Verlag an, er bekam aber auch Streit mit dem Vorstand über den Verbleib der zahlreichen Tauschexemplare der Zeitschrift und über die Besitzrechte an den eingetauschten Zeitschriften. Man hatte den Verdacht auf lukrative Geschäfte des Redakteurs, aber Paul Askenasy ließ sich auf keine Diskussion ein, beanspruchte das Eigentumsrecht an den Exemplaren, wobei er sich auf seine Vorgänger berufen konnte, und meinte, wenn das der Gesellschaft nicht passe, solle sie sich einen anderen Redakteur suchen[45].

Das ließ sie sich nicht zweimal sagen. Das Ergebnis ihrer Suche war der Dresdner Elektrochemiker Erich Müller. Selbstherrlichkeiten gab es bei ihm nicht; es gelang ihm auch, den Umfang der Zeitschrift von knapp 600 auf über 1000 Seiten zu steigern und damit im Sinne des Vorstands zu handeln, der sich alle Mühe gab, mit Hilfe der Mitgliedsbeiträge und auch mit einem Zuschuß der A. v. Baeyer-Gesellschaft ihre Attraktivität zu erhöhen. Er kam endlich auch den wissenschaftlich Interessierten entgegen, indem er ab 1928 endlich den gesamten Bericht über die Hauptversammlung in einem Heft herausbrachte.

Nach einigen Jahren liest man jedoch in den Akten, *„daß Müllers Redaktion nicht immer den ungeteilten Beifall aller maßgebenden Leute findet*[46]*"* – Die Quantität war zwar gestiegen, aber mit der Qualität haperte es, denn dem Redakteur fehlte es augenscheinlich an Kritik – jedenfalls nahm er völlig abstruse Arbeiten an, etwa „Ein Zerfall des Bleiatoms[47]" oder „Über besondere Atomformen als Ursache für das räumliche Zusammentreten zu Molekül- und Kristallverbänden[48]", ein Aufsatz, der

44 Brief M. Buchner an G. Tammann vom 24. 11. 1926.

45 A. Bernthsen an F. Haber, 31. 5. 1923.

46 M. Buchner am 22. 4. 1930 an M. Bodenstein, wobei er einen Brief A. Mittaschs zitiert.

47 A. Smits und A. Karrsen, Z. Elektrochem 32 (1926) 577 (Transmutation zu Quecksilber in einer Quarzlampe mit Bleielektrode).

48 R. Reinicke Z. Elektrochem. 35 (1929) 827, 877. (Ursprünglich im Selbstverlag des Verfassers erschienen).

in der Zeitschrift 32 Seiten einnimmt. Das bei seinem Amtsantritt errichtete beratende Gremium berühmter Kollegen zog er anscheinend nie heran.

1931 gelang es mit viel Diplomatie, ihn zum Rücktritt zu bewegen. In einem anderen Schüler Fritz Foersters, Georg Grube, Stuttgart, fand man endlich einen Redakteur, der des Beifalls der maßgebenden Leute sicher sein durfte.

Umso mehr überrascht, daß ein Exposé, das Grube bei der Redaktionsübergabe vorlegte[49], keinen Widerspruch fand, obwohl seine Zielsetzung weit hinter die Absicht zurückfällt, die seinerzeit Ostwald mit dem neuen Namen der Gesellschaft vorgeschwebt hatte, und obwohl man sich auch im Ständigen Ausschuß immer wieder gefragt hatte, ob nicht die Zeitschrift mit einem neuen Namen attraktiver würde.

Grube fielen im Titel der Zeitschrift vor allem die Worte „Elektrochemie“ und „angewandte“ in die Augen und er meinte, unbestreitbar habe die Bunsen-Gesellschaft und ihr Organ die Fühlung mit der Praxis verloren. Entsprechend ihrem Titel solle die Zeitschrift die Elektrochemie in Theorie und Praxis sowie die anderen Zweige der physikalischen Chemie in besonders wichtigen Anwendungen auf die Technik verfolgen.

Er wandte sich damit zwar gegen den extremen Vorschlag des Verlegers, die Zeitschrift in einen wissenschaftlichen und einen technischen Teil zu spalten, die abwechselnd alle 14 Tage erscheinen sollten und einzeln bezogen werden könnten, aber was er plante, war im wesentlichen eine Rückkehr zum Zustand der letzten Vorkriegszeit: Bei einer Begrenzung auf etwa 1000 Seiten neben den Originalarbeiten und Vorträgen auf der Hauptversammlung eine Zeitschriftenschau über wissenschaftliche und angewandte Elektrochemie sowie über Katalyse, technische Fortschrittsberichte einschließlich Referate über wichtige Patente, Sammelreferate, Buchbesprechnungen, Nachrichtenteil. Selbst den Umfang der Teilgebiete plante er nach dem damaligen Muster. Nur die Patentlisten sollten wegfallen und der Bericht über die Hauptversammlung (mit einer Beschränkung der Beitragslänge) als gesondertes Heft erscheinen, damit gegen Jahresende die inzwischen eingegangenen Originalartikel nicht zu lange liegen blieben.

Diesen Vorstellungen eines stark elektrochemisch orientierten, wenn auch kritischer als zuvor redigierten Vereinsblatts entspricht das Bild der Zeitschrift in den folgenden Jahren. Sie reichten kaum aus, um die Techniker anzulocken, für die es inzwischen auch andere Periodika gab, aber auch nicht, um die Grenzen des Faches auszuloten. Neue Impulse vermittelte höchstens der Bericht über die Hauptversammlung. Dabei wurde damals besonders viel geforscht, denn in der Zeit der Depression versuchten viele junge Promovierte, der Arbeitslosigkeit zu entgehen, indem sie mit kümmerlichen Stipendien auf den Hochschulen blieben[50].

Die Zeitschrift für physikalische Chemie ging sehr viel beweglicher auf die Lage und auf neue Entwicklungen des Fachs ein. Seit 1928 erschien sie in zwei Ausgaben: Die bisherige Reihe wurde als A weitergeführt und enthielt die eher konventionellen Gebiete Thermodynamik, Kinetik, Elektrochemie, Eigenschaftslehre; neu mit Band

49 Exposé vom 10. 11. 1931.

50 M. Bodenstein, 50 Jahre Zeitschrift für physikalische Chemie, Sonderdruck 1937.

1 beginnend gab es in Ausgabe B: Chemie der Elementarprozesse und Aufbau der Materie. Hier versuchte man eine chemische Physik, um auch die Physiker zu gewinnen und so das Fach zusammenzuhalten. Zu derselben Zeit, als Grube seine Vorschläge verkündete, erreichte die Zeitschrift für physikalische Chemie ihren höchsten Umfang und übertraf den der Zeitschrift für Elektrochemie um etwa das dreifache.

1.33 Die Hauptversammlungen 1920 – 1932

Für die ersten Nachkriegsjahre ist es noch schwieriger als zuvor, sichere Aussagen über den Ablauf der Tagungen zu erhalten. Als Unterlage steht vielfach nur die Zeitschrift zur Verfügung. Zwischen den dort angekündigten und den gedruckten Vorträgen besteht bis 1927 eine große Diskrepanz, viele fehlen, manche kommen hinzu. Der Bericht ist über viele Hefte verteilt und mehrfach heißt es am Schluß eines dieser Abschnitte: Fortsetzung folgt, aber es kommt nichts mehr[51]. Auch bei den Sitzungsberichten werden zuweilen Redner begrüßt, von denen dann kein Vortrag erscheint[52]. In beiden Fällen sind also Vorträge nicht oder an anderer Stelle veröffentlicht worden.

So kam es im Ständigen Ausschuß mehrfach zu Diskussionen über dieses Thema, und der Vorstand erhielt die Vollmacht, nur Redner zuzulassen, die sich verpflichteten, ihren Beitrag in der Vereinszeitschrift zu publizieren[53]. Seit 1928 machte man Ernst damit. Auch als die Manuskripte wieder sprudelten, blieb man dabei, verlangte nun aber kurzgefaßte Publikationen.

Es gab auch Versuche, das Niveau der Tagungen durch Verminderung und schärfere Auswahl der Vorträge zu heben und der Diskussion mehr Platz einzuräumen, aber dies fand mit guten Gründen keinen Beifall: Man würde die Teilnehmer aus der Industrie vergraulen, die viele Vorträge hören und wenig diskutieren wollten, man würde eine undurchsichtige Auswahlpolitik besonders gegenüber Jüngeren fördern und es sei überhaupt fraglich, ob eine Diskussion über Dinge, die man oft noch nicht verstanden habe, dem Publikum viel bringe[54].

Einstimmig und ohne Aussprache wurde ein Antrag abgelehnt, die Vorträge gedruckt vorzulegen und nur zu diskutieren[55]. Es war eine bemerkenswerte und folgenreiche Absage an einen Stil, der sich in der Faraday Society bereits eingebürgert hatte.

Einige Jahre später machte Eucken nochmals einen Vorstoß und schlug vor, die Hauptversammlungen im zweijährigen Turnus abzuhalten, in den dazwischen liegenden Jahren dagegen eine Diskussionsveranstaltung (auch mit anderen Grup-

---

51 So in den Tagungen 1920 und 1921.
52 Z.B in Stuttgart: Z. Elektrochem. 32 (1926) 322.
53 Ständiger Ausschuß, Sitzung vom 14. 12. 1924, Mitteilung in Z. Elektrochem. 31 (1925) 212.
54 Antrag A. Eucken, Ständiger Ausschuß, Sitzung vom 21. 5. 1925.
55 Antrag L. Löwenstein, Sitzung des Ständigen Ausschusses vom 21. 5. 1925.

pen) vorzusehen[56]. Etwas derartiges kam jedoch erst 1937 als zusätzliche Veranstaltung zustande.

Als die Vortragsanmeldungen zunahmen, versuchte man bereits 1925 die Zeit auf 20 Minuten einschließlich Diskussion für jeden angemeldeten Vortrag zu beschränken. Damals beschloß man auch wieder, den Autoren bei ihrer Vortragsanmeldung Kurzfassungen abzuverlangen, die den Tagungsteilnehmern ausgehändigt werden sollten, später aber auch dazu dienten, Vorträge abzuweisen, die schon veröffentlicht waren oder nicht ins Arbeitsgebiet der Bunsen-Gesellschaft paßten. Trotz all dieser Bemühungen gelang es seit 1928 nicht mehr, ohne Parallelsitzungen auszukommen.

Die erste Nachkriegstagung 1920 in Halle war die 25. der Gesellschaft, aber dem Vorsitzenden K. Elbs war wenig zum Feiern zumute, er konnte nur auf Hoffnungen für die Zukunft bauen. Das Thema „Atom- und Molekelbau" war von A. Eucken vorbereitet. Es gab die ungewöhnlich große Zahl von neun eingeladenen Vorträgen, anwesend war, was Deutschland hierfür aufzubieten hatte: A. Sommerfeld, M. Born, James Franck, W. Nernst, W. Kossel, H. Geiger, K. Fajans und viele andere, aber es ist auch bezeichnend, daß von Seiten der Teilnehmer kaum weitere Vorträge zum Hauptthema angemeldet waren. Die damalige physikalische Chemie hatte sich noch wenig in Atom- und Molekelbau vertieft.

Trotzdem gab es große Diskussionen, und sie sind faszinierend zu lesen. Man befand sich in einem Zustand des Umbruchs, die Bohrsche Theorie des Wasserstoffatoms mit den Sommerfeldschen Erweiterungen lag vor, Lewis und Kossel hatten die Oktettregel zum Verständnis des Periodensystems beigesteuert, aber man fühlte, daß dies alles nur vorläufig und die chemische Bindung noch völlig unklar war. Kossel sprach über seine elektrostatischen Vorstellungen, die Nernst, wie immer mit dem richtigen Gefühl, nur mit Hohn überschütten konnte: Sie lieferten ein lineares Wassermolekül und würden umso verkehrter, je einfacher das Molekül sei. Die homöopolare Bindung könne nicht ohne Quantentheorie erklärbar sein, z.B. durch gemeinsame Elektronen: *„Herrn Kossels sogenannte Valenztheorie ist eine Hamlet-Tragödie, in der die Rolle des Hamlet gestrichen ist*[57]*."* Sommerfeld versuchte zu beschwichtigen: *„Es ist eigentlich unbillig, daß, wenn ein Chemiker irgend etwas nicht weiß, er hier an Herrn Kossel mit dem Ausdruck des Vorwurfs herantritt und ihn zur Rechenschaft zieht, warum seine Theorie das nicht erklärt. Wir müssen doch dankbar sein, daß Herr Kossel uns so viel erklärt. (Zwischenruf von W. Nernst, Berlin: Nichts ist erklärt!) Alles kann er auch nicht wissen."* Das gewinkelte Wassermolekül erwies sich übrigens im Verlauf der Diskussion als auch elektrostatisch erklärbar, wenn man nach Haber deformierbare Atome annahm.

Es gab noch manches Zukunftsträchtige, z.B. M. Born und R. Lorenz über Ionenbeweglichkeit und Solvatation, C. Tubandt über gemischte Leitung in Festkörpern (Hier war sogar Nernst begeistert: *Das sind ja außerordentlich schöne Bestimmungen!*[58]).

56 Antrag A. Eucken, Sitzung des Ständigen Ausschusses vom 16. 1. 1932.
57 Z. Elektrochem. 26 (1920) 504.
58 Z. Elektrochem. 26 (1920) 497.

1921 in Jena fand der neue Vorsitzende Fritz Foerster alte Worte: Der Ort erinnerte ihn an den echt deutschen Gedanken der Burschenschaft – dieses, wie er hoffe, auch in den wildesten Zeitstürmen unantastbaren Pfeilers des geistigen und sittlichen Lebens der Nation, aber auch an die Stätten werktätiger Arbeit, die den Namen Jenas über das Erdenrund ruhmvoll verbreiteten, hätten doch die Erzeugnisse von Zeiss, Abbe und Schott eine Höhe erreicht, um die das hierin weit überflügelte Ausland uns ebenso beneide wie um unsere chemische Industrie, u.s.w.[59]

Der neue Träger der Bunsen-Denkmünze, Gustav Tammann, mußte sich zeitgemäß mit Silber begnügen, die Teilnehmer mit einem weniger attraktiven Hauptthema, den Grenzflächenkräften, vorbereitet von H. Freundlich, der nur vier Redner eingeladen hatte. Sie handelten über Konzentrations- und Potentialgefälle an Grenzflächen, über die Theorie der Adsorption, über Flotation (nicht abgedruckt) und, etwas aus dem Rahmen fallend, über Oberflächenreaktionen in lebenden Zellen, wo Otto Warburg über Atmung und Assimilation referierte und die Wirkung von Narkotika als Adsorptionsverdrängung deutete. Die Zahl der Beiträge zum Hauptthema war wesentlich größer als im Jahr zuvor, darunter einer von Max Volmer über die Verweilzeit von Teilchen auf Oberflächen, aber vor allem überrascht die Bandbreite der Gesamtthematik: Von der Photochemie der Retina über die Süße von Süßstoffen, die Sensibilität von Sprengstoffen (diese beiden Vorträge hintereinander!) bis zur Verfestigung kristalliner Stoffe durch mechanische Bearbeitung.

In Leipzig traf man sich 1922 ausnahmsweise im September, um bei der 100Jahrfeier der Gesellschaft deutscher Naturforscher und Ärzte die Abteilung „Physikalische Chemie“ zu vertreten.

Als Thema hatte Haber „Die Beziehungen der physikalischen Chemie zu den anderen Naturwissenschaften“ vorgeschlagen und die Vorbereitung übernommen. Er nutzte die Gelegenheit, Ausländer zu Hauptvorträgen einzuladen, die den Willen zu neuer internationaler Zusammenarbeit bekunden wollten. So kam Arrhenius mit einem Vortrag über kosmisch-chemische Vorgänge, H. Goldschmidt aus Kristiania sprach über den Stoffwechsel der Erde. Jacques Loeb aus New York kündigte „Physikochemische Gesetzmäßigkeiten bei biologischen Vorgängen“ an, mußte jedoch im letzten Augenblick aus familiären Gründen absagen, aber der Vorsitzende konnte die Versammlung wenigstens dadurch erfreuen, daß er Loebs Dankbrief für die Einladung verlas, wo es hieß, er betrachte sie nicht nur als große Ehre, sondern es sei auch eine Genugtuung für ihn, einer der ersten zu sein, der die herzlichen internationalen Beziehungen wiederherstelle, welche in der Wissenschaft vor den unglücklichen Ereignissen von 1914 bestanden[60].

Dazu kam Nernst mit einem Vortrag über die Anwendungen der Quantentheorie in der Photochemie, und als besonderes Ereignis erschien auch der fast siebzigjährige Ostwald zum letzten Mal auf dem Podium, stellte einleitend die Tagung auf den richtigen Platz im Weltgebäude, bedauerte, daß die Biologie durch die Absage Loebs in der Pyramide der Naturwissenschaften fehle, konnte aber dafür seinen eigenen

---

59 Z. Elektrochem 27 (1921) 480.
60 Z. Elektrochem. 28 (1928) 396.

Beitrag als Vorstoß an ihre Spitze, die Psychologie ankündigen[61]. Anschließend sprach er ausführlich über seine Farbenlehre und die Fortschritte die sie seiner Überzeugung nach gebracht habe.

1923 hatte man sich für Hannover entschieden, um Max Bodenstein vor seinem Abgang nach Berlin eine Freude zu machen, die Vorbereitung allerdings – vielleicht aus dem gleichen Grund – nicht ihm, sondern dem Anorganiker Wilhelm Biltz übertragen, womit auch das von ihm vorgeschlagene Thema „Physikalische Chemie des kristallisierten Zustands“ akzeptiert war. Es fand augenscheinlich großen Anklang, denn erstmals übersteigt die Summe der angemeldeten Vorträge zum Hauptthema die der übrigen.

Der Nörgler könnte dies allerdings ebenso als Beweis dafür nehmen, daß sich die Thematik dieses Mal in die Niederungen begeben hatte, wo bereits die Kärrner arbeiten.

Inzwischen gab es in A. Bernthsen wieder einen Vorsitzenden aus der Industrie. Er hatte im Jahr zuvor bei seiner Wahl Hemmungen geäußert, da er eigentlich Organiker sei, aber die Hoffnung ausgesprochen, im Ausschuß Unterstützung zu finden – er würde sich auch nach dessen Rat richten, wie sich das in einem republikanischen Staatsgebäude zieme[62]. Es war die erste republikanische Äußerung in diesem Kreis, sie sei dankbar vermerkt. Seine Eröffnungsrede in Hannover war dafür ein nationaler Notschrei in den höchsten Tönen. Inzwischen hatte Frankreich das Rheinland besetzt und mit rauhen Methoden versucht, an die ihm zugesprochenen Reparationen heranzukommen, was in allen Kreisen Erbitterung hervorrief.

Die Hauptvorträge waren nicht alle sehr eindrucksvoll, aber es sprach der Mitarbeiter v. Hevesy's, D. Coster über Analyse mittels Röntgenspektroskopie, mit der die beiden gerade das Hafnium entdeckt hatten, G. Tammann über Resistenzgrenzen bei Mischkristallen, W. Biltz über systematische Untersuchungen zur Stereochemie von Salzen und Komplexverbindungen, F. Körber über röntgenographische Materialprüfung, wozu auch M. Polanyi wie bereits im Jahr zuvor einen interessanten Beitrag lieferte. Unter den anderen Vorträgen fällt eine Untersuchung von H. Kautsky und H. Zocher über das Wesen der Lumineszenz auf, die sie als Übertragung von zur Anregung ausreichender Reaktionsenergie deuteten.

1924 traf man sich nicht ohne Grund in Göttingen – es war sozusagen der Vorabend von Nernsts 60. Geburtstag. Die Inflation war beendet, die erste Schuldenregelung gerade beschlossen, aber die Lage zu akzeptieren war zuviel für den Vorsitzenden. Glücklicherweise hatte Schiller bereits für die passenden Zitate gesorgt, und so konnte Bernthsen seinem Herzen mit den Versen Schweizer Fronbauern Luft machen.

Das Hauptthema „Die Chemie hoher Temperaturen“ hatte Gustav Tammann vorbereitet. Es sprachen u.a. H. v. Wartenberg über die Einfachheit der Chemie unter diesen Bedingungen, W. Eitel, Direktor des gerade gegründeten Kaiser-Wilhelm-Instituts für Silikatforschung, über Phasendiagramme von Silikaten, O. Ruff über das Verhalten von Metallen, Oxiden und Carbiden.

---

61 Z. Elektrochem. 28 (1922) 397.

62 Z. Elektrochem. 28 (1922) 429.

Fast alle übrigen Redner trugen über völlig andere Themen vor. Natürlich ließen sich auch die Göttinger Physiker James Franck, R. W. Pohl und Max Born hören, letzterer über die elektrische Natur chemischer Kräfte. Es war eine Art Entgegnung auf Nernsts Kritik an Kossel und um so merkwürdiger, als damals in Borns Institut gerade die neue Quantenmechanik im Entstehen war und Heitler kurze Zeit darauf Borns Assistent werden sollte.

Zukunftsträchtig waren zwei Vorträge aus der Elektrochemie: E. Hückel sprach über die Debyesche Theorie und O. Stern präsentierte seine Theorie der elektrischen Doppelschicht.

1925 versammelte man sich in Darmstadt unter dem sehr physikalischen Thema „Unelastische Atom- und Molekülzusammenstöße", mit dem die beiden Anorganiker im ständigen Ausschuß, W. Biltz und A. Stock, die Physikochemiker überrascht hatten, die an viel Konventionelleres dachten.

Gustav Tammann, der neue Vorsitzende, eröffnete die Versammlung wie in alten Zeiten mit: „Königliche Hoheit!" denn auch abgedankt saß der Großherzog wieder in der ersten Reihe.

Den eigentlichen wissenschaftlichen Durchbruch der Tagung erzielte Oberbürgermeister Dr. Glässing, der (im Auszug) folgendes vortrug: *„Während im Auslande ... industrielle Unternehmungen vorwiegend mit Staatshilfe geschaffen worden sind, ... stehen wir hier im Lande unter dem Eindruck der Ausgestaltung der Lehre der Atome. Das Atom geht über in die Elektronen und die Materie in die Teile. Während die Materialisten früher glaubten, den Stoff in den Händen zu haben, nehmen sie heute wahr, wie ihnen der Stoff gleichsam durch die Finger gleitet. Die Ausgestaltung dieser Atomlehre, die Neugestaltung und vor allen Dingen die wirtschaftliche Ausnutzung der Energiemassen in unserer Luft sind neue Siegeszeichen unserer Wissenschaft, ... Trotz aller Hemmnisse durch den internationalen Wettbewerb der Völker mit den Mitteln der Physik die Elektrizitätsquanten der Materie untersuchend tritt auch Ihre Wissenschaft in eine neue Ära ein...*[63]*."* (lebhafter Beifall).

Während sich der Oberbürgermeister mit Physik beschäftigte, versuchte sich der Rektor der Technischen Hochschule, Prof. Dr. Schlink in Völkerkunde: *„Der deutsche Geist hat eine Eigentümlichkeit, die ihn zur Forschung besonders befähigt, während diese Eigentümlichkeit in anderer Beziehung eine wesentliche Schwäche ist. Kaum wie ein anderer ist er frei von Vorurteilen und Selbstsucht; er ist ganz auf das Objektive eingestellt. So ist es denn erklärlich, daß im allgemeinen der deutsche Forscher viel mehr Aussicht hat, ein berühmter Gelehrter zu werden, als Führer im Kampf ums Dasein gegenüber anderen Völkern ...*[64]*"*

Tammann behielt die Fassung und schloß mit einem: Wir wissen, daß alles gut gemeint ist.

Es gab nur zwei eingeladene Redner: Max Bodenstein über Grundlagen der Kinetik und James Franck über quantenchemische Probleme chemischer Reaktionen, beide sehr anregend, weil zu dieser Zeit die meisten Probleme bereits erkannt,

63 Z. Elektrochem. 31 (1925) 340. Sollte den Stenographen eine Mitschuld treffen, zeigt es, wie schon früher festgestellt, daß der Redakteur nicht las, was er zum Druck gab.

64 Z. Elektrochem. 31 (1925) 341.

aber nur die wenigsten gelöst waren. Unter den insgesamt 40 Vorträgen zählten höchstens drei weitere zum Hauptthema, darunter K. F. Bonhoeffers Untersuchungen über die Reaktionen atomaren Wasserstoffs und eine Arbeit von I. Estermann über die Kondensation von Molekularstrahlen auf Oberflächen.

Die Tagung 1926 fand in Stuttgart statt, wo eigentlich das neue Institut für physikalische Chemie hätte vorgeführt werden sollen, aber leider nicht rechtzeitig fertig geworden war. Nicht ohne Hintergedanken an eventuelle Spender präsentierte sein Direktor, Georg Grube die Aufnahme, auf der sich 30 Jahre zuvor auf der dritten Hauptversammlung ebenfalls in Stuttgart (Kap. 1.11) bei einer Demonstration der frisch entdeckten Röntgenstrahlen H. Böttinger und der Vortragende – Wirtschaft und Wissenschaft – die Hände reichten[65].

Das Bild war auch ein Symbol für das diesmal stark anwendungsbezogene Thema „Chemie des Siliciums", dessen Erforschung zu Nutzen der nationalen Wissenschaft und Wirtschaft insbesondere das neue Kaiser-Wilhelm-Institut für Silikatforschung dienen sollte, so bei den Begrüßungsansprachen sein Direktor W. Eitel, der gerade aus den USA zurückkam, wo er mit Schrecken eine ganze Reihe derartiger Institutionen vorgefunden hatte, aber sich dann doch davon überzeugen konnte, wie hoch die Geltung deutscher Wissenschaft noch immer sei und wie Großes man dort noch von uns erwarte[66]. Der Rektor der TH hatte es dagegen wieder einmal mit dem Neid und der Angst, die die wunderbaren Erfolge der deutschen chemischen Industrie in der ganzen Welt erregt hätten.

Tammann hatte dem Thema durch 14 geladene Redner erstmals einen Vorrang verschafft. Zusammen mit einigen Kurzvorträgen nahm es zeitlich mehr als die Hälfte der Tagung ein.

Dem ersten Redner, F. M. Jaeger aus Groningen wird der Leser im Jahr 1940 (Kap. 1.39) noch einmal begegnen. Er diskutierte die Gleichheit der Isotopenzusammensetzung von Silicium irdischer und kosmischer Herkunft. A. Stock sprach über Siliciumwasserstoffe, L. Wöhler über Silicium und Stickstoff, H. Kautsky über die Struktur der von ihm kürzlich entdeckten Siloxene, es gab Vorträge über die Systeme von Si mit Fe und C, über die Thermodynamik des Systems SiO_2 – Na_2O – CaO – Al_2O_3, über Zement, Zeolithe, Glastechnik und Keramik, stets mit dem Schwerpunkt auf die vorliegenden Phasen und den Zusammenhang zwischen Struktur und Eigenschaften. Diskussionen waren nicht vorgesehen.

Im Vorstand äußerte sich Nernst unzufrieden. Es müßten mehr junge Leute zu Worte kommen statt so vieler langer Reden, und auch bei Hauptvorträgen müsse man diskutieren können. So gab es 1927, als man sich in den schönen Neubauten der TH Dresden traf, zu dem etwas diffusen Thema „Elektrochemische Fragen", erneut nur vier eingeladne Redner, nämlich zum Stand der Chloralkali-Elektrolyse, über Passivität, über die Elektrochemie der Korrosion und überraschend einen über Isoliermaterialien (A. Güntherschulze), der einen Notstand der damaligen Technik auf diesem Gebiet aufzeigte.

---

65 Abgebildet in Z. Elektrochem. 3 (1896/97) 50 a.
66 Z. Elektrochem. 32 (1926) 327.

Als neuer Vorsitzender hatte Alwin Mittasch bei der Eröffnung von der ungeahnten Entwicklung der Atomphysik her eine neue Epoche elektrochemischer Forschung vorausgesehen, aber die Wirklichkeit strafte ihn Lügen, weder diese noch die restlichen Vorträge zeigten viel davon. Vom Standpunkt der Genauigkeit fallen immerhin E. Langes Messungen zur Lösungs- und Verdünnungswärme im Grenzbereich der Debye-Hückel-Theorie auf, die diese im wesentlichen bestätigten.

Der neue Träger der Bunsen-Denkmünze (diesmal wieder in Gold) war Benno Strauß, Laborchef der Firma Krupp und verantwortlich für die Entwicklung der rostfreien Chrom-Nickelstähle. Mittasch überreichte die Ehrung mit einer begeisterten Rede und Strauß bedankte sich mit einem Vortrag, in dem er den Zusammenhang von Resistenz, Zusammensetzung und Gefüge darlegte.

Die Tagung 1928 in München, vorbereitet von K. Fajans unter dem Titel „Die Arten chemischer Bindung und der Bau der Atome" war bewußt als Gegenstück zu der früheren mit ähnlicher Thematik (Halle 1920) gedacht. Inzwischen hatte die neue Quantenmechanik ältere Hilfskonstruktionen ersetzt und neue Anwendungen in der Chemie waren zu erhoffen.

Die Beschlüsse zur vorigen Tagung wurden wieder fallen gelassen, es gab 11 große eingeladene Vorträge, die zwei Vormittage füllten – man geht wohl nicht fehl in der Annahme, daß nach Meinung des Veranstalters das Publikum auf diesem Gebiet lieber lernen als reden solle. Vorsorglich legte Fajans auch fest, daß Diskussionsredner ihre Beiträge selber zu redigieren hätten – sie sollten nicht fürchten, alles würde gedruckt, was sie sagten.

Die Tagung verlief überaus glänzend, wenn man dem erstmals in der Zeitschrift erschienenen Stimmungsbericht[67] Glauben schenkt. Die allgemeine Stimmung war in der Tat hoffnungsvoller und die bekannten Tiraden der letzten Jahre blieben aus. Die Teilnehmerzahl war größer als je (über 500). Trotz des sehr wissenschaftlich anmutenden Themas hatte allein die IG-Farben AG 60 ihrer Betriebsangehörigen geschickt.

Schlecht stand nur der bayerische Unterrichtminister da, der gestehen mußte, daß es in ganz Bayern noch keinen Lehrstuhl für physikalische Chemie gebe, und noch nicht einmal einen Extraordinarius an allen Hochschulen.

Es ist natürlich nicht möglich, die Vorträge im einzelnen zu diskutieren und aus ihnen die damalige Erkenntnishöhe zu gewinnen. Der Aufbau der Elektronenhülle der Atome war im Prinzip geklärt, ebenso die homöopolare Bindung, wie zwei schöne Vorträge ganz ohne Mathematik von A. Sommerfeld und F. Hund zeigten. Aber je weiter es in die Chemie ging, desto mehr geriet man in einen Dschungel und alles wurde immer vorläufiger. H. G. Grimm versuchte eine Bindungssystematik anhand der Eigenschaften von Verbindungen, N. V. Sidgwick sprach über koordinative Bindung, P. Debye über elektrische Momente und zwischenmolekulare Kräfte, V. M. Goldschmidt über Kristallbau und chemische Bindung. Vieles war noch ziemlich im Anfangsstadium, etwa die Versuche aus Leitfähigkeit (v. Hevesy, Smekal), Refraktometrie (Fajans) oder Absorption (v. Halban, G. Scheibe) eindeutige mole-

67 Z. Elektrochem. 34 (1928) 332 (Verfasser: Geschäftsführer W. Bachmann).

kulare Aussagen zu gewinnen. Wesentlich günstiger lag es bei den Absorptionsspektren einfacher Moleküle im Gaszustand, aus denen der Dissoziationsvorgang etwa des J_2 oder des H_2O im einzelnen zu entnehmen war (Herta Sponer, K. F. Bonhoeffer).

Auch in den nicht zum Hauptthema gehörenden Vorträgen fallen einige auf, z. B. von P. Debye und H. Falkenhagen über die Dispersion der Leitfähigkeit und von I. und W. Noddack über die Eigenschaften des von ihnen 1925 entdeckten Rheniums.

Schon bei der Münchener Tagung war man gezwungen, an einem Nachmittag zwei Parallelsitzungen abzuhalten. Um dies zu vermeiden, ohne die Industrie zusätzliche Arbeitstage zu kosten, ließ man 1929 in Berlin die Vorträge bereits am Nachmittag des Himmelfahrtstages beginnen – G. Tammann hätte am liebsten auch den Sonntag einbezogen.

Das Thema „Heterogene Katalyse", vorbereitet von Michael Polanyi, lockte rund 800 Teilnehmer an. Vor allem gab es erstmals wieder ausländische offizielle Grußadressen (vgl. Kap. 1.31). Als neuer Vorsitzender begrüßte Max Bodenstein die Versammlung. Er war gewählt worden, nachdem der zunächst vorgesehene Fritz Haber abgelehnt hatte – wie man annehmen kann, aus gesundheitlichen Gründen[68].

Bodenstein, der seit 1897 nicht eine Bunsentagung versäumt hatte, war der Geeignete, die Geschichte der Gesellschaft mit dem Tagungsthema zu verknüpfen, an die schmähliche Lage in Bayern zu erinnern und den Appell an die Regierungen zu richten, mehr für das Fach zu tun, denn Haushaltsausgaben für anwendbare Wissenschaften seien in Wirklichkeit angelegte Kapitalien. So seien allein bei der Ammoniaksynthese 30000 Menschen beschäftigt, Reich und Länder könnten ihre Gelder also gar nicht besser verwerten, als die Bestrebungen der Bunsen-Gesellschaft ausgiebig zu unterstützten[69].

Dieser Ruf nach mehr Geld sollte noch so oft an gleicher Stelle ergehen, daß wir es mit diesem Beispiel bewenden lassen wollen. In seiner Antwort fand der Staatsminister dann auch gleich die passende Antwort, indem er den Vorrang der nichts kostenden geistigen Kräfte hervorhob, in dem sich der Aufstieg der Nation vollzöge.

Eine Bunsen-Denkmünze erhielt, passend zum Thema der Tagung, Alwin Mittasch als Erfinder des technischen Katalysators für das Haber-Bosch-Verfahren. Wie seinerzeit I. Stroof erklärte er sie zur schönsten Auszeichnung seines Lebens und versprach zur nächsten Tagung einen Vortrag über sein Lebenswerk, die Mischkatalysatoren. Da man schon beim gebundenen Stickstoff war, wurde mit einer weiteren Denkmünze Nikodem Caro bedacht, der zusammen mit dem bereits verstorbenen Adolf Frank die Kalkstickstoffindustrie begründet hatte[70].

Fritz Haber leitete das Thema mit einigen Bemerkungen ein, wobei er ein wellenmechanisches Modell gekoppelter Pendel für die Energieübertragung zwischen

---

68 Das scheint aus einem gleichzeitigen Briefwechsel mit A. Mittasch hervorzugehen (30. 5. 1927, 22. 12. 1928, Archiv der MPG).

69 Z. Elektrochem. 35 (1929) 527.

70 Zum Dank versprach er der Gesellschaft zwei Briefe Bunsens an Roscoe aus seiner Sammlung, vergaß es aber später.

den Reaktanden in der Adsorptionsschicht in Anspruch nahm und zum Schluß an die Industrie appellierte, sie solle nicht so viel geheim halten, das schade der Wissenschaft mehr als der Konkurrenz.

Bodenstein sprach über den katalytischen Einfluß der Wand, H. R. Kruyt über Orientierung in der Adsorptionsschicht, H. S. Taylor über aktive Zentren, F. London über einen quantenmechanischen Versuch, die Aktivierung zu beschreiben. Dann kamen speziellere Themen, z.B. O. Warburg über das Atmungsferment, M. Volmer über Keimbildung, M. Polanyi über Modelle des Aktivierungsvorgangs.

Es gab zahlreiche Spezialvorträge über aktive Zentren aller Art und einen ersten experimentellen Versuch, adsorbierte Moleküle durch Elektronenbeugung nachzuweisen (E. Rupp). Über die Herstellung von para-Wasserstoff durch Adsorption an Kohle, die ihm gemeinsam mit K. F. Bonhoeffer gelungen war, konnte P. Harteck berichten. Es war eine glanzvolle Bestätigung quantentheoretischer Voraussagen und gleichzeitig der damals aufsehenerregendste heterogenkatalytische Vorgang, der sogar durch die Presse ging.

1930 wurde beschlossen, den Vorsitz im Ortsausschuß und die Vorbereitung des Themas personell zu trennen. Für die Tagung, die in Heidelberg stattfinden sollte, sind die im Ständigen Ausschuß diskutierten Themen ausnahmsweise erhalten[71]. Es schlugen vor: M. Bodenstein Leichtmetalle, W. Biltz und M. Buchner ein biologisches Thema, W. Nernst aktuelle physikalische Gebiete im Zusammenhang mit Elektronenstrahlen (gemeint ist Elektronenbeugung), A. Stock hochmolekulare Verbindungen, W. Bachmann Zellulosederivate. Woher allerdings das in der nächsten Sitzung als beschlossen auftauchende, völlig andere Thema „Spektroskopie und Molekelbau“[72] kam, ist nicht ersichtlich. Es war kurz zuvor auch in der Faraday Society abgehandelt worden.

Mit 60 Vortragsanmeldungen war es die größte, gemessen am Rang der Redner vielleicht auch die glänzendste aller bisherigen Veranstaltungen, wobei vieles bereits zwei Jahre zuvor abgehandelte sich nun in fortgeschrittener Form wiederholte, etwa im Einleitungsvortrag von James Franck über die Bestimmung thermochemischer Größen aus spektroskopischen Daten. Man konnte F. Hund über die Deutung von Molekülspektren und R. S. Mulliken über Elektronenzustände zweiatomiger Moleküle hören, R. Mecke sprach über Ergebnisse und Ziel der Bandenforschung, P. Debye über Röntgeninterferometrie in Gasen, A. Smekal über die Anwendung des Ramaneffekts, den er theoretisch vorausgesagt hatte, E. Hückel über die Quantentheorie der Doppelbindung, um nur einiges aus dem umfangreichen Programm zu nennen.

Für 1931 war entsprechend dem früheren Vorschlag von M. Bodenstein wieder ein technisches Thema fällig. Gewählt wurde: „Fortschritte der Metallkunde unter besonderer Berücksichtigung der Leichtmetalle.“ Es konnte nichts besser auf den neuen Vorsitzenden, Heinrich Specketer passen, der maßgebend am Aufbau der deutschen Aluminiumproduktion während des Krieges beteiligt gewesen war. Man

71 Sitzung vom 8. 5. 1929 in Berlin.

72 Es war zugleich ein letzter Versuch klassisch Gebildeter, den Ausdruck „das Molekül“ zu verhindern (vgl. A. Thiel, Z. Elektrochem 36 (1930) 552).

hatte sich für Pfingsten und Wien entschieden. Die Gesamtzahl der Vorträge war noch einmal etwas gestiegen, aber die Zahl der Teilnehmer war mit etwa 500 erheblich geringer als im Vorjahr. Höhere Reisekosten und die inzwischen drückende Wirtschaftskrise trafen zusammen.

Die Teilnehmer hatten die Ehre, sogar vom österreichischen Bundespräsidenten Miklas mit einer Rede begrüßt zu werden, die eine ganze Seite der Zeitschrift füllt und auch sonst wurde ihre Geduld auf eine harte Probe gestellt. Soweit ersichtlich, errang Wien 1931 den Begrüßungsansprachenrekord (10 Druckseiten).

Es gab fünf Hauptvorträge, darunter einen eindrucksvollen theoretischen über elektrische und magnetische Eigenschaften von Metallen (R. Becker), während die anderen eher metallkundlicher Art waren, z. B. über Vergütung (G. Masing), Rekristallisation (G. Tammann), über Aluminiumlegierungen und Magnesium. Metallphysik und technische Metallkunde bis hin zur Frage der Patentfähigkeit von Legierungen nahmen ein Viertel des Raumes ein, dazu gewann das Gebiet der Untersuchung von Prozessen an Metalloberflächen mit Hilfe der Hochvakuumtechnik wachsende Bedeutung. Sogar über die Herstellung von Metallclustern wurde bereits aus dem Oppauer Laboratorium der BASF berichtet. Man kann vermuten, daß sie als Katalysatoren ungeeignet waren.

Bereits Ende 1931 bewies man im Ständigen Ausschuß beachtliche Voraussicht, als man als neuen Vorsitzenden Rudolf Schenck ins Auge faßte. Er sollte die „Wende“ 1933 überdauern, nach einer kurzen Unterbrechung erneut die Führung übernehmen und sie erst 1942 in andere Hände legen.

Mit dem Thema „Radioaktivität“, vorbereitet von Otto Hahn für die Tagung 1932 in Münster hatte man, ohne es zu ahnen, den rechten Zeitpunkt gewählt, denn als sie begann, war gerade das Neutron entdeckt worden. Hahn hatte sogar ursprünglich Chadwick als Redner vorgesehen, aber aus den Protokollen geht hervor, daß ein heftiger Schulstreit zwischen Cambridge und Wien tobte und man sich angesichts der Wiener Gastfreundschaft vom Jahr zuvor verpflichtet fühlte, den dortigen Institutsvorstand Stefan Meyer sprechen zu lassen, der dann mit einer etwas merkwürdigen Übersicht über Auswirkungen der Radioaktivität auf andere Gebiete, vor allem die Medizin aufwartete. Aber Hahn ließ es sich nicht nehmen, Lord Rutherford zu bitten, der mit seinen ohne Manuskript erzählten Erinnerungen an die Frühzeit der Radioaktivität, noch mehr aber durch seine Persönlichkeit großen Eindruck hinterließ.

Es sprachen H. Geiger über α-, Lise Meitner über β- und γ-Strahlen, K. Przibram über Materialprüfung, F. Paneth über Isotopie, G. v. Hevesy über die Anwendung radioaktiver Indikatoren in Physik, Chemie und Medizin, O. Hahn über das Verhalten radioaktiver Stoffe in Lösung und an Oberflächen und über die Emaniermethode. Zu allen Themen gab es einige weitere Vorträge; die meisten waren jedoch anderen Themen gewidmet und setzten oft schon in den vergangenen Jahren Dargebotenes fort.

Neu war eine umfangreiche Pressearbeit, die helfen sollte, in der Zeit wirtschaftlicher Schwierigkeiten Interesse für die Wissenschaft zu erwecken. W. Bachmann hatte eine Pressestelle eingerichtet, die auch nach der Tagung auf Dauer bestehen beiben sollte, da viele Mitglieder sich bereit erklärten, Beiträge zu liefern. Die politische Entwicklung beendete die Initiative jedoch bald.

Die Tagung war weit weniger besucht als in den vergangenen Jahren, eine Folge der Rezession, die schwer auf dem Land lastete. Wenige Tage später entließ Hindenburg den Kanzler Brüning und mit seinem Nachfolger v. Papen kam der Mann an die Macht, der Hitler den Weg bereiten sollte.

V. Die Zeit des Nationalsozialismus und die Bunsen-Gesellschaft (1933 – 1945)

1.34 Weltanschauliches und Machtergreifung

Das Dritte Reich ist der letzte Akt des Schauspiels, das im November 1918 begonnen hatte. Der Massenwahn hatte in Hitler sein Idol gefunden und endete erst, als er sich mit einer Art Götterdämmerung verabschiedet hatte. Inzwischen ist wieder Ernüchterung eingekehrt und die meisten jüngeren Menschen, die heute Aufnahmen seiner Reden hören oder ihn im Film sehen, dürften am Urteilsvermögen ihrer Großeltern zweifeln, die eine solche Figur damals als Retter Deutschlands bejubelten, sich mit „Heil Hitler!" begrüßten und ihre Briefe so abschlossen. Selbst wer angesichts neuer Entwicklungen pessimistischer ist und fürchtet, daß wiederkehrende alte Ängste auch alte Antworten finden könnten, darf sich sagen, daß vieles zusammenkommen mußte, um ein solches Unheil anzurichten, und daß es ohne Hitler den Krieg mit seinen unabsehbaren Folgen kaum gegeben hätte.

Getrieben wurde er bis in seine letzten Tage von Machtwillen und einem Judenhaß, in dem sich Reste religiöser Erziehung mit einer dumpfen Animosität gegen französische Aufklärung, westliche Demokratie und östliche Bedrohung zusammenfanden. Was er in „Mein Kampf" zu Papier brachte und seine Mitläufer Weltanschauung nannten, war eine auf den Hund gekommene Mischung aus Thesen, die vormals leider aus besseren Kreisen stammten und vor allen denen gefielen, die sich deklassiert fühlten.

Bis auf den Zynismus, mit dem er seine Taktiken schilderte, war alles schon Jahrzehnte alt und nichts paßte zusammen, aber als er die Macht ergriffen hatte, suchten sich sehr viele das ihnen Genehme heraus. Machtanbetung hatte in Deutschland eine lange Tradition, und sie wollten nicht beiseite stehen. Was sie anfangs vielleicht erschreckte, konnten sie als die Späne verharmlosen, die beim Hobeln anfallen.

Das Hobeln begann bald. Der Reichstagsbrand kam zur rechten Zeit. Das in seinem Gefolge durch Verhaftungen, Einschüchterung und Opportunismus erreichte Ermächtigungsgesetz ermöglichte, ohne Rücksicht auf die Verfassung zu handeln.

Das Erschrecken ließ nach und die Begeisterung wuchs, als die Situation der Wirtschaft sich (nicht nur in Deutschland) besserte, als die Einigkeit der ehemaligen Feindmächte zerbrach, Frankreich allein blieb und hinnehmen mußte, daß die letzten Beschränkungen des Versailler Vertrags aufgekündigt wurden.

Selbst als Hitler 1934 einige seiner Kumpane und bei der Gelegenheit auch zahlreiche alte Gegner ermorden ließ, faßte man sich rasch wieder, erklärte doch eine willfährige Justiz alles nachträglich für Rechtens. Zudem sahen sich Wehrmacht und Wirtschaft von einigen störenden Elementen befreit: die einen von der Privatarmee der SA, die anderen von den letzten Vertretern sozialrevolutionärer Ideen, wie etwa Gregor Strasser, obwohl dieser bereits die Seiten gewechselt hatte und Vorstandsmitglied der Schering AG, also ungefährlich geworden war.

1.35 Gleichschaltung und Führerprinzip

Der elektrotechnische Jargon des Dritten Reiches verlangte die „Ausschaltung" der unliebsamen Elemente, die im nächsten Kapitel beschrieben wird, und die „Gleichschaltung" aller Institutionen. Sie hatten sich nach kleinen Führern auszurichten, diese nach größeren, bis sich alles beim großen Führer zentrierte. Abstimmungen konnten entfallen, ehemals parlamentarische Gremien waren nur noch zum Applaudieren da, sogenannte Wahlen ebenfalls.

So angenehm ein solches Prinzip den Regierenden erscheinen mochte, so schwierig war es durchzuführen, denn für immer mehr sich überlappende Gebiete ernannte der Führer spezielle Unterführer, die sich neue Gremien schufen und miteinander um Kompetenzen stritten. Das sicherte zwar Hitler die letzte Entscheidung, war aber der Effektivität nicht förderlich. Wer geschickt war, hatte jedoch nicht selten die Möglichkeit, einen Gewaltigen gegen den anderen auszuspielen.

In manchen Vereinen standen bereits vor 1933 Nationalsozialisten an der Spitze, wie etwa beim Verein Deutscher Chemiker der seit 1929 amtierende Präsident Paul Duden. Sie waren gleichgeschaltet, ehe sie sichs versahen. Der VDCh stellte sich *„freudig vom ersten Tage an für den Neuaufbau zur Verfügung*[1]*"* und nahm in seine Satzung als eins seiner Ziele die Erziehung zur NS-Volksgemeinschaft auf.

Auch in der Bunsen-Gesellschaft überlegte sich der Vorsitzende Rudolf Schenck zeitig, wie man sich am zweckmäßigsten auf die Gleichschaltung vorbereiten und Mitglieder aus dem Ständigen Ausschuß entfernen könne, die den Auffassungen des neuen Staates nicht mehr entsprächen[2].

Das Problem wurde erst 1935 akut. Damals war im Umkreis des Beauftragten für die deutsche Technik, Fritz Todt, der Plan aufgetaucht, die Chemie besser an den Segnungen des Staates zu beteiligen, indem man die chemischen Vereine (Deutsche Chemische Gesellschaft (DChG), VDCh, Bunsen-Gesellschaft (DBG), Kolloidgesellschaft) in einem Oberverein zusammenfaßte. Er sollte für Kontakte zuständig sein, seine Leitung sollte einem Parteimann eine Existenzberechtigung verschaffen und natürlich von den übrigen Vereinen bezahlt werden. So entstand der „Bund deutscher Chemiker" unter Kurt Stantien. Es war eine Partei-Version des Verbands Deutscher Chemischer Vereine, der seinerzeit gegründet worden war, um Deutschland in der IUPAC zu vertreten (Kap. 1.31), nun aber überflüssig wurde.

Sein derzeitiger Vorsitzender Max Bodenstein fand sich unversehens als Auslandsbeauftragter des neuen Bundes vor, *„da Herr Stantien zwar schon viel für die Devisenbeschaffung getan habe, aber im Ausland noch unbekannt sei"*[3]. So der seit 1935 amtierende erste Vorsitzende Hans Georg Grimm, als er über Gespräche berichtete, zu denen er von Stantien und Alfred Stock, dem kommenden Vorsitzenden der DChG, geladen war. Dieser hatte das Projekt bereits gutgeheißen und eine Satzung mit Führerprinzip ausgearbeitet. Das Ganze erschien harmlos, sogar Nernst

1 P. Duden, Angew. Chem 50 (1937) 503; W. Ruske, 100 Jahre Deutsche Chemische Gesellschaft, Weinheim 1967, S. 151, 156.

2 R. Schenck an seinen designierten Nachfolger H. G. Grimm, 19. 7. 1934.

3 Sitzungsprotokoll des Ständigen Ausschusses vom 7. 12. 1935.

erklärte seine Bedenken für zerstreut: er sehe bei Herrn Stantien alles in guten Händen. Man konnte sich also unbesorgt auch in der Bunsen-Gesellschaft den neuen Gegebenheiten anpassen.

Der Vorsitzende erhielt den Auftrag, gemeinsam mit K. Stantien die Satzung entsprechend zu ändern. Er selber wollte allerdings nicht Führer werden und erklärte, er werde seinen Vorgänger Rudolf Schenck ernennen, der auch der Partei genehm sei. Schenck, der zuvor den Raum verlassen hatte, kam wieder und zierte sich sehr. Auf die inständige Bitte des Vorsitzenden, das Amt für höchstens zwei Jahre, vielleicht auch weniger, zu übernehmen, war er schließlich bereit, *„sich in einer Notlage der DBG nicht zu versagen“*[4].

Da die Partei nicht bis zur nächsten Hauptversammlung warten konnte, galt es jetzt, eine außerordentliche Mitgliederversammlung einzuberufen, auf der die geänderte Satzung beschlossen und der neue Führer präsentiert werden sollte. Zwei Monate später fanden sich in Berlin 30 Mitglieder zusammen und vernahmen die neue Satzung. Dann spielte sich nach dem Protokoll[5] folgende Szene ab:

Der Vorsitzende (H. G. Grimm): Ich frage jetzt an, wer ist gegen die Annahme dieser Satzungen?

Es meldete sich niemand.

Der Vorsitzende: Ich stelle fest, daß die Satzungen einstimmig angenommen sind. Nach § 6 der neuen Satzungen habe ich jetzt das Recht, meinen Nachfolger als Vorsitzenden der Gesellschaft zu ernennen. Bei der Vorstandssitzung wurde beschlossen, daß Vorstand und Ausschußmitglieder zurücktreten werden in dem Augenblick, wo die neuen Satzungen angenommen sind. Dieser Rücktritt erfolgt hiermit. Gleichzeitig ernenne ich im Einvernehmen mit dem Leiter des Bundes Deutscher Chemiker, Herrn Dr. Stantien, und im Einvernehmen mit dem früheren ständigen Ausschuß Herrn Geheimrat Schenck zum Vorsitzenden der Deutschen Bunsen-Gesellschaft.

Herr Schenck erklärt sich zur Übernahme des Amtes bereit und übernimmt den Vorsitz der Versammlung.

Vorsitz Herr R. Schenck.

Herr Schenck: Ich bitte Herrn Kollegen Grimm und Herrn Kollegen Bergius, wieder in den Vorstand der Deutschen Bunsen-Gesellschaft einzutreten, Herrn Grimm als meinen Stellvertreter, Herrn Bergius als Schatzmeister der Gesellschaft.

Beide Herren nehmen das Amt an.

Herr Schenck: Wegen der Ernennung der Mitglieder des Ständigen Ausschusses bitte ich dem Vorstand noch einige Zeit geben zu wollen, da noch ein Schriftwechsel mit einigen Herren notwendig ist. Damit ist unsere Tagesordnung erledigt. –

Bei dem, was Grimm als einstimmige Annahme der Satzung bezeichnete, befand sich auch die Zustimmung für einen veränderten Namen der Gesellschaft: Ohne daß es jemand merkte, war das Wort „angewandte“ im Namen gestrichen, der Verein

---

4 Diese Einzelheiten in der ersten Fassung des Protokolls zur Sitzung des Ständigen Ausschusses vom 7. 12. 1935.

5 Protokoll der außerordentlichen Mitgliederversammlung vom 8. 2. 1936. Die Satzung wurde nochmals von der ordentlichen Mitgliederversammlung während der Tagung in Düsseldorf gebilligt (Z. Elektrochem. 42 (1936) 426).

hieß nur noch „Deutsche Bunsen-Gesellschaft für physikalische Chemie e.V.“ Nicht einmal der neue Führer und sein Stellvertreter waren sich darüber klar, denn noch 1939 und 1940 zerbrachen sie sich darüber den Kopf, ob man den Beinamen des Vereins besser nach Schenck „…für physikalische Chemie und ihre Anwendungen“ oder nach Grimm „…für reine und angewandte physikalische Chemie“ formulieren solle, bis der Geschäftsführer sie auf das hinwies, was sie 1936 einstimmig beschlossen hatten[6].

Jedenfalls hatte die Bunsen-Gesellschaft nun durch einen einfachen Platzwechsel ihren Führer. Wie Schencks verbindliche Wortwahl zeigt, hatte er sich noch nicht ganz in seine neue Rolle hineingefunden, aber er lernte es: Zwei Jahre später ernannte er bereits neue Mitglieder des ständigen Ausschusses, ohne jemanden zu fragen, und sich selber zu seinem Nachfolger[7]. Nach dieser Methode brachte er es auf sechs Amtsjahre und weit über die Altersgrenze. Der Ständige Ausschuß ließ ihn gern gewähren. Am Vereinsbetrieb hatte sich durch das Führerprinzip kaum etwas geändert. Die Mitglieder hatten es sogar etwas leichter, da sie in der Versammlung nicht mehr die Hand zu heben brauchten.

Vierjahresplan und Aufrüstung ließen bereits 1937 eine noch stärkere Ausrichtung der gesamten Naturwissenschaft und Technik auf die Partei geboten erscheinen. Eine neue Organisation war fällig, womit Fritz Todt, Verantwortlicher für den Autobahnbau, betraut wurde. Er schuf eine wunderbare Organisationsstruktur[8], die alle technisch-wissenschaftlichen Vereine in einem NS-Bund Deutscher Technik (NSBDT) unter seiner Leitung zusammenfaßte. Eine von dessen fünf Fachgruppen war der Chemie gewidmet. Ihr unterstand der VDCh mit seinen eigenen Fachgruppen und einigen ihm angeschlossenen Vereinen, deren Aufgaben sich teilweise überdeckten. Der Bund Deutscher Chemiker hörte auf zu bestehen, Stantien fand einen Platz im VDCh.

Die wissenschaftlichen Vereine (DChG, DBG) firmierten mit dem Untertitel „im NSBDT“, später als „Arbeitskreis im NSBDT“. Sie waren dem VDCh nicht untergeordnet, sondern parallelgeschaltet[9] und behielten dadurch eine gewisse Unabhängigkeit von ihm als der berufsständischen Organisation. So gab es keinen Ärger mit ausländischen Mitgliedern, die man als Devisenbringer brauchte.

Die neue Organisation verlangte natürlich entsprechende Schulung. Vorsitzender und Geschäftsführer wurden aufgefordert, sich mit Schreibpapier, Schuhputzzeug, Turnkleidung und Badehose zu einem Reichsschulungskurs auf der Plassenburg bei Kulmbach einzufinden[10]. Nur mit äußerster Anstrengung gelang es dem

6 R. Schenck an A. Schweitzer, 31. 7. 1939, und 3. 5. 1940. A. Schweitzer an R. Schenck, 6. 5. 1940. – Die alten Kopfbogen wurden noch nach dem Krieg verwendet.

7 Sitzung des Ständigen Ausschusses vom 4. 12. 1937. (Vorher hatte er bereits die beiden Rechnungsprüfer J. Eggert und W. Dux wegen rassischer Bedenken vorzeitig verabschiedet. (R. Schenck an A. Schweitzer, 27. 4. 1936).

8 Dargestellt in W. Ruske, 100 Jahre Deutsche Chemische Gesellschaft, Weinheim 1967, S. 155 und 157.

9 Todt war sehr stolz auf diese liberale Regelung: Brief an R. Kuhn, den Präsidenten der DChG, vom 28. 10. 1941. (Zitiert in W. Ruske: 100 Jahre Deutsche Chemische Gesellschaft, Weinheim 1967, S. 154.) R. Schenck an A. Schweitzer, 11. 11. 1941.

10 R. Schenck an A. Schweitzer, 2. 6. 1937.

67jährigen Schenck, dispensiert zu werden, aber Alexander Schweitzer, der 1934 an die Stelle des 1933 verunglückten Geschäftsführers Wilhelm Bachmann getreten war, blieb nichts anderes übrig, als sich *„auf den Altar der Bunsen-Gesellschaft zu legen[11].“* Es traf ihn ziemlich hart angesichts des Zwanges, mit 45 Teilnehmern einen Schlafsaal zu teilen, und dies wurde auch nicht völlig durch Frühsport, Flaggenparade und lichtvolle Vorträge höchster Funktionäre aufgewogen.

Als Schenck später anregte, gelegentlich eine der (seit 1937 eingeführten) Diskussionstagungen der Bunsen-Gesellschaft auf die Plassenburg zu verlegen, antwortete er: *„Da Sie meine Ansicht darüber hören wollen ... so möchte ich dazu sagen, daß diese junge Pflanze im Garten unserer Gesellschaft nach meinem Dafürhalten zunächst noch im freien Licht der Hochschulen etwas größer und stärker werden sollte, ehe man sie in das doch ziemlich polarisierte Licht der Plassenburg verpflanzt[12].“*

Nachdem jahrelang die Voraussetzung zur Mitgliedschaft etwas diffus geregelt war, konnten ab 1939 Inländer nur noch als Mitglied des NSBDT der Bunsen-Gesellschaft angehören. Dies hatte über den Beitritt zum VDCh zu geschehen, *„da nur auf diesem Weg die richtige Weltanschauung und Menschenführung gewährleistet ist“*, wie der Geschäftsführer ironisch schrieb[13].

Das war zuviel für Arnold Eucken. Er erklärte, er würde dem VDCh nicht beitreten, und wenn man darauf bestehe, lieber die Bunsen-Gesellschaft verlassen[14]. Er fühle sich als Physiker und sähe nicht ein, was er im VDCh solle. Ähnlich verhielt sich auch P. Debye[15]. Diese Reaktion wies in der Tat auf eine Ungereimtheit hin: in Todts Organisationsplan gab es keine Fachgruppe Physik. Der Deutschen Physikalischen Gesellschaft war es gelungen, durch eine gewisse Anlehnung an das Erziehungsministerium der Vereinnahmung durch eine NS-Organisation zu entgehen[16].

Schenck beschloß, Eucken nicht weiter zu behelligen, wurde aber nachdenklich und fing an, sich zu fragen, ob die physikalische Chemie an der richtigen Stelle eingegliedert sei[17]. Leider war es zu spät. Er versuchte zwar noch 1941, mit Carl Ramsauer, dem Präsidenten der DPG, zu einer Vereinbarung zu kommen, aber ohne rechtes Ergebnis[18].

---

11 A. Schweitzer an R. Schenck, 9. 6. 1937.

12 A. Schweitzer an R. Schenck, 18. 6. 1938.

13 A. Schweitzer an M. Bodenstein 16. 1. 1941.

14 A. Eucken an A. Schweitzer, 22. 6. 1939.

15 Fast 100 Mitglieder gehörten nicht dem VDCh an, und eine Reihe von ihnen wollten ebenfalls austreten, z.T. wegen der damit verbundenen Beitragserhöhung (vgl. Brief A. Schweitzer an H. G. Grimm vom 19. 2. 1940), aber auch weil sie mit der politischen Haltung des VDCh nicht einverstanden waren, z.B. P. Günther (vgl. seinen Brief an E. Kreuzhage vom 9. 11. 1947).

16 Nach Meinung der NSBDT-Leitung war dies lediglich ein Versehen. Es sollte berichtigt werden, wie es auf einer Sitzung im Januar 1939 hieß (A. Schweitzer an R. Schenck, 28. 6. 1939), aber dazu scheint es nicht mehr gekommen zu sein. Der tiefere Grund für die Nichtbeachtung der DPG liegt wohl darin, daß die Physik und eine physikalische Industrie gegenüber der Macht der chemischen Industrie damals keine Rolle spielten, sodaß die Physiker trotz der Querelen um Einstein und Heisenberg von Pragmatikern wie Todt nicht weiter beachtet wurden. Erst mit der Atombombe begann der Respekt des Publikums vor der Physik.

17 R. Schenck an A. Schweitzer, 27. 6. 1939.

18 Protokoll der Sitzung des Ständigen Ausschusses vom 13. 12. 1941.

Zweifellos kamen damals die meisten Mitglieder der Bunsen-Gesellschaft von der Chemie her, aber daß sie sich so widerstandslos in die nationalsozialistische Vertretung der Chemiker eingliedern ließen, hatte die physikalische Chemie einmal mehr von der Physik getrennt und einseitig an die Chemie gebunden, eine Situation, die schon bei Ostwald angelegt war, aber ihr gerade in Deutschland auf die Dauer geschadet hat. Da sie ihre Vermittlerrolle nur ungenügend ausfüllte, gelangten die grundlegenden Erkenntnisse der Physiker über atomare Zustände und chemische Bindung seit den zwanziger Jahren später als nötig in das Bewußtsein der Chemiker.

Die Reichs-Organisationssucht war typisch für das NS-System und griff noch öfter auch in die Bunsen-Gesellschaft ein. So gedachte 1938 plötzlich die „Reichsschrifttumskammer" den Vereinen den Besitz von Zeitschriften zu verbieten und ihre Trägerschaft allein den Verlagen zu belassen, was der Bunsen-Gesellschaft an den Lebensnerv gegangen wäre[19].

Kurz vor Kriegsausbruch gab es neue Pläne: Der Reichsforschungsrat hatte vor, der Chemie nach dem Vorbild der Bunsen-Gesellschaft drei Vereinigungen zuzuordnen: Die Kolloidchemie sollte mit ihr zusammengelegt werden, hinzu kommen sollten eine Friedrich-Wöhler-Gesellschaft für die anorganische und eine von-Hofmann-Gesellschaft für die organische Chemie[20]. Dazu natürlich eine entsprechende Dreiteilung des Zeitschriftenwesens, in der physikalischen Chemie also eine gemeinsame Zeitschrift statt der bisherigen drei Organe[21].

Im Krieg gab es zunächst noch dringendere Aufgaben, jedoch in seinem späteren Verlauf, als Papier und Manuskripte knapp wurden, hatte die Planung wieder Konjunktur, und eine Vereinheitlichung des Zeitschriftenwesens wurde erneut angeordnet[22]. In der physikalischen Chemie lag sogar der Name des gemeinsamen Organs (Zeitschrift für physikalische Chemie, Berichte der Bunsen-Gesellschaft) und die Redaktion (K. Clusius, G. Grube, C. Wagner) bereits fest. Es sollte einen Teil A mit Vereinsnachrichten und Sammelreferaten und einen Teil B mit Originalabhandlungen geben, die Mitglieder der Bunsen-Gesellschaft den einen gratis, den anderen zu ermäßigtem Preis erhalten. Die Idee war nicht schlecht, aber das allgemeine Durcheinander noch mächtiger als die Planer. Nicht nur die Verleger wehrten sich, auch bei der Deutschen Chemischen Gesellschaft protestierte der Präsident Richard Kuhn[23], so daß letzthin nichts geschah.

---

19 Sitzung des Ständigen Ausschusses vom 1. 6. 1938.

20 Es ist interessant, daß hier, wie auch in anderen organisatorischen Fragen, die neueste Entwicklung ganz ähnliche Wege geht. In der Gesellschaft Deutscher Chemiker (GDCh) liegen gerade Pläne für eine ähnliche Gliederung vor, allerdings unter z.T. anderen Namenspatronen, vgl. Kap. 1.46.

21 R. Schenck (vertraulich!) an A. Schweitzer, 31. 7. 1939.

22 P. A. Thießen an A. Schneider, 3. 3. 1943 – Planung der Reichsfachgruppe Chemie, 31. 3. 1943.

23 W. Ruske, 100 Jahre Deutsche Chemische Gesellschaft, Weinheim 1967, S. 172.

1.36 Die Säuberung der Wissenschaft und ihrer Institutionen

Als erste staatliche Anordnung, die Wissenschaft und Hochschulen berührte, erließ die neue Regierung am 7. April 1933 das „Gesetz zur Wiederherstellung des Berufsbeamtentums“, eine Formulierung, die alle Einfälle Orwells in seinem Roman „1984“ in den Schatten stellt. Es handelte sich in Wirklichkeit um die Entfernung linker, sozialdemokratischer und jüdischer Staatsdiener[24]. An den Hochschulen spielten nur die letzteren eine nennenswerte Rolle.

Man kann nicht sagen, daß diese Maßnahme die Öffentlichkeit erschüttert hätte. In der offiziellen Deutschen Studentenschaft gab es seit 1927 antisemitische Beschlüsse; schon vor Erlaß des Gesetzes wurden am 1. April 1933 nicht nur jüdische Geschäfte, sondern auch Vorlesungen jüdischer Professoren boykottiert. Es gab zahlreiche arbeitslose oder untergeordnet beschäftigte Akademiker einwandfreier Abstammung, die auf freie Stellen warteten. In der bürgerlichen Schicht, aus der die Professoren kamen, war ein dezenter Antisemitismus endemisch[25]. Er sorgte während der Kaiserzeit für diskrete Restriktionen im Lehrkörper der Universitäten, was dann zur Folge hatte, daß die derart Zurückgesetzten überdurchschnittlich in den Kaiser-Wilhelm-Instituten vertreten waren. Philipp Lenard betrachtete die Kaiser-Wilhelm-Gesellschaft als jüdische Mißgeburt, geschaffen, um Juden hoffähig zu machen[26].

In der Weimarer Republik hatte sich die Lage an den einzelnen Universitäten sehr verschieden entwickelt. Einen ungefähren Anhaltspunkt gibt der Personalwechsel zwischen 1933 und 1934, auch wenn er nur teilweise auf Entlassungen zurückzuführen ist. In Berlin und Frankfurt waren es 32 %, in Freiburg, Göttingen, Hamburg knapp 20 %, dagegen in Rostock 4 %, in Tübingen unter 2 %[27].

Es gibt auch direktere Hinweise: Es erregte Aufsehen, als 1924 Richard Willstätter (ein langjähriges Mitglied der Bunsen-Gesellschaft) von seiner Münchener Professur zurücktrat, nachdem bei drei Berufungen hintereinander der jeweils Bestqualifizierte als Jude (einmal hieß es auch Ausländer) von der Liste gestrichen wurde[28]. Treibende Kraft hierbei war der Physiker Wilhelm Wien. Er kam aus Würz-

---

24 Gesetzliche Sanktionen gegen unliebsame außerdienstliche Betätigung von Hochschulangehörigen hatten die Universitäten bereits zur Kaiserzeit hingenommen („Lex Arons“ von 1898 „Über die Disziplinarverhältnisse der Privatdozenten“, vgl. Kap. 1.18). Die Wendung im Gesetz von 1933, daß Beamte die Gewähr bieten müßten, jederzeit rückhaltlos für ... einzutreten, findet eine Parallele im Radikalenerlaß der Bundesrepublik von 1974, wenn man den nationalen Staat durch die freie demokratische Grundordnung ersetzt – eine bemerkenswerte Fortdauer juristischer Formulierungskunst.

25 Dies zeigt auch der Briefwechsel Carl Duisbergs gelegentlich, wenn Einfluß auf Berufungen genommen werden sollte (Brief an Böttinger vom 20. 2. 1897). Vgl. auch W. Kunkel: Der Professor im Dritten Reich, in: Die deutsche Universität im Dritten Reich, Vortragsreihe der Universität München, München 1966, S. 103.

26 Zitiert bei A. Kleinert, Phys. Bl. 36 (1980) 35.

27 K. D. Bracher, Die Gleichschaltung der deutschen Universität, in: Universitätstage FU Berlin 1966, Nationalsozialismus und die deutsche Universität. Berlin 1966, S. 126.

28 R. Willstätter, Aus meinem Leben, Weinheim 1949, S. 340. – Als Willstätter 1915 berufen wurde, erklärte König Ludwig III. seinem Minister: „Das ist aber das letzte Mal, daß ich Ihnen einen Juden unterschreibe.“ Es war das letzte Mal – das nächste Mal gab es keinen König mehr. (Willstätter, S. 235).

burg, wo damals augenscheinlich derartige Argumente eine Rolle spielten: Als Arnold Eucken 1928 von dort um seine Meinung über mögliche Nachfolger von H. G. Grimm gebeten wurde, nannte er neben dem von der Fakultät vor allem ins Auge gefaßten K. F. Bonhoeffer noch weitere, wie er meinte gleich Qualifizierte, in von der Chemie zur Physik fortschreitender Reihe: G. Fricke (Münster), H. Ulich (Rostock), E. Lange (München), L. Ebert (Berlin), I. Estermann (Hamburg), F. Simon (Berlin), R. Suhrmann (Breslau). Er schloß seinen Brief mit den Worten[29]: *„Für den Fall, daß Sie und ihre Kollegen Wert darauf legen sollten, erwähne ich noch, daß Estermann und Simon nicht deutscher, sondern östlicher Abstammung sind (Simon ist sogar z. Zt. noch ungetauft). Die übrigen von mir genannten Herren sind rein germanisch."*

Einer protestierte gegen das Gesetz vom 7. 4. 1933, legte sein Amt nieder und gab seine Erklärung an die Presse: James Franck, selbst Jude, aber als Frontsoldat vom Gesetz damals nicht betroffen. In die Öffentlichkeit drang als einzige Reaktion auf diesen Schritt ein Leserbrief, in dem 42 seiner Kollegen sein Verhalten als Sabotage an den Maßnahmen der Regierung verurteilten und hofften, daß die notwendigen Reinigungsmaßnahmen schnell durchgeführt würden[30]. Nicht öffentlich war ein anderer Brief: Eucken, sein Kollege von der physikalischen Chemie, schrieb dem zuständigen Reichs-Wissenschaftsminister Rust, Francks freiwilliger Rücktritt bedeute für die deutsche Forschung einen Verlust, der gerade vom nationalen Standpunkt kaum tief genug bedauert werden könne – Göttingen verlöre mit ihm einen akademischen Lehrer vornehmster und gütigster Gesinnung und für ihn selbst bedeute Francks Rücktritt eine schwere Einbuße in seiner Forschungstätigkeit, da beide gerade gemeinsame Arbeiten begonnen hätten. Vielleicht ließe sich der hiesigen Gesellschaft der Wissenschaften eine Forschungsprofessur angliedern. Sie könne wohl Professor Franck ohne Bedenken übertragen werden, da er dort mit Studenten kaum in Berührung kommen würde[31] – ein wohlmeinender Vorschlag, wenn auch kaum in Francks Sinn. Eine Antwort liegt nicht vor.

Franck hatte zuvor Fritz Haber aufgefordert, mit ihm gemeinsam zu handeln, aber dieser hoffte, noch etwas retten zu können. Als aber viele seiner Mitarbeiter entlassen wurden, ohne daß er helfen konnte, trat auch er zurück. Sein Brief an den Minister endete mit folgenden Worten: *„Meine Tradition verlangt von mir in einem wissenschaftlichen Amte, daß ich bei der Auswahl von Mitarbeitern nur die fachlichen und charakterlichen Eigenschaften der Bewerber berücksichtige, ohne nach ihrer rassemäßigen Beschaffenheit zu fragen. Sie werden von einem Manne, der im 65. Lebensjahr steht, keine Änderung der Denkweise erwarten, die ihn in den vergangenen 39 Jahren seines Hochschullebens geleitet hat, und Sie werden verstehen, daß ihm der Stolz, mit dem er seinem deutschen Heimatland sein Leben lang gedient hat, jetzt diese Bitte um Versetzung in den Ruhestand vorschreibt[32]."*

---

29 Brief an E. Harms vom 7. 7. 1928.

30 Göttinger Tagblatt vom 24. 4. 1933. (vgl. A. D. Beyerchen, Wissenschaftler unter Hitler, Köln 1980, S. 41).

31 Brief vom 21. 4. 1933.

32 z.B. abgedruckt bei R. Willstätter, Aus meinem Leben, Weinheim 1949, S. 273.

Kurz zuvor hatte er unerwarteten Besuch[33]: Nernst, der sonst seine Gesellschaft nicht suchte, erschien bei ihm und erkundigte sich, ob er ihm einen Platz im Kaiser-Wilhelm-Institut verschaffen könne, er wolle von seinem Amt zurücktreten. Sein Mitdirektor Arthur Wehnelt hatte seinem jüdischen Kollegen Peter Pringsheim das Betreten des physikalischen Instituts verboten und als Nernst ihn zur Rede stellte, mit einem Vortrag über die Erfordernisse der neuen Zeit geantwortet. Haber teilte Nernsts Meinung über die neue Zeit, aber seinen Wunsch konnte er nicht erfüllen. Bald darauf zog sich Nernst auf sein Gut zurück, ab er hielt der Bunsen-Gesellschaft die Treue: bis Ende 1937 nahm er fast regelmäßig an den Sitzungen des Ständigen Ausschusses teil.

Max Planck sprach als Präsident der Kaiser-Wilhelm-Gesellschaft bei Hitler vor, um für entlassene Wissenschaftler einzutreten und vor dem Schaden für Deutschland zu warnen. Es wäre Selbstverstümmelung, wenn man wertvolle Juden zur Auswanderung nötigte, deren Arbeit dann dem Ausland zugute käme. Hitler stellte demgegenüber mit Recht fest: Jud ist Jud, erging sich dann in allgemeinen Redensarten, erklärte schließlich, er habe Nerven wie Stahl, schlug sich kräftig aufs Knie, sprach immer schneller und steigerte sich in eine solche Wut hinein, daß Planck verstummte und sich verstört zurückzog[34].

Am besten waren diejenigen beraten, die sich rasch zur Emigration entschlossen. Sie trafen noch auf viel Hilfbereitschaft im Ausland, wobei sich auf englischer Seite besonders F. G. Donnan, Ostwalds alter Schüler, engagierte. Gerade damals (1933) machte ihn die Bunsen-Gesellschaft zum Ehrenmitglied, wenn auch nicht aus diesem Grund.

Es gab einige Versuche, auch sie bei Hilfsaktionen gegen Entlassungen einzuspannen. Der erste Vorsitzende 1933 – 1934, Rudolf Schenck, hielt wenig davon. In einem Brief an den Geschäftsführer heißt es[35]: ... *und nun zu dem vertraulichen Schreiben aus dem chemisch-technischen Institut der TH Darmstadt. Ich habe mich über die grundsätzliche Stellung zu diesem Schreiben bereits Herrn Prof. Bodenstein gegenüber geäußert und zwar in der folgenden Weise: „Der Vorgang, dem wir da gegenüberstehen, könnte sich in der nächsten Zeit des öfteren wiederholen. Deshalb müssen wir grundsätzlich zu der Angelegenheit Stellung nehmen. Der Erfolg von Aktionen, die an solche Rundschreiben anknüpfen, ist erfahrungsgemäß gering. Gewöhnlich erregen sie das Mißfallen der attakierten Stelle und rufen ganz das Gegenteil von dem hervor, was man wünscht. Wenn Herr Berl, der ja nicht arischer Herkunft ist, in Darmstadt gehalten werden soll, so ist es Sache seiner Hochschule, sich für ihn einzusetzen. ... Ich bin dafür, daß die Bunsen-Gesellschaft in diesem, wie vielleicht auch in anderen Fällen, welche noch an uns herantreten sollten, sich zurückhält und der Anregung nicht folgt.“ ... Ich glaube, Sie werden mir zustimmen.*

Die Kälte, die daraus spricht, berührt nicht angenehm, aber die Entscheidung, nichts zu tun, erscheint im nachhinein angebracht. Daß Bodenstein zugestimmt hat,

---

33 K. Mendelssohn, Walther Nernst und seine Zeit, Weinheim 1976, S. 199.

34 So Plancks Bericht in Phys. Bl. 3 (1947) 143, wobei er die Unterscheidung von wertvollen und anderen Juden sicher taktisch gemeint hatte.

35 R. Schenck an W. Bachmann, 11. 5. 1933.

mag bezweifelt werden. Als Haber wenige Monate nach seinem Rücktritt starb, hielt er in der Berliner Akademie eine schöne Rede auf ihn[36] und veröffentlichte in der Zeitschrift für Elektrochemie einen Nachruf, in dem er kein Blatt vor den Mund nahm.

Auch bei der Trauerfeier zu ersten Wiederkehr von Habers Todestag[37] schieden sich die Geister. Sie war die einzige Veranstaltung während des Dritten Reiches, die als öffentlicher Protest gelten konnte. Max Planck hatte mit dem Minister Rust verhandelt, der nach langem Hin und Her schließlich zusagte, um einen üblen Eindruck im Ausland zu vermeiden, gleichzeitig aber allen Staatsbeamten die Teilnahme verbot. Eingeladen für den 29. 1. 1935 hatten die Kaiser-Wilhelm-Gesellschaft, die Deutsche Chemische und die Deutsche Physikalische Gesellschaft. Die Bunsen-Gesellschaft, die Haber mit all ihren Ehrungen ausgezeichnet hatte, beteiligte sich nicht. Der VDCh hatte seine Mitglieder sogar aufgefordert, der Feier fernzubleiben. Trotzdem war es eine illustre Versammlung – wie Willstätter schrieb, fielen die Nichtteilnehmer mehr auf als die Teilnehmer. Es sprachen Otto Hahn, der schon 1933 sein Lehramt niedergelegt, also den Beamtenstatus verloren hatte, und Joseph Koeth, ein ehemaliger Wirtschaftsminister und Oberst a.D. Der dritte vorgesehene Redner, Karl Friedrich Bonhoeffer, der lange Jahre an Habers Institut gearbeitet hatte, gehörte als Professor zu den Ausgesperrten. Es heißt, er habe in der Tür gestanden, als Otto Hahn seine Rede verlas. Sie ist leider nicht erhalten.

Noch nach dieser Feier erschien in der Zeitschrift Naturwissenschaften eine Lobrede auf Haber in Form eines Berichts über seine Forschungen zum Goldvorkommen im Meerwasser[38]. Der Autor hatte ihn schon für die Festschrift zu Habers 60. Geburtstag (1928) versprochen, war jedoch erst mit sieben Jahren Verspätung fertig geworden. Das hinderte ihn und den Redakteur nicht, den Aufsatz auch unter veränderten Zeitumständen zu publizieren[39].

Daß Haber als Einziger der zur Emigration Gezwungenen solch öffentliches Engagement weckte, hat sicher mehr mit dem schnellen Tod des gerade erst Vertriebenen zu tun als mit seinem Patriotismus, wenn der es auch erleichterte, für ihn einzutreten.

Die Ausnahme, die das Gesetz vom 7. 4. 1933 für Frontsoldaten und bereits vor 1914 Beamtete machte, war nicht ernst gemeint und wurde bald, wenn nötig mit juristischen Kniffen, außer Kraft gesetzt. In den Akten sind Proteste festgehalten, aber die Öffentlichkeit erfuhr nichts davon.

Ein Beispiel ist die Universität Leipzig, wo es unter anderen um den Photochemiker und Extraordinarius Fritz Weigert (1876 – 1947), einen Schüler Ostwalds ging.

---

36 Sitzungsber. Preuß. Akad. Wiss. Sitzung am 28. 6. 1934, Berlin 1934, S. 120. Z. Elektrochem. 40 (1934) 113.

37 R. Willstätter, Aus meinem Leben, Weinheim 1949, S. 274; A. D. Beyerchen, Wissenschaftler unter Hitler, Köln 1977, S. 100.

38 J. Jaenicke, Naturwiss. 23 (1935) 57.

39 Der Gründer und Herausgeber der Zeitschrift, Arnold Berliner, mußte kurz darauf zurücktreten. Über sein ferneres Schicksal siehe W. Westphal, Phys. Bl. 8 (1952) 121.

Er war einer von vier jüdischen Hochschullehrern, denen 1935 die Lehrbefugnis nach § 6 des Gesetzes „aus dienstlichen Gründen zur Vereinfachung der Verwaltung" entzogen wurde[40], was sogar in der Studentenschaft Verwunderung hervorrief und auch in der Philosophischen Fakultät zu einiger Unruhe Anlaß gab. Das Ministerium forderte daraufhin das Protokoll an[41]. Dort heißt es, Prof. Heisenberg habe geäußert, die Verfügung habe bei vielen Bestürzung hervorgerufen, da sie das Gefühl hatten, diese Benutzung des § 6 werde dem Sinne des Gesetzes nicht gerecht. Es handele sich um Menschen, die ihr Leben für uns eingesetzt hätten. Während Prorektor Golf vergeblich versuchte, die Diskussion zu unterbinden, habe Prof. Hund der Stimmung Ausdruck gegeben, daß viele seiner Kollegen, die nicht an der Front waren, auch er selbst, sich dann vor diesen Männern schämen müßten. Und der Mathematiker van der Waerden habe erklärt, daß der Sinn des Beamtengesetzes hier offensichtlich mißachtet werde. *Darauf Herr Golf (mit erhobener Stimme): ... Ich möchte Herrn van der Waerden raten, vorsichtiger zu sein. Er hat gesagt, es werde ein Paragraph des Beamtengesetzes mißachtet. Er hat offenbar nicht daran gedacht, daß er damit sagte, daß der Reichsstatthalter ein Gesetz mißachtet habe. Wir kennen seine Gründe nicht und können nicht darüber urteilen. Also, bitte, seien Sie vorsichtiger in Ihren Äußerungen. – v. d. Waerden (ruft halblaut übern Tisch Golf zu:) Ich danke! – Golf (übern Tisch, laut:) Die Sache ist damit erledigt!* – Das war sie dann auch[42].

Mit den Nürnberger Gesetzen (Sept. 1935) wurde die Ausgrenzung systematisiert. Berufsverbände wie der VDCh beeilten sich, ihre nicht mehr tragbaren Angestellten und Mitglieder zu entfernen. Anders war die Lage bei den wissenschaftlichen Gesellschaften mit hohem Anteil von Ausländern, also der Deutschen Physikalischen und der Deutschen Chemischen Gesellschaft ebenso wie der Bunsen-Gesellschaft. Hier waren auch maßgebende Stellen bereit, stillschweigend auf Ahnenforschung zu verzichten – wegen der im Ausland zu erwartenden Proteste und Austritte, die zur Einbuße an dringend benötigten Devisen führen würden[43]. Man wolle nichts tun, sagte der Erste Vorsitzende von 1935 – 1936, H. G. Grimm, um etwa Herrn Willstätter zu verschnupfen[44].

---

40 Der Rektor wußte selbst nicht genau, auf welche Bestimmung sich die Behörde stützte. Es könnte auch die Vorschrift vom 21. 1. 1935 „über die Entpflichtung und Versetzung von Hochschullehrern aus Anlaß des Neuaufbaus des deutschen Hochschulwesens" gewesen sein (Akte Weigert, Universitätsarchiv Leipzig).

41 Aus der Sitzung der philosophischen Fakultät vom 8. 5. 1935, also vor dem Erlaß der sogenannten Nürnberger Gesetze vom 15. 9. 1935.

42 Weigert („Weigert-Effekt" in der Photographie) findet sich als Zwangspensionierter bis 1936 im Mitgliederverzeichnis der Bunsen-Gesellschaft. Er konnte noch nach England auswandern.

43 Bericht des ersten Vorsitzenden H. G. Grimm im Ständigen Ausschuß am 7. 12. 1935 über eine Besprechung mit dem Beauftragten der Partei, Kurt Stantien und dem designierten Präsidenten der DChG, Alfred Stock. (Erstfassung des Protokolls).

44 Sitzung des Ständigen Ausschusses vom 7. 12. 35.
Willstätter trat trotzdem aus und ließ sich auch nicht durch einen Brief Grimms umstimmen (H. G. Grimm an A. Schweitzer, 17. 12. 1935), ebenso auch O. Stern, P. Ewald, H. Kuhn, M. Polanyi und K. Wohl, denn alle sechs fehlen im Mitgliederverzeichnis von 1936 (dem einzigen, das, wenn auch

Noch Ende 1937 argumentierte man, da die Mitglieder nichts zu sagen hätten, könne man trotz grundsätzlicher Bedenken auf die Ausschaltung langjähriger jüdischer Mitglieder verzichten[45]. Durch die Jahre zieht sich der zähe Kampf um den Paragraphen, wobei der Geschäftsführer A. Schweitzer immer neue Auswege ersann.

Es war kein Punkt, der dem seit 1936 erneut amtierenden Vorsitzenden R. Schenck besonders am Herzen lag. Schon während seiner ersten Amtszeit (1934) hatten die aus Mitteln der Gesellschaft bezahlten Stipendiaten ihre einwandfreie Abstammung zu beteuern. Zur Hauptversammlung in Graz 1937 hatte Emil Abel (1875 – 1958), Ordinarius für physikalische Chemie an der TH Wien, ein Schüler Nernsts und bedeutender Reaktionskinetiker, einen Vortrag angemeldet. Schenck schrieb daraufhin an Schweitzer[46]: *„Abel – Wien ist Volljude, worauf ich nochmals von Herrn Skrabal aufmerksam gemacht werde. ... Im Reich würde ich nicht zulassen, daß er spricht; bei der besonderen Lagerung der Verhältnisse Östreichs, dessen Gast wir sind, und das Abel noch als Mitglied der Akademie der Wissenschaften duldet, ist zu prüfen, ob u.U. die Weisung des Führers, ausländische Juden als Vertreter ihres Landes – vor allem wenn sie uns als Beamte desselben entgegentreten – korrekt zu behandeln, zur Anwendung kommen muß.“* Schweitzer antwortete kühl, nach seinem Dafürhalten und nach den Richtlinien der Kongreßzentrale sei es nicht Sache Schencks, sondern des Ortsausschusses, zu entscheiden, wer als Redner zugelassen werde. Schenck wandte sich daraufhin an Kurt Stantien, doch selbst dieser war der Meinung, man könne nicht ablehnen, gerade weil Abel sich aus vaterländisch-österreichischen Gründen berufen fühle, in seiner Eigenschaft als ältester österreichischer Ordinarius teilzunehmen. Erst jetzt gab Schenck nach und teilte Schweitzer mit, *„unter den obwaltenden Umständen ist gegen das Auftreten der Herren Juden in Graz nichts einzuwenden[47]“*.

Nach dem Pogrom 1938, der sogenannten Kristallnacht, gab es keine Rücksichten mehr. Schenck verschickte ein Rundschreiben, in dem es hieß: *„Die Weiterführung der Mitgliedschaft reichsdeutscher Juden in der Deutschen Bunsen-Gesellschaft*

ungedruckt, für diese Zeit vorliegt), aber eine ganze Reihe von inzwischen emigrierten Mitgliedern, z.B. E. Berl, K. Fajans, L. Farkas, J. Franck, H. Freundlich, H. Goldschmidt, H. v. Halban, G. v. Hevesy, K. Lark-Horovitz, F. V. Lenel, H. F. Mark, F. Paneth, F. Simon, A. Weissberger hielten damals der Gesellschaft weiter die Treue. – Im nächsten Mitgliederverzeichnis (1954) verblieben von diesen nur K. Fajans, G. v. Hevesy, H. F. Mark und F. Paneth, obwohl auch J. Franck, F. V. Lenel, F. Simon und A. Weissberger noch lebten – zu F. Simon siehe Kap. 1.43.

45 Besprechung vom 14. 12. 1937 zwischen Präsidium der DChG (A. Stock) und NSBDT-Leitung (F. Todt u.a.). Das nächste Mitgliederverzeichnis sollte allerdings die Nicht-Mitglieder des NSDBT gesondert aufführen, aber bei der Bunsengesellschaft erschien dieses erst 1954.

46 Brief vom 29. 3. 1937.

47 Briefe R. Schenck an A. Schweitzer 29. 3. 1937 und 3. 4. 1937, A. Schweitzer an R. Schenck vom 31. 3. 1937, K. Stantien an R. Schenck vom 31. 3. 1937. – Schenck redet im Plural, da Abels Kollege O. Redlich (Wien) ebenfalls einen Vortrag angemeldet hatte.
Kurz vor seinem 80. Geburtstag erneuerte die Bunsen-Gesellschaft Abels Mitgliedschaft und beschloß, den nach England Emigrierten jährlich zu ihren Hauptversammlungen einzuladen. (Sitzung des Ständigen Ausschusses vom 27. 10. 1954).

ist von nun an nicht mehr möglich. Ich ersuche daher diejenigen reichsdeutschen Mitglieder, die Juden im Sinne der Nürnberger Gesetze sind, unter Angabe dieses Grundes ihren Austritt aus der Gesellschaft zu erklären[48]*."* Um sicher zu gehen, erhielt der Geschäftsführer den Auftrag, selber in den Listen nachzuforschen. Dieser fand unter den 796 deutschen Mitgliedern noch 9 fragwürdige, meinte aber nicht ohne Ironie, indem er auf den Verfasser des „Mythos des 20. Jahrhunderts" anspielte, es könnten noch mehr sein, aber wie Rosenberg u. a. zeigten, sei der Name allein kein zuverlässiges Kennzeichen[49].

Zur Hauptversammlung in Frankfurt 1941 setzte man sich auch über die Nürnberger Gesetze hinweg. Die Anmeldung eines mit einer Jüdin verheirateten Ariers *„führte dazu, daß ein hiesiger angesehener wissenschaftlicher Verein seine Teilnahme widerrief. Die Angelegenheit wurde mit dem Beauftragten des Herrn Gauleiters besprochen, der seinerseits ... erklärte, daß weder der Herr Gauleiter noch er in der Lage sein würden, sich an der Tagung zu beteiligen, wenn an der Tagung jüdisch versippte Arier teilnähmen."*[50] Daraufhin verschickte der Ortsausschuß an die Teilnehmer ein Rundschreiben[51] mit einer für Mitglieder von NS-Fachverbänden bestimmten Neufassung für die „Deutschblütigkeit", die auch die Ehefrauen einschloß und für ausländische Mitglieder sinngemäß[52] dasselbe verlangte. Wer sich zu Unrecht angemeldet habe, erhielte die Gebühr zurück. Die Beteiligung des Herrn Gauleiters war gerettet.

Kurze Zeit später wurde der Judenstern eingeführt und die Deportationen begannen. Wieviele Mitglieder der Bunsen-Gesellschaft dabei umkamen, war nicht festzustellen, aber von drei herausragenden ist es bekannt: Ernst Cohen[53], der so viel für die Wiederaufnahme der wissenschaftlichen Beziehungen nach 1918 getan hatte (Kap. 1.31), starb in Auschwitz, Benno Strauss, Träger der Bunsen-Denkmünze 1927[54], in einem deutschen Arbeitslager, Arthur v. Weinberg[55], Mitglied des Ständigen Ausschusses 1930 – 1934, im Ghetto Theresienstadt.

---

48 Datum: 17. 12. 1938; siehe auch W. Ruske, 100 Jahre Deutsche Chemische Gesellschaft, Weinheim 1967, S. 169.

49 A. Schweitzer an R. Schenck, 23. 12. 1937.

50 H. Bretschneider (Dechema) an die Geschäftsstelle, 2. 7. 1941.

51 Das Exemplar für den Ersten Vorsitzenden ist im Archiv erhalten (H. Bretschneider an R. Schenck, 2. 7. 1941).

52 In der Sitzung des Ständigen Ausschusses vom 9. 7. 1941 wurde dies diskutiert, wobei Carl Wagner, immer auf wissenschaftliche Klarheit bedacht, vergeblich zu erfahren suchte, was „sinngemäß" für Bulgaren, Türken oder Japaner bedeuten solle.

53 Ernst Cohen (1869 – 1943), Schüler und Biograph van't Hoffs, 1896 Privatdozent in Amsterdam, 1902 – 1939 Prof. für phys. Chemie und Direktor des Chemischen Instituts der Universität Utrecht.

54 Siehe Kap. 2.9.

55 A. v. Weinberg (1860 – 1943) synthetisierte Farbstoffe, diskutierte eine kinetische Stereochemie, bestimmte atomare Bindungswärmen , war Teilhaber der Fa. Cassella, Mitbegründer und Mäzen der Universität Frankfurt, bis 1937 Aufsichtsratsmitglied der IG-Farben AG. Zum 70. Geburtstag: F. Haber, Ber. Dtsch. Chem. Ges. 63 IA (1930) 67; Nachruf: H. Ritter, W. Zerneck Chem. Ber. 89 (1956) XIX.

1.37 Physik, Chemie und nationalsozialistische Ideologie

Alles kommt darauf an, daß wir uns halten und auf diese Weise die Grundlage für eine gedeihliche Entwicklung in späteren Zeiten legen. Dieses Aushalten erfordert unsere ganze Kraft. Aus diesem Grunde dürfen wir, glaube ich, uns nicht mit Versuchen aufhalten, durch Schwimmen gegen den Strom doch irgend etwas zu erreichen. Leider hat sich ja schon eine verhältnismäßig große Anzahl von Kollegen durch die gegenwärtigen Zustände viel mehr beeinflussen lassen, als es ihnen vielleicht bewußt ist. Eine ganze Reihe von Instituten befindet sich gegenwärtig … in einem Zustande der Lähmung. Es wird nichts Richtiges geschaffen, und es fehlt jede Initiative.

A. Eucken an P. Rosbaud, 4. 2. 1935

In Hitlers Umgebung hatte man wenig für Wissenschaft übrig, noch weniger für die Universitäten, bei denen doch anfangs so große Begeisterung herrschte. Es ist bemerkenswert, diese Erkenntnis im Briefwechsel der beiden zu finden, die sich als einzige prominente Naturwissenschaftler früh zum Nationalsozialismus bekannten. Da schrieb Johannes Stark schon kurz nach der Machtergreifung an Philipp Lenard: *„Wir müssen die Dinge nehmen wie sie sind. Leute wie Sie und ich sind im NS-Führerkreis nicht geschätzt. Erstens sind wir alt und allein darum schon minderwertig, zweitens haben wir etwas geleistet und dies empfinden viele in der Umgebung Hitlers als einen Vorwurf, drittens sind wir Männer der Wissenschaft, denen nicht große Worte, sondern nur klare Erkenntnisse imponieren, und Wissenschaft ist Hitler grundsätzlich unsympathisch[56].“*

Über die klaren Erkenntnisse, die Stark unter diesen Umständen zum Parteigenossen machten, kann man spekulieren. Seine Gegnerschaft gegen die Relativitäts- und die Quantentheorie war eher ein Ergebnis zunehmender Verengung und Frustration. In seinen jungen Jahren hatte er sogar gegenüber Einstein die Priorität für die Lichtquanten beansprucht. Jedenfalls konnte er jetzt, gestützt auf den Parteiideologen Rosenberg, Macht gewinnen und damit seinen Ressentiments freien Lauf lassen. Als Präsident der Physikalisch-Technischen Reichsanstalt versuchte er die physikalische Forschung zu organisieren, als Vorsitzender der Notgemeinschaft der deutschen Wissenschaft die Forschungsmittel in seinem Sinne zu verteilen. Bei Berufungen schaltete er sich ein, so in Leipzig bei der Nachfolge Le Blancs, wo er versuchte, Wolfgang Ostwald gegen den Kandidaten der Fakultät, K. F. Bonhoeffer, durchzusetzen, was das Verfahren immerhin um über ein Jahr verzögerte[56a].

Als er auch den Vorsitz der Deutschen Physikalischen Gesellschaft beanspruchte und Übelwollende das Gerücht ausstreuten, er strebe sogar die Präsidentschaft der Kaiser-Wilhelm-Gesellschaft an[57], hatte er sich genug Feinde auch in der Partei geschaffen, um weitgehend ausgeschaltet zu werden. Dies gelang dann selbst dem im allgemeinen schwachen Wissenschaftsministerium unter Rust. Der dort maßge-

56 Brief vom 20. 4. 1933, zitiert bei A. Kleinert, Phys. Bl. 36 (1980) 35.

56a Akte Nachfolge Le Blanc, Universitätsarchiv Leipzig.

57 A. Kleinert, Phys. Bl. 36 (1980) 35. Der Autor vermutet, daß die Intrige aus dem Ministerium Rust kam.

bende Forschungsreferent R. Mentzel entzog immer größere Anteile der Mittel Starks Verfügung, bis dieser 1936 resigniert zurücktrat[58]. Mentzel übernahm sein Amt und richtete zur Verteilung der Forschungsgelder als Gremium des Ministeriums den Reichsforschungsrat ein, dessen Präsident ein General im Heereswaffenamt wurde. Man ahnt, wohin die Forschung gelenkt werden sollte. Nach dem Krieg fühlte sich Stark als Widerstandskämpfer, habe er doch für die Freiheit der Forschung gegen das Heereswaffenamt gekämpft[59].

Auch die Physikochemiker in der Bunsen-Gesellschaft waren Leidtragende der Machtkämpfe um die Forschungsgemeinschaft. Im Mai 1934 hatte R. Schenck als Erster Vorsitzender eine ausführliche Eingabe an den Präsidenten der Notgemeinschaft, F. Schmitt-Ott gerichtet, die aus einer Umfrage bei M. Bodenstein, P. Debye, A. Eucken, H. G. Grimm, O. Hahn, G. Grube und M. Volmer hervorgegangen war, und eine umfassende Liste von Vorschlägen für Forschungsvorhaben enthielt[60]. Der Bitte um Personal- und Sachmitteln hatte er ein Begleitschreiben vorangestellt, in dem er betonte, die deutsche physikalische Chemie, einst führend in der Welt, habe besondere Anstrengungen zu machen, denn, durch die politischen Ereignisse veranlaßt, sei eine ganze Reihe leistungsfähiger Fachgenossen in das Ausland abgewandert und es erhöben sich schon Zweifel, ob Deutschland diesen Kräfteentzug ohne Beeinträchtigung seiner Leistungsfähigkeit werde tragen und überwinden können. Es sei nun Ehrensache der deutschen Physikochemiker, den Beweis des Gegenteils anzutreten. Er wies auf das Beispiel der Metallforschung hin, wo die Notgemeinschaft von sich aus große gemeinsame Arbeiten angeregt habe, und bat um ähnliche Großzügigkeit, nicht zuletzt um Forschungsstipendien für den Nachwuchs, da die zur Zeit vorhandenen Kräfte nicht einmal für die adaequate Besetzung der Lehrstühle ausreichten.

Der kühne, wenn auch etwas vage Antrag mag auch zu einem günstigeren Zeitpunkt kaum Aussicht auf Erfolg gehabt haben – aber als er eintraf, hatte Schmitt-Ott gerade sein Amt an Stark abtreten müssen. Bei diesem war es taktisch kaum angebracht, die Emigranten als Verlust zu buchen. Dennoch gelang Schenck im persönlichen Gespräch, ein gewisses Wohlwollen des neuen Präsidenten zu erreichen[61]. Als

---

58 Nicht zuletzt, weil er Forschungsgelder in ein dubioses Projekt geleitet hatte.

59 J. Stark, Phys. Bl. 3 (1947) 271.

60 Es waren meist stark auf eigene Interessen abgestimmte Vorschläge. (Bodenstein: Verbrennungsvorgänge, Explosionen, Klopfen im Motor, Crack-Reaktionen – Debye: Erzeugung von Deuterium und seine Reaktionen in der organischen Chemie, Atomzertrümmerung, Molekülstrukturbestimmung mit Dipolmessungen, Röntgen- und Elektronenbeugung – Eucken: Elementare Gasreaktionen, Reaktionskinetik in Lösungen (Fortsetzung der Haberschen Arbeiten über Oxidationen), Heterogenkinetik, Kontaktkatalyse, Adsorption, Materie bei tiefen Temperaturen, Kinetik der Phasenumwandlung, Photochemie – Grimm: Periodisches System der binären Verbindungen – Hahn: Verhalten kleinster Substanzmengen, Emaniermethode, radioaktive Indikatoren – Schenck: Innere Ballistik, Gleichgewichte bei hohen Temperaturen – Volmer: Molekül-, Atom- und Kernbau, Kapillarphysik und -chemie, Oberflächenenergie, Elektrodenreaktionen, Glühemission.)

61 Bericht Schencks im Ständigen Ausschuß vom 17. 5. 1934.

Stark jedoch in Streit mit dem Ministerium geriet, verlangte dieses die Anträge und fast alle wurden abgelehnt[62].

Die Gruppe, die sich um Lenard und Stark gesammelt hatte, um eine von jüdischer Spitzfindigkeit gereinigte Deutsche Physik zu propagieren, blieb dank der Unterstützung durch hochgestellte Parteifunktionäre noch immer stark genug, um nicht nur der theoretischen Physik, sondern vor allem ihren Vertretern zuzusetzen. Höhe-, aber auch Wendepunkt war der Streit um die Nachfolge Sommerfelds in München, der durch Angriffe gegen den Kandidaten von Fakultät und Ministerium in der offiziellen Parteizeitung „Völkischer Beobachter" begleitet wurde. Sie waren durch Stark gesteuert und verunglimpften Werner Heisenberg als „Weißen Juden"[63]. Den Lehrstuhl erhielt ein Luftfahrtingenieur. Es war eine so groteske Fehlbesetzung, daß manche vermuten, ein Feind der „Deutschen Physik", der im Wissenschaftsministerium saß, habe sie durchgesetzt, um die Clique lächerlich zu machen[64].

Daß schließlich die Physik über die „Deutsche Physik" die Oberhand gewann, ist oft als ein Sieg der Physiker über den Nationalsozialismus interpretiert worden, aber es ist nicht zu verkennen, daß überzeugte Parteigenossen auf beiden Seiten kämpften. Als Beispiel sei ein Glückwunschartikel für G. Grube in der Zeitschrift für Elektrochemie angeführt[65], in dem Staatsrat Schieber beklagt, daß mit persönlichen Angriffen gearbeitet worden sei, um eine ganze Richtung der Physik auf weltanschauliches Gebiet abzudrängen. Er weiß dabei sogar Rosenberg als Zeugen für seine Auffassung zu zitieren. Ausschlaggebend war die Erkenntnis, die bis in höchste Parteikreise vordrang, daß die eine Seite vielleicht bessere Deutsche, die andere aber bessere Physiker aufwies, und diese wurden um so wichtiger, je mehr es um Rüstungs- und später um Kriegsanstrengungen ging.

Selbst die physikalische Chemie erfaßte ein Lüftchen des Sturms gegen die Physik und auch ihr sprang ein bewährter Parteigenosse bei. Im „Völkischen Beobachter" schrieb jemand mit Doktortitel einen Aufsatz „Intellektualistische Wissenschaft". Mit diesem schlimmen Schimpfwort prangerte er eine gewisse Richtung in der Chemie an, nämlich die sogenannte physikalische, die inzwischen alles andere überwuchere. P. A. Thießen, der Nachfolger Habers in Dahlem (und ab 1942 Erster Vorsitzender der Bunsen-Gesellschaft) ließ es sich nicht nehmen, in der Zeitschrift des Bundes Deutscher Chemiker mit einem Aufsatz: „Die physikalische Chemie im nationalsozialistischen Staat" gebührend zu antworten[66].

Die Bunsen-Gesellschaft hatte sich bereits in ihrem Namen mit prophetischer Voraussicht Anwürfen aus dieser Ecke entzogen, als sie sich ausdrücklich zur „ange-

62 Sitzung des Ständigen Ausschusses vom 30. 5. 1935.

63 A. D. Beyerchen, Wissenschaftler unter Hitler, Köln 1980, S. 218. – Als Heisenberg viele Jahre später eine Kontroverse mit Samuel Goudsmit ausfechten mußte, erinnerte ihn sein Freund B. van der Waerden daran, daß er ihm 1937 auf den Artikel hin gesagt habe, auf den Titel „Weißer Jude" könne er stolz sein, doch statt dessen sei er verärgert gewesen (Brief vom 28. 4. 1948, zitiert in M. Walker, Die Uranmaschine, Berlin 1990, S. 259).

64 Siehe M. Walker (vorige Anm.), S. 85.

65 W. Schieber (Leiter der Reichsfachgruppe Chemie, siehe Kap. 1.39), Z. Elektrochem. 49 (1943) 191.

66 P. A. Thiessen in: Der deutsche Chemiker 2 (1936) 19.

wandten" physikalischen Chemie bekannte[67]. Wie bereits beschrieben (Kap. 1.35), verschwand der Zusatz erst 1936.

Bei den Chemikern gab es keinen Anlaß für Ressentiments, wie sie bei einigen Physikern zur „Deutschen Physik" geführt hatten. Mit dem Aufkommen des Nationalsozialismus wagte sich aber auch eine „Deutsche Chemie" hervor. Zuerst versuchte Paul Walden, Ehrenmitglied der Bunsen-Gesellschaft 1933, eine Art völkische Geschichte der Chemie[68], in der er die rassebedingte besondere Eignung deutschen Wesens für die Chemie nachwies, später trat Karl Lothar Wolf mit einem anderen Ansatz an die Öffentlichkeit. Anscheinend hatte ihn als Mitherausgeber des Hand- und Jahrbuchs der chemischen Physik der kalte Rationalismus der Theorie verschreckt[69]. Er fand etwas fürs deutsche Gemüt in einer „gestalthaften Atomlehre", die sich an Goethes naturphilosophische Vorstellungen anlehnte und Teil einer morphologischen Gliederung der gesamten Naturwissenschaften sein sollte[70]. Trotz des anmaßenden Titels bot sein Buch immerhin eine leicht lesbare Einführung in einzelne Teilgebiete der klassischen physikalischen Chemie, sodaß es auch nach dem Ende des Dritten Reiches (deutsch-chemisch gereinigt) noch einige Auflagen erlebte.

K. L. Wolf und seine Mitstreiter verfügten nicht über das Machtbewußtsein, mit dem sich andere Kollegen in der Partei engagierten, ohne wissenschaftliche Sonderwege zu gehen. Sie spielten daher weder in der Bunsen-Gesellschaft noch in der Politik eine wesentliche Rolle.

Trotzdem hat auch der physikalischen Chemie das Klima geschadet, das die Herabwürdigung der Theorie vor allem beim Nachwuchs an den Hochschulen erzeugte. Es besteht kaum ein Zweifel, daß dadurch die neuen quantentheoretischen Vorstellungen, die ein tieferes Verständnis chemischer Vorgänge ermöglichten und mit den Namen Hund, Heitler, London, Wigner, Schrödinger, Hückel u. a. verbunden sind, gerade in Deutschland, wo sie entstanden waren, verspätet aufgenommen und weiter entwickelt wurden, wobei der geringe Stellenwert der mathematischen Ausbildung bei den Chemikern ein übriges tat[71].

Man hat den Eindruck, daß sich damals Chemie und Physik in den Augen ihrer Vertreter wieder auseinander entwickelten. Ein Gebiet wie die chemische Physik kümmerte dahin, wie A. Eucken schon damals feststellte[72].

Immerhin hat die Bunsen-Gesellschaft hier gegenzusteuern versucht. Für die Zeitschrift für Elektrochemie bestellte G. Grube bei Erich Hückel einen großen

---

67 In diesem Sinne äußerte sich A. v. Antropoff sehr befriedigt in der Sitzung des Ständigen Ausschusses vom 17. 5. 1934.

68 P. Walden, Nationale Wege der modernen Chemie, Chemiker-Ztg. 59 (1935) 2 – P. Walden, Drei Jahrtausende Chemie, Berlin 1944.

69 Hand- und Jahrbuch der chemischen Physik, hrsg. von A. Eucken und K. L. Wolf, z.B. Bd. 1. 1. Teil. H. A. Kramers, Die Grundlagen der Quantentheorie, Leipzig 1933.

70 K. L. Wolf, Theoretische Chemie. Eine Einführung vom Standpunkt einer gestalthaften Atomlehre, Leipzig 1941 – 43.

71 Vgl. W. Jost, Annu. Rev. Phys. Chem. 17 (1966) 1.

72 A. Eucken auf der Problembesprechung in Marburg, 5. 2. 1941. – A. Eucken an U. Hofmann, 7. 11. 1941.

zusammenfassenden Aufsatz „Grundzüge der Theorie ungesättigter und aromatischer Verbindungen“[73], und P. Debye schrieb dazu im Gutachten[74]: *„Es ist keine Frage für mich, daß die Chemiker sich etwas mehr als bisher mit den Vorstellungen der Quantentheorie werden beschäftigen müssen. Gleichzeitig ist mir aber ebenso klar, daß ein wirklicher Vorteil nur dann erreicht werden wird, wenn es gelingt, den ganzen mathematischen Formelkram so weit auszuschalten…, daß ein richtiges Gefühl für die Grundlagen der Wellenmechanik großgezogen wird. … Meines Erachtens erweist die Bunsen-Gesellschaft der theoretischen Chemie in ihrer modernen Form einen Dienst, wenn sie dafür sorgt, daß der Hückelsche Artikel möglichst leicht zugänglich gemacht und so weit wie möglich verbreitet wird.“* Dies nahm sich der Herausgeber zu Herzen und gab den Bericht als Broschüre heraus[75], die, solange Abrechnungen vorliegen, einen regelmäßigen Absatz fand[76]. Dem beruflichen Fortkommen des Autors half der Artikel jedoch nicht merklich (vgl. Kap. 2.8).

Insgesamt hat natürlich auch die Zeitschrift unter der herrschenden Ideologie gelitten. Sie verlor ihre Attraktivität für ausländische Autoren, wie 1936 der Vertreter des Verlags feststellte[77]. Auch H. G. Grimm erklärte, es sei nicht so mit unseren Zeitschriften, daß wir einwandfrei an der Spitze aller Völker marschierten[78]. Man war aber trotzdem guten Mutes: noch immer ging etwa die Hälfte der Auflage ins Ausland, half Devisen einbringen und nützte so dem Vierjahresplan. Noch wichtiger fand man allerdings, daß sie die Ausländer nötige, die Kenntnis der deutschen Sprache zu pflegen[79].

1.38 Forschung, Wirtschaft und Industrie in Frieden und Krieg

Die Aufrüstung und der Zwang zur Selbstversorgung schufen für die Chemie günstige Bedingungen. Es war charakteristisch, daß sie als technische Disziplin organisiert wurde (vgl. Kap. 1.35). Wirtschaftliche Argumente verloren an Bedeutung gegenüber technischen Möglichkeiten. Chemiker wurden zur Mangelware, die Warnung vor dem Chemiestudium erwies sich wieder einmal als voreilig[80].

Eine Macht wie die IG-Farben AG imponierte Hitler und konnte sich ungehindert entwickeln. Tatkraft und Können der Industrie nützten seinen Plänen, die antidemokratische und gewerkschaftsfeindliche Einstellung des Regimes gefiel vielen Industrieführern[81].

---

73 Z. Elektrochem 43 (1937) 752, 827. Ein weiterer Artikel in Z. Elektrochem. 50 (1944) 13.
74 P. Debye an A. Schweitzer, 1. 11. 1937.
75 Sitzung vom 4. 12. 1937.
76 1938 und 1939 je 470 RM.
77 E. Degener, Sitzung des Ständigen Ausschusses vom 21. 11. 1936.
78 Sitzung des Ständigen Ausschusses vom 21. 5. 1937.
79 Sitzung des Ständigen Ausschusses vom 4. 12. 1937.
80 So M. Pier, dem die Kriegsvorbereitung als Ursache sicher verborgen blieb, am 21. 11. 1936 im Ständigen Ausschuß.
81 F. Neumann: Behemoth – Struktur und Praxis des Nationalsozialismus, Köln 1977, S. 422.

Wissenschaftliche Institutionen erkannten bald, daß sie durch Anlehnung an die Industrie an deren Macht teilhaben und eine gewisses Gegengewicht gegen allzu ideologisch geprägte Eingriffe erreichen konnten. So wurden Industrielle wie Carl Bosch, Albert Vögler und Carl Ramsauer Präsidenten der Kaiser-Wilhelm- und der Deutschen Physikalischen Gesellschaft.

Der Vierjahresplan (1936) setzte die Maßstäbe. Hitler hatte als Ziel vorgegeben, in vier Jahren müsse die deutsche Wirtschaft kriegsfähig und die deutsche Armee einsatzfähig sein[82]. Er selbst ließ beiden allerdings nur drei Jahre Zeit.

Ein Reichsamt für Wirtschaftsausbau wurde gegründet (unter Kennern Reichsamt für IG-Ausbau genannt); an der Spitze der Abteilung Forschung und Entwicklung stand Karl Krauch, ein Schützling Boschs und einer der für die Kohlehydrierung maßgebenden Chemiker, der bereits 1933 einen Vierjahresplan vorgeschlagen hatte. Für die notwendige Zweckforschung sah er spezielle Vierjahresplan-Institute vor, die zum Teil mit den Hochschulen verbunden waren[83].

Sein Amt versuchte bereits 1936 die Forschung zu steuern, indem es für verschiedene Gebiete Gremien aus Industrie- und Hochschschulwissenschaftlern bildete, die anstehende praktische Aufgaben genügenden Wissenschaftsgehalts gezielt an bestimmte Hochschullehrer delegieren sollten. Im Ständigen Ausschuß der Bunsen-Gesellschaft wurde diese Initiative bekannt gegeben und Mitarbeit beschlossen[84]. Dazu betonte Krauch ausdrücklich, ihm läge nichts ferner, als die Selbstständigkeit der reinen Forschung zu beschränken[85]. Als er während des Krieges noch ins Präsidium der Deutschen Forschungsgemeinschaft berufen wurde, konnten die Hochschulen auch während dieser Zeit weiter mit Forschungsgeldern rechnen, wenn sie geschickte Anträge stellten.

Ende 1940, als der Krieg gewonnen schien, begann man Pläne für die wissenschaftliche Zukunft zu schmieden[86]. In offiziellen Problembesprechungen versuchte man eine Rangordnung der Forschungsgegenstände zu finden, für die man schon jetzt Mittel bereitstellen wollte. Der Bunsen-Gesellschaft bot sich hier nach dem mißglückten Versuch von 1934 (Kap. 1.37), eine weitere Gelegenheit, etwas für die physikalische Chemie zu erreichen.

Mit diesem Ziel trafen sich in Marburg R. Schenck, K. F. Bonhoeffer, A. Eucken, H. G. Grimm, G. Grube, A. Thiel, C. Wagner als Vertreter der Bunsen-Gesellschaft mit P. A. Thießen für den Reichsforschungsrat und dem mittlerweile 81jährigen F. Schmitt-Ott, der im Stifterverband der DFG ein neues Betätigungsfeld gefunden hatte[87].

---

82 Geheime Denkschrift, zitiert bei W. Teltschik, Geschichte der deutschen Großchemie, Weinheim 1992, S. 111.

83 Für den Ständigen Ausschuß war er wegen Arbeitsüberlastung nicht zu gewinnen, ebensowenig H. Bütefisch (siehe Kap. 1.40). (Sitzung des Ständigen Ausschusses vom 30. 5. 1935)

84 Sitzung des Ständigen Ausschusses vom 21. 11. 1936.

85 K. Krauch in: Der Vierjahresplan 1 (1937) 261, zitiert in H. Mehrtens S. Richter (Hrg): Naturwissenschaft, Technik und NS-Ideologie, Frankfurt 1980, S. 49.

86 Vgl. R. Schenck an A. Schweitzer, 16. 11. 1940.

87 Problembesprechung am 4. 2. 1941.

Vor allem gälte es, sagte Schenck, sich für ein Ringen gegen die USA zu rüsten, die während des Krieges ihre Arbeit in Ruhe fortsetzen konnten, die *„eine Reihe mit deutschen Wissenschaftsverhältnissen intim vertrauter, z.T. besonders erfolgreicher Persönlichkeiten an sich gezogen hätten"* und alles versuchen würden, den Vorsprung vor Europa und vor allem vor Deutschland zu sichern. Zur Abwehr sei es nötig, Planwirtschaft zu treiben, eine Art Generalstab zu schaffen, der über die Problemlage und die zur Verfügung stehenden Kräfte und Hilfsmöglichkeiten jederzeit unterrichtet sei. Für die physikalische Chemie stehe die Bunsen-Gesellschaft dazu bereit. Thießen stimmte zu: Es gälte nicht nur, den Krieg zu gewinnen, sondern auch den Frieden nicht zu verlieren. Eucken blieb skeptisch: wir hätten nicht mehr die Kräfte Englands und Amerikas, man könne höchstens beim Notwendigsten mithalten.

Die Tagesordnung zur Problemlage war großartig: von Bau und Eigenschaften der Materie (5 Unterkapitel mit insgesamt 17 Punkten), den Beziehungen zwischen Materie und verschiedenen Formen der Energie (5 Unterkapitel), der Kinetik (3 Punkte) bis zu Problemen der angewandten physikalischen Chemie (3 Unterkapitel mit 10 Punkten).

Es gab vorher eingereichte Themenvorschläge der gleichen Fachvertreter wie schon 1934 und eine ziemlich wirre Diskussion, bei der die meisten hauptsächlich an ihre eigene Forschung dachten. Die Schaffung neuer Spezialinstitute außer einem für Höchstdruckforschung (Eucken) wurde als schädlich für die Hochschulen angesehen; im übrigen trat man für gezielte Förderung einzelner Forscher auf dem Gebieten der Isotopentrennung, Thermochemie, Heterogenkatalyse, tiefen Temperaturen und Grenzflächen ein, fand Photochemie und Gaskinetik genügend dotiert, hielt jedoch einige Elektronenmikroskope, Röntgenapparaturen, Ultrazentrifugen und besonders einen (mechanischen) Rechner für Molekülberechnungen für erforderlich. Schmitt-Ott und Thießen waren sehr zufrieden, baten um nähere Angaben und versprachen, ihr möglichstes zu tun. Es kam nicht mehr heraus als seinerzeit 1934.

Neben dem Reichsamt für Wirtschaftsausbau und dem Reichsforschungsrat gab es, wie im Dritten Reich üblich, andere Gremien mit ähnlichen Zielen, die miteinander konkurrierten, etwa die Wehrmachtsforschung, aufgespalten in die der drei Wehrmachtsteile, später sogar zusätzlich der SS. Ab 1942 gewann der Nachfolger Todts, Albert Speer immer größeren Einfluss. Wollte man zur Zeit der Siege alle Projekte streichen, die länger als ein Jahr Entwicklungszeit benötigt hätten, baute man nun umso mehr auf die Grundlagenforschung, je schlechter die Lage wurde[88].

Die Geschichte des deutschen Uranprojekts ist ein interessantes Beispiel dafür, wie Wissenschaftler unter geschickter Ausnutzung der verschiedenen Ämter ihre Kriegswichtigkeit bis in die letzte Kriegsphase sichern konnten. Hier haben auch die Vertreter der physikalischen Chemie, insbesondere die mit der Isotopentrennung und der Schwerwasserherstellung betrauten Gruppen um Paul Harteck und Klaus Clusius erstaunliches Geschick bewiesen[89].

---

88 Vgl. P. A. Thießen an A. Schweitzer, 10. 6. 1942, mit Bericht über Besprechungen mit Staatsrat Schieber.

89 vgl. M. Walker, Die Uranmaschine, Berlin 1990.

Die Haltung der Industrieführer im zweiten Weltkrieg unterschied sich kaum von der ihrer Vorgänger im ersten. Ausdehnung von Macht und Einfluß waren ihre Triebkräfte und hinderten sie, zu sehen, was um sie vorging. Es war ihr Unglück, unter einer Regierung zu arbeiten, die moralisch so viel tiefer stand als die des Kaiserreichs.

Bei den Wissenschaftlern hat man den Eindruck, als hätten sich die Triebkräfte geändert. Vielleicht war es das Spezialistentum, das weiter angewachsen war, jedenfalls tritt der Patriotismus als innere Rechtfertigung zurück und macht eher dem sportlichen Ehrgeiz zur Lösung wissenschaftlicher Probleme Platz[90]. Auch er konnte den Blick trüben. Das war in Deutschland nicht viel anders als in Los Alamos.

1.39 Das Innenleben der Bunsen-Gesellschaft 1933 – 1945

Anfang 1933 war der langjährige Schatzmeister M. Buchner zurückgetreten. Nach einem kurzen Interregnum übernahm Friedrich Bergius (Heidelberg) das Amt. Wenige Monate später fand der Geschäftsführer W. Bachmann durch einen Unfall den Tod. Damit war der Grund für den Sitz der Geschäftsstelle in Seelze bei Hannover entfallen. Auch die so vorteilhafte Verbindung der beiden Ämter ließ sich nicht erneuern. So entschloß man sich zu einer Kooperation von Geschäftsstelle und Redaktion der Zeitschrift, von der man sich auch Einsparungen erhoffte. Die Sekretärin wurde von Seelze nach Stuttgart verpflanzt und der Herausgeber G. Grube mit der Suche nach einem Geschäftsführer beauftragt, den er bald in seinem Duzfreund Alexander Schweitzer fand. Als dieser 1942 in einen Betrieb überwechselte, der ein von ihm ausgearbeitetes Verfahren zur Ausbeutung von Ölschiefer betreiben wollte, sorgte Grube auch für einen Nachfolger, den Privatdozenten Armin Schneider aus seinem Institut.

Trotz mancher Versuche von außen, die Bunsen-Gesellschaft an andere Orte zu locken, überdauerte die Geschäftsstelle in Stuttgart die Kriegs- und Nachkriegswirren – wenn auch nur in Person der Sekretärin Luise Wolf – und wurde die Keimzelle für das Wiederaufleben der Gesellschaft im Jahr 1947 (Kap. 1.41).

Die Bemühungen, den Geschäftssitz zu verlegen, hingen mit der im Büro Todt versuchten Umorganisation der wissenschaftlich-technischen Vereine und Gesellschaften zusammen; sie kristallisierten sich an Albert Speers Plan der Umgestaltung Berlins für die nächsten 1000 Jahre. Ihm sollte einmal das Hoffmann-Haus der DChG zum Opfer fallen und an seiner Stelle am Knie (in der Nähe der TH) ein großartiges „Haus der deutschen Chemie“ entstehen[91].

90 Ein Beispiel ist ein Festvortrag aus dem Jahr 1966, in dem der Mathematiker A. Walther (Darmstadt) von dem großen Spaß berichtet, den er bei der automatischen Berechnung ballistischer Aufgaben des Heereswaffenamts gehabt habe (zitiert in R. Brämer, Heimliche Komplizen? Zur Rolle der Naturwissenschaften im Dritten Reich, in: Aus Politik und Zeitgeschichte, B12/86 (1986) S. 26.

91 Siehe hierzu: W. Ruske, 100 Jahre Deutsche Chemische Gesellschaft, Weinheim 1967, S. 175.

K. Stantien sprach den Wunsch aus, die Bunsen-Gesellschaft als Heimkehrer im Hoffmann-Haus begrüßen zu dürfen, was den Vorsitzenden Schenck erschrocken veranlaßte, seinen Geschäftsführer die Finanzlage des VDCh ausforschen zu lassen: er habe gehört, sie sei nicht glänzend, es wäre ihm leid, wenn der von der Bunsen-Gesellschaft angesetzte Speck den Appetit des VDCh erregen würde[92].

In der nächsten Sitzung des Ständigen Ausschusses[93] stellte sich heraus, daß der VDCh an dem Projekt unschuldig war, daß aber den Bauherren, der Wirtschaftsgruppe Chemische Industrie und der DChG, sehr daran lag, die Bunsen-Gesellschaft in das Projekt einzuspannen und sie an den Kosten zumindest als Mieter zu beteiligen. Dies erregte Mißtrauen beim ständigen Ausschuß, er fürchtete für die Unabhängigkeit des Vereins und zog vor, entfernt vom Zentrum der Macht und viel billiger in Süddeutschland zu bleiben.

Die Bunsen-Gesellschaft hatte in der Tat Speck angesetzt. Im Jahr 1933 gab es noch erhebliche Verluste und den Ruf nach Sparmaßnahmen. Damals erklärte sich G. Grube bereit, die Zeitschriftenschau wegzulassen, was dem Organ der Gesellschaft jährlich 100 Seiten einsparte, und niemanden störte, wie er nach einem Jahr erstaunt feststellte. Nachdem die Mitgliederzahl 1934 *„z. T. durch die politischen Verordnungen, z. T. durch die Streichung von Mitgliedern, die ihre Zahlungen unterlassen haben (darunter alle Russen)“*[94] auf einen seit langem nicht mehr gekannten Tiefstand von 960 gesunken war, begann sie sich jedoch günstig zu entwickeln. Vor Kriegsbeginn hatte sie den bisher höchsten Wert von 1204 erreicht. Die finanzielle Lage war bereits 1936 so gut geworden, daß der Mitgliedsbeitrag von 30 RM auf 25 RM gesenkt werden konnte[95].

Trotzdem stieg der Überschuß weiter, was der Gemeinnützigkeit der Gesellschaft abträglich zu werden drohte und Begehrlichkeiten weckte. Der Schatzmeister riet, möglichst alles auszugeben und lieber die Effekten anzugreifen, die sich inzwischen auf fast 100000 RM vermehrt hatten[96].

So wurden der Zeitschrift wieder mehr Druckseiten und mehr Mittel für Sammelreferate gewährt, ferner erstmals im Jahr 1937 der seit 1925 mehrfach erneuerte Antrag (Kap. 1.33) verwirklicht, zusätzliche Tagungen nach Art der Faraday Discussions abzuhalten, in denen vorher verschickte Beiträge als bekannt vorausgesetzt und im Plenum diskutiert wurden (Kap. 1.40). Auch die Zahl der Stipendien zum Besuch der Tagungen wurde wesentlich erhöht.

Der Überschuß stieg indessen weiter. In den Geschäftsunterlagen heißt es 1940: *„Am 13. Januar war ich in Heidelberg, um mit Herrn Dr. Bergius unseren Jahresabschluss durchzusprechen und zu frisieren. Diese Aktion ist uns insofern gelungen, als jetzt aus 1939 nur ein bescheidener Gewinn von wenigen 100 Mark ausgewiesen wird, während wir tatsächlich ca. 9000 RM Überschuß haben, sie aber unter verschiedenen*

92 K. Stantien an R. Schenck, 15. 2. 1938, R. Schenck an A. Schweitzer, 4. 3. 1938.
93 Protokoll der Sitzung vom 1. 6. 1938.
94 Rückblick R. Schencks auf der Sitzung vom 18. 5. 1939.
95 Sitzung des Ständigen Ausschusses vom 7. 12. 1935.
96 Ständiger Ausschuß vom 1. 6. 1938. – Brief Dresdner Bank 12. 8. 1940.

harmlosen Namen in der Bilanz erscheinen..."[97], z. B. als Versammlungsfonds und als Hilfsfonds für Versorgungsansprüche.

1941 half auch das nicht mehr. Statt den Mitgliedsbeitrag weiter zu senken, wie der Schatzmeister empfahl, beschloß der Vorstand eine Rudolf-Schenck-Stiftung mit einem Grundstock von 12000 RM zur Förderung junger Fachgenossen. Ihr erster und letzter Nutznießer wurde im Jahr 1943 Klaus Schäfer[98] mit 1500 RM. Das weitere besorgte die Währungsreform. –

Die berufliche Stellung der Physikochemiker scheint sich in dieser Periode wieder zu Gunsten anderer Fachrichtungen gewandelt zu haben. Im Ständigen Ausschuß klagten mehrere, unter ihnen Eucken, wie wenige Chemiestudenten noch bereit seien, in physikalischer Chemie zu promovieren. Schon damals begann das Fach zunehmend Physiker anzulocken[99].

Nachdem auch der Erlanger Physikochemiker Erich Lange nach Taten rief, beschloß man, in Zukunft Unterrichtsfragen regelmäßig zu diskutieren[100]. Schenck ernannte einen Unterrichtsausschuß, bestehend aus A. Eucken und P. A. Thießen[101]. Sie sollten für das Wissenschaftsministerium Vorschläge ausarbeiten, das Chemiestudium für physikalisch-chemisch Interessierte attraktiver zu machen – ein Versuch, der viele Unterrichtsausschüsse noch weitere 50 Jahre beschäftigen sollte. Schon damals scheint nichts Konkretes herausgekommen zu sein. Das fand jedenfalls Lange, den man nicht beteiligt hatte, und startete auf eigene Faust eine Fragebogenaktion bei seinen Kollegen, von denen er am Ende selbst als Sprecher gewählt wurde, sonst aber nur Ärger erntete: beim Ständigen Ausschuß, der sich übergangen und bei der Kommission, die sich angegriffen fühlte[102], konnte sie doch darauf hinweisen, daß nach Einführung des Diplomexamens erst einmal Erfahrungen gesammelt werden müßten.

Bei einer anderen zukunftsträchtigen Frage des Berufsbildes, nämlich beim Chemie-Ingenieur, verhielt sich der Vorstand noch reservierter: Der VDCh hatte 1935 einen Fachausschuß Verfahrenstechnik gebildet und dessen Vorsitz Eucken angetragen. Als dieser die Bunsen-Gesellschaft als Partner zu gewinnen suchte, stimmten die Hochschulangehörigen im Ständigen Ausschuß wie M. Bodenstein, R. Schenck und F. Körber lebhaft zu, aber ausgerechnet die Vertreter der Großindustrie (M. Pier, F. Bergius, W. Rohn) äußerten sich zu seinem Erstaunen mißvergnügt: Chemie-Ingenieur, das gäbe nur eine Fachkombination, in der keines der beiden Gebiete richtig beherrscht würde. Diesem Urteil schlossen sich auch M. LeBlanc und G. Masing an[103]. Man fühlt sich etwas an die Meinung gewisser Industrieller über den Physikochemiker erinnert (Kap. 1.20).

Der Krieg griff zunächst kaum in das Vereinsleben ein, so gründlich war er vorbereitet. Wie Schenck feststellte, war *„das polnische Geschwür rasch ausgeräumt."* Die

97 A. Schweitzer an R. Schenck, 23. 1. 1940.
98 Erster Vorsitzender 1959.
99 Sitzung am 25. 11. 1933, ferner A. Eucken an H.G. Grimm, 31. 1. 1936.
100 Z. Elektrochem. 43 (1937) 427.
101 Sitzung des Ständigen Ausschusses vom 4. 12. 1937.
102 Sitzung des Ständigen Ausschusses vom 18. 5. 1939.
103 Sitzung des Ständigen Ausschusses vom 21. 5. 1936.

Sperre aller Veranstaltungen wurde wieder aufgehoben; wie alle Vereine mit internationalen Beziehungen wurde auch die Bunsen-Gesellschaft aufgefordert, die Rede Hitlers nach dem Polenfeldzug mit ihrem Friedensangebot an alle ausländischen Mitglieder zu versenden.

Der Geschäftsführer hielt das für keine wissenschaftliche Aufgabe, aber Schenck bemühte sich[104]: *„Persönlich habe ich bereits an einige unserer Mitglieder, die ich besonders gut kenne, die Rede in der betreffenden Landessprache verschickt. Von einigen Seiten habe ich auch Antworten bekommen. Herr Plotnikow in Zagreb war sehr erfreut, Herr Jäger in Groningen[105], wie es scheint, weniger, denn er schreibt mir in einem sehr netten Briefe, ‚daß man sich doch die goldenen Worte der Politiker nicht zusenden wolle.' In Holland sei man schon seit vielen Jahren über das, was auf beiden Seiten vor sich gehe, unterrichtet, besser als wir selbst…"*

Ein Jahr später erhielt der Geschäftsführer einen sehr kurzen Brief aus Groningen: *„Hierbei berichte ich Ihnen, daß ich nicht länger Mitglied zu bleiben wünsche der D. Bunsen-Gesellschaft, weil ich – wenigstens freiwillig – keinen Fuß mehr nach Deutschland setzen werde. Höflichst, gez. Dr. F. M. Jaeger."*[106]. Darauf wußte Schenck nur folgendes zu bemerken[107]: *„Die Einstellung des Herrn Jaeger, zu dem ich ganz freundschaftliche Beziehungen hatte, wird man noch öfter antreffen. In Holland ist man sehr anglophil und außerdem nimmt man uns es übel, daß wir durch die Besetzung des Landes die satte Behaglichkeit erheblich gestört haben."* –

Zu seinem 70. Geburtstag hatte Schenck noch die Bunsen-Denkmünze erhalten (ob er während der Beratung im Ständigen Ausschuß den Raum verlassen hat, wie seinerzeit bei seiner Wahl, ist im Protokoll nicht festgehalten); im Laufe des Jahres 1941 machte ihm jedoch zunehmende Schwerhörigkeit zu schaffen und er begab sich auf die Suche nach einem Nachfolger, der so geeignet wäre wie er selbst, 1942 das 100. Jubiläum des Energiesatzes und 1944 das 50. der Bunsen-Gesellschaft würdig zu begehen.

Wie es scheint, war P. A. Thießen nicht sein Wunschkandidat, so sehr ihn der Geschäftsführer auch empfahl und er sich vom Standpunkt der Partei aus anbot. Nachdem Otto Hahn sich jedoch mehrfach strikt geweigert hatte[108], und auch Grube lieber die Redaktion der Zeitschrift behalten wollte, erinnerte sich Schenck an alte Universitätssitten, erklärte sich zur Fakultät und legte dem Reichsleiter Todt eine Dreierliste aus den Kandidaten Thießen, Grimm und Grube mit ausführlichen Gutachten vor[109] – eine eigenartige Auslegung des Führerprinzips. Natürlich fiel die Wahl auf Thießen.

Der neue Vorsitzende war stärker auf Kooperation mit den Reichsorganisationen bedacht als sein Vorgänger, aber trotz enger Verbindung mit einem so mächtigen

---

104 R. Schenck an A. Schweitzer, 16. 11. 1939.

105 Jaeger hatte 1926 einen der Hauptvorträge auf der 31. Bunsentagung in Stuttgart gehalten (Kap. 1.33).

106 A. Schweitzer an H. G. Grimm, 11. 11. 1940. (Durchschlag an R. Schenck).

107 R. Schenck an H. G. Grimm, 28. 11. 1940.

108 R. Schenck an A. Schweitzer, 20. 3. 1941. Hahn schlug Clusius vor, der dann bei Thießen Zweiter Vorsitzender wurde.

109 R. Schenck an F. Todt, 24. 11. 1941.

Mann wie Karl Krauch hatte er in dem fortgeschrittenen Stadium des Kriegs kaum noch Möglichkeiten, die Ziele der Bunsen-Gesellschaft zu fördern.

Als die Stadt Frankfurt der Reichsfachgruppe Chemie und dem VDCh ein den Rothschilds abgenommenes Palais als „Haus der Chemie" zur Verfügung stellte, griff er zu und sicherte sich dort Büroräume für Vorsitzenden und Geschäftsführer. Er versicherte, die Geschäftsstelle solle bis zum Kriegsende in Stuttgart bleiben, das Büro sei nur für Besprechungen mit der Fachgruppe gedacht[110]. Das Büro kam nie zustande – ehe es so weit war, fiel das Haus 1944 einem Bombenangriff zum Opfer –, aber mit seinem Entschluß hatte Thießen den heutigen Sitz der Bunsen-Gesellschaft präjudiziert.

Auch in Stuttgart machten die Luftangriffe effektives Arbeiten auf die Dauer unmöglich. So wanderte die Geschäftsstelle 1944 zusammen mit Grubes Institut für Metallforschung nach Schwäbisch-Gmünd aus.

1.40 Die Bunsentagungen 1933 – 1945

Die folgende kurze Übersicht erwähnt bei den Tagungen meist nur die Hauptvorträge. Zweifellos enthalten Einzelvorträge eher das Neueste und manchmal auch Zukunftweisendes, aber über die Jahre gemittelt geben auch erstere ein Bild über das jeweils Aktuelle.

Für 1933 hatte Georg Bredig nach Karlruhe eingeladen, aber statt seiner Vorschläge setzte sich A. Eucken für das Thema „Elektrolytische Leitfähigkeit unter extremen Bedingungen" durch und übernahm die Vorbereitung. Bei der Eröffnung huldigte Schenck bereits im Mai 1933 dem neuen Reich und dem jungen Erwecker Deutschlands, wobei die Anwesenden begeistert in seine Heilrufe einstimmten, aber man klatschte ebenso Beifall für den *„warmherzigen Förderer des wissenschaftlichen Verkehrs unter den Völkern"*, R. G. Donnan, der die Bunsen-Denkmünze erhielt und sie freundlich zum summum bonum eines Wissenschaftlers erklärte.

Die zusammenfassenden Vorträge waren von hohem Rang. Debye sprach über Leitfähigkeit in starken Feldern und bei hohen Frequenzen (die er auch experimentell vorführte), H. Ulich über nichtwässrige Lösungen, G. v. Hevesy, C. Tubandt und A. v. Hippel über Leitfähigkeit und Transport in Festkörpern, auch unter dem Einfluß großer Feldstärken, R. M. Fuoss über Ionenpaare und -tripel bei kleinen Dielektrizitätskonstanten. C. Wagner steuerte einen Beitrag über halbleitende Oxide und den Einfluß des Sauerstoffdrucks bei, es gab Arbeiten über Überführungszahlen in flüssigen Legierungen, über Thermokraft und Ludwig-Soret-Effekt in Salzen bis hin zur Leitfähigkeit in Zeolithen. Am ausführlichsten wurde ein Vortrag von K. Clusius über Rotations-Umwandlungen in festen Gasen diskutiert.

Die Vorbereitungen zur Tagung in Bonn 1934[111] bieten ein amüsantes Bild der Konfusion. Ein praktisches Thema (Textilchemie) sollte ein Hochschullehrer (G.

110 Sitzung des Ständigen Ausschusses vom 25. 3. 1943.

111 Sitzungen des Ständigen Ausschusses vom 25. 2. 1933 und 25. 11. 1933.

Bredig) ausarbeiten, ein theoretisches (in der Art wie „organische und physikalische Chemie“) ein IG-Direktor aus Ludwigshafen (W. Gaus). Dieser kam nach ausgiebigen Diskussionen in seinem Konzern mit einem ausgearbeiteten Vorschlag: „Probleme der Valenz, Struktur und Kinetik auf dem Gebiete der organischen Chemie“. Für Valenz waren 5, für Struktur 10, für Kinetik 11 Redner vorgesehen: es fehlte niemand, der damals Rang und Namen besaß. Nun waren die Vertreter der Wissenschaft im Ständigen Ausschuß entsetzt über soviel Theorie, fanden, daß schon mit den eingeladenen Vorträgen die Tagung gefüllt sei, und die Industrie doch ganz anderes wolle. So schlugen sie plötzlich Themen wie „Hydrierung und Kracken“ oder „Energieübertragung an Oberflächen“ vor und meinten, man solle auch „Textilchemie“ weiter verfolgen. Alles blieb offen, aber in der nächsten Sitzung unmittelbar vor der Tagung erklärte Schenck, daß man auf das Thema „Aufgaben und Ziele der physikochemischen Forschung in der organischen Chemie“ zurückgekommen sei. Die Industrie habe Bedenken gegen die zu ihrem Wohle gedachten Themen geäußert.

Bevor der Vorsitzende seine Rede wieder mit einem dreifachen Sieg Heil schloß, erklärte er, daß die Physikalische Chemie gegenwärtig besondere Anstrengungen zu machen habe, um ihre bisherige Leistungsfähigkeit zu erhalten, sei doch im Lauf des Jahres manch fühlbare Lücke in unseren Laboratorien entstanden und ein großes und leistungsfähiges Institut habe neue und andersgerichtete Ziele erhalten – Kenner wußten, daß er auf das Dahlemer Institut anspielte.

Schon die Hauptvorträge gaben ein reichlich buntes Bild: H. Mark über das Raumbild organischer Moleküle, K. F. Bonhoeffer über die Photochemie einfacher organischer Verbindungen, K. W. F. Kohlrausch über Ramanspektren. Unter den Einzelvorträgen zum Thema seien genannt: H. Staudinger über sein Viskositätsgesetz bei Hochpolymeren, K. F. Bonhoeffer über Austauschversuche mit Deuterium zur Aufklärung von Reaktionsmechanismen. Nur zwei Ausländer waren noch unter den Rednern, V. Sihvonen und T. M. Lowry.

Für 1935 schlug der neue Vorsitzende H. G. Grimm dem hocherfreuten Ausschuß ein Thema im Sinne des Vierjahresplans vor: „Bedeutung physikalisch-chemischer Forschung für die deutsche Volkswirtschaft“. Da man für das Thema (und für sich) Aufmerksamkeit erregen wollte, kam als Ort nur Berlin, der Sitz der Regierung in Frage.

Einleitend stellte Grimm die 4,5 Milliarden für Einfuhr von Rohstoffen den 4,1 Milliarden für Ausfuhr von Gütern gegenüber – welch Aufgabe, den ersten Posten einzusparen! Da hieße es nicht nur: Forschung tut not, sondern Forschung ist Macht!

Allein die Vorträge zum Thema sollen genannt werden. Grimm eröffnete die Reihe mit einer statistischen Übersicht, gefolgt von H. Bütefisch[112] mit einem Vortrag über die Bedeutung der physikalischen Chemie für die chemische Großindustrie. Es folgte ihre Bedeutung für die Metall- und die Textilindustrie, für die angewandte Elektrochemie und für die Photoindustrie (J. Eggert). Wolfgang Ostwald sprach über die Wichtigkeit kolloidchemischer Forschung und selbst die Zuckerindustrie erinnerte mit einem Kurzvortrag an ihre Bedeutung.

---

112 Betriebsleiter der Leuna-Werke, der später für die Kohlehydrieranlagen in Auschwitz verantwortlich war und im IG-Farbenprozeß verurteilt wurde (siehe Kap. 1.30).

Auch 1936 gab es keine Kontroversen über das Thema, das diesmal von Bodenstein stammte: „Verbrennungsvorgänge und Explosionen in der Gasphase“ mit der Vorbereitung durch W. Jost. Inzwischen war R. Schenck wieder Erster Vorsitzender geworden, aber seine jährlichen NS-Reden mit Führerworten lohnen keine weiteren Zitate. Es sei aber die Befriedigung aller damaligen Redner vermerkt, daß inzwischen auch die physikalische Chemie sich allerhöchster Anerkennung erfreute, war doch Gustav Tammann die vornehmste Auszeichnung des neuen Reichs, der Adlerschild, verliehen worden. Die Bunsen-Gesellschaft verteilte ebenfalls Ehrungen: M. LeBlanc erhielt die Ehrenmitgliedschaft, G. Pistor und M. Bodenstein die Bunsen-Denkmünze. Pistor dankte mit Erinnerungen an die Entwicklung der angewandten Elektrochemie, Bodenstein mit dem Eröffnungsvortrag: Reaktionskinetische Grundlagen der Verbrennungsvorgänge. Auch die anderen Hauptvorträge boten durch Autor oder Thema etwas Besonderes: C. N. Hinshelwood über Kinetik von Explosionen, K. F. Bonhoeffer über optische Untersuchungen an Flammen, R. Becker über Detonationen, W. Jost über Zündung und Flammenfortpflanzung, A. R. Ubbelohde über Kohlenwasserstoff-Verbrennung, A. v. Philippovich über die Vorgänge im Explosionsmotor.

1937 hatte man schon wieder den Beschluß vergessen, Tagungsthema und -ort getrennt zu diskutieren, und es gab bis zuletzt Unsicherheit über beides. Seit langem lag eine Einladung aus Graz vor. Die dort tätigen Kollegen hatten sich eine ungewöhnliche Werbung ausgedacht: die Mai-Nummer der Zeitschrift für Elektrochemie bestand zum größten Teil aus ihren Beiträgen, eingeleitet durch einen langen historischen Artikel über die physikalische Chemie in Graz[113]. Politische und Devisengründe ließen die Veranstalter bis wenige Wochen vor dem Termin zittern, und erst kurzfristig konnte man sich für „Physikalische Chemie und Hüttenwesen“ entscheiden, was sich als nicht besonders ergiebig erwies.

Unter den Hauptvorträgen gab es eine Systematik der metallurgischen Vorgänge unter Beteiligung von Gasen, etwas über Metall-Schlackenreaktionen, über die Physikalische Chemie der hüttenmännischen Zinkgewinnung, über Aufbereitung, und allgemein über die Anwendung der physikalischen Chemie im Metallhüttenwesen, dazu eine Reihe Einzelvorträge zum Hauptthema.

Im gleichen Jahr fand die erste Diskussionstagung statt. K. F. Bonhoeffer hatte das Thema „Chemie der Deuteriumverbindungen“ vorgeschlagen. Ohne jedes gesellschaftliche Beiwerk standen hier 11 vorher verschickte Beiträge zur Diskussion, von Trennmethoden, präparativer Chemie, thermischen und spektroskopischen Eigenschaften, Austauschreaktionen bis hin zur physiologischen Chemie.

In Breslau konnte 1938 der *„nicht durch die Gewalt der Waffen, sondern durch die Macht des Gemütes[114]“* soeben vollzogene Anschluß Österreichs gefeiert werden. P. A. Thießen hatte das Thema „Grenzflächenvorgänge“ vorbereitet und leitete es ein. Es gab Vorträge über molekulare Schichten, Adsorption, Bewegung auf Oberflächen, Elektronen-, Energie- und Stoffaustausch an Grenzflächen, über Unter-

---

113 Z. Elektrochem. 43 (1937) 271 – 322.
114 R. Schenck, Z. Elektrochem. 44 (1938) 457.

suchungsmethoden des Feinbaus mit Elektronenbeugung und mit radioaktiven Methoden, den Oberflächenabbau fester Stoffe und über Grenzflächenkatalyse.

Viel eindrucksvoller war die Diskussionstagung, die Carl Wagner zum Thema „Übergänge zwischen Ordnung und Unordnung in festen und flüssigen Phasen" für den Herbst des Jahres vorbereitet hatte. Allerdings erwies sich das Thema als zu weit gespannt und der Andrang zu groß. Von den Anwesenden beteiligten sich fast 50 meist mehrfach an der Diskussion über die 11 vorgelegten Abhandlungen (am ausgiebigsten W. Schottky und A. Eucken), darüber hinaus rächten sich einige bei der Auswahl nicht Berücksichtigte durch lange Vorträge.

1939 spitzte sich die Lage an der Grenze zu Polen bereits bedrohlich zu. Umso freudiger ergriff man die Möglichkeit, „Flagge zu zeigen" und in Danzig zu tagen. Wieder ließ man sich die Thematik von den Fachvertretern am Ort vorschreiben: „Magnetismus und Chemie", vorbereitet von W. Klemm, der das Thema in anorganische und organische Chemie aufteilte, in Anwendungen in der Metallforschung, speziell zur Messung von Ausscheidungsvorgängen, und schließlich zwei theoretische Vorträge über Dia- und Para- sowie über Ferromagnetismus (C. J. Gorter, W. Döring) vorsah.

Höhepunkt sollte ein Festvortrag von Debye über Magnetismus und tiefe Temperaturen werden. Der Redner sagte jedoch kurzfristig ab. Wie er schrieb, sollte er kürzlich in einem internationalen Kongress über das gleiche Thema sprechen. Als er jedoch erklärt habe, er könne nicht gut verschweigen, daß zur Zeit der nach Oxford emigrierte Nernst-Schüler Franz Simon am erfolgreichsten über das Thema arbeite, hätten es die Veranstalter für richtiger gehalten, den Vortrag ausfallen zu lassen. Er glaube, es sei daher allen am besten gedient, wenn er nach Sofia fahre, wo er einen Ehrendoktor erhalten solle[115]. Als Ersatz sprach Prof. Kayser über „das deutsche Danzig".

Der Krieg machte den schon lange mit wechselndem Ergebnis diskutierten Plänen[116] für eine gemeinsame Tagung 1940 mit der Faraday Society und der American Electrochemical Society ein Ende. Er stellte die nächste Hauptversammlung in Frage und verhinderte zunächst auch die für den November 1939 angesetzte Diskussionstagung über „Röntgenmethoden in der Chemie", bis man klarer sah und sie auf den Mai 1940 verlegte. Sie fand dann in Dahlem wenige Tage nach Beginn des Frankreich-Feldzugs statt.

Einer der Hauptredner fehlte: Peter Debye hatte eine Vortragsreise in die USA angetreten, von der er nicht mehr zurückkehren sollte, aber er hatte noch sein Manuskript: Interferometrische Vermessung von freien Molekülen abgeliefert. Im übrigen wurde vor allem über Fourier-Analyse, die Untersuchung von Gitterstörungen, hochdispersen Zuständen und Oberflächen, letztere mit Elektronenbeugung, bis hin zur Werkstoffprüfung berichtet und es gab im Gegensatz zu der vorigen Tagung eine wirkliche Diskussion.

Im Zeichen der Siege hatte der Ständige Ausschuß am Vorabend der Tagung rasch beschlossen, im gleichen Jahr auch noch eine Hauptversammlung abzuhalten,

---

115 P. Debye an R. Schenck und W. Klemm, 5. 4. 1939 (Archiv der MPG).

116 Ständiger Ausschuß, Sitzungen 4. 12. 1937 und 1. 6. 1938.

allerdings ohne Hauptthema und Damenprogramm und nicht, wie vorgesehen in Aachen, sondern in Leipzig.

In den nächsten Wochen überstürzten sich die Ereignisse, Schenck sah bereits deutsche Truppen in London einmarschieren und plante, mit einer Siegesfeier zu beginnen[117]. Bei der Eröffnung war es zwar noch nicht ganz so weit, aber seine Rede von solcher Begeisterung erfüllt, daß G. Grube sie nicht drucken mochte[118]. Daraufhin gab Schenck sie zu den Akten, wo wir sie ruhen lassen wollen.

Es gab einen Hauptvortrag „Kernchemie" von R. Fleischmann, in dem mit keinem Wort von Kernspaltung die Rede war, eine Abhandlung über Löslichkeit in hochgespanntem Wasserdampf, vor allem eine Vortragsgruppe über Lichtabsorption und Konstitution, vorbereitet von Th. Förster.

Die für 1941 geplante Diskussionstagung über Isotopie, die Klaus Clusius vorbereiten sollte, kam nicht zustande, denn das Militär schritt ein, als Clusius anfragte. Vielleicht war er nicht ganz unbeteiligt an dieser Entscheidung, denn ihm waren wohl selbst Bedenken gekommen, so nahe lag das Thema an dem Uranprojekt, in dessen Isotopenprogramm er eine Hauptrolle spielte[119].

Die letzte Hauptversammlung während des Krieges fand 1941 in Frankfurt statt, einem Zentrum chemischer Industrie mit kurzen Anreisewegen für die meisten Teilnehmer. Das Thema „Kinetik chemischer Reaktionen" hatte H. J. Schuhmacher vorbereitet. Sein Lehrer Max Bodenstein wurde bei dieser Gelegenheit zum Ehrenmitglied ernannt und dankte mit einer Liebeserklärung an die Bunsen-Gesellschaft[120] und einer Einführung in das Thema. Die Papierknappheit der Kriegszeit hatte das Gute, daß weder Schencks Einleitung noch der Festvortrag des Frankfurter Rektors „Über die Krise des britischen Weltreichs" der Nachwelt erhalten geblieben sind. Die Hauptvorträge waren im wesentlichen didaktischer Natur: Gasrektionen, Explosionen, Polymerisationen, Festkörperreaktionen, Anwendung der Isotopenmarkierung in der physiologischen Chemie – der stärkste Eindruck der Tagung war wohl die Genugtuung, noch einmal getagt zu haben.

Für die Hauptversammlung 1942 waren bereits alle Vorbereitungen getroffen, alles stand im Zeichen von Robert Mayer: das Thema „Energie und Stoff", der Ort (natürlich Stuttgart, mit Ausflug nach Heilbronn), die fünf Hauptvorträge, alle der Thermodynamik gewidmet (Eucken hatte die Vorbereitung allerdings abgelehnt, er hielt nichts davon, Mayer so herauszustellen). Auch die Eröffnung mit Ansprachen, darunter die politische Rede des im Vorjahr übergangenen Funktionärs und der Rechenschaftsbericht des scheidenden Vorsitzenden Schenck: „Acht Jahre Bunsen-Gesellschaft" stand fest (nur 20 min hatte Thießen ihm zugebilligt), als ein Führerbefehl kam, der alle Tagungen überörtlichen Ausmaßes verbot. Knapp vier Wochen vor Tagungsbeginn mußte alles rückgängig gemacht werden – kein Wunder, daß der

---

117 R. Schenck an A. Schweitzer, 7. und 24. 7. 1940.
118 R. Schenck an A. Schweitzer, 16. 11. 1940.
119 Vgl. den Bericht A. Schweitzers über ein Telefongespräch mit Clusius, 31. 1. 1941.
120 Z. Elektrochem. 47 (1941) 667.

Geschäftsführer sich weigerte, weitere Veranstaltungen vorzubereiten[121] und bald darauf kündigte.

Trotz dieses Schlages wagte man nach den günstigen Erfahrungen mit Frankfurt dort im Jahr 1943 noch einmal eine Diskussionstagung. Sie wurde bescheiden angekündigt und daher genehmigt. Ihr Thema „Grundlagen und Methoden physikalisch-chemischer Konstitutionsbestimmungen" war allerdings so attraktiv, daß 380 Anmeldungen kamen. 250 Teilnehmer konnte der Veranstalter Eugen Müller zulassen[122], von denen sich dann aber nur 49 an der Diskussion der 16 vorbereiteten Beiträge beteiligten (oder zumindest druckbare Bemerkungen lieferten).

Neben diesem unverhofften Ereignis gab es nur noch meist vergebliche Versuche des unermüdlichen Thießen, Veranstaltungen wenigstens in kleinem Rahmen zustande zu bringen. Angesichts der Ernährungsschwierigkeiten, der zunehmenden Zerstörung der Städte und Transportwege wurden die Anforderungen der Behörde an die „Kriegswichtigkeit" aller Unternehmungen immer höher. Nur regionale Tagungen oder Arbeitstreffen kleiner Gruppen wurden noch erlaubt. Da erstere für die Bunsen-Gesellschaft kaum infrage kamen, verfiel Thießen auf den Ausweg, aus Gruppen von Mitgliedern Arbeitsgemeinschaften zu festen oder auch ad hoc gewählten Themen zu bilden, denen sich dann Gäste anschließen konnten[123]. Er argumentierte mit Recht, daß dies auch unabhängig von Tagungen ein Weg sei, Gebiete des Fachs an die Bunsen-Gesellschaft zu binden, die sich andere Vereine anzueignen drohten[124]. Er erhielt Vorschläge für 22 solcher Arbeitsgemeinschaften – wenn auch sonst nichts dabei herauskam, gelang es doch, einige Diskussionsveranstaltungen als Arbeitstreffen abzuhalten. So gab es 1943 zwei Arbeitstagungen: „Akkumulatoren" in Dresden, bei der aber niemand etwas sagte, weil alles geheim war[125], und „Plastische Verformung" in Stuttgart, von der auch zwei Vorträge in der Zeitschrift erschienen sind.

Noch Mitte 1944 plante man Veranstaltungen, jetzt nicht mehr in Städten, sondern auf Burgen und Schlössern (auch die Plassenburg war wieder im Gespräch)[126], aber weder „Thermische Leichtmetallgewinnung" noch „Physikalische Chemie hoher Temperaturen" oder „Energetik und Ablauf inneratomare Vorgänge" kamen über erste Vorbereitungen hinaus.

Auch die Zeitschrift spiegelt die Verschärfung der Lage wider. Die langbewährte Druckerei mußte kündigen, das Papier wurde bräunlich und brüchig, der Inhalt recht unergiebig und mühsam mit langen Sammelreferaten aufgefüllt. Hatte sich der Umfang bis 1941 auf rund 900 Seiten gehalten, betrug er 1943 nur noch 502 und sank 1944 auf 306 Seiten. Vom ganzen Jahrgang 1945 (Band 51) erschien nur ein Doppelheft von 40 Seiten, das beim Versand großenteils verloren ging und sich nur in wenigen Bibliotheken findet.

---

121 A. Schweitzer an P. A. Thießen, 18. 4. 1942.

122 Bericht im Ständigen Ausschuß am 25. 3. 1943.

123 P. A. Thießen an A. Schneider, 15. 11. 1942. Sitzung des Ständigen Ausschusses 25. 3. 1943.

124 Nicht viel anders waren kürzlich die Argumente, mit denen die Bunsenkolloquien eingeführt wurden (Kap. 1.48).

125 P. A. Thießen an A, Schneider, 8. 9. 1943.

126 P. A. Thießen an A. Schneider, 3. 5. 1944.

Erneut zeigte sich, daß die Väter der Bunsen-Gesellschaft ihren Gründungstag unbedacht gewählt hatten. Fiel das 25. Jubiläum auf einen Termin wenige Monate nach der ersten Niederlage[127], so lag das 50. kurz vor der zweiten noch viel schlimmeren. Wieder langte es nur zu einer Grußadresse. Im Juni/Juli- Heft 1944 der Zeitschrift, wenige Tage vor dem Attentat auf Hitler, bot sich Vorstand und Geschäftsführung Gelegenheit, ihre Sicht der Lage zu verkünden[128]. Von opfervoller Größe des Ringens war da die Rede, von unermüdlichem Einsatz, heiliger Verpflichtung, Dienst und Tat für Führer, Volk und Vaterland. – Es war die Suada von 1918, aber sie war unverzeihlich geworden.

127 siehe Kap. 1.31.
128 Z. Elektrochem. 50 (1944) 121.

VI. Die zweiten fünfzig Jahre (1945 – 1994)

1.41 Agonie und Wiederbelebung: Die Bunsen-Gesellschaft 1945 – 1947

Die erste Zeit nach Kriegsende, das die meisten als Zusammenbruch und nur wenige als Befreiung empfanden, war die Stunde der kleinen Leute. Die Lust an der Weltgeschichte war ihnen vergangen, alles wuselte in den Trümmern herum und suchte sich irgendwie einzurichten und durchzukommen. Was vom Deutschen Reich übrig war, bestand aus vier Besatzungszonen, die nach sehr unterschiedlichen Prinzipien verwaltet wurden. Selbst die drei westlichen duldeten zunächst keine die Zonengrenzen übergreifenden Aktivitäten.

In der Bunsen-Gesellschaft herrschte viele Wochen völlige Konfusion. Die Postverbindungen lagen darnieder, erst langsam gingen wieder direkte oder indirekte Nachrichten bei der Geschäftsstelle in Schwäbisch-Gmünd ein: Der Geschäftsführer, Parteigenosse seit 1932, hatte sich in die französische Zone abgesetzt, wo man die Entnazifizierung weniger wichtig nahm, der erste Vorsitzende hatte in Stalin einen neuen Dienstherren gefunden und war inzwischen in Suchumi am Schwarzen Meer tätig, der Herausgeber G. Grube wurde monatelang in einem amerikanischen Lager festgehalten und dann für einige Zeit vom Dienst suspendiert.

Damals erhob sich die Sekretärin Luise Wolf zu (Bunsen-)historischer Größe. Seit 1924 war sie im Dienst, zwanzig Jahre hatte man ihr Gehalt nicht erhöht, aber trotzdem war die Bunsen-Gesellschaft ihr Lebensinhalt geworden. Sie hielt die Stellung im Büro, machte den Geschäftsabschluß und versuchte Verbindungen neu zu knüpfen. Der Schatzmeister Bergius fand sich in Österreich vor und konnte für die notwendigen Zahlungen sorgen, in München erreichte sie K. Clusius, den Zweiten Vorsitzenden aus der Ära Thießen, der aber zu ihrer Enttäuschung anderes zu tun hatte, als den Verein zu reaktivieren.

Als ihr das Büro gekündigt wurde, brachte sie es notdürftig bei Bekannten unter, bis sie Oktober 1946 in ihr altes Domizil im Institut für Metallphysik zurückkehren konnte. Wie sie es fertig brachte, dabei ihre Akten, ein vollständiges Exemplar der Zeitschrift sowie die Mitgliederkarteien zu retten und mit dem ganzen Inventar mehrfach umzuziehen, kann einen, der die damaligen Verhältnisse erlebt hat, nur mit Bewunderung erfüllen und war sicher nicht ohne Schmiermittel möglich.

Kein Wunder, daß sie sich zunehmend als Seele des Ganzen fühlte[1]. Als der Verein wieder erstanden war, scheute man sich geradezu, neben ihr wieder einen Geschäftsführer zu ernennen und überließ dessen Aufgaben bis kurz vor ihrem Ruhestand dem Zweiten Vorsitzenden Klaus Schäfer. Außerdem machte man alte Versäumnisse durch eine Zusatzpension wieder gut, was den Verein, solange sie lebte, erheblich belastete[2].

---

1 Vgl. L. Wolf an K. Clusius, 18. 8. 1945, an F. Bergius, 13. 5. 1946, an P. Günther, 23. 12. 1947.

2 Eine Dankadresse zu ihrer Pensionierung, verfaßt vom damaligen ersten Vorsitzenden G. M. Schwab, findet sich in Z. Elektrochem. 59 (1955) 590.

Es dauerte bis Anfang 1947, ehe sich an mehreren Stellen unabhängig voneinander etwas regte. Der Verlag Chemie hatte seine Tätigkeit inzwischen wieder aufnehmen dürfen. Sein neuer Chef E. Kreuzhage versuchte bei der Behörde eine Lizenz und Papier für die Zeitschrift für Elektrochemie zu erhalten, ohne dabei viel Rücksicht auf ihren Eigentümer zu nehmen. Er meinte (oder gab vor zu meinen), angesichts des Besatzungsrechts sei wenig Hoffnung für die Wiedergründung einer „Deutschen“ Bunsen-Gesellschaft.

Als Herausgeber hatte er Paul Günther vorgesehen, der inzwischen Berlin verlassen und einen Ruf nach Karlsruhe angenommen hatte. Dieser zögerte jedoch – er wollte erst geklärt haben, was aus der Bunsen-Gesellschaft würde[3]. Dies traf sich mit Bemühungen Grubes, der gemeinsam mit Luise Wolf (als Trägerin einer weißen Weste) seit Monaten die Chancen erkundete, Verein und Zeitschrift wieder in Gang zu bringen.

Unterdessen machte sich auch Rudolf Schenck wieder bemerkbar. Ungeachtet all seiner strammen Reden war er nie Parteimitglied gewesen, wie etwa der arme Grube, leitete unbehelligt sein Marburger Emeritus-Institut weiter und war wie immer bereit, *„in einer Notlage der DBG sich nicht zu versagen“*. Sein Gedanke war eine Neugründung in der britischen Besatzungszone, da dort die Bedingungen für gesamtdeutsche Einrichtungen günstiger waren. So wandte er sich an Otto Hahn um Unterstützung und schrieb gleichzeitig Eucken, ob er bereit sei, den Vorsitz zu übernehmen[4].

Antworten liegen nicht vor, waren auch nicht mehr nötig. Inzwischen war man in Stuttgart zu Taten geschritten. Bereits im August 1946 hatte die Militärregierung die Verantwortung über „Educational Organizations“ deutschen Behörden überlassen. Da sich auch die Bunsen-Gesellschaft zu diesen zählen durfte, waren wie früher lediglich die örtlichen Amtsgerichte für den Eintrag ins Vereinsregister zuständig. Nun war die Bunsen-Gesellschaft bereits in Berlin eingetragen, aber als Arbeitskreis im NSBDT, und darauf mochte man nicht gern aufmerksam machen.

In Stuttgart waren nur fünf unbelastete Fachkollegen und eine demokratische Satzung erforderlich, um beim Innenministerium die Zustimmung zu einer Neugründung zu erlangen. Luise Wolf sprach in Grubes Auftrag bei K. Clusius als dem Wahrer der Kontinuität vor, und nach Beratung mit ihm schrieb Grube aus Stuttgart an P. Günther (Karlsruhe), W. Jost (Marburg), E. Lange (Erlangen), K. Schäfer (Heidelberg), K. Clusius (München), A. Eucken (Göttingen), P. Harteck (Hamburg), H. Braune (Hannover) und W. Gerlach (Bonn) mit der Bitte, sich zur Verfügung zu stellen[5]. Als Satzung zog man wieder die alte von 1930 hervor.

Vier Wochen später hatten fast alle zugesagt, die Genehmigung kam rasch, und am 28. Juni 1947 fand in Stuttgart die konstituierende Versammlung statt, zu der sich immerhin 84 Teilnehmer eingefunden hatten. Erster Vorsitzender und gleichzeitig

---

3 L. Wolf an F. Bergius, 15. 9. 1946 – P. Günther an G. Grube, 14. 3. 1947 – E. Kreuzhage an P. Günther 25. 3. 1947.

4 R. Schenck an A. Eucken, 19. 2. 1947.

5 Briefe vom 1. 4. 1947. Auf Schenck hatte man verzichtet, ebenso auf in der russischen Besatzungszone oder in Ostberlin tätige, wie K. F. Bonhoeffer.

Redakteur wurde Paul Günther, Zweiter Vorsitzender Klaus Schäfer, Schatzmeister W. Meck von der Firma Siemens. Mitglieder für den Ständigen Ausschuß wurden vorgeschlagen, auf 40 RM erhöhte Beiträge wurden festgelegt, um die Zeitschrift wieder aufzubauen, von der vorläufig acht Hefte jährlich in regelloser Folge geplant waren. Verhandlungen mit der Faraday Society und der Electrochemical Society über gegenseitige Beitragsermäßigung wurden angekündigt.

Ins Stuttgarter Vereinsregister kam die Bunsen-Gesellschaft am 19. November, und bereits im Dezember 1947 vereinbarte der Vorstand mit dem Verlag Chemie für die Zeitschrift einen Pachtvertrag, bei dem er sich, wie schon öfter, bald übervorteilt fühlte[6], aber die Lizenzbestimmungen der Militärregierung ließen zunächst keine andere Lösung zu. Günthers Vorgänger Grube erhielt die Bunsen-Denkmünze (in Silber vergoldet, denn Heräus konnte nur 0,3 g Gold stiften) auf einer kleinen Feier zu seinem 60. Geburtstag mit Festkolloquium und markenfreiem Abendessen. Die Zeitschrift erschien 1948 mit Band 52 von neuem, wenn auch zunächst nur in bescheidenem Umfang von sechs Heften pro Jahr.

Schwierigkeiten machte allerdings der Zwiespalt in der gemeinsamen Brust von Erstem Vorsitzendem und Redakteur, wollte doch der eine die Gesellschaft sparsam führen und der andere ein Honorar. Wie Günther dem Schatzmeister vorrechnete, wurde die Gesellschaft dabei erheblich geschröpft, während ihm nach der Versteuerung nicht viel mehr als der Schwarzmarktwert einer Schachtel Zigaretten verblieb. So verzichtete er großzügig, bis eine Lösung gefunden wurde, die ihm seine Bibliothek zu mehren half[7].

Bei der Neuwahl des Ersten Vorsitzenden für 1950 beschloß der Ständige Ausschuß nach langer Debatte, einmal von dem traditionellen Wechsel abzugehen, und wählte nicht den zunächst vorgeschlagenen Matthias Pier, einen aus der ehemaligen IG stammenden Vertreter der Industrie, sondern entschied sich in der Person von Arnold Eucken für einen Wissenschaftler von internationalem und unbeschädigtem Ruf. Kaum ein halbes Jahr im Amt, setzte Eucken jedoch seinem Leben ein Ende, der zweite Vorsitzende Klaus Schäfer mußte die Geschäfte das laufende Jahr weiterführen, bis eine außerordentliche Mitgliederversammlung anläßlich einer Diskussionstagung in Karlsruhe Karl Friedrich Bonhoeffer, also erneut einen Wissenschaftler, als Nachfolger wählte.

Die Abwicklung der alten Bunsen-Gesellschaft zog sich noch bis 1954 hin. Damals wollte das Amtsgericht Charlottenburg endlich wissen, ob der NSDBT-Verein Deutsche Bunsen-Gesellschaft noch bestehe. Auf eine Anfrage Günthers hatte es 1947 die Löschung des Vereins von einem Beschluß der Mitgliederversammlung abhängig gemacht, wie es die Satzung verlangte, um dann das Vermögen einziehen zu können. Man hatte klugerweise damals gar nichts getan und die Zeit für sich arbeiten lassen. Nun genügte eine Erklärung des inzwischen nach Zürich berufenen

6 G. Grube an H. Dohse, 17. 4. 1950: Ausnutzung des geringen Preisunterschieds für Mitglieder und Abonnenten zur Abonnentenwerbung besonders im Ausland; K. Schäfer an H. Dohse 23. 2. und 27. 2. 1951: doppelte Berechnung eines Mehrumfangs, einseitige Ausnutzung des Währungsgefälles für den Verlag, verschwundene Exemplare.

7 P. Günther an W. Meck, 28. 10. und 5. 11. 1947.

K. Clusius, die Gesellschaft sei 1945 zum Erliegen gekommen, da sich niemand mehr um sie habe kümmern können. Das Amtsgericht strich den Verein erleichtert aus der Liste, ohne weitere Schritte zu unternehmen[8].

1.42 Vom Neu-Anfang zum Wieder-Aufbau

Mit Enthusiasmus hatten sich die Alliierten, voran die Vereinigten Staaten, an die große Aufgabe gemacht, Deutschland zu demokratisieren und vom Nationalsozialismus zu heilen. Der Fragebogen als Instrument der Unterscheidung erwies sich bald als Fehlschlag: Es gab begeisterte Anhänger, die nie in der Partei waren, und die Mehrzahl derer, die ihr angehörten, erwiesen sich vor den Spruchkammern, in denen über ihr ferneres Schicksal entschieden wurde, dank treuer Freunde und hilfreicher Kollegen bald als „Mitläufer". Es war eine Kategorie, auf die sich auch Professoren gern beriefen und meistens zu Recht. Nachdem sie sich jahrzehntelang als die geistigen Führer der Nation betrachtet hatten, war es eine späte Selbsterkenntnis.

Die ersten Nürnberger Prozesse gegen die Haupttäter wurden hingenommen, spätere Anklagen gegen Angehörige der Wirtschaft und der Industrie vor den alliierten Gerichten immer zögernder erhoben und von der deutschen Öffentlichkeit immer stärker abgelehnt. Als 1948 eine Reihe hochgestellter Angehöriger der IG-Farben AG vor Gericht stand, die meisten freigesprochen wurden und nur einige direkt an der Ausnutzung von Häftlingen Beteiligte (Kap. 1.30) längere Gefängnisstrafen erhielten, gab es eine Solidarisierungsaktion mit den Verurteilten seitens der Gesellschaft Deutscher Chemiker, der sich später auch die Bunsen-Gesellschaft mit einem eigenen Text anschloß. Der Vorstandsrat der GDCh appellierte an den amerikanischen Hochkommissar *„nach ausdrücklicher Billigung dieser Eingabe durch die in der HV in Hannover versammelten Mitglieder, dem Urteil … die erforderliche Bestätigung zu versagen"*, kenne man doch die Verurteilten aus jahrzehntelanger Zusammenarbeit als ehrenwerte Männer[9]. – Die damalige Generation konnte eine tiefere Einsicht wohl kaum aufbringen. Es mußten noch zwanzig Jahre vergehen, bis eine neue Generation sich daran machte, ihre Väter durch unangenehme Fragen zu erbosen.

---

8 Brief P. Günther an Amtsgericht Charlottenburg, 25. 11. 1947, Antwort 9. 12. 47; Anfrage Amtsgericht 7. 7. 1954, Erklärung Clusius 2. 9. 1954, Löschung 28. 9. 1954.

9 Über die GDCh-Aktion siehe O. Gerhardt, Phys. Bl. 4 (1948) 429, – Die Initiative der Bunsen-Gesellschaft ist nur in den Sitzungen des Ständigen Ausschusses bezeugt und kam nicht vor die Mitgliederversammlung. Sie begann mit einem Antrag von G. Pistor (7. 10. 1948), dessen Behandlung aber vertagt wurde, da kein genaueres Material vorlag. Am 21. 4. 1949 wurde ein von K. Schäfer gemeinsam mit M. Pier und einem der Verteidiger verfaßter Text gebilligt, allerdings wollte man ihn erst zu einem günstigeren Zeitpunkt absenden. Dieser schien nach Meinung von E. Kuss gekommen, als neue Hochkommissare ernannt waren (Sitzung vom 13. 10. 1949). Die Intervention, deren Text in der Zeitschrift für Elektrochemie gedruckt werden sollte, dort aber nicht zu finden ist, wurde an alle Hochkommissare und den Bundespräsidenten Th. Heuß geschickt. Bis zur Sitzung vom 18. 5. 1950 hatte man noch keine Antwort und man beschloß, noch einmal bei John McCloy, dem Vertreter der USA nachzufragen.

Drei Jahre nach dem Urteil waren die letzten Inhaftierten vorzeitig entlassen, und viele setzten ihre Karriere ungehindert fort[10]. Die neu gegründete Bundesrepublik wurde bald der Nutznießer des kalten Krieges, zuverlässiger Antikommunismus wurde eine weit bessere Empfehlung als eine einwandfreie Vergangenheit. Der berühmte Paragraph 131 des Grundgesetzes schloß die Periode der Umerziehung ab: Bald war der größte Teil der Entlassenen wieder in Amt und Würden.

Wilhelm Jost, der in Marburg unmittelbar nach dem Krieg versucht hatte, im Lehrkörper für etwas Erneuerung zu sorgen, fühlte sich geradezu auf die Anklagebank versetzt und schrieb bissig: *„Die Juristen haben herausgefunden, daß die Mitarbeit im Planungsausschuß 1945/6 gegen die Beamtengesetze verstoßen hat. Wenn so etwas nicht geschehen wäre, hätte es in der Vergangenheit vielleicht nicht zum Nationalsozialismus kommen können. Man muß allen Ernstes um seine Stelle zittern, wenn man nicht in der NSDAP war und dadurch bekundet hat, daß man Recht und Gesetz achtet[11].“*

Man mag bedauern, daß aus der Vorsilbe „Neu“ bald „Wieder“ wurde, aber eine wesentlich andere Entwicklung war kaum zu erwarten. Die Ära bestimmte ein 1876 geborener Kommunalpolitiker aus Köln, der sich wenig Illusionen über sein Volk machte. Er brauchte erprobte Fachleute, als es darum ging, Staat und Wirtschaft in Gang zu bringen, Arbeits- und Wohnmöglichkeiten zu schaffen und Millionen von Vertriebenen einzugliedern – und erprobt waren vor allem, die seinerzeit treu gedient hatten.

Im Westen waren die Resultate eindrucksvoll. Nach wenigen Jahren stand – nicht anders als nach dem ersten Weltkrieg – auch die Chemische Großindustrie besser und moderner da als zuvor. Der Zwang, sie zu entflechten, hatte sie eher gestärkt[12].

Auch in der Wissenschaft brachten die 50er Jahre auf einer Reihe von Gebieten wieder den Anschluß an das internationale Niveau. Die ersten Bunsentagungen waren noch eher provinzielle Angelegenheiten. 1948 in Stuttgart, als es um die Struktur der Flüssigkeiten ging, nahm noch kein Ausländer teil. 1949 in Wiesbaden deutete schon das Hauptthema „Fortschrittsberichte über wichtige Sondergebiete der physikalischen Chemie“ an, daß man sich noch als jemand fühlte, der vielerlei nachzuholen hatte. Immerhin sprach schon ein Engländer, allerdings nicht zum Hauptthema und anscheinend in deutscher Sprache. 1950 in Marburg gab es bereits zwei eingeladene Hauptvorträge ausländischer Gäste: A. Kastler (Paris) und H. W. Thompson (Oxford) über Raman- und über Ultrarotspektroskopie. Auch diese Vorträge liegen in deutscher Sprache vor.

Die erst 1937 eingeführten Diskussionstagungen nahm man sofort wieder auf, beginnend 1949 mit einer von A. Eucken organisierten, noch sehr kleinen Veranstaltung über Kontaktkatalyse. Schon die nächste, mit der Neuwahl des Vorsitzenden verbundene Tagung in Karlsruhe 1950 zeigt, daß Neues im Werden war: Mit ihren bereits mehrsprachigen Diskussionen über Elektrodenprozesse beginnt der große

10 Siehe J. U. Heine: Verstand und Schicksal, Die Männer der IG-Farben-AG, Weinheim 1990.
11 W. Jost an K. F. Bonhoeffer, 2. 1. 1949 (Bonhoeffer-Briefwechsel, Archiv der MPG).
12 Vgl. W. Teltschik, Geschichte der deutschen Großchemie, Weinheim 1992, S. 199 ff und Kap. 6.

Aufschwung der Elektrochemie in Deutschland. Sie war eines der Gebiete, im denen der Anschluß an die übrige Welt rasch gelang[13].

Friedensniveau hatte wohl als erste die Hauptversammlung 1951 in Göttingen zum Thema „Physikalisch-chemische Probleme der Biologie". Für ihre Attraktivität und die zahlreichen ausländischen Gäste war sicher das für die physikalische Chemie noch ungewohnte, aber um so aktuellere Thema verantwortlich. Für das Gefühl, wieder in die Internationale der Wissenschaft eingegliedert zu sein, ist kennzeichnend, daß man sich nicht mehr scheute, englische Vorträge in der Originalsprache zu drucken. Der Verfasser, für den es die erste Hauptversammlung war, erinnert sich noch heute, welchen Eindruck auf ihn der Vortrag von B. Hargitay (Basel) machte, der das von Werner Kuhn entdeckte Gegenstromprinzip benutzte, um zu erklären, wie die Niere Lösungen konzentriert[13a].

---

13 Ein Homerischer Gesang, vorgetragen auf einer Institutsfeier im Göttinger Max-Planck-Institut, mag den Verlauf dieser Diskussionstagung veranschaulichen (mit Genehmigung des Autors leicht redigiert und gekürzt):

Küsse mich Pegasus! Laß mich besingen den Wettstreit der Helden,
die in Karlsruhe sich trafen zum Ruhme der Bunsengesellschaft,
nicht zuletzt auch des eignen, in Furcht er möchte verblassen.
Erstens galt es zu wählen den Nachfolger Arnolds des Großen.
Dies war Sache der Mannen, die vierzig D-Mark berappten.
Ihnen sandt Einsicht die Göttin, sie wählten Karl Friedrich den Ersten.
Ringsum spendete Beifall viel spesenverzehrendes Stimmvieh,
meistens von Firmen gesandt, doch auch von Max-Planck-Instituten.
Ach, mit Karls Ruhe war's danach zu Ende, nun mußte er reden
lobende Worte für jeden – er tat es mit Anstand und Kürze.
Wichtiger fanden sich andre, sie sprachen voll Salbung sehr lange:
Lange redet vor allem Professor Lange (Erlangen).
Würdevoll, gleichend dem heiligen Vater verkündet er Dogmen,
heftig bekämpft von den Ketzern, doch fruchtlos, denn wie St. Peter
steht er als Fels da, sein Anhang mehret sich ständig.
Nach ihm der Streiter noch viele betreten feurig den Kampfplatz,
tief durchdrungen zumeist vom Werte der eigenen Forschung,
Beifall-begrüßt, so versteht sich, von all den anderen Kämpen,
denn sie warten, sind sie dran, ja selbst auf ähnlichen Beifall.
Beifall auch spendet die Schar des spesenverzehrenden Stimmviehs,
wenn es zu Ende. Doch itzo, da wirds auch im Saale lebendig:
Daß mit ihr schon zu rechnen, beweiset feurig die Jugend,
daß sie noch da sind, zeigen voll Eifersucht würdige Greise.
„Darf ich bemerken, daß ICH bereits im Jahr 1900..."
So ertönet es ständig – auch sonst gibts der Toren noch viele,
schlafen machen jedoch vor allem die Inhibitoren.
Doch auch dies endet einmal durch die Gnade der Göttin,
eilends ziehn wir nach Hause, denn ach! verzehrt sind die Spesen.

13a Z. Elektrochem. 55 (1951) 539.

1.43 Ein Briefwechsel

Anläßlich der Göttinger Tagung 1951 gibt es einen Briefwechsel zwischen Franz Simon (inzwischen Sir Francis) und Karl Friedrich Bonhoeffer, der die Gefühle zeigt, mit denen sich damals noch die Emigrierten und die in Deutschland Gebliebenen begegneten, ebenso auch, daß beide ein wenig aneinander vorbeizureden pflegten.

Oxford, 22. March 51.

Lieber Bonhoeffer,

Vielen Dank für Ihren Brief und Ihre nochmalige Einladung zur Bunsen-Gesellschaft. Sie erwähnen, dass ich viele alte Bekannte treffen würde. Das ist es ja gerade! Ich würde natürlich Sie und Laue und verschiedene andere brennend gern wieder einmal sprechen, aber die würden ja untergehen in der Masse der Gleichschalter und Mitläufer, der Kuhns und der ... Und nach denen habe ich wirklich keine Lust – sie scheinen sich ja gar nicht geändert zu haben und scheinen sogar noch gekränkt zu sein über das Unrecht, das ihnen so ganz unberechtigt zugefügt worden ist.

Gute Wissenschaftler gibts genug in der Welt und was sie einem zu sagen haben, kann man lesen. Wenn man zu einer Konferenz geht, will man das Gefühl haben, dass man unter gleichgesinnten Menschen ist, und nicht in der Gesellschaft von Opportunisten. Meiner Meinung nach haben die deutschen Wissenschaftler in ihrer Gesamtheit ihre Ehre in 1933 verloren und haben nichts getan, um sie wiederzugewinnen. Ich gebe zu, man kann sagen, daß es nicht jedermanns Sache ist, seine Stellung oder sein Leben zu riskieren, aber nach dem Kriege war das ja garnicht nötig. Das Wenigste, was man nach all dem Unglück ... erwarten konnte, war, daß die deutschen Wissenschaftler in ihrer Gesamtheit oder durch ihre wissenschaftlichen Gesellschaften öffentlich und klar gesagt hätten, daß sie, was vorgefallen ist, bedauerten. Ich habe nichts von so etwas bemerkt – wenn ich mich irre, bitte korrigieren Sie mich.

Umso mehr achte ich natürlich die wenigen, die in dieser Flut von Opportunismus und Feigheit sich anständig benommen haben, und mit diesen in Kontakt zu bleiben, daran liegt mir sehr viel... (Es folgt eine Einladung nach England)

Göttingen, 5. 4. 51.

Lieber Herr Simon,

Vielen Dank für Ihren Brief. Sie schneiden mit ihm eine Frage an, auf die man mit einem Buch antworten müßte, soviel ist dazu zu sagen. Ich würde Ihnen gern ausführlicher und überlegter schreiben, aber der Drang der Geschäfte läßt mich nicht dazu kommen. ... Sie schreiben über die Kuhns und ... – Kuhns gibt es verschiedene. Werner Kuhn, Basel, der im 3. Reich dauernd Schwierigkeiten hatte, denunziert wurde und schließlich emigrierte, ist derjenige, der auf der Tagung spricht. Meine deutschen Kollegen meinten, er sei einer von den Unbelehrbaren, die die Nazis und die Deutschen in einen Topf würfen, und es würde mir nicht gelingen, ihn für einen Vortrag zu gewinnen. ... Herrn Warburg, Herrn K. H. Meyer, Herrn Teorell, Herrn H. H. Weber und wie die anderen Hauptvortragenden heißen, werden Sie kaum als Gleichschalter und Mitläufer bezeichnen wollen, ebenso wenig wie Herrn v. Wartenberg, der auf einstimmigen Beschluß des ständigen Ausschusses jetzt die Bunsen-Denkmünze bekommt.

Wenn die Stimmung in Deutschland so wäre, wie Sie anscheinend glauben, hätte man mich nicht zum Ersten Vorsitzenden gewählt, und man würde auch Herrn Jost nicht in den ständigen Ausschuß gewählt haben. ... Es ist sehr leicht, von sicherer Stelle aus auf den Opportunismus und die Feigheit der Leute hier zu schimpfen, wenn man den Terror, der ja in jedem Jahr schlimmer wurde, nicht mitgemacht hat, und es ist eine Verharmlosung der Nazis, wenn man meint, daß man durch den Protest von Professoren irgend etwas an dem Verlauf hätte ändern können. ...

Das soll nicht heißen, daß ich nicht verstehe, wenn Sie vorziehen, einer Tagung fernzubleiben, unter deren Teilnehmern sie sicher manchen echten Mitläufer und vielleicht einige echte Nazis treffen. Ich verstehe, daß Ihnen das unerträglich ist, und mir ist es auch nicht immer einfach. Aber sie verschwinden völlig in der Menge der anständigen und vernünftigen Leute, von denen Sie und mich nichts trennen sollte...[14]

Es gab einen versöhnlichen Abschluß: Zum 60. Geburtstag (1953) erhielt Sir Francis eine von W. Jost sehr bedachtsam formulierte Glückwunschadresse der Bunsen-Gesellschaft, die ihn rührte und veranlaßte, wieder Mitglied zu werden[15].

1.44 Ost-West-Probleme: Die Zeitschriften für Physikalische Chemie und die Zensur

Schon bald nach Kriegsende hatte K. Clusius im Namen der früheren Herausgeber eine Lizenz für die Zeitschrift für Physikalische Chemie beantragt. Er war wie seine Kollegen der Meinung, höchstens eine der beiden deutschen Zeitschriften für das Fach sei jetzt noch sinnvoll, und das könne nur Ostwalds Gründung sein. Für Bonhoeffer wie für Clusius war dies nicht der einzige Beweggrund ihrer Bemühungen: Der Verlag der Zeitschrift war im Jahr 1938 unter kriminellen Umständen „arisiert“ worden, und sie wünschten eine Wiedergutmachung dieses Unrechts[16]. Unglücklicherweise war der Verleger in Leipzig beheimatet, und die sowjetische Militärregierung hatte keine Eile, noch weniger ihr deutscher Nachfolger.

So machte die Zeitschrift für Elektrochemie das Rennen. Noch im April 1949 erklärte K. F. Bonhoeffer im Ständigen Ausschuß der Bunsen-Gesellschaft, er habe alles versucht, sei aber bislang gescheitert. Der Kummer war nicht groß. A. Eucken empfahl, die Bunsen-Gesellschaft solle lieber ihre eigene Zeitschrift in Teil A (Physikalische Chemie) und B (Chemische Physik) teilen, ein Votum, das Bonhoeffer merkwürdigerweise überraschte: Er erklärte, das höre er zum ersten Mal, es sei etwas Vernünftiges dran. Der Vorschlag wurde noch eine Zeitlang diskutiert, aber schon in der nächsten Sitzung konnte Bonhoeffer mitteilen, die Zeitschrift für Physikalische

14 Archiv der MPG, Nachlaß K. F. Bonhoeffer.

15 Im Nachtrag zum Mitgliederverzeichnis 1954 ist er wieder geführt. Nachruf: P. Günther, Z. Elektrochem, Ber. Bunsenges. Phys. Chem. 61 (1957) 557.

16 K. Clusius an K. F. Bonhoeffer 7. 3. 1946, K. F. Bonhoeffer an K. Clusius 22. 3. 1946, 14. 8. 1946. (Archiv der MPG, Bonhoeffer-Nachlaß).

Chemie habe nun doch eine Lizenz erhalten. Sie werde, herausgegeben von P. Harteck, K. Hauffe, R. Rompe und ihm, in Leipzig erscheinen.

Es war auf die Dauer keine ernsthafte Bedrohung für das Organ der Bunsen-Gesellschaft[17], aber auch die Hoffnungen, die Bonhoeffer auf Wiedergutmachung gesetzt hatte, zerschlugen sich. Eine Wendung trat erst ein, als sich eine Kommanditistin des Leipziger Verlags 1953 in den Westen absetzte und so den Erben der ehemaligen Besitzer, die in die USA ausgewandert waren, endlich die Möglichkeit gab, jetzt ihre in der DDR jahrelang erfolglos vertretenen Ansprüche in der Bundesrepublik geltend zu machen. Sie gründeten die Akademische Verlagsgesellschaft in Frankfurt neu und beabsichtigten, die Zeitschrift für Physikalische Chemie in irgend einer Form herauszugeben. Bonhoeffer versuchte, sie für den Vorschlag Euckens zu interessieren, fand aber wenig Gegenliebe. Trotzdem kündigte er seinen Vertrag in Leipzig und hoffte, daß dies auch das Ende der dortigen Ausgabe bringen würde.

Es ist kaum möglich, die moralischen, politischen und sachlichen (vielleicht auch unsachlichen) Gesichtspunkte zu entwirren, die sich in den Auseinandersetzungen der nun folgenden Monate verquickten. Am Schluß standen zwei Prozesse, beide „Im Namen des Volkes" (West und Ost), die im Westen dem westlichen, im Osten dem östlichen Standpunkt Recht gaben, und zwei Zeitschriften für Physikalische Chemie, also insgesamt drei Zeitschriften des Faches in einem Land, wo manche meinten, es sei kaum für eine Platz. Inzwischen ist dank der politischen Ereignisse wenigstens bei zwei von ihnen die Wiedervereinigung gelungen.

Die Bunsen-Gesellschaft als eine der wenigen damals noch bestehenden gesamtdeutschen Institutionen hat sich redlich bemüht, die Spaltung zu verhindern. Die Akten sind voll von Briefen, Telegrammen und Sitzungsprotokollen mit immer neuen Vorschlägen und Vermittlungsversuchen. Insbesondere ihr damaliger Vorsitzender Ernst Kuss, der wirklich anderes zu tun hatte, setzte alles daran, zu einer Einigung zu kommen, die die Verbindung mit den Menschen in der DDR nicht gefährdete, wobei die Rechtsfragen vorläufig ausgeklammert werden sollten. Zunächst sah es so aus, als ob die östliche Seite es nicht darauf anlegen würde, gegen Herausgeber wie K. F. Bonhoeffer, Th. Förster, W. Jost, G. M. Schwab zu konkurrieren. Fast alle Vertreter der DDR waren bereit, einer gemeinsamen Ausgabe mit erweitertem Herausgebergremium und einem Titelblatt mit zwei Verlegern gleichen Namens in Frankfurt und Leipzig zuzustimmen, aber dann gab es Quertreibereien, und schließlich war das Mißtrauen zu groß geworden, als daß ein letzter Vorschlag, die Verlage durch einen gemeinsamen Rücktritt aller Herausgeber zum Einlenken zu bewegen, noch Aussicht hatte[18]. So blieb es bei dem Rechtssinn Bonhoeffers und der Unver-

17 P. Günther im Ständigen Ausschuß am 27. 10. 1954.

18 Wichtige Unterlagen im Jahr 1953: K. F. Bonhoeffer an P. Günther, E. Kuss und K. Schäfer 6. 5., Sitzung des Ständigen Ausschusses 17. 9., K. F. Bonhoeffer an den Vorstand der DBG 2. 12., Besprechung K. F. Bonhoeffer mit Vorstand der DBG in Hannover 5. 12., Im Jahr 1954: K. F. Bonhoeffer an E. Thilo 4. 4., an E. Kuss 21. 4., Besprechung Herausgeber West mit Vertretern Ost und Vorstand der DBG in Bayreuth 29. 5., Besprechung Vorstand der Chemischen Gesellschaft der DDR, R. Rompe, E. Thilo, K. Schwabe, H. Staude in Berlin 18. 6., H. Staude an E. Kuss 6. 7., E. Kuss an G. M. Schwab 13. 7., G. M. Schwab an E. Kuss 21. 7., Urteile Kreisgericht Leipzig 11. 10., Landgericht Frankfurt 14. 10., Sitzung des Ständigen Ausschusses 27. 10.

söhnlichkeit einiger östlicher Vertreter, vermutlich vor allem R. Rompes, die beide auf Trennung hinausliefen.

Obwohl sich die Bunsen-Gesellschaft aus der Kontroverse zurückgezogen hatte und jede Verbindung mit den beiden Ausgaben der Zeitschrift für Physikalische Chemie ablehnte[19], hatte der Streit Jahre später für ihre eigene Zeitschrift ärgerliche Konsequenzen. Der Verlag Chemie hatte nach mehreren unbefriedigenden Versuchen mit kleinen örtlichen Druckereien bereits 1950 wieder bei einem der traditionsreichen Leipziger Betriebe drucken lassen. Dies sorgte für Qualität, aber auch für Gewinn, denn man konnte zumindest das niedrigere Lohnniveau ausnutzen und hatte zudem die Möglichkeit, in der DDR eingehende Einnahmen zu verwerten.

Dies ging gut bis zum Mai 1958 – immerhin noch drei Jahre vor der Sperrung der Grenze –, als der Verlag ein Einschreiben der Deutschen Buch-Export und -Import erhielt, über den alle Lieferungen in der DDR abgewickelt werden mußten. In ihm hieß es: *„Das Heft 3, 62. Band der Zeitschrift für Elektrochemie kann in der vorliegenden Form für den Vertrieb in der DDR nicht angenommen werden. Der Gedenkartikel von G. M. Schwab: Friedrich Karl Bonhoeffer enthält Verleumdungen unseres Staates, die eigentlich eine Einziehung des Heftes auf Grund strafrechtlicher Bestimmungen zur Folge haben müßten. Angesichts des wissenschaftlichen Inhalts der übrigen Beiträge geben wir Ihnen jedoch die Möglichkeit, das Heft zurückzunehmen, wenn Sie die Seiten 222 – 224 (auch das Inhaltsverzeichnis) herausnehmen und durch geeignete neue Seiten ersetzen wollen. Es ist sehr zu bedauern, daß der beanstandete Artikel von einem Mitglied des Redaktionskollegiums geschrieben wurde…“*

Bei Schwab hieß es: *„Wenn es das Wohl seiner Wissenschaft erforderte, hat er sich auch zu kräftigen Taten aufgeschwungen, so noch 1955, als es für die Zeitschrift für Physikalische Chemie keinen anderen Ausweg aus der östlichen Unterdrückung gab, als die Neugründung in Frankfurt a. M.“*

Augenscheinlich hatten Herausgeber und Verleger nicht aufgepaßt. Angesichts der 194 Bezieher in der DDR, in Sorge um die Mitarbeiter der Druckerei und im Wunsch, die wissenschaftliche Einheit Deutschlands zu bewahren, rangen sich Vorstand und Herausgeber durch, den Autor um eine Abschwächung zu bitten. Selbst dieser, ein dezidierter Antikommunist, stimmte einer sanfteren Formulierung ohne östliche Unterdrückung zu, die ja gerade im Fall der Zeitschrift nicht das Entscheidende war.

Dies ließ den Zensor übermütig werden. Zwei Wochen geschah nichts, aber als der Verlag auf Antwort drang, hieß es lapidar: *„Es ist Entfernung des ganzen Artikels notwendig“*. Man könne ja statt dessen Anzeigen einrücken. Weitere Wochen später – das nächste Heft war bereits gedruckt und die Leser in der DDR begannen sich zu wundern – bestätigte der Zensor seinen Befehl und fügte hinzu: *„Wir stellen Ihnen anheim, diesen Artikel selbst noch einmal nachzulesen. Eine weitere Stellungnahme unsererseits erübrigt sich.“* Augenscheinlich war eine Erwähnung Bonhoeffers in der DDR nicht erwünscht.

Gerade dies wollte die Bunsen-Gesellschaft aber nicht hinnehmen. Der Erste Vorsitzende ersuchte Max Volmer als Präsidenten der Akademie und Träger der

19 Vor der Trennung stand auf dem Titelblatt: „Unter Mitwirkung der Deutschen Bunsen-Gesellschaft“.

Bunsen-Denkmünze um Beistand, Günther reiste nach Berlin, um mit ihm zu verhandeln, was ihm aber nur in Gegenwart von G. Rienäcker als Aufpasser gelang. Nach langen Mühen einigte man sich auf folgenden unschuldigen Satz, den Volmer durchzusetzen hoffte: „*Auch um die Entwicklung der Literatur unseres Faches hat er sich bemüht. An der Zeitschrift für physikalische Chemie hat er zu allen Zeiten als Redakteur mitgewirkt.*“ Auch dies half nichts. Erst im September nach einer weiteren Intervention Günthers konnte Rienäcker die Genehmigung der doppelt verwässerten Fassung melden. Inzwischen war das inkriminierte Heft längst ohne Gedenkartikel versendet worden, aber nun wurde er nachgeliefert. Die Druckerei war inzwischen so verängstigt, daß sie anfing, von sich aus rückzufragen, wenn ihr etwas bedenklich erschien[20].

Selbst nach diesen Erfahrungen war der Vorsitzende der Meinung, eine Vorzensur der Zeitschrift sei dem Herausgeber zumutbar, denn auch wenn sie unzensiert im Westen gedruckt würde, hätte man bei der Einfuhr in die DDR die gleichen Probleme. Schwab gab allerdings zu bedenken, daß man dadurch Herrn Ulbricht eine Zensur auch im Westen ermögliche. Man solle doch lieber von Fall zu Fall 100 hasenreine Exemplare für den Osten herstellen lassen; das sei zwar für die Leute dort blamabel, aber ihre eigene Schuld[21].

Trotz solcher Einwände und weiterem Ärger entschloß man sich erst im Jahr 1970, die Zeitschrift wieder in der Bundesrepublik zu drucken, nachdem Kontakte mit den Mitgliedern in der DDR weitgehend unmöglich geworden waren. Hartnäckig immer von neuem gewählte Vertreter der DDR im Ständigen Ausschuß waren ständig verhindert und die an dort wohnende Mitglieder adressierte Zeitschrift landete meistens bei anderen Interessenten.

Nur 31 Mitglieder in der DDR hielten der Bunsen-Gesellschaft die Treue, konnten allerdings keine Beiträge mehr zahlen[22]. Eine eigene Vertretung der physikalischen Chemie in der DDR kam nie zustande. Die dortige Chemische Gesellschaft richtete lediglich Fachgruppen für einige Teilgebiete ein. Als das chemische Vereinswesen 1990 im Rahmen der Wiedervereinigung neu geordnet wurde, ging es im wesentlichen um die Übernahme der Chemischen Gesellschaft durch die GDCh, die bei dieser Gelegenheit solchen Fachgruppen freundlich Unterschlupf in verwandten eigenen anbot, ohne die Bunsen-Gesellschaft an den Verhandlungen zu beteiligen[23]. Diese hatte einige Mühe, auch in den „Neuen Ländern“ wieder Fuß zu fassen. Die Hauptversammlung in Leipzig 1993 zeigte, daß es ihr inzwischen gelungen ist.

---

20 Unterlagen (Alle aus dem Jahr 1958): Deutsche Buch-Export und -Import an Verlag Chemie 20. 5., 4. 7., 3. 9., Verlag Chemie an Deutsche Buch-Export und -Import 27. 8., Verlag Chemie an P. Günther 23. 5., G. M. Schwab an P. Günther 27. 5., Th. Goldschmidt an M. Volmer 29. 6., P. Günther an M. Volmer 28. 7., P. Günther an Th. Goldschmidt 7. 7., Druckerei O. Schmidt an P. Günther 4. 9.

21 Th. Goldschmidt an P. Günther 4. 9. 1958, G. M. Schwab an Th. Goldschmidt 18. 9. 1958. Sitzung des Ständigen Ausschusses vom 22. 11. 1958.

22 Sie sind im Anhang des Mitgliederverzeichnisses von 1985 abgedruckt, später nicht mehr.

23 Vgl K. Schuhmann auf der Vorstandssitzung der DBG am 11. 11. 1990.

1.45 Vorstand und Ständiger Ausschuß seit den fünfziger Jahren

Seit Mitte der Fünfziger Jahre ist die Bunsen-Gesellschaft in ruhiges Fahrwasser gelangt. Wie die Aufstellung im Anhang (Tabelle A.7) zeigt, ist die Mitgliederzahl seit 1960 etwa konstant geblieben und hat erst in jüngster Zeit wieder zugenommen. Als Vorsitzende folgen einander im 2-Jahres-Rhythmus Hochschullehrer und möglichst hoch oben in der Hierarchie angesiedelte Industrielle; sie werden im engeren Vorstand beraten von den Altvorsitzenden, die zwei Jahre als zweite Vorsitzende weiter tätig sind und dann noch sechs Jahre ihre Erfahrungen zur Verfügung stellen – eine von R. Sammet angeregte Verkürzung dieser Zeit[24] wurde nicht weiter verfolgt – und vom Schatzmeister, auch er nach Möglichkeit ein hochangesehener Vertreter der Industrie, dem niemand eine Bitte um Unterstützung verweigern mag.

Der Ständige Ausschuß als erweiterter Vorstand verfügt seit damals meist über die in den Statuten vorgesehene Höchstzahl von 15 Mitgliedern, auch hier in einer sorgfältigen Mischung von Industrie- und Hochschulvertretern, die nach zweijähriger Amtszeit regelmäßig wiedergewählt und nach vier Jahren verabschiedet werden.

Es ist berichtenswert, daß es unter Klaus Schäfer als kommissarischem Vorsitzenden einmal eine geheime Wahl für den Ständigen Ausschuß[25] und während der Amtszeit von Ernst Kuss sogar eine schriftliche Abstimmung über den ersten Vorsitzenden innerhalb des Ständigen Ausschusses gegeben hat[26]. In der Mitgliederversammlung konnte man sich der Zustimmung per Akklamation sicher sein. Vielleicht hat daher der Einwand nicht überzeugt, die Mitgliederversammlung stelle nur eine Zufallsminderheit dar. Mit ihm wollte H. Gerischer einmal den Antrag auf ein demokratischeres Wahlverfahren, etwa eine Briefwahl, begründen[27]. Immerhin beschloß man einige Jahre später, die Kandidaten auf der Mitgliederversammlung ausführlicher vorzustellen und bei Hochschulangehörigen die Teilgebiete des Fachs und die Herkunft aus den einzelnen Bundesländern angemessen zu berücksichtigen[28].

In den Sitzungen des Ständigen Ausschusses spiegelt sich wider, daß die Aktivitäten der Gesellschaft in den vergangenen vierzig Jahren erheblich zugenommen haben. Zwar ist die Hauptversammlung noch immer das repräsentative Ereignis des Jahres, aber es gibt fast immer jährlich weitere zwei Diskussionstagungen, dazu kommen gemeinsame Tagungen mit befreundeten Gesellschaften und neuerdings kleine informelle Veranstaltungen, denen die Bunsen-Gesellschaft durch ihren Namen höhere Weihen verleiht. Die Vorbereitenden des wissenschaftlichen Teils und die Vertreter des Ortsausschusses haben über ihre Pläne und Vorstellungen vorzutragen und der Ständige Ausschuß hat zu beschließen. Die Zeitschrift muß diese wissenschaftliche Betriebsamkeit berücksichtigen, ihr Umfang wächst ständig, was der Redakteur

24 Sitzung des Ständigen Ausschusses vom 19. 11. 1970.

25 Sitzung am 18. 10. 1950.

26 Vorgeschlagen wurden K. Clusius, W. Groth, W. Jost, G. Scheibe G. M. Schwab und W. Seith (Sitzung des Ständigen Ausschusses vom 17. 9. 1953), eine große Mehrheit erhielt G. M. Schwab, (Sitzung des Vorstands vom 28. 11. 1953).

27 Vorstandssitzung vom 19. 11. 1970.

28 Sitzung des Ständigen Auschusses vom 25. 10. 1977.

(meist erfolgreich) zu verteidigen hat, vor allem gegenüber dem Schatzmeister, der je nach Geschäftslage zur Sparsamkeit aufruft und Beitragserhöhungen androht oder Rücklagen für zukünftig denkbare Verpflichtungen des Vereins bildet[29]. Zu diesen gehörte 1985 auch „eine ausführliche repräsentative Geschichte der Bunsen-Gesellschaft zum 100jährigen Bestehen im Jahr 1994, für die Prof. Witte als Archivar schon mit Vorbereitungen begonnen habe“[30].

Neuerdings gibt es eine Buchreihe der Gesellschaft mit dem zeitgemäßen Titel „Topics in Physical Chemistry“, über die zu befinden ist, natürlich nach dem Vortrag eines der beauftragten Herausgeber; Unterrichtsfragen werden in einem speziellen Ausschuß behandelt, dessen Vorsitzender regelmäßig berichtet. Es gilt Preise für den Nachwuchs zu bewilligen und Themen für neue Tagungen zu diskutieren, also gibt es eine Preis- und eine Themenkommission, deren Sprecher zu Worte kommen.

Zudem sind die Präsidenten der GDCh und der Deutschen Physikalischen Gesellschaft (DPG) immer eingeladen und manchmal auch anwesend. So hat sich in den Sitzungen zu den Ausschußmitgliedern eine wachsende Zahl von Gästen hinzugesellt, so daß über 40 Teilnehmer zusammenkommen können, nicht viel weniger als üblicherweise bei den Mitgliederversammlungen.

Es ist nicht möglich und wäre auch allzu ermüdend, die verschiedenen Aktivitäten von Jahr zu Jahr zu beschreiben und sie einzelnen Personen zuzuordnen. Als Ersatz sind statt dessen im 2. Teil (Kap. 2.3 bis 2.6) die Ersten Vorsitzenden, Schatzmeister, Geschäftsführer(innen) und Herausgeber der Zeitschrift in Kurzbiographien vorgestellt und im Anhang die Vorsitzenden der Ausschüsse tabelliert (Tabelle A.6).

1.46 Neue Ehrungen, neuer Vereinssitz, neue Kooperationen

In der ersten Nachkriegszeit erschien die Ermutigung des Hochschullehrernachwuchses eine besonders notwendige Aufgabe – sie ist es, vielleicht mit Ausnahme der kurzen Zeit eines ungebremsten Hochschulausbaus in den siebziger Jahren, auch geblieben. Die chemische Industrie hat sich seiner in vielfacher Weise angenommen.

---

29 Eine kleine Übersicht zeigt die gesunde wirtschaftliche Lage der Gesellschaft, gleichzeitig die jährlichen Einnahmen, die Ausgaben für die Zeitschrift, einschließlich der Redaktion (in DM, gerundet) und die jährlichen Mitgliedsbeiträge (in DM):
a: Mitglieder, b: Studenten, c: Jungpromovierte, d: juristische Personen

Jahr	Bilanzsumme	Einnahmen	Zeitschr.	a	b	c	d
1948	14000	16400	20900	40	20		45
1957	175000	62000	41000	40	20		100
1967	289000	137000	32000	60	25		210
1977	451000	136000	107000	90	40	60	350
1987	770000	231000	85000	150	50	100	460
1990	803000	273000	97000	150	50	100	750

Der Beitrag für die Zeitschrift lag zwischen DM 6700 (1951) und 147000 (1988).

30 Sitzung des ständigen Ausschusses am 16. 5. 1985 unter Verschiedenes.

Auch die Bunsen-Gesellschaft konnte für ihr Fach aus diesem Engagement Nutzen ziehen.

Dies zeigte sich 1952, als F. Patat im Ständigen Ausschuß berichtete[31], K. Winnacker (damals Vorstandsvorsitzender der Farbwerke Hoechst) habe sich sofort zu einer Stiftung bereit erklärt, als er ihn um Mittel für einen Preis gebeten habe. Er stelle sich vor, ihn etwa alle drei Jahre zu Ehren Bodensteins an junge Wissenschaftler zu vergeben, die sich in der Reaktionskinetik hervorgetan hätten.

K. F. Bonhoeffer hielt dem entgegen, das sei eine zu einseitige Festlegung, man solle den Nachwuchs auf allen Gebieten des Faches fördern, etwa durch weitere Preise, die man nach Nernst und Haber benennen könne. Ob dies ganz unschuldig daher gesagt wurde, oder ob es ein abgekartetes Spiel war, weiß man nicht – jedenfalls gehörten die Vorstandsvorsitzenden der beiden anderen IG-Nachfolger, K. Wurster (BASF) und U. Haberland (Bayer), damals dem Ständigen Ausschuß an und nahmen an der Sitzung teil. Beide versprachen natürlich sofort Gleiches und erklärten, sie würden dafür sorgen, daß Mittel von der Industrie bereit gestellt würden, um jedes Jahr einen Preis zu verleihen.

So entstand der Förderpreis, der seit 1953 regelmäßig als Nernst-, Haber- oder Bodensteinpreis vergeben wird. Seit kurzem trägt er den Namen Nernst-Haber-Bodenstein-Preis, um bei der Nennung von Kandidaten nicht in der Fachrichtung eingeschränkt zu sein. Daher hat man auch auf einen weiteren, etwa, wie öfter vorgeschlagen[32], nach Debye genannten Preis verzichtet. Die Entscheidung liegt beim Ständigen Ausschuß, er wird beraten von einer Kommission aus je zwei Hochschul- und Industrievertretern unter der Leitung des jeweiligen ersten Vorsitzenden, die Vorschläge der Fachkollegen entgegennehmen.

Die Preisträger sind im 2. Teil (Kap. 2.11) mit ihrer Laudatio und kurzen biographischen Angaben zusammengestellt.

Natürlich hat die Bunsen-Gesellschaft auch ihre schon früher bestehenden Auszeichnungen weiter verliehen, also die Ehrenmitgliedschaft und die Bunsen-Denkmünze. Neu hinzugekommen ist 1992 ein Pendant zu der letzteren, die Walther-Nernst-Denkmünze, ferner mit „Gedächtnisvorlesungen" eine neue Art von Auszeichnungen. Die Träger all dieser Ehrungen sind ebenfalls in Teil 2 abgebildet und in zeitlicher Reihenfolge beschrieben (Kap. 2.7 bis 2.10 und 2.12)[33].

Für die Geschichte des Vereins berichtenswert ist der Weg zu seinem heutigen und, wie zu hoffen, endgültigen Sitz in Frankfurt/Main. Mit dem Jahr 1953 endete die Amtszeit des Zweiten Vorsitzenden K. Schäfer und damit auch seine Tätigkeit als Geschäftsführer. Schon damals stand ein Domizil für den Verein im Haus der chemischen Industrie in Frankfurt zur Diskussion. Der Versuch, einen Geschäftsführer im Frankfurter Raum zu finden[34] und Luise Wolf dorthin zu verpflanzen, schlug jedoch

---

31 Sitzung des Ständigen Ausschusses vom 22. 5. 1952.

32 z.B. Brief E. Lippert an H. Witte 21. 3. 1968, Sitzung des Ständigen Ausschusses vom 22. 5. 1968.

33 Seit 1993 gibt es ferner den „Paul-Bunge-Preis" der Hans R. Jenemann-Stiftung, die von GDCh und Bunsen-Gesellschaft getragen wird. (Ber. Bunsenges. 97 (1993) 950). Er ist mit mindestens DM 10000 dotiert und für Arbeiten aus dem Bereich der Geschichte wissenschaftlicher Instrumente gedacht. Im 5köpfigen Entscheidungsgremium ist der Erste Vorsitzende der Bunsen-Gesellschaft vertreten.

34 E. Kuss an K. Winnacker 18. 7. 1952.

fehl. Zudem zeigte eine Kalkulation, daß man es noch billiger haben konnte, obwohl die Räume gratis angeboten waren.

So übernahm mit Franz Vorländer ein enger Mitarbeiter des damaligen Ersten Vorsitzenden Ernst Kuss die Geschäftsführung nebenamtlich an seinem Arbeitsplatz in der Duisburger Kupferhütte. Nach der Pensionierung von Luise Wolf verlegte er auch das Sekretariat nach dort. Er hatte viel Arbeit, es zu ordnen und endlich 1954 ein neues Mitgliederverzeichnis herauszubringen, das erste seit 1933.

Es traf sich günstig, daß zu dem Zeitpunkt, als er in den Ruhestand ging, das Carl-Bosch-Haus in Frankfurt bezugsfertig war. Die Stadt hatte es für das Gmelin- und das Beilstein-Institut gebaut und stellte dort der GDCh und der Bunsen-Gesellschaft Räume kostenlos zur Verfügung. Vorländer vertrat bereits die Bunsen-Gesellschaft im Verwaltungsausschuß des Hauses. Als Pensionär siedelte er nach Frankfurt über, blieb Geschäftsführer und übernahm die Verwaltung des gesamten Gebäudes. Die Bunsen-Gesellschaft hatte so 1957 den Vereinssitz gefunden, den schon P. Thießen 1943 im Auge hatte (Kap. 1.39).

Wand an Wand mit der GDCh zu leben war nicht leicht. Sie war ein Verein, der sich ganz dem Wachstum verschrieben hatte, ihre ungestümen Aktivitäten auf allen Gebieten des Faches blieben nicht ohne Eindruck auf die relativ kleine Bunsen-Gesellschaft, deren Mitgliederzahl fast konstant blieb und die sich bisher vielleicht allzusehr selbst genügt hatte.

In der GDCh hatte man schon lange das Bestreben nach immer engerer Spezialisierung erkannt. Den Drang der Spezialisten, sich mit Gleichgesinnten zusammenzutun und Grüppchen zu bilden, in denen man sich gegenseitig bestätigen konnte, hatte sie richtig eingeschätzt und ihn durch Gründung immer neuer Fachgruppen in ihr genehme Bahnen gelenkt.

In der Bunsen-Gesellschaft war man dagegen noch lange ganzheitlich gesonnen. Zwar hatte der weitblickende Eucken bereits 1949 geraten, mit G. Seith Verhandlungen aufzunehmen und eine Arbeitsgruppe „Spektroskopie" zu gründen, um weitere Absplitterungen wie seinerzeit bei der Kolloidgesellschaft zu vermeiden, und dabei sogar Zustimmung gefunden[35], aber es geschah nichts weiter. Als in Bonn 1953 ein Arbeitsausschuß „Vakuum" gegründet wurde, lehnte die Bunsen-Gesellschaft ab, man bilde keine Arbeitsausschüsse[36]. 1956 lief es bei der Arbeitsgemeinschaft „Korrosion", einer Gründung der DECHEMA zur Vereinnahmung von Bundesmitteln, zunächst ähnlich[37]. Dann entschloß man sich aber, hier und in anderen Fällen (Ausschuß zur Förderung der Atomtechnik, Zentralausschuß für Spektrochemie und angewandte Spektroskopie u.a.), als Korporation beizutreten, oder wenigstens ein interessiertes Mitglied als Vertreter zu entsenden. Auf diese Weise blieb es allerdings beim persönlichen Interesse und die Bunsen-Gesellschaft hatte nur einen sehr indirekten und eventuell vorübergehenden Einfluß.

Als die GDCh 1959 eine Fachgruppe „Angewandte Elektrochemie" plante, war es nicht anders. Helmuth Fischer, ihr späterer zweiter Vorsitzender, erklärte, seine Mit-

---

35 Sitzung des Ständigen Ausschusses vom 13. 10. 1949.

36 Sitzung des Ständigen Ausschusses vom 17. 9. 1953.

37 Sitzung des Ständigen Ausschusses vom 10. 5. 1956.

streiter hätten sich zu der Gründung im Rahmen der GDCh entschlossen, weil die Bunsen-Gesellschaft sich leider den speziellen Interessen der Fachleute nicht so ausführlich widmen könne wie gewünscht. Dort war man zufrieden, durch ihn vertreten zu sein, um ein gewichtiges Wort mitsprechen zu können[38], aber faktisch wurde so erneut ein Teilgebiet der physikalischen Chemie, diesmal sogar das Gründungsfach der Bunsen-Gesellschaft, in anderer Regie gepflegt. Ebenso gründete die GDCh eine Fachgruppe für die Halbleiterchemie, und sogar für die Theoretische Chemie gab es ähnliche Bestrebungen[39], Fachstrukturen „Anorganische Chemie“ und „Organische Chemie“ wurden ausprobiert – daß die physikalische Chemie noch nicht dabei war, verdankte man vielleicht nur der Abwesenheit der Physikochemiker bei den GDCh-Tagungen.

Gleichzeitig wurde auch die Deutsche Physikalische Gesellschaft aktiv. Es entstand z.B. die Arbeitsgruppe Massenspektroskopie, der Fachausschuß Thermodynamik und Statistik, zuletzt auch eine Fachstruktur Chemische Physik.

Während die Kontakte der Bunsen-Gesellschaft mit den anderen Organisationen der Chemiker traditionell eng waren, ist dies mit denen der Physiker nie in entsprechendem Maße der Fall gewesen (vgl. auch Kap. 1.35)[40]. Dies ist inzwischen besonders beklagenswert, weil nach dem Abflauen des kernphysikalischen Booms das Interesse der Physiker an Gebieten gewachsen ist, die auch die Physikochemiker als ihr Arbeitsfeld zu betrachten pflegen. Diese Entwicklung hat mit sich gebracht, daß (wie schon in Kap. 1.16 angedeutet) die Lehrstühle der Physikalischen Chemie an den Hochschulen in zunehmendem Maß durch Physiker besetzt werden, bei denen sich dann wieder bevorzugt Physiker als Mitarbeiter bewerben. Es ist nicht ganz leicht für die Bunsen-Gesellschaft, auch in diese Gruppen einzudringen.

Nur bei der Theoretischen Chemie gab es eine gleichmäßige Beteiligung: Eine Arbeitsgemeinschaft für dies Fach entstand kürzlich unter der gemeinsamen Verantwortung von DPG, GDCh und DBG.

Ob zu Recht oder Unrecht, in der Bunsen-Gesellschaft mag man zwischen den zwei großen Vertretungen der Physik und der Chemie allmählich das Gefühl gehabt haben, von beiden Seiten angeknabbert zu werden[41]. In Großbritannien hatte die Faraday Society (FS) aus allerdings etwas anderen Gründen eine mögliche Lösung aufgezeigt, als sie sich 1971 der Chemical Society als Faraday Division eingliederte[42]. Der Zusammenschluß aller chemischen Gesellschaften des Landes zur Royal Society of Chemistry hatte zusätzlich den Vorteil, das Zeitschriftenwesen neu und ansprechend ordnen zu können.

---

38 Sitzung des Ständigen Ausschusses vom 7. 5. 1959.

39 Sitzung des Ständigen Ausschusses vom 5. 11. 1976.

40 Versuche zu engerer Zusammenarbeit vor allem bei Tagungen und in Unterrichtsfragen gab es mehrfach von Seiten der Bunsengesellschaft, auch den Vorschlag einer assoziierten Mitgliedschaft (Sitzungen des Ständigen Ausschusses vom 23. 11. 72 und 31. 5. 73), aber bisher ohne nennenswerten Erfolg.

41 Eine Bemerkung auf der Vorstandssitzung vom 23. 5. 1979 ist hier sehr zugespitzt formuliert.

42 Siehe D. H. Whiffen, D. H. Hey, The Royal Society of Chemistry: The First 150 Years, London 1991, p. 39. Der Zusammenschluß von Chemical Society und Royal Institute of Chemistry zur Royal Society of Chemistry erfolgte 1980.

Seit etwa 1979 nahmen auch in der Bunsen-Gesellschaft die Diskussionen über die Zukunft breiteren Raum ein. Die familiäre Atmosphäre, die in ihr noch unter der vor allem wissenschaftlich tätigen langjährigen Geschäftsführerin Elfriede Brauer herrschte, mußte neuen Anforderungen weichen. Eine technische Zusammenarbeit mit der GDCh erschien nützlich, ohne daß die fachliche und wirtschaftliche Unabhängigkeit angetastet würde. H. Harnisch legte hierzu einen mit dem neuen Geschäftsführer H. Behret ausgearbeiteten Plan vor[43]. Er bedauerte, daß es im deutschen Vereinsrecht keine Konstruktion gäbe, wie etwa die Tochtergesellschaften im Gesellschaftsrecht.

Das Ergebnis der damals[44] beschlossenen Verhandlungen war die Beteiligung der Bunsen-Gesellschaft an dem GDCh-Mitteilungsblatt „Nachrichten aus Chemie, Technik und Laboratorium" mit monatlichen Informationen und regelmäßigen Tagungsberichten, sowie ein Dienstleistungsvertrag über Sekretariats- und Verwaltungsarbeit, der vor allem die Datenverarbeitung der GDCh für Mitgliederverwaltung und Rechnungswesen der Bunsen-Gesellschaft ausnutzen und so ihre Verwaltung verbilligen sollte[45]. Es traf sich, daß H. Behret zu dieser Zeit eine hauptamtliche Tätigkeit in der GDCh aufnahm.

Außerdem wurde vereinbart, daß die beiden Vereine jeweils durch ihre Vorsitzenden in ihren Leitungsgremien vertreten sein sollten[46]. Die Präsidenten der GDCh haben dies Recht bei 8 der 24 seit 1982 abgehaltenen Sitzungen wahrgenommen.

In jüngster Zeit ist eine gewisse Flurbereinigung eingetreten: In der GDCh denkt man (ähnlich wie schon einmal im Jahr 1939) an zwei Abteilungen, satzungsgemäß im Rang von Fachgruppen: die Liebig-Vereinigung für organische Chemie und die Wöhler-Vereinigung für anorganische Chemie[47]. Die physikalische Chemie soll fortan ungestört und selbständig von der Bunsen-Gesellschaft weiter gepflegt werden.

Alarich Weiss als Erster Vorsitzender hat 1988 auch mit der Deutschen Physikalischen Gesellschaft ein Abkommen getroffen. Von der Teilnahme an den Sitzungen wird dort allerdings wenig Gebrauch gemacht. Nur einer der Präsidenten, O. G. Folberth, hat sich bisher sehen lassen, dieser allerdings dreimal. Seit 1990 blieb der angebotene Platz leer.

Schon einige Jahre früher hatten auch auf internationaler Basis einige Gesellschaften des Faches sich auf ähnliche Weise verbunden[48]: Seit 1984 werden Vertreter der französischen, englischen und italienischen Schwestergesellschaft zu den Sitzungen eingeladen und vice versa[49]. In den bisher 20 Sitzungen nach 1984 waren zwar

43 Sitzung des Ständigen Ausschusses vom 3. 11. 1980.

44 Sitzung des Ständigen Ausschusses vom 28. 5. 1981.

45 Sitzung des Ständigen Ausschusses vom 20. 5. 1982. Die Vereinbarungen wurden 1983 wirksam.

46 Ein Platz im Vorstand der GDCh war seit langem für ein Mitglied der Bunsen-Gesellschaft reserviert, vgl. Sitzung des Ständigen Ausschusses vom 11. 5. 1972.

47 GDCh-Vorstandssitzung 9. 12. 1993. Zu den früheren Plänen siehe Kap. 1.35.

48 Darüber hinaus gab es eine gegenseitige Reduktion der Mitgliedsbeiträge bei der Faraday Society, ebenso wie bei der Electrochemical Society schon seit Jahrzehnten.

49 Als berufene Mitglieder im Coucil der Faraday Society gab es schon vorher deutsche Wissenschaftler, z.B. W. Jost, E. U. Franck, H.-G. Wagner.

noch keine englischen oder italienischen Gäste anwesend, französische immerhin fünfmal, aber auch der Austausch der Protokolle als Folge dieser freundlichen Geste ist zweifellos von Nutzen.

Glücklicherweise besteht die Zusammenarbeit der vier Gesellschaften bei der Organisation gemeinsamer Tagungen schon viel länger und ist inzwischen Routine geworden (siehe Kap. 1.48).

Die geschilderten, eher technischen Maßnahmen mochten den Status der Bunsen-Gesellschaft aufbessern, aber es ging um mehr, nämlich die Zukunft des Faches und seine Repräsentation durch den Verein.

Was hier in den vergangenen Jahren geschehen ist, wird in den nächsten drei Kapiteln skizziert: In ihrem Unterrichtsausschuß hat sich die Bunsen-Gesellschaft ein Instrument geschaffen, mit dem sie bei den Diskussionen um das Studium auf Gehör hofft. Sie hat ferner versucht, in ihren Tagungsthemen Wünschen aus vielen Richtungen entgegenzukommen, ihre Tagungen effektiver zu gestalten und dabei auch neue Formen angeboten. Sie war schließlich bemüht, ihre Zeitschrift den sich ständig ändernden Bedingungen anzupassen, ihre Attraktivität für Autoren und Leser zu erhöhen und ihr literarisches Angebot zu erweitern.

1.47 Der Unterrichtsausschuß und die Studienreform

1950 hatte sich der unermüdliche Erich Lange wie schon einmal 1937 an seine Kollegen gewandt und sie aufgerufen, sich zur Behandlung von Unterrichtsangelegenheiten im Rahmen der Bunsen-Gesellschaft zusammenzutun[50]. Im Ständigen Ausschuß gab es Widerstand – man kannte Lange und fürchtete sicher, es werde auf Nomenklaturfragen hinauslaufen – aber P. Günther setzte sich für die Forderung ein, und es ging aus wie seinerzeit: Lange durfte Aktivitäten entfalten, aber zum Vorsitzenden wurde ein anderer bestimmt, diesmal Günther.

Von dem zunächst aus sechs Personen bestehenden Ausschuß melden die Akten bis 1958 nichts. Dann tauchten erstmals die allzu langen Studienzeiten in der Diskussion auf. Es war, als sich E. Bartholomé beklagte, die Universitäten bildeten zu wenig Physikochemiker aus. Das Thema wurde an den Ausschuß verwiesen. Gleiches geschah mit einer Anregung von W. Groth (1960), man müsse die physikalische Chemie in die Diplomphysikerprüfung einbeziehen, um den hohen Bedarf an Physikochemikern durch Physiker zu decken. 1961 wurde der Mangel an Chemikern sogar vom Ersten Vorsitzenden P. Baumann in seiner Eröffnungsrede zur Hauptversammlung thematisiert. Seit damals hört man von der Industrie mit unschöner Regelmäßigkeit abwechselnd Warnungen vor dem Chemiestudium und vor dem fehlenden qualifizierten Nachwuchs[51].

1962 – Lange war inzwischen Vorsitzender geworden – gab es eine neue Konstruktion des Ausschusses: Er bestand nunmehr aus allen Fachvertretern der physi-

50 Vgl. die Sitzung des Ständigen Ausschusses vom 18. 5. 1950.

51 Vgl. Nachr. Chem. Techn. 16 (1968) 83. – Das prozyklische Verhalten der Industrie bei der Einstellung von Chemikern im Fall von Wachstum und Rezession ist bemerkenswert.

kalischen Chemie, die sich zu jeder Hauptversammlung trafen und alle zwei Jahre einen neuen Vorsitzenden wählten. Diese sind in Tabelle A.6 tabelliert.

Hauptthema wurde nun die Frage individueller Ausbildungswünsche von Studenten, wobei man vermutlich die kühne Hoffnung hegte, diese würden sich in einem vermehrten Interesse für die physikalische Chemie äußern und so den beklagten Mangel beheben. Lange schlug eine Wahlmöglichkeit nach dem Vorexamen vor, die mit einem Studienberater vereinbart und von der Prüfungskommission genehmigt werden müsse[52].

Inzwischen war die Studienreform auch andernorts Dauerthema geworden. Westdeutsche Rektorenkonferenz und Kultusministerien arbeiteten Rahmenordnungen für die Diplomprüfung aus, auch die Öffentlichkeit begann Anteil zu nehmen. Die „Bildungskatastrophe" erschreckte die Gemüter, ein Ausbau der Hochschulen erschien dringend, der Wissenschaftsrat schaltete sich ein, die Parlamente debattierten auf Grund seiner Empfehlungen. Diese waren im allgemeinen weniger revolutionär als die Reformer es sich gewünscht hätten und liefen im wesentlichen auf mehr Personal, mehr Mittel, neue Fachrichtungen und viele Parallel-Lehrstühle hinaus.

Ein großer Teil der Forderungen wurde verhältnismäßig rasch erfüllt. Inzwischen ist ein Mehrfaches davon verwirklicht. Während es um 1950 noch alte Universitäten gab, in denen die physikalische Chemie nur durch ein Extraordinariat vertreten war, gibt es jetzt zahlreiche neue Hochschulen, überall Instituts-Neubauten und mehrere Lehrstühle für das Fach. Trotzdem war die Hochschulreform ein Wettlauf zwischen Hase und Igel, denn in noch stärkerem Maße wuchsen die Studentenzahlen.

In der Chemie war besonders problematisch, daß nahezu alle, die das Diplomexamen geschafft hatten, auch promovierten. Die Professoren brauchten Mitarbeiter, die Industrie den Titel[53]. Allerdings erklärte z.B. K. Weil im Ständigen Ausschuß, die Industrie würde auch Diplomchemiker einstellen, wenn die Anforderungen an die Dissertation so hoch geschraubt würden, daß ein hoher Prozentsatz die Hochschulen mit dem Diplom verließe[54].

1966 veröffentlichte der Wissenschaftsrat auch spezielle Empfehlungen für eine Neuordnung des Studiums. Eines von seinen vier Modellbeispielen war die Chemie. Dem zugehörigen Ausschuß gehörte als Physikochemiker E. U. Franck an. In den Empfehlungen für das Chemiestudium findet sich als einzige Spezialisierung innerhalb des normalen Studiengangs das wieder, was der Unterrichtsausschuß seinerzeit vorgeschlagen hatte: *„Studenten mit besonderem Interesse für physikalische Chemie soll die Möglichkeit gegeben werden, sich unter Verzicht auf einen Teil der obligatorischen anorganisch- und organisch-chemischen Vorlesungen und Praktika verstärkt der physikalischen Chemie zuzuwenden"*.

52 Rundschreiben vom 5. 3. 1962.

53 Der ausgezeichnete, wenn auch nicht ernst gemeinte Vorschlag des Bildungsministers (1969–72) Hans Leussink, erst zu promovieren und dann erst das Diplomexamen zu machen, hätte sicher sehr geholfen, die Hochschulen zu entlasten und die Industrie zu befriedigen.

54 Sitzung des Ständigen Ausschusses vom 23. 10. 1967.

Nun setzte eine rege Tätigkeit aller Gremien ein, die sich für Chemie zuständig fühlten: GDCh, ADUC[55], Bunsen-Gesellschaft, DECHEMA, Verband der Chemischen Industrie verfaßten 1967 ein an die Kultusministerien gerichtetes Petitum zu den Empfehlungen, in welchem man diese im wesentlichen bekräftigte, aber möglichst große Flexibilität forderte – kurz, ein Elaborat, das im wesentlichen die Uneinigkeit unter den Petenten verschleierte.

Diese kam bald zutage, als man daran ging, konkrete Studienpläne zu entwerfen. Der ADUC als für die Ausbildung zuständiges Gremium bildete eine Koordinierungskommission, der Unterrichtsausschuß der Bunsen-Gesellschaft verschickte einen Fragebogen an alle Institute und arbeitete auf Grund der Antworten einen Vorschlag aus, der von dem Grundgedanken ausging, daß bei dem Vordringen physikalisch-chemischer Methoden in der Chemie derartig Ausgebildete als Doktoranden für alle chemischen Fächer nützlich sein müßten. Die Vorschläge wurden innerhalb der Koordinierungskommission akzeptiert, jedoch wenige Tage später im Plenum in Abwesenheit der Vertreter der physikalischen Chemie zunichte gemacht, indem man Einsparungen bei den Praktika der anderen Fächer normalerweise für unmöglich erklärte[55a]. Wie üblich war der ADUC während der jährlichen Dozententagung zusammen gekommen, die kurz vor der Hauptversammlung der Bunsen-Gesellschaft stattfand und daher kaum von Physikochemikern besucht wurde. Der Vorschlag, solche Sitzungen gelegentlich auch während einer Bunsentagung abzuhalten, war mit der Begründung abgelehnt worden, dort seien zu wenig Anorganiker und Organiker anwesend.

Selbst der Organiker H. Bredereck als Präsident der GDCh verurteilte dies Vorgehen, H. Witte als Vorsitzender der Bunsen-Gesellschaft drohte, an ihm könne die Einheit des ADUC zerbrechen[56], aber die Aufregung war unnötig, letzthin geschah nichts, auch das Petitum beachtete niemand.

Trotzdem war man noch nicht entmutigt. 1969 bildete die Bunsen-Gesellschaft einen Engeren Unterrichtsausschuß aus zehn Mitgliedern unter dem Vorsitz von H. Gerischer, um einen Gesamtstudienplan aufzustellen[57]. Dabei kam ein Grundstudium von 5 Semestern mit einer durchaus realistischen Zahl von Wochenstunden heraus, dazu Teilprüfungen in Mathematik, Physik und anorganischer Chemie, physikalischer Chemie, organischer Chemie jeweils nach dem 2. bis 5. Semester, die insgesamt das Vordiplom ergeben sollten. Ein erster Abschluss war nach dem 6. Semester mit einer kleinen Arbeit und einem geeigneten Titel vorgesehen. Er sollte mit einem Zweitstudium, etwa der Wirtschaftswissenschaften, sinnvoll kombiniert werden können[58]. Für Vollchemiker gab es statt dessen ein Vertiefungsstudium von 3

---

55 ADUC (vgl. Kap. 1.12) ist neuerdings eine Abkürzung für: „Arbeitsgemeinschaft der Professoren C4 für Chemie an Universitäten und Technischen Hochschulen der Bundesrepublik Deutschland". (Es gibt allerhand Möglichkeiten, die Folge der vier Buchstaben im vollständigen Namen des Gremiums zu finden.)

55a Vgl. Nachr. Chem. Techn. 16 (1968) 37.

56 Briefe von H. Witte an K. Heyns, 5. 7. 1968, H. Bredereck an K. Heyns, 19. 7. 1968, K. Heyns an H. Witte, 31. 7. 1968, H. Witte an K. Heyns, 4. 11. 1968. Sitzung des Ständigen Ausschusses am 22. 11. 1968.

57 Dem Ständigen Ausschuß vorgelegt am 20. 11. 1969.

58 Wie der Erste Vorsitzende R. Sammet auf dieser Sitzung erklärte, hätten so Ausgebildete die gleichen Berufschancen wie promovierte Chemiker.

Semestern mit einer Diplomprüfung. Reichte diese für eine Zulassung zur Promotion aus, sollte auf eine Diplomarbeit verzichtet werden.

Alle Beteiligten waren sehr zufrieden mit sich, und der Plan kam zu den Akten, wo auch die meisten Bemühungen der nächsten 25 Jahren landeten, darunter etwa Versuche in den Jahren 1970 bis 1973, die physikalische Chemie auch im Studienplan der Physiker zu etablieren. Dies erschien dringend, weil die naturwissenschaftlichen Fakultäten an vielen Hochschulen aufgespalten wurden, wobei Physik und Chemie meist in verschiedene Fachbereiche kamen, die physikalische Chemie aber stets bei der Chemie blieb.

Inzwischen ist der Reform-Elan der siebziger Jahre bei Professoren und Studenten verflogen, aber es gibt weiteres zu tun oder zu verhindern. Noch immer treffen sich interessierte Hochschullehrer als Unterrichtsausschuß regelmäßig während der Hauptversammlung. Der Engere Unterrichtsausschuß berücksichtigt in seiner Zusammensetzung neuerdings die föderalistische Ordnung der Bundesrepublik[59] und wird nun Unterrichtskommission[60] genannt.

Jahrzehntelang war die physikalische Chemie vor allem mit der Selbstbehauptung gegen die Übermacht der organischen, später auch der anorganischen Chemie beschäftigt gewesen, um deren Förderung sie seinerzeit so bemüht war (Kap. 1.13). Inzwischen befinden sich alle drei Fächer gemeinsam im Belagerungszustand und werden einige heilige Kühe schlachten müssen. Sie haben sich überdies ständig neuer Forderungen zu erwehren. Zur Zeit sind es immer weitere Spezialfächer, eine obligatorische Ausbildung in Biologie, in Rechtskunde, im Umgang mit Gefahrenstoffen und Computern, all das (wie immer) verbunden mit dem Verlangen nach verkürzter Studiendauer. Es ist ein Ansinnen, das schon wegen der europäischen Einigung durchaus ernst zu nehmen ist, da viele Länder ihre Absolventen früher ins Berufsleben entlassen. Es wäre aber ebenso wichtig, auch bei Schulzeit und Wehrdienst anzusetzen. Auch diese Forderung ist Jahrzehnte alt und wurde immer wieder im Wissenschaftsrat und anderswo diskutiert[61].

1.48 Die Entwicklung des Tagungswesens seit der Wiedergründung

Von der Wiedergründung bis zu ihrem 100. Geburtstag kann die Bunsen-Gesellschaft auf nahezu 200 verschiedene Tagungen zurückblicken. Hierüber im einzelnen zu berichten ist unmöglich, selbst kurze Bemerkungen hätten keinen Sinn. Als Versuch, wenigstens einen kleinen Einblick in Zeit, Ort, Thematik und Veranstalter zu vermitteln, sind in den Anhang fünf Tabellen (A.1 – A.5) aufgenommen. Sie enthalten das gesamte Tagungsprogramm seit 1894, eingeteilt in die Hauptversammlungen und die Diskussionstagungen vor und nach 1948, ferner die 1980 beginnenden Bunsen-

---

59 Sitzung des Ständigen Ausschusses vom 8. 5. 1986.

60 Siehe Ber. Bunsenges. phys. Chem. 80 (1976) 1045.

61 Vgl. z.B. Vorstandssitzung der GDCh vom 27. 5. 1966, Regierungserklärung der Regierung Brandt 1973, Rede von H.-G. Wagner auf der Hauptversammlung 1983.

kolloquien, alle in zeitlicher Reihenfolge. Nach 1948 kamen noch einige Vortragsveranstaltungen zum Gedächtnis von Ostwald, Nernst und Haber hinzu. Sie finden sich in der Tabelle der Hauptversammlungen.

Um einen Einblick in den Umfang des Dargebotenen und das Interesse der Fachkollegen an der Tagung zu geben, enthalten die Tabellen weiterhin die Zahl der Vorträge zum Hauptthema und ihre Gesamtzahl, sowie nach Möglichkeit die der Teilnehmer. Bei allen in der Zeitschrift veröffentlichten Tagungen sind die Zitate angegeben, bei einigen auch andere Publikationen.

Das Grundschema der Hauptversammlung blieb erhalten; auch Termin und Dauer wurde seit 1949 nicht mehr in Frage gestellt – zu tief hatte sich die Tradition auf den mit Himmelfahrt beginnenden Wochenabschnitt festgesetzt: Am Donnerstagmorgen tagt der Ständige Ausschuß, nachmittags der Unterrichtsausschuß, gefolgt von der Mitgliederversammlung und dem Begrüßungsabend. Der wissenschaftliche Teil beginnt Freitagmorgen nach der Eröffnung mit Plenarvorträgen. Es folgen Kurzvorträge, abends eine Veranstaltung, am Sonnabend wieder Vorträge und zum Schluß der Gesellschaftsabend. Das Damenprogramm heißt allerdings jetzt Rahmenprogramm.

Bei einer der Eröffnungssitzungen gab es ein ungewöhnliches Ereignis: Zur Tagung 1986 in Heidelberg mit dem Thema „Modellierung komplexer chemischer Systeme“ präsentierte das Kammerensemble der Staatsphilharmonie Rheinland-Pfalz die Uraufführung einer Auftragsarbeit „Assiomi di moto“ von Hans-Peter Dott, von den Veranstaltern eigens mit der Vorgabe bestellt, einen Zyklus in Musik zu setzen, der Elemente mathematischer Exaktheit und chemischer Komplexheit enthielte.

Immer wieder erwies sich die hohe Zahl von Vortragsanmeldungen als problematisch, und immer wieder gab es dieselben Vorschläge: Die Diskussion verlief zwischen den Extremen weniger Plenarvorträge von Koryphäen mit hochkarätiger Diskussion (Eucken) und einer Spielwiese möglichst vieler junger Leute, die sich in entsprechend vielen Parallelsitzungen vorstellen sollten (Bonhoeffer). Zahlreiche Zwischenlösungen wurden versucht. Um mehr Zeit für Kurzvorträge zu gewinnen, gab es ab 1957 eine „Dozententagung“ mit Kurzvorträgen am Donnerstagnachmittag, aber die Zuhörer blieben aus und man gab den Versuch bereits 1961 wieder auf. Eine scharfe Auslese der Anmeldungen erwies sich als schwierig, solange nur kurze Zusammenfassungen vorgelegt wurden. So blieben häufig nur formale Kriterien übrig, etwa ein Vortrag je Arbeitskreis und nicht zweimal ähnliches.

Vor allem aber war die wissenschaftliche Organisation der Tagungen über Jahre hinweg durch eine weitere Kontroverse erschwert. Sie spielte sich zwischen Hochschul- und Industrievertretern ab: Je mehr die einen sich am Rande der Erkenntnis bewegen wollten, desto eher blieben die anderen der Tagung fern, da sie vor allem einen für sie interessanten und verständlichen Überblick suchten.

So wurden 1975[62] die Mitglieder zu ihrer Meinung über die Gestaltung der Hauptversammlung befragt, wobei immerhin 351 Antworten eingingen. Wertet man

62 Vorstandssitzung vom 30. 10. 1974, Fragebogen abgeschickt am 15. 1. 1975. (Ergebnis in Ber. Bunsenges. Phys. Chem. 79 (1975) 934).

die von Hochschul- (75%) und Industrieangehörigen (25%) kommenden Antworten getrennt aus, so sind die Unterschiede nur in wenigen Punkten signifikant. So wünschten Industrievertreter eher kein Hauptthema (39% gegenüber 23%), sie waren weniger für Kurzvorträge (11% gegenüber 28%), sie wünschten Fortbildungsvorträge von Wissenschaftlern (13% gegenüber 1%). Beide Gruppen interessierten sich gleichermaßen für Fortschrittsberichte, die im Mittel ebenso oft verlangt wurden wie Kurzvorträge (20% und 22%). Insgesamt überwog aber bei beiden Gruppen der Wunsch, es beim alten Modus zu belassen. So mochten zwar Hochschulangehörige lieber länger tagen, aber für den traditionellen Umfang waren immerhin noch 59% gegenüber 67% der Industrieangehörigen.

Seit damals leitete man verschiedene Gruppen von Kurzvorträgen durch Fortschrittsberichte ein. Dadurch nahm allerdings die für Einzelvorträge verfügbare Zeit weiter ab, was wieder am bequemsten durch mehr Parallelsitzungen kompensiert werden konnte. Allein beim Hauptthema erschien dies widersinnig. Um trotzdem das Angebot erhöhen zu können, führte man 1979 Posterausstellungen zum Hauptthema ein.

All diese Maßnahmen konnten nicht verhindern, daß die Beteiligung von Industrieangehörigen gering blieb. 1977 bei einem immerhin thermodynamischen Hauptthema waren es 12%, 1982, als es um Geochemie ging, sogar nur 7%. Angesichts der traditionellen und zweifellos für beide Seiten vorteilhaften Verbindung von Wissenschaft und Industrie bei Mitgliedschaft und Leitungsgremien war dies ein Alarmzeichen und forderte neue Bemühungen heraus. Seit 1991 läuft der Versuch, während der Hauptversammlungen als weitere Parallelveranstaltung ein zusätzliches Sondersymposium möglichst anwendungsorientierter Thematik abzuhalten und damit gleichzeitig eine kleine Diskussionstagung in die Hauptversammlung einzugliedern (vgl. Tab. A.2).

Bei den Diskussionstagungen waren die Gewichte von vorneherein anders verteilt. Hier besaß die Industrie besonders in den ersten Jahren nach 1948 starken Einfluß, schon weil sie der noch recht schwachbrüstigen Gesellschaft mit großzügigen Angeboten entgegenkommen konnte. Daher finden wir viele Veranstaltungen mit industrienaher Thematik, vorbereitet von Wissenschaftlern aus Forschungslaboratorien der Großindustrie, manchmal auch in deren Räumlichkeiten. Damit die Großzügigkeit nicht zu viele anlockte, versuchte man sich in einer gewissen Geheimhaltung: Die Tagungen wurden in der Zeitschrift erst nachträglich oder so spät bekannt gemacht, daß nicht Eingeladene kaum etwas erfahren konnten[63].

Dies hatte sicher kaum Einfluß auf das wissenschaftliche Niveau, aber so drohten die Tagungen Veranstaltungen eines kleinen Kreises von Insidern und weniger der Bunsen-Gesellschaft zu werden. Ein weiterer Einwand war, dadurch könnte die Vielfalt der Themen leiden, insbesondere die Theorie zu kurz kommen[64]. Inzwischen hat sich eine ausgewogene Mischung ergeben: die Tagungen sind häufiger, die

---

63 Eine Diskussion über die Vor- und Nachteile dieses Verfahrens gab es anläßlich der Mitgliederversammlung vom 29. 5. 1954 (Z. Elektrochem 58 (1954) 817). Später wurde das Thema noch mehrfach angeschnitten, z.B. im Ständigen Ausschuß am 19. 5. 1966.

64 Sitzung des Ständigen Ausschusses vom 23. 11. 1955.

Themen enger umschrieben, die industrielle Unterstützung gut dosiert, so daß die Teilnehmerzahl sich meist im gewünschten Rahmen hält[65]. Immer mehr bildet sich die Sitte aus (vgl. Tab. A.4), eine Übersicht über das Thema durch wenige eingeladene Vorträge zu geben, statt der Kurzvorträge Poster zu präsentieren, gruppenweise eine Übersicht über diese zu geben, sonst aber einen großen Teil der Diskussionen einem kleinen Kreis vor den Postern zu überlassen. Seit Anfang der siebziger Jahre erscheinen die Diskussionstagungen in der Zeitschrift ohne Diskussionen, zumal diese oft nur ein Jahrmarkt der Eitelkeiten sind. Was an ihnen fruchtbar war, sollte der Autor in seinen Text einarbeiten.

Lange Zeit kamen die Vorschläge für Tagungsthemen auf recht undurchsichtige und zufällige Weise vor den Ständigen Ausschuß. Erst 1964 beantragte G. M. Schwab, Sonderkommissionen für verschiedene Aufgaben, darunter für Themenvorschläge, zu bilden[66]. Damals beschloß man Ad-hoc-Kommissionen, die jeweils bis zur nächsten Sitzung Themenvorschläge für die anstehenden Tagungen erarbeiten sollten. Da sich dies wenig bewährte, gründete man 1969 einen ständigen Themenausschuß für diesen Zweck, der aus je zwei Mitgliedern aus Hochschulen und Industrie bestehen sollte. Die Amtszeit betrug vier Jahre, jedes Jahr sollte ein Mitglied ausgewechselt werden. 1981 erweiterte man die Kommission auf neun Mitglieder mit einem Wechsel von drei Mitgliedern in zweijährigem Turnus. Sie hatten ihren Vorsitzenden selbst zu wählen, dieser berichtete vor dem Ständigen Ausschuß. Die Kommission war in der Regel so fleißig, daß es für eine Reihe von Jahren reichlich Vorschläge zur Auswahl gab.

Auch im Rahmen der europäischen Zusammenarbeit wurden die Bunsen-Gesellschaft und ihre Schwestern aus anderen Ländern aktiv. Gemeinsame internationale Diskussionstagungen unter Verantwortung oder Beteiligung der Bunsen-Gesellschaft gab es ab und zu seit dem großen Passivitätskolloquium in Heiligenberg 1957, das K. F. Bonhoeffer noch vorbereitet hatte, und das dann zu seinem Gedächtnis stattfand. Sie kamen dank internationaler Beziehungen einzelner Wissenschaftler zustande.

1971 konnte W. Jost von einer dieser Veranstaltungen, der deutsch-französischen Tagung in Lindau, berichten[67], er habe dort allseits Interesse an engerer Zusammenarbeit gefunden, etwa durch wechselseitige Vertretung von Faraday Society (FS)[68], Société de Chimie Physique (SCP)[69] und Bunsen-Gesellschaft (DBG) in den Vorstandsausschüssen, z.B. zum Abgleich der Themen und zur Vorbereitung gemeinsamer Tagungen. Fast gleichzeitig schlug auch E. U. Franck eine institutionelle Vertretung der Gesellschaften in ihren Gremien vor.

Diese Anregung fiel auf fruchtbaren Boden. Schon auf der nächsten Sitzung berichtete H. Gerischer als erster Vorsitzender, er habe Kontakt mit dem Präsidenten der FS mit dem Ziel der Zusammenarbeit der Themenausschüsse und gegebe-

65 Vgl. Sitzung des Ständigen Ausschusses vom 22. 11. 1968. Am 20. 5. 1971 beschloß man, Firmen nur noch für praxisnahe Themen in Anspruch zu nehmen.

66 Sitzung des Ständigen Ausschusses vom 7. 5. 1964, abschließend behandelt am 23. 10. 1964.

67 Brief vom 6. 11. 1971 an den Ständigen Ausschuß. Sitzung des Ständigen Ausschusses vom 12. 11. 1971.

68 Seit 1980 Royal Society of Chemistry, Faraday Division.

69 Seit 1983 Division de Chimie Physique de la Société de Chimie Française.

nenfalls in den Vorbereitungsausschüssen aufgenommen. Gleiches war schon 1968 einmal mit der SCP anläßlich einer gemeinsamen Tagung in Montpellier erprobt, aber dann nicht fortgeführt worden.

Inzwischen hat sich auch die 1966 gegründete Associazione Italiana di Chimica Fisica (AICF) angeschlossen. Gemeinsame Diskussionstagungen (Joint Meetings) von 2 – 4 dieser Gesellschaften fanden seither regelmäßig in einem der vier Länder statt, anfangs etwa alle 2 Jahre, seit 1988 jährlich[70]. Die Tagungen sind in Tabelle A.4 aufgenommen und dort mit J gekennzeichnet. In den Bunsenberichten wird über sie allerdings nur berichtet, wenn die Bunsen-Gesellschaft federführend ist.

Nicht immer glückte die Zusammenarbeit vollkommen. Gelegentlich hatten die örtlichen Veranstalter schon alles organisiert, ehe die Vertreter der anderen Gesellschaften zu Worte kamen, so daß sich die Gemeinsamkeit auf die Ankündigung beschränkte[71].

Trotz aller Bemühungen, die Tagungsthemen aktuell und vielseitig zu gestalten, gab es unter den Mitgliedern immer wieder Klagen. Es hieß, die Bunsen-Gesellschaft verträte weder die theoretische Chemie noch die angewandte physikalische Chemie hinreichend, zudem mangele es an Flexibilität, denn die Themen würden auf Jahre hinaus festgelegt. So schlug L. Riekert als Vorsitzender der Themenkommission eine neue Art von Tagungen vor[72], die später den Namen Bunsenkolloquien erhielten. Sie sollten ein Forum für kleine Gruppen zu speziellen Fragen sein, sich selbst tragen, keinesfalls länger als zwei Tage dauern und Aktivitäten von unten Raum geben, ohne daß eine Pflicht zur Veröffentlichung bestünde. Der Ständige Ausschuß stimmte dem Plan zu, legte fest, daß er den Antrag des Veranstalters genehmigen müsse, die Bunsen-Gesellschaft aber dann ihren Namen hergeben und bei der organisatorischen Vorbereitung, notfalls auch mit Vorschuß oder Bürgschaft helfen werde.

Wie die Zusammenstellung in Tabelle A.5 zeigt, hat die neue Einrichtung Anklang gefunden. Seit 1980 fanden fast 60 derartige Kolloquien statt. Manche arteten nahezu in Diskussionstagungen aus[73]. Die Hoffnung, es würden sich dabei dauerhafte neue Gruppierungen bilden, die regelmäßig tagten und so zu einem Äquivalent für Fachgruppen heranwachsen könnten, hat sich bisher allerdings nur teilweise erfüllt, etwa bei der Chemie der Atmosphäre.

Eine der auffälligsten Erscheinungen im Tagungswesen der letzten zwanzig Jahre ist die Zunahme der englischen Sprache, auch in Veranstaltungen ohne Mitwirkung anderer Gesellschaften und mit nur wenigen ausländischen Gästen. Die Diskussionstagung im Herbst 1978 wurde noch deutsch angekündigt, aber bereits zweisprachig abgehalten, seit 1972 gab es auch schon englische Ankündigungen. Inzwischen pflegen auf Diskussionstagungen auch Deutsche miteinander Englisch zu reden.

---

70 Beschluß des Ständigen Ausschusses vom 3. 11. 1986.

71 So berichtete H. Gerischer von den Vorbereitungen zur Tagung 1982 in Southampton, betonte allerdings, daß dem Veranstalter ein gewisses Vorrecht bleiben müsse (Sitzung des Ständigen Ausschusses vom 20. 5. 1982).

72 Sitzung des Ständigen Ausschusses vom 24. 5. 1979.

73 Vgl. Sitzung des Ständigen Ausschusses vom 12. 11. 1990, wo sich K. Schuhmann über zu große Teilnehmerzahl und englische Vorträge und Diskussionen beklagte.

1.49 Die Zeitschrift und die Publikationstätigkeit 1950 – 1994

Die Zeitschrift hat sich in der Nachkriegszeit stärker gewandelt als je zuvor. Ein Leser aus den zwanziger Jahren dürfte sein betuliches Vereinsorgan von damals kaum wiedererkennen. Besonders in den letzten beiden Jahrzehnten traf vieles zusammen, das die Lage erschwerte: Die Verlagskosten vervielfachten sich[74], das Fach weitete sich aus, immer mehr Spezialgebiete suchten sich eigene Organe, der Anteil Deutschlands an der wissenschaftlichen Produktion sank ständig und damit auch die Beachtung deutscher Zeitschriften. So wuchs unter den Autoren der Eindruck, nur Veröffentlichungen in den Organen angelsächsischer Länder (besonders natürlich der USA) hätten noch Aussicht auf internationale Resonanz.

In den ersten Nachkriegsjahrgängen war die Zeitschrift für Elektrochemie noch dünn, ihr Papier schlecht und ihre Herstellung billig. P. Günther als Herausgeber war bestrebt, ihren Umfang so schnell wie möglich zu steigern. Er gab Festhefte zu runden Geburtstagen verdienter Kollegen heraus, er beklagte, daß z.B. bei der Hauptversammlung in Lindau 1952 nicht alle Vorträge an die Zeitschrift gegeben wurden. Wie die Aufstellung in Tabelle A.7 zeigt, hatte sie bereits nach 5 Jahren wieder etwa 1000 Seiten und damit ihre frühere Größe, und schon 1956 gab es Schwierigkeiten:

1955 war ein neuer Vertrag mit dem Verlag ausgehandelt worden, der im Prinzip dem von 1924 ähnelte (Kap. 1.32). Der Verlag übernahm die Herstellungskosten, erhielt die Erlöse aus den an Nichtmitglieder gelieferten Exemplaren und lieferte dafür die Zeitschrift umsonst an die Mitglieder. Beide Gruppen waren damals etwa gleich groß. Die Bunsen-Gesellschaft hatte die Redaktionskosten zu tragen, erhielt die Hälfte eines etwaigen Gewinns, mußte sich aber an einem Defizit beteiligen, das bei Überschreitung eines Normalumfangs von etwa 1000 Seiten unvermeidlich wurde. Diese Regelung blieb im Prinzip bis heute erhalten, wenn sie auch in der vorgesehenen Seitenzahl und den Aufgaben der Redaktion den Verhältnissen immer wieder angepaßt wurde[75].

Wollte man die Zuzahlungen klein halten, mußte der vereinbarte Umfang eingehalten werden. Dies widersprach dem Ziel, das Fach durch vermehrte Tagungen und die Zeitschrift durch Tagungsberichte zu fördern. Der für diese erforderliche Raum nahm bald so zu, daß Originalmanuskripte nur schnell genug erscheinen konnten, wenn man höhere Seitenzahlen in Kauf nahm.

So blieb die Alternative von Preiserhöhung oder Einsparung im Drucktext[76], die bis heute die Situation der Zeitschrift kennzeichnet. Lange Zeit versuchte man, die

---

74 1 Druckseite kostete etwa: 1935: RM 27, 1947: RM 48, 1968: DM 130, 1979: DM 300, 1983: DM 400 (ohne Redaktionskosten). Der Preis des Bandes für Abonnenten stieg von RM 12 im Jahr 1894 auf DM 950 im Jahr 1994.

75 Seit 1964 mußte der Verlag seine Kosten im einzelnen nachweisen, 1972 wurde der Normalumfang auf 1200 Seiten, später auf 1400 Seiten erhöht und der Bunsen-Gesellschaft eine Überschreitung sowie die Portogebühren in Rechnung gestellt, 1983 verpflichtete die Redaktion sich, Manuskripte und Nachrichtenteil druckfertig abzuliefern, 1982 wurde der Verlag aufgefordert zu rationalisieren.

76 Als Maßnahmen seien genannt: Wegfall von Widmungsheften (1960), nur noch Kurzfassung von nicht zum Hauptthema gehörigen Beiträgen auf Hauptversammlungen (1960), Wegfall dieser Kurzfassungen (1979), verkürzte Tagungsprogramme (1964) etc.

vermehrten Kosten möglichst von den Mitgliedern fernzuhalten und sie Zahlungskräftigeren aufzubürden: Nur persönliche Mitglieder kamen noch in den Genuß der billigen Exemplare (1965), der Preis des Abonnements wurde laufend erhöht, von Firmen wurden zusätzliche Spenden erwartet. Man griff damit in ein empfindliches Regelsystem ein und mußte feststellen, daß die Zahl der Abonnenten zugunsten der persönlichen Mitglieder laufend abnahm. Aus ähnlichen Gründen verbot es sich, Seitenhonorare einzuführen (1965).

1981 wurde der Vorschlag durchkalkuliert, den Bezug der Zeitschrift von der Mitgliedschaft zu trennen. Der Verlag schätzte, nur etwa 200 Mitglieder würden dann noch abonnieren und errechnete einen Mitgliederpreis von 395.– gegenüber dem damaligen Abonnement in Höhe von 500.–[77]. Damit konnte sich die Mitgliederversammlung nicht anfreunden.

Um die Zeitschrift auf eine gesunde Basis zu stellen, war es jedoch weniger wichtig zu sparen, als ihre Attraktivität zu erhöhen und ihr zu mehr internationaler Beachtung zu verhelfen. Dazu gehörten bereits die Versuche, den Namen der Zeitschrift langsam den Gegebenheiten anzupassen bis hin zu einem nahezu englischen Titel (vgl. Tabelle 2.6). Man suchte international bekannte ausländische Autoren zu gewinnen, wozu besonders die Diskussionstagungen geeignet waren, deren Berichte bald in deutsch-englischer Mischung mit etwas französischem Gewürz herauskamen[78].

Auf Dauer kam es darauf an, die Attraktivität auch für deutsche Autoren so zu erhöhen, daß man mit angelsächsischen Organen konkurrieren konnte. Die Redaktion führte Kurzmitteilungen (Communications) ein und sorgte für rasches Erscheinen der Manuskripte. Vor allem förderte sie systematisch die Benutzung der englischen Sprache. Das Ergebnis glich einem Umklappvorgang: Etwa 1968 gab es ganz vereinzelt englische Artikel deutscher Autoren, 1974 war noch mehr als die Hälfte in Deutsch, 1978 bereits der größere Teil englisch. 1992 finden sich nur noch 1,3 % deutsche Publikationen. Nur der neugestaltete Nachrichtenteil hält noch das deutsche Fähnlein empor, doch selbst dort erwarten deutsche Rezensenten zunehmend, ihre Buchbesprechungen würden nur auf Englisch gelesen. Der Verfasser dieser Historie fürchtet bereits, er habe die falsche Sprache benutzt.

Diese Entwicklung mag notwendig sein, hinreichend ist sie nicht. Ganze Gebiete, wie Oberflächen, Katalyse, Kolloide, Polymere, Theoretische Chemie sind zur Zeit nur wenig in der Zeitschrift vertreten, verständliche zusammenfassende Berichte sind, wie jahrzehntelange Erfahrung beweist, kaum zu gewinnen. Als Ersatz müssen die Übersichtsvorträge auf den Tagungen dienen und dazu entsprechend gestaltet werden.

Ein gewisser Lokalpatriotismus oder, vornehmer ausgedrückt, ein „europäisches Publikationsbewußtsein"[79] ist wohl notwendig, um die Zeitschrift wieder repräsentativ für das Fach zu machen. Für die Möglichkeit, ein solches zu wecken, spricht, daß

---

77 Verlag Chemie an H. Harnisch, 19. 10. 1981.

78 Wichtig waren hier vor allem die Diskussionstagung in Heiligenberg 1960, aber auch Widmungshefte, z.B. für R. Mecke 1960.

79 A. Weiss im Ständigen Ausschuß am 24. 5. 1990.

ein Rundbrief des Ersten Vorsitzenden K. Schuhmann an alle Institute durchaus Erfolg hatte[80]. In letzter Zeit hat die Zeitschrift trotz recht scharfer Auslese stark expandiert (vgl. Tabelle A.7). Die Mitglieder waren bereit, dafür auch Beitragserhöhungen in Kauf zu nehmen.

Ein neuer Versuch, etwas für die physikalisch-chemische Weiterbildung zu tun, wurde 1988 mit der Herausgabe einer Reihe „Topics in Physical Chemistry" eingeleitet[81]. Sie sollte, vom Lehrbuchniveau ausgehend, Diplomanden, Doktoranden und im Beruf stehenden Chemikern die Möglichkeit geben, sich in Spezialgebiete einzuarbeiten. Von vier zur Erprobung gedachten Bänden sind inzwischen drei erschienen (Tabelle A.8).

1.50 Ausblick

Dies Buch soll eine 100jährige feiern. Sein historischer Teil müßte also mit einem Jubelruf, höchstens gedämpft durch den Konjunktiv, schließen, etwa im Stil des Ministerialen von 1914 (Kap. 1.24): „Möchte es der Bunsen-Gesellschaft mit den leuchtenden Namen, welche sie stets unter ihre Mitglieder zählen wird, bis in ferne Zukunft gelingen ...".

Nüchternheit ist angebracht. Probleme liegen zutage, sie sind in starkem Maße die schon mehrfach erörterten Probleme des so unklar definierten Fachs, das sich immer schwerer abgrenzen läßt, je mehr es in andere Teile der Chemie hineinwirkt. Es entwickelt Verfahren und Methoden, die es oft an diese verliert, sobald sie anwendbar sind oder die Apparateindustrie sich ihrer bemächtigt, während es selber immer tiefer ins Spezielle eindringen muß. Auf diesem Weg zerfällt es mehr als andere in Teilgebiete, die sich nur mit Mühe als Einheit sehen lassen. Diese Entwicklung macht es noch schwerer, weiter wie bisher Industrie- und Hochschulangehörige in gleicher Weise anzusprechen[82].

Die Bunsen-Gesellschaft war den Physikochemikern seit Jahrzehnten eine Heimat, ihre familiäre Atmosphäre haben viele schon als Doktoranden mit Sympathie vermerkt, wenn sie, bewogen durch sanften Druck ihres Lehrers und ein Doktorandenstipendium zum Besuch einer Tagung, erst einmal Mitglied geworden waren. Die meisten sind es auch später geblieben und haben die Tagungen als Gelegenheit benutzt, alte Bekannte zu treffen und Erinnerungen auszutauschen.

Dieser Weg ist für eine junge Generation nicht mehr so selbstverständlich. Vielleicht muß für sie mehr Beteiligung in den Gremien, eine andere Form der Wahlen gefunden werden, um sie an den Verein zu binden.

Die Bunsen-Gesellschaft kann nur weiter eine Heimat nicht nur für ihre Mitglieder, sondern auch für das Fach bleiben, wenn es ihr gelingt, dieses zusammenzuhalten. Will sie sich nicht als „Pressure Group" verstehen (und dazu fehlt ihr die Macht), so kann sie das nur mit ihren Mitteln, also Tagungen und Veröffentlichungen tun.

---

80 Vorstandssitzung vom 9. 11. 1987.

81 Sitzung des Vorstands vom 9. 11. 1987, des Ständigen Ausschusses vom 12. 5. 1988.

82 Siehe hierzu bereits die Ostwald-Denkschrift von 1901 (Kap. 1.19, Z. Elektrochem. (1900/01) 667).

So hoch das Niveau der meisten Diskussionstagungen ist und so viel die Teilnehmer im allgemeinen von ihnen haben – sie sind eher exklusiv und gerade nicht dazu geschaffen, Zusammengehörigkeit zu wecken. Dies können nur die Hauptversammlungen. Aber dazu muß jede einzelne attraktiv für eine große Zahl verschiedenartiger Interessen sein, und der Besuch muß sich lohnen. Die beste Form hierfür ist noch immer nicht gefunden. Wahrscheinlich ist eine Verlängerung mit einem zentralen Teil für alle Teilnehmer nötig. Es ist immer noch erstaunlich und stimmt hoffnungsvoll, daß die Zahl der Tagungsteilnehmer zwischen einem Drittel bis mehr als die Hälfte der Mitgliederzahl ausmacht (wobei natürlich auch viele Nichtmitglieder anwesend sind).

Viel schwieriger ist das Problem der Zeitschrift. Trotz anerkannter Qualität ist es ihr bei einem derart umfangreichen Fach unmöglich, alle Interessenten zu bedienen. Zweifellos bieten die Tagungsberichte, auf längere Zeit zusammengenommen, die Möglichkeit, sich über die Fortschritte des Fachs zu orientieren, aber diese Zeit mag zu lang sein.

Vielleicht wird eine Spezialisierung auch bei den Zeitschriften wissenschaftlicher Gesellschaften nicht zu vermeiden sein. Es wäre schön, z.B. einmal eine europäische Lösung zu finden, etwa in der Art, daß dann Mitglieder verschiedener Gesellschaften zwischen mehreren gemeinsamen Spezialzeitschriften wählen können.

Trotz allem, ein Glückwunsch ist angebracht, etwa mit den Abschiedsworten des Schatzmeisters Günther Breil 1987 – und ein Schatzmeister hat ja den besten Einblick –: „Societas Bunsensis vivat, crescat, floreat!“

2. Teil

Die Repräsentanten der Deutschen Bunsen-Gesellschaft

Kurzbiographien und Bilder

2.1 Alphabetische Übersicht 1894 – 1994

Das Ansehen der Bunsen-Gesellschaft in der Öffentlichkeit wird wesentlich durch ihre Repräsentanten im Vorstand und die von ihr in verschiedener Weise Geehrten bestimmt.

In der folgenden Tabelle 2.1 sind alphabetisch die Ersten Vorsitzenden (EV), die Ehrenmitglieder (EM), die Träger der Bunsen- und der Nernst-Denkmünze (BM und NM) sowie die Inhaber der verschiedenen Förderpreise (NHB) und der Gedächtnisvorlesungen (G) zusammengestellt und in den verschiedenen Spalten das Jahr der Wahl oder der Verleihung angegeben.

Die gleiche alphabetische Reihenfolge ist im Bildteil eingehalten. Alle Genannten sind durch Kurzbiographien beschrieben, die gruppenweise gemäß den einzelnen Spalten der Tabelle zusammengefaßt und in jeder Gruppe zeitlich geordnet sind. Ausführliche Angaben von mehrfach in der Tabelle Genannten sind in der Gruppe zu finden, zu der die am weitesten links stehende Jahreszahl gehört.

Tabelle 2.1

EV: Erste Vorsitzende
EM: Ehrenmitglieder
BM, NM: Inhaber der Bunsen- und Walther-Nernst-Denkmünze
NHB: Inhaber des Förderpreises (1898 – 1902) und des Nernst-Haber-Bodensteinpreises (1953 – 1994)
G: Durch Gedächtnisvorlesungen Geehrte

Name	EV	EM	BM	NM	NHB	G
Arrhenius, Svante		1895				
Bartholomé, Ernst	1977					
Baumann, Paul	1961					
Beck, Dieter					1966	
Beckey, Hans Dieter					1964	

Name	EV	EM	BM	NM	NHB	G
Bernthsen, August	1922					
Bjerrum, Niels		1954				
Bodenstein, Max	1929	1941	1936			
Böttinger, Henry T. v.	1902	1906				
Bonhoeffer, Karl Friedrich	1951		1955			
Bosch, Carl		1929	1918			
Bredig, Georg					1898	
Bunsen, Robert Wilhelm		1894				
Cannizzaro, Stanislao		1906				
Caro, Nikodem			1929			
Comes, Franz Josef					1970	
Cremer, Erika			1979			
Debye, Peter		1964				
Dick, Bernhard					1990	
Dickel, Gerhard					1957	
Dieckmann, Rüdiger					1984	
Dörr, Friedrich					1965	
Donnan, Frederick George		1933				
Duisberg, Carl		1931	1918			
Eckert, Helmut					1989	
Eggert, John		1957				
Eigen, Manfred		1979			1956	
Elbs, Karl	1918				1899	
Ertl, Gerhard			1992			
Eucken, Arnold	1950		1944			
Foerster, Fritz	1920					
Förster, Theodor			1972			
Franck, Ernst Ulrich	1979		1970			1992
Freyland, Werner					1983	
Geiseler, Gerhard		1991				
Gerischer, Heinz	1971		1976		1953	
Goldschmidt, Hans	1914					
Goldschmidt, Theo	1957					
Grabke, Hans-Jürgen					1972	
Grimm, Hans Georg	1935					
Grube, Georg			1948			
Grünbein, Wolfgang	1993					
Günther, Paul	1947		1958			
Haase, Rolf					1958	
Haber, Fritz		1929	1918		1902	
Hahn, Otto		1948				

Name	EV	EM	BM	NM	NHB	G
Harnisch, Heinz	1981					
Heimsoeth, Werner	1973					
Hempelmann, Rolf					1987	
Hensel, Friedrich	1991					
Hevesy, Georg v.		1951				
Hittorf, Wilhelm		1894				
Hoff, Jacobus Hendricus van't	1898	1895				
Hoffmann, Heinz					1976	
Horstmann, August		1912				
Hückel, Erich		1977				
Hund, Friedrich		1970				
Jost, Wilhelm	1963	1973	1967			
Kohlrausch, Friedrich		1894	1908			
Kolb, Dieter					1980	
Kuss, Ernst	1953					
Landolt, Hans		1904				
Laubereau, Alfred					1974	
Laue, Max v.		1951				
Le Blanc, Max	1911	1936				
Leutwyler, Samuel					1986	
Marquart, Paul	1908					
Mc Caskill, John Simpson					1992	
Mecke, Reinhard			1965			
Miller, Oscar v.		1929				
Mittasch, Alwin	1927	1949	1929			
Moissan, Henri		1899				
Neher, Erwin					1977	
Nernst, Walther	1905	1912	1914			
Onsager, Lars		1969				
Ostwald, Wilhelm	1894	1899				
Pier, Matthias			1953			
Pistor, Gustav		1952	1936			
Planck, Max		1929				
Quack, Martin					1982	
Quincke, Friedrich					1901	
Ramsay, Sir William		1904				
Römelt, Joachim					1988	
Roscoe, Sir Henry Ernest		1904				
Ruch, Ernst					1960	

Name	EV	EM	BM	NM	NHB	G
Sackmann, Horst			1990			
Sakmann, Bert					1977	
Sammet, Rolf	1969					
Saupe, Alfred					1974	
Schäfer, Fritz Peter					1968	1991
Schäfer, Klaus	1959		1977		(1943)[1]	
Schenck, Rudolf	1933[2]	1940				
Schmalzried, Hermann			1988			1993
Schmickler, Wolfgang					1985	
Schneider, Gerhard M.					1969	
Schottky, Walter		1960				
Schuhmann, Karl	1989					
Schulten, Klaus					1981	
Schwab, Georg-Maria	1955	1977				
Schwarz, Gerhard					1968	
Speckеter, Heinrich	1931					
Stackelberg, Mark Freih. v.					1955	
Steinhofer, Adolf	1965	1985				
Strauß, Benno			1927			
Stroof, Ignaz			1911			
Swodenk, Wolfgang	1985					
Tammann, Gustav	1924	1929	1921			
Thießen, Peter-Adolf	1942					
Träuble, Hermann					1975	
Troe, Hans-Jürgen					1971	
Verhoeven, Jan W.						1993
Vetter, Klaus Jürgen					1953	
Volmer, Max			1950			
Wagner, Carl		1973	1961			
Wagner, Heinz-Georg	1983			1993	1963	
Wagner, Julius		1922				
Walden, Paul		1933				
Wartenberg, Hans v.			1951			
Weil, Konrad Georg			1986			
Weiss, Alarich	1987	1992				
Weller, Albert					1962	
Weller, Horst					1991	
Werner, Alfred		1912				

1 Einziger Stipendiat der Rudolf Schenck-Stiftung (Sitzung des Ständigen Ausschusses vom 25. 3. 1943).
2 Zweite Amtsperiode 1936.

Name	EV	EM	BM	NM	NHB	G
Weyrich, Wolf					1979	
Wicke, Ewald	1975	1990	1981		1954	
Wiedemann, Gustav		1894				
Witt, Horst Tobias					1959	
Witte, Helmut	1967	1978				
Wittig, Franz Eberhard					1961	
Wolfrum, Jürgen					1978	
Zimmermann, Herbert			1983			

2.2 Vorstand, Vorsitzende und Ehrenvorsitzende

Zur Zeit ihrer Gründung bestand der Vorstand der Gesellschaft aus den beiden Vorsitzenden, dem Schatzmeister, zwei Schriftführern und einigen Beisitzern. Nach Ablauf seiner Amtszeit übernahm der erste Vorsitzende jeweils das Amt des zweiten. Seit 1898 trat ein Geschäftsführer mit beratender Stimme hinzu, und es gab einen Ehrenvorsitzenden in Person von Wilhelm Hittorf. Nach dessen Tode 1914 lebte dieses Amt nur noch einmal von 1918 – 1920 auf, als man dem alten Henry v. Böttinger eine Freude machen wollte.

Diese Struktur des Vorstands erwies sich bald als unpraktisch, da er nur in seiner Gesamtheit geschäftsfähig war. So wurde er als „Ständiger Ausschuß" weitergeführt und die Vertretung der Gesellschaft nach außen dem Dreiergremium aus den beiden Vorsitzenden und dem Schatzmeister als neuem Vorstand übertragen. Das Amt des Schriftführers verschwand allmählich. Die Zahl der Beisitzer wuchs von anfangs 4 auf wechselnde Zahlen zwischen 8 und 15. Sie setzen sich aus Industrie- und Hochschulvertretern zusammen. Es ist bemerkenswert, daß kontroverse Meinungen zwischen beiden Gruppen kaum erkennbar sind; in den Äußerungen der Industrievertreter war der wissenschaftliche Anspruch nicht geringer und die Betonung der Praxis nur selten größer als bei den Hochschulangehörigen – die Herkunft aus bestimmten Arbeitskreisen mag eher bestimmend gewesen sein.

Seit dem Vorschlag J. H. van't Hoffs im Jahre 1902 (vgl. Kap. 1.22) bürgerte es sich ein, der Mitgliederversammlung als ersten Vorsitzenden abwechselnd einen Vertreter der Hochschulen und der Industrie zur Wahl vorzuschlagen. 1920 entschloß man sich auf Antrag von Fritz Haber, die Amtsdauer auf zwei Jahre zu begrenzen und bei den Beisitzern unmittelbare Wiederwahl nur einmal zuzulassen (Kap. 1.31). Während der Zeit des Nationalsozialismus galt allerdings das „Führerprinzip", der Vorsitzende wurde irgendwie von der Vorsehung bestimmt, er blieb im Amt, solange er wollte und ernannte die Beisitzer und gegebenenfalls seinen Nachfolger (Kap. 1.35). In der Praxis änderte sich dabei nicht viel – selbst damals blieb es bei der wohlwollenden und allerseits anerkannten Oligarchie, die schon immer herrschte.

Der Vorsitzende wurde stets in einem kleinen Kreis früherer Würdenträger des Vereins ausgehandelt, nur selten erhält man Aufschluß über interne Diskussionen[1], aber es gibt keine Kunde, daß er einmal nicht den Beifall des Ständigen Ausschusses und später der Mitgliederversammlung gefunden hätte. Dank dieser „prästabilierten Harmonie“ mag ihre Reihe also durchaus ein Bild davon geben, wie die Mitglieder ihr Fach jeweils repräsentiert sehen wollten. Viele der Gewählten haben diesen Rückhalt benutzt, um in der traditionellen Rede zur Eröffnung der Hauptversammlungen zu verkünden, was ihnen am Herzen lag. So bietet ihre Reihe, die im folgenden Kapitel 2.3 vorgestellt wird, auch eine Art Geschichte des Vereins.

Die Biographien enthalten Angaben über die Hochschul- oder Industrielaufbahn sowie die wichtigsten Arbeitsgebiete, verzichten aber fast völlig auf Orden, Ehrungen, Ehrenämter und sonstige Erfolgsnachweise. Ihre Länge spiegelt nicht so sehr die Bedeutung des Dargestellten wider als die Buntheit seines Lebenslaufs, jedoch werden Lebende im allgemeinen etwas kürzer bedacht. Die Literatur-Hinweise bilden nur eine Auswahl; wenn vorhanden, sind auf jeden Fall die biographischen Artikel im Organ des Vereins (Zeitschrift für Elektrochemie, jetzt Berichte der Bunsen-Gesellschaft) angeführt. Seit den 50er Jahren pflegen sie sich regelmäßig zum 65. Geburtstag einzustellen.

2.3 Die Ersten Vorsitzenden 1894 – 1994

EV 1894 – 1898: **Wilhelm Ostwald**[2]

(2. 9. 1853 Riga (Lettland) – 4. 4. 1932 Großbothen). 1878 Promotion an der Universität Dorpat als Schüler von Karl Schmidt, 1882 Professor für Chemie am Polytechnikum in Riga, 1887 auf dem 2. Lehrstuhl für Chemie (später physikalische Chemie) an der Universität Leipzig, 1906 Rücktritt vom Amt aus Protest gegen seine Fakultät, die Bedenken zeigte, ein Freisemester zu befürworten. Seitdem Privatgelehrter in seiner Villa „Energie“ in Großbothen bei Grimma.

Untersuchungen zur Dissoziation schwacher Elektrolyte (Ostwaldsches Verdünnungsgesetz), über Reaktions-Zwischenstufen (Ostwaldsche Stufenregel), über Umlösung von Niederschlägen (Ostwald-Reifung), über periodische Reaktionen und Erregungs-Fortpflanzung an passiven Eisendrähten (Ostwald-Lilliesches Ner-

1 z.B. für 1927 M. Buchner oder K. Raschig statt A. Mittasch (Ständiger Ausschuß vom 30. 4. 1926), für 1935 G. Pistor (Bitterfeld), H. Kühne (Bayer-Leverksen), V. Engelhardt (Siemens & Halske) F. Bergius, F. Körber (KWI für Eisenforschung) statt H. G. Grimm (Ständiger Ausschuß vom 25. 11. 1933 und 17. 5. 1934)), für 1953 H. v. Siemens statt E. Kuss.

2 W. Ostwald: Lebenslinien, 3 Bde, Berlin 1926/27. – Grete Ostwald: Wilhelm Ostwald – mein Vater, Stuttgart 1953. – P. Günther: Ostwalds Wirken in seiner Zeit, Z. Elektrochem. 57 (1953) 868. – E. Farber, J. Chem. Ed. 30 (1953) 600. – F.Herneck: Wilhelm Ostwald, in: Abenteuer der Erkenntnis, Berlin 1973, S. 149.

venmodell), zur Begriffsbestimmung von Katalyse und Autokatalyse, Verfahren zur katalytischen Ammoniakverbrennung.

1909 erhielt er den Nobelpreis für Chemie „für seine Arbeiten über Katalyse und für seine Forschungen über die Grundprinzipien chemischer Gleichgewichte und Reaktionsgeschwindigkeiten".

Er war Autor zahlreicher Lehrbücher, Lehrer und Anreger einer großen Schar von Schülern, Gründer und langjähriger Herausgeber der Zeitschrift für physikalische Chemie, für die er Tausende von Referaten schrieb, Begründer der Reihe „Ostwalds Klassiker der exakten Wissenschaften". Er versuchte die Wissenschaft in ihrer Entwicklung als sich selbst regulierenden Organismus darzustellen, immer im Hinblick auf maximale Effektivität; auch eine aus Selbsterfahrung gewonnene Theorie des Glücks entsprang seiner nimmermüden Feder. Bemerkenswert auch seine Psychologie der Forscherpersönlichkeit (z.B. in dem Buch „Große Männer") mit ihrer Unterscheidung von Klassikern und Romantikern in der Wissenschaft. Sein langjähriges Hobby, die Malerei, führte ihn zu seiner letzten Arbeit, einer Farblehre für die Praxis (Ostwaldscher Farbkörper).

Ein Meister der Organisation, beginnend mit der des eigenen Lebens, ein Kämpfer für die Normung alles Erdenklichen, für internationale wissenschaftliche Organisationen, für den Weltfrieden und eine künstliche Weltsprache, ein Gegner aller Spekulationen, z.B. der Atome, bis er endlich durch die Radioaktivität eines besseren belehrt wurde. Seine eigenen Meinungen waren für ihn nie spekulativ, umso mehr die Aussagen aller Religionen. In öffentlichen Volksversammlungen gegen die Staatskirche fand er sich sogar mit Karl Liebknecht zusammen auf dem Podium.

EV 1898 – 1902: **Jacobus Hendricus van't Hoff**[3]

(30. 8. 1852 Rotterdam – 1. 3. 1911 Berlin). Technologie-Diplom in Delft, Studium der Mathematik in Leiden, arbeitete bei A. Kekulé in Bonn und bei C. A. Wurtz in Paris, 1874 Promotion in Utrecht, Assistent am dortigen Veterinärinstitut. Vier Jahre später, noch nicht ganz 26jährig, als Professor für Chemie, Mineralogie und Geologie an die neugegründete städtische Universität Amsterdam berufen. Er lehnte einen Ruf nach Berlin zunächst ab, da er eine zu große Belastung durch Dienstgeschäfte fürchtete. Auf Anregung von Emil Fischer erhielt er daraufhin 1896 eine Forschungsprofessur an der Berliner Akademie, *„weil sie von der Überzeugung durchdrungen (war) daß Herr van't Hoff unter den lebenden theoretischen Physikern und Chemikern einen der ersten Plätze einnimmt und nicht allein der Akademie zur Zierde gereichen, sondern auch durch seine Thätigkeit als Lehrer und Forscher in Ber-*

3 W. Hittorf, Z. Elektrochem. 6 (1899/1900) 381. – E. Cohen, J. H. van't Hoff, sein Leben und Wirken. Leipzig 1912. – W. Ostwald, Ber. Dtsch. Chem. Ges. 44 (1911) 2220. – O. Blumtritt, J. H. van't Hoff in: Berlinische Lebensbilder, Bd. 1, Naturwissenschaftler (Hrsg. W. Treue, G. Hildebrandt), Berlin 1987, S. 133.

lin außerordentlich anregend wirken würde[4],“ – eine Erwartung, die der früh von Krankheit Gezeichnete nicht mehr in vollem Umfang einlösen konnte.

Schon vor der Promotion publizierte er (gleichzeitig mit Le Bel) die Theorie des asymmetrischen Kohlenstoffatoms, 1884 die „Études de dynamique chimique“ mit den Prinzipien des beweglichen Gleichgewichts, den Differentialgleichungen der Kinetik sowie der Temperaturabhängigkeit der Geschwindigkeitskonstante, 1885 die osmotische Theorie der verdünnten Lösungen. In Berlin beschäftigte er sich vor allem mit geologischen Problemen wie den Gleichgewichten bei ozeanischen Salzablagerungen. In seiner letzten Zeit griff er biochemische Fragen auf.

Erster Träger des Nobelpreises für Chemie 1901 „für die Entdeckung der Gesetze der chemischen Dynamik und des osmotischen Drucks in Lösungen“.

EV 1902 – 1905: **Henry Theodor (von) Böttinger**[5]

(10. 7. 1848 Burton on Trent – 9. 6. 1920 Arensdorf (Neumark)). Wuchs in England auf, wo sein Vater eine Brauerei leitete, sanierte als junger Mann nach dem frühen Tod des Vaters das familieneigene Würzburger Hofbräuhaus. 1882 trat er in den Vorstand der Farbenfabrik seines Schwiegervaters Friedrich Bayer ein, die damals ihren Sitz in Elberfeld hatte. Er erkannte bald die Ungunst des dortigen Standorts und erwarb ein neues Gelände in Leverkusen. Sein Weitblick als Unternehmer einer patriarchalischen Epoche, seine Gabe, mit Menschen umzugehen und internationale Beziehungen zu knüpfen, trugen wesentlich zu dem Aufstieg der heutigen Bayer AG bei, die er bis 1907 als Direktor leitete, um dann den Vorsitz des Aufsichtsrats zu übernehmen.

Den Einfluß der chemischen Großindustrie in der Politik sicherte er als nationalliberaler Abgeordneter im preußischen Landtag, später (nach seiner Nobilitierung) im Herrenhaus, wo er die Wissenschaftsförderung zu seinem Hobby machte. Als Freund Friedrich Althoffs ließ er sich gern in dessen Pläne einspannen und unterstützte sie finanziell, z.B. bei den Bleibeverhandlungen Nernsts in Göttingen (Kap. 1.18). Ein Meister im Leiten von Versammlungen, war er als Gründer und Vorsitzender von Vereinen in seinem Element. Wichtig z.B. die „Göttinger Vereinigung zur Förderung der angewandten Mathematik und Physik“, ein Vorbild für die spätere Kaiser-Wilhelm-Gesellschaft, oder die „Wissenschaftliche Gesellschaft für Luftfahrt“, aus der die Aerodynamische Versuchsanstalt in Göttingen hervorging.

Ehrenvorsitzender 1918 – 1920.

---

4 Zitiert in Chemiker über Chemiker, Studien zur Geschichte der Akademie der Wissenschaften der DDR, Bd. 12, Berlin 1986, S. 291.

5 K. E., Z. Elektrochem 24 (1918) 183. – F. Quincke, Z. Angew. Chem. 31 (1918) 133. – L. Prandtl, Z. Flugtechn. u. Motorluftschiffahrt 11 (30. 6. 1920) – H. Goldschmidt, Chemiker-Ztg 44 (1920) 525.

EV 1905 – 1908: **Walther Nernst**[6]

(25. 6. 1864 Briesen (Westpreußen) – 18. 11. 1942 auf seinem Gut Zibelle bei Muskau, Schlesien). Promotion 1887 bei v. Ettinghausen in Graz (Nernst-Ettinghausen-Effekt), Assistent Ostwalds in Leipzig, Habilitation 1889 mit seiner osmotischen Theorie der galvanischen Zelle. 1890 Assistent bei E. Riecke am physikalischen Institut in Göttingen, 1894 auf das dort neu errichtete Ordinariat für physikalische und Elektrochemie berufen. 1905 in gleicher Funktion an der Universität Berlin, 1922 Präsident der Physikalisch-Technischen Reichsanstalt, ein Amt, bei dem ihn aber nur der Titel befriedigte, so daß er 1924 den Lehrstuhl für Physik an der Universität Berlin übernahm. 1933 Rücktritt aus Protest gegen nationalsozialistische Umtriebe in seinem Institut.

Ein Mann von unerhörter geistiger Reaktionsgeschwindigkeit und abenteuerlicher Selbstherrlichkeit, der auch seine Skurrilitäten bewußt für seine Zwecke einsetzte, der sagen konnte „Wissen ist der Tod der Forschung", aber mit seinen Anregungen eine große Schule begründete – Mittelmaß mied sein Institut. Ein theoretischer Geist voller Spürsinn für das zu seiner Zeit an Erkennbarem Mögliche, eine unnachahmliche Mischung aus klassisch gebildetem Geheimrat und Auto-Fan, vorurteilsfreiem Geist, kühnem Geschäftsmann und Landlord.

Lehrbuch „Theoretische Chemie" 1893, Diffusionsprozesse in galvanischen Zellen und in der heterogenen Kinetik, Wasserstoff-Überspannung, Gasreaktionen bei hohen Temperaturen, Radikale als Kettenträger, vor allem: „Nernstscher Wärmesatz" und dessen Nachweis anhand von Wärmekapazitäten bei tiefen Temperaturen unter Anwendung der Quantentheorie, seine Verwendung für Absolutberechnung chemischer Gleichgewichte, z.B. des Ammoniaks. Kosmologie (bereits 1921 pessimistische Bemerkungen über Uran als möglichen Sprengstoff).

Nobelpreis 1920 „in Anerkennung seiner Arbeiten über Thermochemie."

EV 1908 – 1911: **Paul Marquart**[7]

(3. 8. 1849 Bonn – 5. 4. 1917 Kassel). Sohn des Inhabers der pharmazeutischen Fabrik L. C. Marquart, Beuel b. Bonn. Praktikant bei R. Fresenius, trotz fehlenden Abiturs zum Chemie-Studium in Bonn zugelassen, promovierte ohne eigentliche Dissertation bei Bunsen in Heidelberg 1870, kam 1876 von Bochum als Mineralwas-

---

6 Viscount Cherwell, F. Simon, Obituary Notes of Fellows of the Royal Soc. 4 (1942) 101. – M. Bodenstein, Ber. Dtsch. Chem. Ges. 75 A (1942) 79 – J. Eggert, Z. phys. u. chem. Unterr. 56 (1943) 43. – H. B. G. Casimir, Nernst und die Quantentheorie der Materie, Ber Bunsenges. Phys. Chem. 68 (1964) 530. – K. Mendelssohn, Walther Nernst und seine Zeit. Weinheim 1976. – H. G. Barthel, Walther Nernst, Leipzig 1989. – E. Cremer, Walther Nernst und Max Bodenstein in: Berlinische Lebensbilder, Bd. 1, Naturwissenschaftler (Hrsg. W. Treue, G. Hildebrandt), Berlin 1987, S. 183.

7 Ein Bild von P. Marquart war nicht zu beschaffen. Quelle der Angaben: Mitteilungen Stadtarchiv Kassel, Universitätsarchive Bonn und Heidelberg, G. Bayer: Dr. L. C. Marquart 1804 – 1881, Med. Diss, Bonn 1962. – Kurzer Nachruf (anonym): Z. Elektrochem. 24 (1918) 120. – Patentangaben: Z. angew. Chem. 1891 – 1903.

serfabrikant nach Kassel und gründete die Chemische Fabrik Marquart & Schulz in Bettenhausen (als Gründungsdatum in anderer Quelle 1874 angegeben), die bis zu ihrer Liquidation 1925 als Chemische Fabrik Bettenhausen G.m.b.H. bestand. Patente sind von 1891 – 1901 nachzuweisen (Farbstoffe und organische Präparate, Herstellung wasserdichter Gewebe, Darstellung festen Ammoniaks, Zündmassen aus rotem Phosphor). Auf der Tagung der Gesellschaft deutscher Naturforscher und Ärzte 1903 sprach er über den hellroten Schenckschen Phosphor und seine Verwendung in der Zündholzindustrie[8]. Gründungsmitglied und erster Schatzmeister der Gesellschaft.

EV 1911 – 1914: **Max Le Blanc**[9]

(26. 5. 1865 Barten (Posen) – 31. 7. 1943 Leipzig). Promotion 1888 bei A. W. Hofmann in Berlin, seit 1890 Assistent von W. Ostwald in Leipzig, wo er sich 1891 habilitierte und 1895 a.o. Professor wurde. 1896 trat er als Leiter der elektrochemischen Abteilung in die Farbwerke Hoechst ein. 1901 erhielt er einen Ruf auf den neu gegründeten Lehrstuhl für Elektrochemie an der TH Karlsruhe und kehrte 1906 als Nachfolger W. Ostwalds nach Leipzig zurück, nachdem Nernst den Ruf abgelehnt hatte. 1933 emeritiert.

Arbeiten zur Leitfähigkeit von Salzen und Oxiden, über Zersetzungsspannung von Elektrolyten, Untersuchungen quasireversibler Elektrodenprozesse, auch mit Wechselstrom unter Anwendung des Spiegel-Oszillographen.

EV 1914 – 1918: **Hans Goldschmidt**[10]

(18. 1. 1861 Berlin – 21. 5. 1923 Baden-Baden). Promotion 1886 bei Bunsen in Heidelberg, seit 1888 zusammen mit seinem Bruder Karl Teilhaber der väterlichen Firma Th. Goldschmidt in Berlin. Die beiden verlegten sie nach Essen und bauten sie zu einem Unternehmen von Weltruf aus, der heutigen Th. Goldschmidt AG. 1916 nach einem Zerwürfnis mit seinem Bruder ausgeschieden, gründete er eine eigene kleine Firma, beschäftigte sich aber vor allem mit der Zucht von Orchideen auf seinen Gütern.

Erhielt 1889 ein Patent auf die elektrolytische Entzinnung von Weißblech in alkalischer Lösung, in der das Eisen passiv wird, ein Verfahren, das er später durch die Chlorentzinnung ersetzte. Machte 1898 die Reduktion von Oxiden durch Aluminiumpulver (später auch Ca-Silicid) technisch beherrschbar, indem er eine geeignete Zündmethode für das Gemisch erfand. Stellte mit diesem Thermitverfahren eine Reihe hoch schmelzender Metalle erstmals kohlenstoffrei dar und führte es zum Schweißen von Eisen ein.

8 Z. Elektrochem, 9 (1903) 892.

9 M. Volmer, Z. Elektrochem. 41 (1935) 309.

10 F. Foerster, Z. Elektrochem. 29 (1923) 405. – K. Müller, Stahl und Eisen 43 (1923) 902. – F. Haber, Ber. Dtsch. Chem. Ges. (1923) 77a. – W. v. Niebelschütz, Karl Goldschmidt, Essen 1957.

EV 1918 – 1920: **Karl Elbs**[11]

(13. 9. 1858 Alt-Breisach (Baden) – 24. 8. 1933 Gießen). Promovierte 1880 mit einer organisch-chemischen Arbeit in Freiburg, wurde dort 1883 Dozent, 1885 a.o. Professor. 1894 auf das neugeschaffene Ordinariat für physikalische Chemie in Gießen berufen, übernahm dort 1913 Liebigs Lehrstuhl, den er bis zu seiner Emeritierung 1929 innehatte. Einer der wenigen frühen Physikochemiker, der nicht aus dem Ostwald-Nernstschen Arbeitskreis hervorgegangen ist.

Begann mit organischen Synthesen, z.B. dem Ringschluß von Anthracen und höher annellierten Kohlenwasserstoffen, wechselte dann zur Elektrochemie, stellte elektrolytisch Persulfat dar, fand Blei(IV)-sulfat bei Untersuchungen über den Bleiakkumulator, wurde einer der Pioniere der Darstellung organischer Substanzen durch elektrochemische Oxidation oder Reduktion, wobei er den katalytischen Einfluß des Elektrodenmaterials auf die Reaktionsprodukte erkannte.

EV 1920 – 1922: **Fritz Foerster**[12]

(22. 2. 1866 Grünberg (Schlesien) – 14. 9. 1931 Dresden). Ging nach seiner Promotion in Berlin bei A .W. Hofmann im Jahr 1888 an die Physikalisch-Technische Reichsanstalt, wo er als Mitarbeiter von F. Mylius über die Beständigkeit von Gläsern arbeitete. 1894 an der TH Charlottenburg habilitiert, lehrte er seit 1895 an der TH Dresden, wo er 1900 den Lehrstuhl für physikalische Chemie und Elektrochemie erhielt. 1912 wechselte er auf den Lehrstuhl für anorganische und anorganisch-technische Chemie an der gleichen Hochschule.

Schrieb „Elektrochemie wässeriger Lösungen" (1905), richtete ein elektrochemisches Praktikum ein, das vorbildlich wurde, arbeitete über die Produkte der Chloralkali-Elektrolyse, über die Struktur elektrolytischer Niederschläge bei Zusätzen zur Lösung, über Schwefel-Sauerstoffsäuren und ihre Bildungsmechanismen.

EV 1922 – 1924: **August Bernthsen**[13]

(29. 8. 1855 Krefeld – 26. 1. 1931 Heidelberg). Studierte anfangs Mathematik, promovierte 1876 bei Kekulé in Bonn und habilitierte sich 1879 in Heidelberg. Seine Arbeiten über Bleich- und Farbstoffe (darunter die Aufklärung der Struktur von Methylenblau und Dithionit) brachten ihn mit der BASF in Verbindung. 1887 erschien sein „Kurzes Lehrbuch der organischen Chemie", das viele Auflagen erlebte. Im gleichen Jahr wurde er Leiter des Hauptlabors der BASF. Dabei entwickelte er substantive Farbstoffe und sich selbst zu einem Spezialisten im Patentrecht. Seit 1906 war er Mitglied des Vorstands. Den bereits Pensionierten berief die Universität Heidelberg 1919 auf den Lehrstuhl für chemische Technologie.

11 F. Foerster, Z. Elektrochem. 34 (1928) 420a – Nachruf: K. Brand, Z. Elektrochem. 39 (1933) 923.
12 E. Müller, Z. Elektrochem. 32 (1926) 57 – H. Menzel, Z. Elektrochem. 38 (1932) 1.
13 K. Holdermann: Z. Elektrochem. 38 (1932) 49. – W. R. Pötsch et al. Lexikon bedeutender Chemiker, Thun/ Frankfurt 1989, S.42.

EV 1925 – 1926: **Gustav Tammann**[14]

(28. 5. 1861 Jamburg (bei St. Petersburg) – 17. 12. 1938 Göttingen), promovierte in Dorpat 1887, wurde dort 1889 Dozent, 1894 o. Professor für Chemie. 1903 auf Anregung von Nernst als Anorganiker nach Göttingen berufen, übernahm er 1907 als dessen Nachfolger den Lehrstuhl für physikalische Chemie, den er bis 1929 innehatte.

Mit einer Intuition für neue Fragestellungen begabt, fand er Grundlegendes über die Thermodynamik und Kinetik der Phasenübergänge fest-flüssig, über Umwandlungen bei hohen Drucken, über Sintervorgänge, über Gläser und intermetallische Verbindungen. Einer der Begründer der Metallkunde und ein Meister im Experimentieren mit einfachsten Mitteln. Er untersuchte mit Hilfe der thermischen Analyse zahlreiche Phasendiagramme, arbeitete theoretisch und experimentell über Rekristallisation und Verformung von Metallen und Legierungen, ferner über Reaktionen zwischen Metallen und Nichtmetallen. Er fand, daß Legierungen bei bestimmter Zusammensetzung Resistenzsprünge gegenüber korrodierenden Medien zeigen. – Bekannt für seine Sarkasmen; in seinen Diskussionsbemerkungen durchdrungen vom Bewußtsein seiner Unfehlbarkeit.

EV 1927 – 1928: **Alwin Mittasch**[15]

(27. 12. 1869 Großdehsa (bei Löbau) – 4. 6. 1953 Heidelberg). Sein Vater hatte sich vom sorbisch sprechenden Bauernknecht zum Hilfslehrer heraufgearbeitet, er selbst fing als Hilfslehrer in einem Dorf bei Bautzen an, erhielt dank seines guten Examens die Erlaubnis zur Immatrikulation, konnte sie jedoch erst ausnutzen, als er nach Leipzig versetzt wurde. Eine Vorlesung Ostwalds gewann ihn für die Chemie; Ostwald machte es ihm auch möglich, das Studium im Nebenberuf bis zur Promotion mit einer Arbeit unter Leitung Max Bodensteins durchzuführen. Erst als er 1901 Assistent an Ostwalds Institut wurde, gab er den Lehrerberuf auf. Um sich habilitieren zu können, nun auch noch das Abitur nachzuholen, war ihm zuviel. So nahm er eine Stelle im analytischen Labor der AG für Bergbau und Zinkfabrikation in Stolberg an, wechselte aber schon 1904 zur BASF und wurde 1907 Betriebsassistent Carl Boschs.

Mit der Katalysatorentwicklung für die Ammoniaksynthese betraut, fand er in Mischkatalysatoren die optimale Lösung des Problems. (Carl Bosch hatte ihn mit einer absurden Hypothese auf den richtigen Weg gebracht: er empfahl ihm, Eisen als Katalysator zu versuchen, da es so viele Spektrallinien habe.) Einer der erfolgreichsten Forscher auf diesem Gebiet, der in planvoller Arbeit für zahlreiche Synthesen immer neue und neuartige Katalysatorsysteme auffand. 1918 – 1933 Leiter des Ammoniaklabors, 1921 stellvertretender Direktor der BASF. Im Ruhestand wissenschaftshistorische und philosophische Arbeiten, z.B. über den Einfluß Robert Mayers auf Nietzsche.

---

14 G. Masing, Z. Elektrochem. 45 (1939) 121. – S. Boström: Gustav Tammann, Baltische Hefte 10, 139.

15 K. Holdermann, Chem. Ber. 90 (1957) XLI. – H. G. Grimm, Z. Elektrochem. 46 (1940) 1. – M. Jahrstorfer, Z. Elektrochem. 54 (1950) 1.

EV 1929 – 1930: **Max Bodenstein**[16]

(15. 7. 1871 Magdeburg – 3. 9. 1942 Berlin). Promovierte 1893 in Heidelberg bei Victor Meyer, habilitierte sich dort 1899, arbeitete dann bei Ostwald, bis ihn Nernst 1906 als Abteilungsleiter nach Berlin holte. 1908 erhielt er einen Ruf als Direktor des Physikalisch-Chemischen Instituts der TH Hannover. Als Nernst 1923 das Präsidium der Physikalisch-Technischen Reichsanstalt übernahm, trat er an dessen Stelle an die Berliner Universität, wo er bis zu seiner Emeritierung 1936 blieb.

Ein aufrechter Mensch und ein großer Experimentator, Klassiker der chemischen Kinetik mit zahlreichen Schülern. Er untersuchte die Reaktionsschritte der Kontaktschwefelsäurebildung einschließlich der Transportvorgänge und deutete als erster Heterogenprozesse mit Hilfe der Konzentration adsorbierter Reaktanden. Berühmt sind insbesondere seine Arbeiten zur thermischen und photochemischen Bildung der verschiedenen Halogenwasserstoffe, die er mit Hilfe des Begriffs der Reaktionskette deuten und mit der „Bodensteinschen Stationaritätsbedingung" kinetisch behandeln konnte. Noch kurz vor seinem Tode veröffentlichte der begeisterte Photograph bemerkenswerte Überlegungen zum Latenten Bild.

EV 1931 – 1932: **Heinrich Specketer**[17]

(23. 2. 1873 Schweringen (bei Hoya) – 22. 2. 1933 Frankfurt/Main). Nach seiner Promotion bei Nernst in Göttingen trat er 1899 in die Chemische Fabrik Griesheim-Elektron ein, der er sein Leben lang angehörte, zuletzt als Werksleiter und Vorstandsmitglied der IG-Farben AG.

Verbesserte die Alkalichloridelektrolyse durch neue Elektroden, brachte die Verbrennung von Ammoniak zu Salpetersäure zur technischen Reife, baute die Aluminiumelektrolyse in Lauta und eine elektrothermische Zinkgewinnung in einem Werk bei Köln auf.

EV 1933 – 1934: **Rudolf Schenck**[18]

(11. 3. 1870 Halle – 28. 3. 1965 Aachen). Promovierte 1894 bei J. Volhard in Halle, habilitierte sich 1897 in Marburg und wurde Abteilungsleiter am Institut für physikalische Chemie. 1906 übernahm er in Aachen einen Lehrstuhl für dieses Fach, den die TH geschaffen hatte, um das hüttenmännische Studium stärker theoretisch auszurichten. 1910 wurde er als Nachfolger des tödlich verunglückten R. Abegg an

---

16 E. Cremer, Chem. Ber. 100 (1967) XCV. – H.J. Schuhmacher, Z. Elektrochem. 47 (1941) 469. – P. Günther, Z. Elektrochem 48 (1942) 585. – E. Cremer, Walther Nernst und Max Bodenstein in: Berlinische Lebensbilder, Naturwissenschaftler, Berlin 1987, S. 183. – M. v. Laue, Jahrb. dtsch. Akad. Wiss. Berlin, 1946 – 1949, S. 127. – E. Stenger, Z. Angew. Photogr. 5 (1942) 8.

17 R. Suchy, Z. Elektrochem. 39 (1933) 193. – P. Siedler, Z. Angew. Chem. 46 (1933) 239.

18 R. Fricke, Z. Elektrochem. 46 (1940) 101 – R. Schenck, Selbstbiographie, handschriftlich, Juni 1955 (Archiv der DBG). – C. Meinel, Die Chemie an der Universität Marburg seit Beginn des 19. Jahrhunderts, Marburg 1978, S. 250, 362.

die neu gegründete TH Breslau versetzt und dort bald zum Gründungsrektor ernannt. 1916 erhielt er die Professur für Chemie in Münster. Mit dem Plan, dort eine Technische Hochschule zu errichten, scheiterte er, war aber sonst als Wissenschaftsorganisator erfolgreich, z.B. als Gründer des Hochschulverbands oder beim Sonderforschungsbereich Metallforschung. 1935 emeritiert, arbeitete er bis zu seinem 80. Lebensjahr an einem für ihn von verschiedenen Firmen und Organisationen finanzierten staatlichen Forschungsinstitut für Metallchemie in Marburg, das bis 1950 bestand.

Er untersuchte den flüssig-kristallinen Zustand, ist jedoch vor allem durch seine Arbeiten über heterogene Gleichgewichte zwischen Metallen und ihren Erzen sowie die physikalische Chemie der Hochofenprozesse hervorgetreten.

EV 1935 – 1936: **Hans Georg Grimm**[19]

(20. 10. 1887 Hamburg – 25. 10. 1958 Gauting. Er begann als Nahrungsmittelchemiker und schloß daran ein Zweitstudium an, das er mit einer Dissertation bei K. Fajans in München beendete. Kurz nach der Habilitation ging er 1924 als a.o. Professor für physikalische Chemie nach Würzburg, übernahm aber bereits 1928 das Forschungslaboratorium Oppau der IG-Farbenindustrie, das er bis zu seinem Ausscheiden 1938 leitete. Er war Honorarprofessor in Würzburg, später in München.

Arbeiten zur Systematik von Bindungsarten, heuristische Überlegungen über den Zusammenhang von Ionengröße, Bindungstypen und Kristallstruktur, zu deren Prüfung er in seinem Labor röntgenographische Elektronendichtebestimmungen anregte. Isomorphiebeziehungen aus Ionengrößen, auch bei chemisch nicht ähnlichen Verbindungen, „Grimmscher Hydridverschiebungssatz": Analogie von Nichtmetallhydriden mit Atomen der um die Zahl der angelagerten Protonen höheren Ordnungszahl. Systematische Untersuchungen zum Einfluß des Lösungsmittels auf kinetische Größen.

EV 1936 – 1941: **Rudolf Schenck**

siehe 1933 – 1934.

EV 1942 – 1945: **Peter Adolf Thießen**[20]

(6. 4. 1899 Schweidnitz – 5. 3. 1990 Berlin). 1923 Promotion bei R. Zsigmondy in Göttingen, dort 1926 Habilitation. Als Alt-Parteigenosse 1933 nach dem Rücktritt Fritz Habers zunächst zum Abteilungsleiter am KWI für physikalische Chemie in Dahlem ernannt, wurde er 1935 – 1945 dessen Direktor. 1937 leitete er die Fachsparte Chemie im „Reichsforschungsrat". 1945 verpflichtete er sich für Forschungsarbeiten

19 U. Hofmann, Z. Elektrochem. Ber. Bunsenges. Phys. Chem. 62 (1958) 109.

20 W. R. Pötsch et al. Lexikon bedeutender Chemiker, Thun/Frankfurt 1989, S. 420. – R. Ehrhardt, Im Frieden der Menschheit, im Kriege dem Vaterlande, Berlin 1986, S. 43, 50.

in der Sowjetunion und war bis 1956 an deren Atomprogramm beteiligt (Stalinpreis 1951). Nach der Rückkehr war er bis 1964 Direktor des Instituts für physikalische Chemie der Akademie der Wissenschaften der DDR und Professor an der Humboldt-Universität, außerdem Vorsitzender des Forschungsrats, Mitglied des Staatsrats und Inhaber zahlreicher Orden der DDR. – Eine bemerkenswerte Karriere.

Kolloidchemische Arbeiten unter Verwendung des Ultra- und Elektronenmikroskops, Oberflächenvorgänge bei mechanischer Bearbeitung.

EV 1947 – 1949: **Paul Günther**[21]

(6. 12. 1892 Berlin – 26. 11. 1969 Karlsruhe). Promovierte 1917 bei Nernst über Wärmekapazitäten bei tiefen Temperaturen, habilitierte sich 1925 und übernahm 1938 den Lehrstuhl Max Bodensteins in Berlin. 1946 wurde er als Nachfolger von H. Ulich auf den Lehrstuhl für physikalische Chemie in Karlsruhe berufen, den er bis 1961 innehatte.

Der Hochgebildete und politisch Unbelastete war maßgebend an der Wiedergründung der Bunsen-Gesellschaft 1948 beteiligt und übernahm damals auch die Redaktion ihrer Zeitschrift. Ein Schöngeist in der physikalischen Chemie[22].

Arbeiten über Sprengstoffe, Röntgenographie von Kristallstrukturen, über die chemische Wirkung von Röntgenstrahlen und Ultraschall sowie über Sonolumineszenz, aber auch ein Meister in Festvorträgen über einen weiten Themenbereich.

EV 1950: **Arnold Eucken**[23]

(3. 7. 1884 Jena – 16. 6. 1950 Seebruck (Chiemsee)). Sohn des Philosophen Rudolf Eucken. Promotion 1906 bei Nernst in Berlin, Habilitation 1911 über Temperaturabhängigkeit der Wärmekapazität fester Nichtmetalle, 1915 als Nachfolger R. Schencks nach Breslau, 1929 als Nachfolger G. Tammanns nach Göttingen berufen. Setzte seinem Leben ein Ende, als er dem hohen Maßstab, den er an sich legte, nicht mehr glaubte genügen zu können.

Als schulebildender Hochschullehrer, als Organisator wissenschaftlich-literarischer Unternehmungen und bei Forschungsarbeiten bedeutend, bei denen es auf „verbissenes Nüsseknacken“ ankam. Verfasser von Lehrbüchern auf neuer, atomistisch-quantentheoretischer Grundlage („Chemische Physik“), Herausgeber vielbändiger Werke wie: Landolt-Börnstein Zahlenwerte und Funktionen aus Physik, Chemie...

21 J. Eggert, W. Jost, H. Witte, Z. Elektrochem. Ber. Bunsenges. Phys. Chem. 71 (1967) 933.

22 Er hat aber auch zusammen mit dem Pharmazenten Wolfgang Heubner den 1943 vom Volksgericht zum Tode verurteilten Robert Havemann vor der Vollstreckung des Urteils gerettet, indem er ihn als den einzigen erklärte, der einen bestimmten kriegswichtigen Forschungsauftrag fertigstellen könne. (R. Havemann, Fragen Antworten Fragen, Aus der Biographie eines deutschen Marxisten. München 1970, S. 86).

23 H. Sachsse, Z. Elektrochem. 53 (1949) 181. – K. Schäfer, Z. Elektrochem. 54 (1950) 391. – P. Harteck, R. Plank, H. Kopfermann, Reden zur Gedächtnisfeier in Göttingen, 2. 12. 1950. – R. Plank, Eucken und die Verfahrenstechnik, Naturwiss. 32 (1944) 103.

(6. Auflage), Eucken-Wolf, Hand- und Jahrbuch der chemischen Physik (ab 1933). Zukunftsweisend: Eucken-Jacob, Der Chemieingenieur (ab 1933), in dem er die Verfahrenstechnik als angewandte physikalische Chemie begriff.

Entwicklung der Tieftemperatur-Kalorimetrie zur Prüfung des Nernstschen Wärmesatzes mit von ihm konstruierten Vakuum-Kalorimeter, fand die Tieftemperatur-Anomalien der Wärmekapazität des Wasserstoffs, arbeitete über Beiträge verschiedener Freiheitsgrade zur Wärmeleitfähigkeit, über Energieaustausch zwischen Gasmolekülen anhand der Ultraschallabsorption, über Schwingungsspektroskopie, Adsorptionwärmen, Kontaktkatalyse, Wasserstruktur.

EV 16. 6. 1950 – 31. 12. 1950: **Klaus Schäfer**

Als 2. Vorsitzender, kommissarisch.
1959 – 1960 1. Vorsitzender.

EV 1951 – 1952: **Karl Friedrich Bonhoeffer**[24]

(13. 1. 1899 Breslau – 15. 5. 1957 Göttingen). Sohn eines bekannten Psychiaters, ältester Bruder Dietrich Bonhoeffers. Einer der letzten Doktoranden Nernsts (1922), aber stärker von Haber geprägt, an dessen Dahlemer Institut er anschließend acht Jahre tätig war und der sich ihn als Nachfolger wünschte[25]. 1930 auf den Lehrstuhl für physikalische Chemie in Frankurt/Main berufen, 1934 Nachfolger Le Blancs in Leipzig. Nach dem Krieg gleichzeitig Ordinarius für physikalische Chemie an der Berliner Humboldt-Universität, Direktor des Dahlemer Kaiser-Wilhelm-Instituts (jetzt Fritz-Haber-Institut der MPG) und mit dem Aufbau des für ihn errichteten Max-Planck-Instituts für physikalische Chemie in Göttingen beschäftigt. Seit 1949 bis zu seinem frühen Tod in Göttingen.

Ein Mann von Mut und Charakterstärke, untadeliger Haltung im Dritten Reich, und von großem menschlichen Einfluß auf seine zahlreichen Mitarbeiter. Den berühmt-berüchtigten Fragebogen von 1945 nahm er nicht ganz ernst und beantwortete die Frage: Wer kann Sie empfehlen? (Genaue Angaben!) dementsprechend mit: „Alle Fachkollegen des In- und Auslands.[26]"

Wissenschaftliche Arbeiten: Deutung der Prädissoziation, chemische Eigenschaften atomaren Wasserstoffs, OH-Radikale in Flammen (mit Haber), Entdeckung des Parawasserstoffs (mit Harteck) und seine Verwendung zur Untersuchung der heterogenen Katalyse. Verwendung des gerade entdeckten Deuteriums als Indikator zur Aufklärung organischer Reaktionsmechanismen, Elektrochemi-

---

24 G. M. Schwab, Z. Elektrochem. Ber. Bunsenges. Phys. Chem. 62 (1958) 222. – J. Eggert, Jahrb. Bayer. Akad. Wiss. 1958, S. 189. – H. Gerischer, Mitt. MPG 1957, S. 114. – W. Jaenicke, Phys. Bl. 13 (1957) 369. – P. Günther an W. Jost, 23. 11. 1957.

25 Brief F. Haber an K. F. Bonhoeffer vom 29. 7. 1933 (Archiv der MPG).

26 Akte Bonhoeffer, Archiv der Universität Leipzig.

sche Kinetik, allgemeine Theorie periodischer Reaktionen und ihre Bestätigung am Ostwald-Lillieschen Nervenmodell.

EV 1953 – 1954: **Ernst Kuss**[27]

(4. 11. 1888 Riesenburg (Westpreußen) – 16. 6. 1956 Duisburg). Promovierte 1914 bei A. Stock in Breslau, war bei ihm dort und später in Dahlem am KWI für Chemie als Assistent mit Arbeiten über Bor- und Siliziumwasserstoffe beschäftigt. 1923 trat er in die BASF ein und wurde Mitarbeiter von A. Mittasch im Oppauer Ammonlabor. Während der Wirtschaftskrise 1932 erhielt er den Auftrag, die Verfahren der Duisburger Kupferhütte (Metall- und Schwefelsäuregewinnung aus sulfidischen Erzen) zu modernisieren. In vieljähriger Arbeit gelang es seiner Arbeitsgruppe, neue Naßverfahren zu entwickeln, mit denen alle metallischen Haupt- und Nebenbestandteile wirtschaftlich zu gewinnen waren, und auch eine Methode auszuarbeiten, aus Pyrit direkt Schwefel zu erzeugen. 1945 setzte Kuss den demolierten Betrieb als Werksleiter wieder in Gang, wurde 1953 Vorstandsvorsitzender und 1955 Aufsichtsrat. Vorkämpfer der Beteiligung der Arbeitnehmer am Betriebsergebnis, Förderer zahlreicher wissenschaftlicher und sozialer Einrichtungen.

EV 1955 – 1956: **Georg-Maria Schwab**[28]

(3. 2. 1899 Berlin – 23. 12. 1984 München). Promovierte 1923 in Nernsts Institut bei E. H. Riesenfeld über Ozon, war Assistent bei M. Bodenstein in Berlin und bei O.Dimroth in Würzburg, wo er sich 1927 mit einer Arbeit über den Zerfall von Ammoniak und Methan an erhitzten Metallen habilitierte. Seit 1928 leitete er die anorganisch-chemische Abteilung des Münchener Chemischen Instituts, wo ihn H. Wieland halten konnte, bis ihm 1938 auf Grund der Nürnberger Gesetze die Lehrbefugnis entzogen wurde. Er emigrierte nach Griechenland, der Heimat seiner Frau und Mitarbeiterin, übernahm dort die Abteilung für anorganische und physikalische Chemie eines neu gegründeten Forschungsinstituts, geriet jedoch infolge der Besetzung Griechenlands durch deutsche Truppen erneut in Gefahr. 1949 wurde er an die TH Athen und ein Jahr später auf den Lehrstuhl für physikalische Chemie der Universität München berufen. Dort war er bis 1970 im Amt.

Als Anorganiker bekannt für die Entwicklung der anorganischen Chromatographie, als Physikochemiker für seine Arbeiten zur heterogenen Katalyse, besonders über aktive Zentren, halbleitende Mischkatalysatoren und die an ihnen konzipierten theoretischen Überlegungen zum elektronischen Faktor, als Gesellschafter berühmt für seine Kunst der Rede und des Schüttelreims.

---

27 Anonym, Z. Metallkunde, 47 (1956) 526; Stahl Eisen, 76 (1956) 1042. – W. Klemm, Chemie-Ing.-Techn. 29 (1957) 73. – K. Schäfer, Z. Elektrochem. Ber. Bunsenges. Phys. Chem. 57 (1953) 625.

28 I.N. Stranski, Z. Elektrochem. Ber. Bunsenges. Phys. Chem. 63 (1959) 1. – J. Voitländer, Jahrb. Bayer. Akad. d. Wissensch. 1985.

EV 1957 – 1958: **Theo Goldschmidt**[29]

(11. 3. 1883 Berlin – 2. 5. 1965 Seeheim (Bergstraße)). Neffe Hans Goldschmidts. Nach der Promotion in Chemie 1908 trat er in die großväterliche Firma ein, die er bis 1914 zur größten Zinnhütte Europas ausbaute. Nach dem ersten Weltkrieg verzichtete er auf die unwirtschaftliche Kohleverflüssigung nach Bergius, auf die sein Vater große Hoffnungen gesetzt hatte, vergrößerte aber die Produktpalette der nunmehrigen Th. Goldschmidt AG durch firmeneigene Forschung und Gründung gemeinsamer Gesellschaften mit anderen Firmen, z.B. der Vereinigten Leichtmetallwerke. Nach dem zweiten Weltkrieg mußte er noch einmal neu beginnen. Der politisch Unbelastete gewann bald das Vertrauen der Alliierten und war als Vorsitzender zahlreicher Gremien der Wirtschaft maßgebend an der Beendigung der Demontagen beteiligt. Auch auf dem Gebiet der Wissenschaftsförderung trat er hervor, z. B. bei der Gründung der Fonds der Chemie, der Chemiker-Hilfskasse, des Gmelin-Instituts.

EV 1959 – 1960: **Klaus Schäfer**[30]

(23. 8. 1910 Köln – 30. 7. 1984 Heidelberg). 1936 Promotion über Virialkoeffizienten bei A. Eucken in Göttingen, dort 1939 mit einer Arbeit zur gehemmten Molekülrotation habilitiert, seit 1946 bis zu seiner Emeritierung 1982 auf dem Lehrstuhl für physikalische Chemie in Heidelberg.

Dank seiner mathematischen Schulung Euckens wichtigster Mitarbeiter bei der Neufassung des Lehrbuchs der Chemischen Physik, sein Erbe bei der Herausgabe des Tabellenwerks von Landolt-Börnstein. Arbeitete insbesondere über zwischenmolekulare Kräfte in der Gasphase, in Füssigkeitsmischungen und an Oberflächen (Akkomodationskoeffizienten) mit zahlreichen Methoden.

Preis der Rudolf Schenck-Stiftung 1944.

EV 1961 – 1962: **Paul Baumann**[31]

(13. 12. 1897 Pforzheim – 29. 3. 1967 Marl). Promotion in Physik 1923 bei Ph. Lenard in Heidelberg. Entwickelte anschließend in Oppau das Acetylen-Lichtbogenverfahren zur technischen Reife, das dann 1940 unter seiner Leitung in den Chemischen Werken Hüls aufgebaut wurde. Nach der Entflechtung der IG-Farbenindustrie AG 1953 Vorstandsvorsitzender dieser Firma, die er zu einem petrochemischen Großbetrieb entwickelte (Bunawerke Hüls 1955, Katalysatorwerke Houdry-Hüls 1960, Faserwerke Hüls 1961).

29 F. Pudor, in Lebensbilder aus dem Rheinisch- Westfälischen Industriegebiet Jg. 1962 – 1967, Düsseldorf 1977, S. 51. – F. Kornfeld, in: Aus der Arbeit der Th. Goldschmidt AG 4/72, Essen 1972, S. 58. – H. Dohse, Z. Elektrochem. Ber. Bunsenges. Phys. Chem. 57 (1953) 71.

30 E. Wicke, Ber. Bunsenges. Phys. Chem. 79 (1975) 645. – E. U. Franck, Jahrb. Heidelberger Akad. Wiss. 1985.

31 K. Weil, Z. Elektrochem. Ber. Bunsenges. Phys. Chem. 66 (1962) 775.

EV 1963 – 1964: **Wilhelm Jost**[32]

(15. 6. 1903 Friedberg (Hessen) – 25. 9. 1988 Göttingen). Bereits in seiner Dissertation 1926 bei C. Tubandt in Halle über Diffusion in festen Verbindungen klang eins seiner wichtigsten Arbeitsgebiete an, schon hier benutzte er die gerade von Frenkel aufgestellte Fehlordnungstheorie. In Bodensteins Berliner Institut lernte er Reaktionskinetik in Gasen, in Hannover habilitierte er sich 1929. 1937 erhielt er den Ruf auf das Extraordinariat für angewandte physikalische Chemie in Leipzig, wo er in K. F. Bonhoeffer einen Gleichgesinnten fand und seine schon zuvor begonnenen Untersuchungen über schnelle Gasreaktionen fortsetzte, die in der Klärung der Klopfvorgänge in Ottomotoren gipfelten (Monographie: Explosions- und Verbrennungsvorgänge in Gasen).

1943 auf den Lehrstuhl für physikalische Chemie in Marburg berufen, verlegte er sein Arbeitsgebiet auf die Thermodynamik und Technik der Trennung flüssiger Mischungen. Nach einer zweijährigen Tätigkeit in Darmstadt übernahm er 1953 die Nachfolge Euckens in Göttingen. Hier baute er einen großen Arbeitskreis zur Untersuchung schneller Gasreaktionen mit Stoßwellenanregung auf. Bezeichnend für sein waches Interesse an allem, was ihn umgab, daß er eine Lungenerkrankung mit einer durch einen Pneumothorax angeregten Arbeit über Diffusionsprobleme in der Lunge begleitete und daß er bereits 1974 ein Buch über globale Umweltprobleme schrieb.

EV 1965 – 1966: **Adolf Steinhofer**[33]

(13. 5. 1908 Knittlingen (Württ.) – 20. 8. 1990 Neustadt-Hambach). Nachdem er 1933 bei H. Staudinger in Freiburg promoviert hatte, ging er 1935 zur BASF, wo Walter Reppe bald auf ihn aufmerksam wurde und ihm Aufgaben der Acetylenchemie übertrug. 1950 wurde er Leiter der Abteilung für Synthesegas. Hier stellte er die Kohlechemie auf Petrochemie um und entwickelte u.a. ein großtechnisches Verfahren zur Erzeugung von Äthylen aus Rohöl. 1957 übernahm er als Nachfolger Reppes die Leitung der Forschung, bald auch zahlreiche ehrenamtliche Aufgaben auf dem Gebiet der Wissenschaftsförderung und der Zusammenarbeit zwischen Industrie und Hochschulen, insbesondere als Vorsitzender des Fonds der chemischen Industrie.

EV 1967 – 1968: **Helmut Witte**[34]

(* 18. 7. 1909 Helmstedt). Promovierte als Physiker in Göttingen, wechselte dann an das bis 1935 von V. M. Goldschmidt geleitete mineralogische Institut, wo er sich mit der Kristallchemie binärer und ternärer metallischer Phasen beschäftigte.

32 E. Bartholomé, H. Witte, Ber. Bunsenges. Phys. Chem, 72 (1968) 493. – H. Schmalzried, Laudatio anläßlich der Ehrenpromotion in Hannover, 20. 6. 1979, Ansprache von W. Jost dazu.

33 H. Witte, Ber. Bunsenges. Phys. Chem. 77 (1973) 299.

34 K. G. Weil, Al. Weiss, Ber. Bunsenges. Phys. Chem. 78 (1974) 623.

Habilitation 1938 über die Elektronentheorie solcher Systeme, dann Industrietätigkeit bei einer Röntgenfirma. 1944 Dozentur in Darmstadt, Beginn seiner Arbeiten zur röntgenographischen Bestimmung der Elektronendichteverteilung in Kristallen. 1954 – 1976 als Nachfolger von W. Jost auf dem Lehrstuhl für physikalische Chemie in Darmstadt, wo er sich weiterhin mit Untersuchungen zur magnetischen Suszeptibilität und Wasserstofflöslichkeit in Legierungen als Funktion von Zusammensetzung und Kristallstruktur befaßte und ihren Zusammenhang mit der Bänderstruktur diskutierte.

1961 – 1970 Herausgeber der Bunsenberichte. Das Vertrauen, das er überall genoß, hat ihm die Wahl in zahlreiche wissenschaftliche Gremien eingebrockt.

EV 1969 – 1970: **Rolf Sammet**[35]

(* 21. 2. 1920 Stuttgart). Promovierte dort 1945 bei R. Fricke mit einer anorganisch-chemischen Arbeit, wurde anschließend Assistent am organisch-chemischen Institut, das er sogleich für den suspendierten Chef kommissarisch leiten mußte, wechselte dann an das KWI für Metallforschung in Stuttgart. Die Währungsreform machte den Plan zur Habilitation zunichte, so daß er sich 1949 gezwungen sah, in die Firma Hoechst AG einzutreten. Nach einigen Jahren im Forschungslabor übernahm er die Produktionsleitung des Trevira-Werkes in Bobingen, wurde 1957 nach Hoechst zurückberufen, gelangte 1962 in den Vorstand und nahm es hin, 1969 Nachfolger Karl Winnackers als Vorstandsvorsitzender zu werden, obwohl er damit sein Berufsziel als Chemiker verfehlt hatte, wie er behauptete. Seit 1985 Vorsitzender des Aufsichtsrats der Hoechst-AG.

EV 1971 – 1972: **Heinz Gerischer**[36]

(* 31. 3. 1919 Wittenberg). Promovierte 1946 bei K. F. Bonhoeffer in Leipzig über periodische Reaktionen, folgte seinem Lehrer als Assistent an die Humboldt-Universität, Berlin und an das Max-Planck-Institut für physikalische Chemie in Göttingen, wurde 1953 Abteilungsleiter am Max-Planck-Institut für Metallforschung in Stuttgart, 1962 Extraordinarius für Elektrochemie an der TH München, 1964 Nachfolger von G. Scheibe auf dem Lehrstuhl für physikalische Chemie der TH München, schließlich 1970 als Direktor des Fritz-Haber-Instituts der MPG in Dahlem auf die ehemalige Wirkungsstätte seines Lehrers berufen. Er lehrte an der TU und an der Freien Universität Berlin und hatte eine Reihe von Gastprofessuren inne. Seit 1986 ist er (formal) im Ruhestand.

Seine Arbeiten und die von ihm entwickelten Methoden haben die Entwicklung der elektrochemischen Kinetik nach 1945 im In-und Ausland maßgebend bestimmt: Zuerst Austauschvorgänge mit vor- und nachgelagerten Reaktionen an Metallelek-

35 E. Bäumler, Entwurf zu: Höchst heute, 6/1969; E. Bäumler, Höchst heute, 1975. (Archiv Hoechst AG) – H. Harnisch, Ber. Bunsenges. Phys. Chem. 89 (1985) 105.

36 W. Jaenicke, Ber. Bunsenges. Phys. Chem. 88 (1984) 323.

troden, später Theorien des Elektronenaustauschs an Halbleitern im Grundzustand und in angeregten Zuständen (Photoelektrochemie) und ihre experimentellen Beweise, elektrochemische Solarzellen.

EV 1973 – 1974: **Werner Heimsoeth**[37]

(19. 10. 1910 Bielefeld – 6. 1. 1984 in Portugal). Promotion 1935 bei M. Bodenstein in Berlin. Nach kurzer Zeit als Liebig-Stipendiat trat er in die anorganische Abteilung des Werkes Leverkusen der IG-Farbenindustrie ein, wo er zunächst das Gebiet der keramischen Farben bearbeitete. Hier stieg er bis 1970 zum Spartenleiter anorganische Chemikalien der Bayer-AG auf. Seit 1962 entwickelte er Einrichtungen zur Produktkontrolle, aus denen eine zentrale Umweltschutzorganisation des Werks wurde. Hiermit gelang es, die Emissionen drastisch zu senken und auch bei Abwasser und Abfall Verbesserungen einzuleiten. So wurde er 1963 – 1973 Vorsitzender des Ausschusses für Immissionsfragen im BdI und Berater der Bundesregierung für ihr Umweltprogramm. Seit dem Ruhestand 1975 konnte er sich ganz dem Segeln widmen.

EV 1975 – 1976: **Ewald Wicke**[38]

(* 17. 8. 1914 Wuppertal). Studium der Physik, Promotion 1938 in Göttingen bei A. Eucken, leitete nach dessen Tod das Institut kommissarisch, bis er 1954 einen Ruf nach Hamburg annahm. Von 1959 – 1982 auf dem Lehrstuhl für physikalische Chemie der Universität Münster.

Einer der Erben A. Euckens, dessen Lehrbuch er fortführte, und ihm verwandt im Einfluß auf sein Fach und auf seine Kollegen, als Haupt einer großen Schule und in seinem Interesse an theoretisch fundierter Verfahrenstechnik. Arbeiten über den Mechanismus von Gasreaktionen an porösen Oberflächen (Kohleverbrennung) und in Wirbelschichten, über eine neue Darstellung des Verhaltens starker Elektrolyte (mit seinem Doktoranden M. Eigen), Kalorimetrie von Biopolymeren, über das System Metall-Wasserstoff, zuletzt besonders über instabile Zustände, chemische Oszillationen und Chaos.

EV 1977 – 1978: **Ernst Bartholomé**[39]

(* 26. 11. 1908 Mönchengladbach – 7. 6. 1990 Heidelberg). Promovierte 1933 bei A. Eucken in Göttingen mit einer Arbeit zur IR-Spektroskopie von Gasen, arbeitete dann mit K. Clusius über Deuterium und seine Verbindungen, besonders über Molekülrotation im festen Zustand. Da ihm nach seiner Habilitation 1936 aus politischen Gründen die Dozentur verweigert wurde, nahm er 1937 eine Stelle bei der

37 H. Gerischer, K. G. Weil, Ber. Bunsenges. Phys. Chem. 79 (1975) 847.
38 E. U. Franck, Ber. Bunsenges. Phys. Chem. 83 (1979) 753.
39 K. Schäfer, Ber. Bunsenges. Phys. Chem. 77 (1973) 742.

BASF an und arbeitete im Oppauer Forschungslaboratorium, insbesondere über die Erzeugung von Synthesegas und Acetylen. 1949 erneut habilitiert, erhielt er Rufe nach Köln, Frankfurt und Karlsruhe, zog aber vor, bei der BASF zu bleiben, wo er Direktor und stellvertretender Leiter der gesamten Forschung wurde, während er gleichzeitig als Honorarprofessor in Heidelberg über Verfahrenstechnik las.

EV 1979 – 1980: **Ernst Ulrich Franck**[40]

(* 2. 8. 1920 Hamburg). Promovierte 1950 bei A. Eucken in Göttingen über Transporterscheinungen an Gasen. Aus diesen Anfängen und im Kontakt mit Göttinger Mineralogen entwickelte er sein Arbeitsgebiet, die Erforschung des überkritischen Zustands in Systemen von einer oder mehreren Komponenten. Nach der Habilitation 1956 und einem Forschungsaufenthalt in Oak Ridge wurde er als Nachfolger P. Günthers nach Karlsruhe berufen, wo er bis 1988 tätig war, unterbrochen von zahlreichen Gastprofessuren und Vortragsreisen.

Untersuchungen des Verhaltens von Wasser bis 1000 °C und 100000 bar, von wäßrigen Elektrolytlösungen im überkritischen Bereich, speziell ihrer Leitfähigkeit, Messungen des Übergangs vom Isolator zur metallischen Leitfähigkeit als Funktion der Dichte von Metallen im Gaszustand, analoge Versuche an fluiden Salzen, pVT-Daten und Transporteigenschaften fluider Systeme.

EV 1981 – 1982: **Heinz Harnisch**[41]

(* 24. 4. 1927 Augustusburg (Erzgebirge)). Nach der Promotion 1955 bei H. Martin in Kiel nahm er eine Tätigkeit im anorganisch-chemischen Forschungslaboratorium der Hoechster Tochtergesellschaft Knapsack-Griesheim auf, dessen Leitung er 1970 übernahm. 1983 trat er an die Spitze der gesamten Zentralforschung der Hoechst-AG. Seit 1987 gehört er dem Vorstand seiner Firma an, seit 1992 ihrem Aufsichtsrat. Er ist Honorarprofessor für angewandte anorganische Chemie an der Universität Köln.

Seine wissenschaftlich-technischen Arbeiten lagen vor allem auf dem Gebiet des Phosphors und seiner Verbindungen, z.B. die Reduktion von Calziumphosphat durch Kohlenstoff und die Entfernung des Phosphors aus den Abgasen dieses Prozesses.

EV 1983 – 1984: **Heinz-Georg Wagner**[42]

(* 20. 9. 1928 Hof/Saale). Promovierte 1956 bei W. Jost in Göttingen und habilitierte sich dort 1960. 1965 folgte er dem Ruf auf ein Ordinariat für physikalische Chemie an der Universität Bochum, 1971 kehrte er in gleicher Funktion an die Uni-

40 G. M. Schneider, Ber. Bunsenges. Phys. Chem. 89 (1985) 826.
41 F. Hensel, Ber. Bunsenges. phys Chem. 96 (1992) 632.
42 E. U. Franck, Ber. Bunsenges. Phys. Chem. 97 (1993) 1162.

versität Göttingen zurück und wurde gleichzeitig Mitglied des Max-Planck-Instituts für Strömungsforschung.

Seine Arbeiten sind vor allem Elementarreaktionen von Atomen und Radikalen in verschiedenen Zuständen gewidmet, weiterhin chemischen Reaktionen in Stoßwellen und unter Laserstrahlung, Explosions- und Verbrennungsvorgängen, Detonationen sowie der Kohlenwasserstoffoxidation und Rußbildung. Seine Ehrenämter sind kaum zu zählen.

EV 1985 – 1986: **Wolfgang Swodenk**[43]

(* 18. 11. 1930 Dresden). Promovierte 1958 bei F. Weygand an der TH Berlin, trat anschließend in die Bayer AG ein, wo er petrochemische Forschungsaufgaben erhielt. 1963 wurde er Betriebsleiter mehrerer petrochemischer Großbetriebe der Erdölchemie, Köln-Worringen. 1968 übernahm er die petrochemische Forschung, 1979 die zentrale Forschung und Entwicklung der Bayer-AG. 1986 – 1991 hatte er den Bayer-Lehrstuhl für technische Chemie an der Universität Köln inne.

EV 1987 – 1988: **Alarich Weiss**[44]

(* 21. 2. 1925 Regenpeilstein (Oberpfalz)). Kam von der Physik zur physikalischen Chemie. Seine 18. Veröffentlichung war die Promotion 1955 bei H. Witte in Darmstadt, wo er sich auch 1962 habilitierte. 1967 auf den zweiten Lehrstuhl für physikalische Chemie in Münster berufen, kehrte er 1972 an seine Darmstädter Wirkungsstätte zurück. Nach der Emeritierung 1990 erhielt er eine Stiftungsprofessur.

In verschiedenen Institutionen der Förderung der Wissenschaft und ihrer jungen Talente engagiert, Mitglied und Kommissionsvorsitzender des Wissenschaftsrats, entsagungsvoller und kritischer Datensammler für die 14 Bände Kristallstrukturdaten anorganischer Verbindungen der neuen Serie des Landolt-Börnsteinschen Tabellenwerks, 1979 – 1991 Mitherausgeber der Bunsenberichte.

Arbeiten zur Physik der kondensierten Materie: chemische Bindung in Festkörpern mit Hilfe der Kernquadrupolaufspaltung, Spin-Gitterrelaxation, mikroskopische Eigenschaften von Flüssigkeiten mit Hilfe der Spin-Echotechnik, Physik der Metalle und ihrer Legierungen mit Wasserstoff, Bandstrukturen.

EV 1989 – 1990: **Karl Schuhmann**[45]

(* 22. 6. 1926 Karlsruhe). Studierte Physik und promovierte 1956 in Heidelberg bei K. Schäfer, arbeitete dann im Ammonlabor der BASF in der Gruppe von A. Steinhofer und E. Bartholomé. 1963 wurde er mit der Produktion der Monomeren

43 Persönl. Mitteilung.
44 W. Weyrich, Ber. Bunsenges. Phys. Chem 94 (1990) 101.
45 M. Pape, Ber. Bunsenges. Phys. Chem. 95 (1991) 745.

für die Polystyrolproduktion in Wesseling betraut, 1968 mit der Leitung der Synthesegas-Abteilung in Ludwigshafen, 1974 mit dem Bau des Hydrocrackers der Erdölraffinerie Emsland. 1983 übernahm er den Unternehmensbereich Grundchemikalien in Ludwigshafen, daneben die Entwicklung von Katalysatoren. Nach der Pensionierung 1990 suchte er sich bei der Leuna-AG in Bitterfeld eine neue Aufgabe in dem Bestreben, das Werk und den Industriestandort zu erhalten.

EV 1991 – 1992: **Friedrich Hensel**[46]

(* 16. 7. 1933 Essen). Promovierte 1966 bei E. U. Franck in Karlsruhe, habilitierte sich dort 1972 und ist seit 1973 Professor für physikalische Chemie an der Universität Marburg.

Arbeiten über Metall-Nichtmetall-Übergänge und optische Spektren in fluiden Metallen bei hohen Drucken und Temperaturen, kritische Punkte flüssiger Metalle, ionenleitende flüssige Metallegierungen, flüssige Halbleiter, Struktur expandierter Metalle, Metallcluster.

EV 1993 – 1994: **Wolfgang Grünbein**[47]

(* 21. 2. 1943 Berlin). Promovierte 1969 mit einer am Hahn-Meitner-Institut bei A. Henglein durchgeführten strahlenchemischen Arbeit. 1970 trat er in die Hoechst AG ein, war im Forschungslaboratorium zuletzt Leiter der Gruppe Reaktionstechnik, dann einige Jahre Betriebsassistent und Betriebsführer. 1984 übernahm er als Prokurist die Abteilung Verfahrenstechnik II der Hoechst AG, wechselte 1985 zur Cassella AG, wo er seit 1987 Mitglied des Vorstands ist. Seit 1989 vertritt er in Gießen als Honorarprofessor die angewandte physikalische Chemie.

2.4 Die Schatzmeister

Die Schatzmeister sind oft nicht weniger wichtig gewesen als die Vorsitzenden und man hütete sich, für sie eine Beschränkung ihrer Amtszeit einzuführen. Sie sind in Tabelle 2.4 mit Amtszeit, Lebensdaten und Wohnort zusammengestellt.

Die beiden Erstgenannten wurden später Vorsitzende und sind in Kap. 2.3 besprochen. Von den übrigen sind Max Buchner und Friedrich Bergius im folgenden mit Bild (alphabetisch im Bildteil eingeordnet) und Kurzbiographie bedacht, der eine als Gründer der Dechema und wegen des Geschicks, mit dem er die Bunsen-Gesellschaft durch die Inflation gesteuert hat (Kap. 1.31), der andere wegen seiner Bedeutung als Wissenschaftler und Industrieller.

---

46 Persönliche Mitteilung.
47 Persönliche Mitteilung.

Tabelle 2.4 Die Schatzmeister 1894 – 1994

1894 – 1908	Paul Marquart (1849 – 1917)[1]	Kassel
1909 – 1920	Henry T. v. Böttinger (1848 – 1920)[2]	Leverkusen
1921 – 1933	Max Buchner (1866 – 1934)[3]	Seelze b. Hannover
1. 3. – 30. 6. 1933	Friedrich Körber (1887 – 1944)[4]	Düsseldorf
1933 – 1945	Friedrich Bergius (1884 – 1949)[5]	Heidelberg
1947 – 1949	Walter Meck (1899 –)[6]	Stuttgart
1949 – 1960	Hans Dohse (1903 – 1973)[7]	Essen
1961 – 1962	Konrad Weil (1893 – 1963)[8]	Frankfurt
1963 – 1971	Leopold Küchler (1910 – 1983)[9]	Ffm-Hoechst
1972 – 1974	Walter Brötz (1921 – 1987)[10]	Köln
1975 – 1979	Volkert Faltings (*1917)[11]	Gelsenkirchen
1980 – 1986	Günther Breil (*1921)[12]	Oberhausen
1987 – 1992	Kurt v. Kessel (*1925)[13]	Darmstadt
1993 – 1994	Walter Stilz (*1928)[14]	Mannheim

1 1. Vorsitzender 1908 – 1911.

2 1. Vorsitzender 1902 – 1905.

3 Siehe Kurzbiographie und Bild in Kap. 2.4.

4 Damals Direktor des Kaiser-Wilhelm-Instituts für Eisenforschung.

5 Siehe Kurzbiographie und Bild in Kap. 2.4.

6 Direktor, Siemens & Halske AG, Stuttgart. Legte sein Amt als Schatzmeister nieder, als er zu seiner Familie nach Caracas (Venezuela) übersiedelte.

7 Studium in Kiel, ab 1927 neun Jahre in den Forschungslaboratorien der BASF. Wechselte 1937 zur Gesellschaft für Kohletechnik, 1941 zur Hibernia AG. Seit 1944 im Vorstand der Th Goldschmidt AG, 1959 – 1968 als Vorsitzender. Zuletzt Mitglied des Aufsichtsrats.
Zum 65. Geburtstag: W. Brötz, Ber. Bunsenges. Phys. Chem. 72 (1968) 893.

8 Promovierte in Göttingen bei A. Windaus, trat dann in die Firma Kahlbaum (Berlin-Adlershof) ein, die später mit der Schering AG fusionierte. Leitete eine von Schering gemeinsam mit Dupont gegründete Lackfabrik in Berlin, die 1945 zerstört wurde. 1948 von der amerikanischen Kontrollbehörde zum Treuhänder der Chemischen Fabrik Griesheim eingesetzt, gelang es ihm, das völlig darniederliegende Werk durch Zusammenschlüsse zu sanieren. Er wurde einer der Gründer der neuen Farbwerke Höchst, in deren Vorstand er zuletzt den kaufmännischen Sektor leitete. Nach der Pensionierung 1959 Mitglied des Aufsichtsrats.
Nachruf: K. Winnacker, Ber. Bunsenges. Phys. Chem. 67 (1963) 457.

9 Promovierte im Markschen Institut bei F. Patat in Wien, ging dann zu A. Eucken nach Göttingen, konnte sich aber dort erst 1943 habilitieren, nachdem er UK-gestellt und nach Höchst abkommandiert war. Nach dem Krieg arbeitete er einige Jahre in Göttingen, schrieb dort sein Buch „Polymerkinetik", kehrte aber 1952 nach Hoechst zurück. Dort baute er die Abteilung chemische Verfahrenstechnik auf, leitete den Arbeitskreis Physik und war wesentlich am Aufbau der Kernenergietechnik in der Bundesrepublik beteiligt. Seit 1957 Prof. an der Universität Frankfurt, seit 1967 Direktor, Farbwerke Hoechst AG.
Zum 65. Geburtstag: F. Patat, Ber. Bunsenges. Phys. Chem. 79 (1975) 845.

10 Promovierte 1948 in Göttingen bei E. Wicke, trat dann in die Ruhr-Chemie AG ein, wo er sich mit dem Mechanismus der Fischer-Tropsch-Synthese beschäftigte und 1951 nebenbei an der TH Aachen habilitierte. Übernahm 1953 die Abteilung Physikalische Chemie am Forschungsinstitut der Gesellschaft für Verfahrenstechnik an der TH Aachen, wo er über Wirbelschichtverfahren arbeitete. 1955 trat er in die Th Goldschmidt AG ein, 1960 in den Vorstand der Sachtleben AG. 1968 übernahm er die Geschäfts-

führung der Lurgi-Gesellschaften in Frankfurt. 1974 folgte er K. Dialer auf den Lehrstuhl für chemische Technik an der Universität Stuttgart, den er bis 1986 innehatte. Dort Arbeiten zur Sicherheit von Chemieanlagen.
Zum 65. Geburtstag: H. Schönbucher, Ber. Bunsenges. Phys. Chem. 90 (1986) 407.

11 Studium in Hamburg, dorthin 1944 durch P. Harteck vom Kriegsdienst zurückgeholt und am Uranprojekt beteiligt. Diplom in theoretischer Physik, Promotion 1949 bei P. Harteck und anschließend Weiterarbeit an Isotopentrennverfahren in dessen Institut. 1952 Eintritt in die Scholven-Chemie, Gelsenkirchen. 1957 Prokurist und Betriebsdirektor, 1959 im Vorstand der jetzigen Veba-Chemie AG, Gelsenkirchen.
Zum 65. Geburtstag: H. G. Hertz, Ber. Bunsenges. Phys. Chem. 86 (1982) 493.

12 Konnte erst als 25jähriger nach Rückkehr aus der Kriegsgefangenschaft mit dem Studium beginnen, das er 1952 mit der Promotion bei H. Schäfer am MPI für Metallchemie in Stuttgart abschloß. Er trat dann in die Knapsack Griesheim AG ein, wurde bald Betriebsleiter, übernahm als Prokurist 1963 die Leitung der anorganischen Abteilung der Farbwerke Hoechst, 1965 die Werksleitung der Knapsack AG. 1970 wechselte er in den Vorstand der Ruhrchemie AG, Oberhausen, dessen Sprecher er bis zu seiner Pensionierung 1985 war.
Zum 65. Geburtstag: H. Harnisch, Ber. Bunsenges. Phys. Chem. 90 (1986) 410.

13 Promovierte 1954 bei G. Scheibe in München, baute dann das Forschungslaboratorium der Rheinstahl Eisenwerke in Mühlheim auf, wechselte zur Heinrich Koppers GmbH in Essen, wo er 1960 Prokurist wurde und eine Reihe petrochemischer Verfahren entwickelte. Eine Zwischenstation bei der Wintershall AG führte ihn schließlich zur Firma E. Merck in Darmstadt, deren persönlich haftender Gesellschafter er seit 1971 ist. Von 1974 bis zum Ende seiner aktiven Tätigkeit 1987 war er verantwortlich für die chemische und biochemische Forschung seines Unternehmens.
Zum 65. Geburtstag: K. Schuhmann, Ber. Bunsenges. Phys. Chem. 94 (1990) 99.

14 Promovierte 1956 in Tübingen bei G. Wittig. Seit 1958 bei der BASF in Ludwigshafen tätig. 1964 als Prokurist mit dem Aufbau einer Ausbildungsabteilung beauftragt, später Leiter der Forschungsplanung und der Patentabteilung. Als Direktor übernahm er im Forschungslaboratorium bis zu seiner Pensionierung den Bereich „Neue Arbeitsgebiete".
Zum 65. Geburtstag: K. Schuhmann, Ber. Bunsenges. Phys. Chem. 97 (1993) 1746.

S 1921 – 1932: **Max Buchner**[48]

(10. 7. 1866 Bamberg – 10. 4. 1934 Mehle b. Elze). Nach seiner Promotion bei A. Hantzsch in Würzburg 1898 arbeitete er in der Firma C. F. Boehringer in Mannheim präparativ elektrochemisch und entwickelte, angeregt durch das aluminothermische Verfahren K. Goldschmidts, hochfeuerfeste Geräte aus Korund. 1913 schied er aus, um sich selbständig zu machen, trat aber bereits drei Jahre später als Leiter des wissenschaftlichen Laboratoriums in die Chemische Fabrik E. de Haën (später Riedel-de Haen AG) ein, wo er die Fixanalsubstanzen für die quantitative Analyse ins Fabrikationsprogramm einführte. Er ersann eine Reihe von Verfahren zur Darstellung anorganischer Grundchemikalien, für deren technische Durchsetzung auch Tochtergesellschaften gegründet wurden, an denen er beteiligt war, aber den meisten seiner Projekte blieb der wirtschaftliche Erfolg schließlich versagt.

---

48 L. Jancke-Buchner, Achema-Jahrbuch 1959/60 Bd. 1, S. 85. – E. Müller, Z. Elektrochem. 32 (1926) 315. – B. Rassow, Z. Angew. Chem. 39 (1926) 813.

Eine bis heute fortwirkende Leistung war jedoch 1918 die Gründung der Fachgruppe „Chemisches Apparatewesen" im Verein Deutscher Chemiker mit den von ihr veranstalteten Ausstellungen, für deren Ziele er mit einer bedeutsamen Denkschrift geworben hatte und die er bis 1925 selbst organisierte[49]. Anlaß war seine Erfahrung, daß die Kenntnisse der Chemiker im Apparatewesen genau so gering waren wie die der Ingenieure in Chemie. Um dem entgegen zu steuern, gründete er außerdem die Zeitschrift „Die chemische Fabrik" (heute „Chemie-Ingenieurtechnik") und wurde ihr erster Redakteur. Seit 1926 ist seine Gründung selbständig (Deutsche Gesellschaft für chemisches Apparatewesen, DECHEMA mit ihrer Ausstellung ACHEMA).

In Optimismus, Energie und Organisationsgabe erinnert er ein wenig an Wilhelm Ostwald.

S 1933 – 1945: **Friedrich Bergius**[50]

(11. 10. 1884 Goldschmieden b. Breslau – 30. 3. 1949 Buenos Aires). Als Sohn des Besitzers einer chemischen Fabrik promovierte er 1907 bei A. Hantzsch in Leipzig, arbeitete anschließend bei Nernst in Berlin und bei Haber in Karlsruhe, wo er das Arbeiten unter hohem Druck kennenlernte. 1911 habilitierte er sich in Hannover mit einer in seinem Privatlabor durchgeführten Arbeit über die Reaktionen organischen Materials mit Wasser bei erhöhter Temperatur unter Druck, in der er die Entstehung der Steinkohle nachzuvollziehen suchte.

Ab 1913 beschäftigte er sich in seinem Labor mit der Druckhydrierung von Kohle und Schweröl. Als sie ihm sogar ohne Katalysator gelungen war, gab er die Universitätslaufbahn auf, um sein Verfahren großtechnisch zu verwirklichen, zuerst als Laborleiter und Vorstandsmitglied der Th Goldschmidt-AG, dann, als diese sich zurückzog, in eigener Regie.

1925 verkaufte er seine Rechte an die IG-Farben AG (Kap. 1.30), ertrug jedoch das Dasein als wohlhabender Privatmann in seiner Heidelberger Villa nicht lange. So stellte er sich die Aufgabe, die Holzverzuckerung durch Säurehydrolyse, die er schon bei der Th. Goldschmidt AG ausprobiert hatte, zur technischen Reife zu bringen. Es kostete ihn mehr als sein gesamtes Vermögen. Als er 1931 (gemeinsam mit Carl Bosch) den Nobelpreis erhielt, hatte er Mühe, sich vor dem Gerichtsvollzieher zu retten, der ihm nach Stockholm nachgereist war. Obwohl sein Verfahren den Autarkiebestrebungen des Dritten Reichs entgegenkam, konnte er selbst nur wenig davon profitieren.

Nachdem er im Krieg den Rest seiner Habe verloren hatte, ging er ins Ausland, zuletzt nach Argentinien, um die Regierung bei der Industrialisierung des Landes zu beraten.

---

49 Darstellung aus Buchners Feder in Z. Elektrochem. 32 (1926) 311.

50 P. A. Thiessen, Z. Elektrochem. 50 (1944) 241 – H. Beck, Abh. Deutsches Mus. 50 (1982) Heft 1 – R. Haul, Chemie in uns. Zeit 19 (1985) 59 – W. Dux, Erinnerungen (Archiv der DBG).

2.5 Die Geschäftsführer

Auch wenn der Geschäftsführer nach außen nicht besonders hervorzutreten pflegt, ist ohne ihn wenig möglich, und mancher Vorsitzende wäre ohne seinen erfahrenen Rat in mißlicher Lage. Es war mehr als eine freundliche Geste, dem ersten von ihnen mit der Ehrenmitgliedschaft zu danken. Alle Geschäftsführer (und Geschäftsführerinnen) sind in Tabelle 2.5 mit ihren wichtigsten Lebensdaten zusammengestellt.

Tabelle 2.5 Die Geschäftsführer 1894 – 1994

1894 – 1922	Julius Wagner (1857 – 1924)[1]	Leipzig
1922 – 1923	Franz Hein (1892 – 1976)[2]	Leipzig
1923 – 1933	Wilhelm Bachmann (1885 – 1933)[3]	Seelze b. Hannover
1935 – 1942	Alexander Schweitzer (1885 – 1966)[4]	Stuttgart
1943 – 1945	Armin Schneider (1906 – 1986)[5]	Stuttgart
1945 – 1948	Geschäftsstelle weitergeführt durch:	
	Luise Wolf (1893 – 1966)[6]	Stuttgart
1948 – 1953	Klaus Schäfer (2. Vorsitzender)[7]	Heidelberg
1954 – 1961	Franz Vorländer (1892 – 1964)[8]	Duisburg (bis 1957)
		Frankfurt (ab 1958)
1962 – 1963	Fritz Osterloh (1895 – 1971)	Frankfurt
1963 – 1966	Lothar Sieg (* 1903)[9]	Frankfurt
1967 – 1978	Elfriede Brauer (* 1920)[10]	Frankfurt
1979 –	Heinz Behret (* 1940)[11]	Frankfurt

1 Ehrenmitglied 1922.

2 Seit 1921 Privatdozent, seit 1923 a. o. Prof. für anorganische Chemie an der Universität Leipzig. 1942 – 1959 o. Prof für anorganische Chemie an der Universität Jena. Bedeutender Komplexchemiker, schrieb „Chemische Koordinationslehre" 1950.
Zu seinem 75. Geburtstag siehe: G. Bähr, Ber. Bunsenges. Phys. Chem. 71 (1967) 437.

3 Promovierte 1911 in Göttingen bei R. Zsigmondy und habilitierte sich dort 1916 mit einer Arbeit über Gele. Im gleichen Jahr erfand er die Membranfilter. Daraufhin trat er in die De Haën AG in Seelze bei Hannover ein, wurde Laborleiter der Firma und 1922 Mitglied des Direktoriums. Gleichzeitig habilitierte er sich nach Hannover um und las über Kolloidchemie, seit 1928 als a.o. Prof. Seit diesem Jahr redigierte er auch die vom VDCh herausgegebene Zeitschrift „Die Chemische Fabrik". Ein Jagdunfall setzte seinem Leben ein Ende (Kap. 1.31).
Nachruf: M. Braune, Z. Elektrochem. 40 (1934) 57.

4 Assistent bei F. Foerster, Dresden. Bis 1932 techn. Direktor bei der Fa. Hauff & Co, Stuttgart-Feuerbach (Brief G. Grube an R. Schenck vom 27. 4. 1934), seit 1943 in Frommern (Württ.) bei der Lias-Ölschiefer-Forschungsgesellschaft m.b.H. mit der Verschwelung von Ölschiefer beschäftigt. Ständiger Ausschuß 1943 – 1945. (Todesdatum: Ber. Bunsenges. Phys. Chem. 70 (1966) 1188)

5 Habilitation TH Stuttgart 1940, Abteilungsleiter am Kaiser-Wilhelm-Institut für Metallkunde, Stuttgart 1941 – 1945. 1951 umhabilitiert nach Göttingen, Oberassistent am Institut für anorganische Chemie, 1952 a. o. Prof. in Göttingen, 1963 – 1971 o. Prof für anorganische Chemie an der TU Clausthal.

6 Als Sekretärin der Geschäftsstelle eingestellt durch W. Bachmann, tätig von 1924 – 1955. Würdigung: Z. Elektrochem, Ber. Bunsenges. Phys. Chem 59 (1955) 590.

7 Erster Vorsitzender 1959.

8 Assistent bei R. Schenck in Breslau, Betriebsleiter der Schwefelsäurefabrik Wolfen, verantwortlich für die Chlorwirtschaft der IG-Farben, nach dem Krieg Leiter des Planungsbüros für die Gesamtproduktion in Bitterfeld, dann in Direktionsabteilung der Duisburger Kupferhütte. Nach der Pensionierung Verwaltungsdirektor des Carl-Bosch-Hauses in Frankfurt/M.
Zum 70. Geburtstag: H. Dohse, Z. Elektrochem, Ber. Bunsenges. Phys. Chem. 66 (1962) 83.

9 Langjähriger Assistent und Mitarbeiter von W. Jost in Darmstadt, zuletzt im Verlag W. Girardet, Essen, tätig, Redakteur der Zeitschrift „Brennstoffchemie".

10 Professorin für physikalische Chemie, Universität Frankfurt. Begann 1942 als Chemotechnikerin am Institut für physikalische Chemie in Leipzig bei K. F. Bonhoeffer, der ihr zum Studium riet. Promovierte 1953 mit einem photographischen Thema bei H. Staude in Leipzig, arbeitete bei U. F. Franck in Darmstadt und Aachen, habilitierte sich 1965 an der Universität Frankfurt, wo sie eine elektrochemische Abteilung aufbaute, die sie bis 1985 leitete. Arbeiten vor allem über Wasserstoff in Metallen und über biologische Calzium-Fixierung.
Zu ihrem 65. Geburtstag: K. G. Weil, Ber. Bunsenges. Phys. Chem. 89 (1985) 103.

11 Promovierte 1970 in Saarbrücken mit einer elektrochemischen Arbeit. Bis 1982 wiss. Leiter der phys.-chem. Verfahrenstechnik am Battelle-Institut, Frankfurt/Main, ab 1983 Abteilungsleiter der GdCh-Geschäftsstelle Frankfurt/Main. 1983 – 1988 Stellvertretender Geschäftsführer der GDCh.

2.6 Die Herausgeber der Zeitschrift

Wie der Geschäftsführer ist der Schriftleiter auch im engsten Kreise immer dabei, denn die Zeitschrift soll den Bemühungen des Vereins und seiner Mitglieder Dauer verleihen und seinen Ruhm in der Welt verbreiten. So ist verständlich, daß mehrfach auch Erste Vorsitzende zu den Herausgebern gehörten, daß es Ehrenmitglieder und Träger der Bunsen-Denkmünze unter ihnen gab. Eine Liste der Herausgeber mit kurzen Angaben über sie findet sich in Tabelle 2.6. Sie enthält auch den jeweiligen Namen der Zeitschrift, wie er auf dem Titelblatt angegeben ist. Es wird wenige Zeitschriften geben, die ihren Namen so oft geändert haben, immer bemüht, im zähen Medium der Tradition mit dem Fortschritt mitzuhalten.

Tabelle 2.6

Titel der Zeitschrift und ihre Redakteure 1894 – 1994

Bände	ab Jahrgang	Titel der Zeitschrift	Redakteure
1	1894/95	Zeitschrift für Elektrotechnik und Elektrochemie	W. Borchers[1], A. Wilke[2]
2 – 4	1895/96	Zeitschrift für Elektrochemie	W. Borchers, W. Ostwald[3]
5 – 6	1898/99	"	W. Borchers, W. Nernst[4]

Bände	ab Jahrgang	Titel der Zeitschrift	Redakteure
7	1900/01	"	W. Nernst, R. Abegg[5]
8–10	1902	"	R. Abegg
11–14	1905	Zeitschrift für Elektrochemie und angewandte physikalische Chemie	R. Abegg, H. Danneel[6], P. Askenasy[7]
15–16	1909	"	R. Abegg, P. Askenasy
17–28	1911	"	P. Askenasy
29–37	1923	"	E. Müller[8]
38–51	1932	"	G. Grube[9]
52–55	1948	"	P. Günther[10]
56–65	1952	Zeitschrift für Elektrochemie, Berichte der Bunsengesellschaft für physikalische Chemie*	"
66	1962	"	H. Witte[11]
67–68	1963	Berichte der Bunsengesellschaft für physikalische Chemie, früher Zeitschrift für Elektrochemie**	"
69–74	1965	"	H. Witte, K. G. Weil[12]
75–82	1971	"	K. G. Weil
83–84	1979	"	K. G. Weil, A. Weiss[13]
85–95	1981	Berichte der Bunsengesellschaft – An International Journal of Physical Chemistry***	"
96	1992	"	K. G. Weil, P. C. Schmidt[14]
97	1993	"	P. C. Schmidt, R. Ahlrichs[15], W. Freyland[16], M. Kappes[17]

* Ab Jahrgang 57 (1953) Heraushebung des zweiten Titels durch größeren Druck.
** Begründung des neuen Titels: H. Witte, Ber. Bunsenges. Phys. Chem. 67 (1963) 1.
*** Ab Band 95 (1991) Änderung des Formats und neues Layout unter Betonung des englischen Untertitels.

1 **Wilhelm Borchers** (1856 – 1925), Kurzbiographie in Kap. 1.5.
2 **Arthur Wilke** (1853 – 1913), Kurzbiographie in Kap. 1.5.
3 **Wilhelm Ostwald** (1853 – 1932), Erster Vorsitzender 1894.
4 **Walther Nernst** (1864 – 1942), Erster Vorsitzender 1905.
5 **Richard Abegg** (1869 Danzig – 1910 bei einem Ballon-Unglück) Doktorand von A. W. v. Hofmann in Berlin, Assistent von W. Nernst in Göttingen. 1899 Abteilungsvorsteher am Chemischen Institut der Universität Breslau, 1909 Ruf auf den Lehrstuhl für physikalische Chemie der neugegründeten TH

Breslau, den er aber nicht mehr antreten konnte. Buchautor (Elektrolytische Dissoziation, Chemisches Praktikum, Physikalisch-chemische Rechenaufgaben), zusammen mit Fr. Auerbach Herausgeber eines groß angelegten Handbuchs der Anorganischen Chemie. Arbeiten über Gefrierpunktserniedrigung, Geschwindigkeit der Neutralisation bei tiefen Temperaturen (!) (Z. Elektrochem. 14 (1908) 2), Löslichkeiten, Systematik der Valenz im Periodensystem. – Der Beginn seiner Herausgeberschaft war der 1. 1. 1901.
Nachruf: S. Arrhenius, Z. Elektrochem. 16 (1910) 554.

6 **Heinrich Danneel,** Mitarbeiter von R. Abegg, Verfasser mehrerer Monographien über Elektrochemie, Herausgeber von „Jahrbuch der Elektrochemie", später unter dem Titel: „Jahrbuch der Elektrochemie und angewandten physikalischen Chemie" ab Jahrgang 8 (1902). Schied aus der Redaktion aus, als er in das „Konsortium für elektrochemische Industrie" (Nürnberg) eintrat (Z. Elektrochem. 14 (1908) 428).

7 **Paul Askenasy** (1869 Grünhübel b. Breslau – 1936 auf seinem Gut in Schlesien), von 1921 bis 1933 Inhaber des Lehrstuhls für Chemische Technik an der TH Karlsruhe.

8 **Erich Müller** (1870 Chemnitz – 1949) Promovierte bei H. Landolt in Berlin, arbeitete in der zur väterlichen Fabrik gehörigen Färberei, dann bei F. Foerster in Dresden, wo er sich 1900 habilitierte und das elektrochemische Praktikum einrichtete. 1904 Nachfolger J. Bodländers an der TH Braunschweig, 1906 auf den Lehrstuhl für Elektrochemie und chemische Technologie an der TH Stuttgart berufen, übernahm 1912 den entsprechenden Lehrstuhl an der TH Dresden, als F. Foerster auf das Ordinariat für anorganische Chemie wechselte. 1935 emeritiert. Arbeiten über Elektrodenprozesse, Reaktionsverlauf bei der Chloralkalielektrolyse, elektroanalytische Methoden.
Zum 60. Geburtstag: F. Foerster, Z. Elektrochem. 36 (1930) 113, Nachruf: G. Grube, Z. Elektrochem 53 (1949) 337.

9 **Georg Grube** (1883 – 1966), Bunsen-Denkmünze 1948.

10 **Paul Günther** (1892 – 1969), Erster Vorsitzender 1947.

11 **Helmut Witte** (* 1909), Erster Vorsitzender 1967.

12 **Konrad Georg Weil** (* 1927), Bunsen-Denkmünze 1986.

13 **Alarich Weiss** (* 1925), Erster Vorsitzender 1987.

14 **Peter C. Schmidt** (* 1941), Prof. für physikalische Chemie an der TH Darmstadt.

15 **Reinhart Ahlrichs** (* 1940), seit 1975 o. Prof für theoretische Chemie an der Universität Karlsruhe.

16 **Werner Freyland** (* 1942), seit 1988 Inhaber des Lehrstuhls für physikalische Chemie I an der Universität Karlsruhe, Haber-Preis 1983.

17 **Manfred M. Kappes** (* 1957), seit 1991 Inhaber des Lehrstuhls für physikalische Chemie II an der Universität Karlsruhe.

2.7 Die verschiedenen Auszeichnungen durch die Gesellschaft

Ehrenmitglieder legte die Gesellschaft sich bereits im Gründungsjahr 1894 zu, anfangs natürlich vor allem, um sich selber aufzuwerten. Im Verlauf ihrer Geschichte waren es dann häufig bedeutende Wissenschaftler, die sie schon früher in anderer Weise geehrt hatte oder solche, an deren Auszeichnung man zu spät gedacht hatte, als daß die Bunsen-Denkmünze noch adäquat gewesen wäre. In einigen Fällen wurde die Ehrenmitgliedschaft auch für besondere Verdienste um den Verein verliehen.

Noch heute besteht eine gewisse Unsicherheit darüber, ob die Bunsen-Gesellschaft sich bei ihren Ehrungen eher als Vertretung des Faches fühlen soll oder als Vereinigung ihrer Mitglieder[51]. Kurzbiographien der Ehrenmitglieder sind in Kap. 2.8 zusammengestellt.

Für „Persönlichkeiten, welche die Ziele der physikalischen Chemie durch wissenschaftliche oder praktische Leistungen in hervorragender Weise gefördert haben", hatte H. v. Böttinger 1907 die Bunsen-Denkmünze gestiftet (Kap. 1.22). Das Kapital, aus dessen Zinsen sie etwa alle drei Jahre verliehen werden sollte, überstand die Inflation nicht, aber der gute Zweck rechtfertigte es, die Münze weiterhin aus den laufenden Mitteln zu finanzieren. Seit kurzem (1985) ist die Stiftung wieder reaktiviert worden.

Nachdem in den ersten 30 Jahren etwa gleich viele Industrie- und Hochschulwissenschaftler bedacht wurden, ist die Ehrung später nur noch einmal für eine wirtschaftlich bedeutsame Forschungsleistung vergeben worden. 1992 hat die Bunsen-Gesellschaft beschlossen, hier gegenzusteuern und eine Walther-Nernst-Denkmünze gestiftet, ebenso groß und schwer wie die dem Andenken Bunsens gewidmete. Mit ihr soll geehrt werden, wer „die Ziele der *angewandten* physikalischen Chemie in hervorragender Weise gefördert" hat. Wie der erste Preisträger bewies, konnte dies durchaus auch ein Universitätsangehöriger sein. Die Reihe der Träger beider Münzen findet sich in Kap. 2.9 und 2.10. Laudationes sind erst aus der Nachkriegszeit erhalten geblieben. Sie sind in den Fällen aufgenommen, wo der Ausgezeichnete bereits an anderer Stelle, z.B. als Erster Vorsitzender, mit einer Kurzbiographie vertreten ist.

Der aufmerksame Leser wird auf nicht wenige stoßen, die mehrfach ausgezeichnet wurden, und der Kenner bedeutende Namen vermissen. Es gibt durch die historische Entwicklung bedingte Einseitigkeiten und durch persönliche Bekanntschaften entstandene Häufungen. Manchmal mögen die jeweils Maßgebenden nur in ihrer Nachbarschaft herum geblickt haben, aber ein so schwer eingrenzbares Fach wie die physikalische Chemie zu überschauen verlangt auch erhebliche Weitsicht. Vielleicht wird dies den bereits freundlich angesprochenen Leser veranlassen, sich künftig selbst durch Vorschläge zu engagieren.

Während mit den bisher genannten Ehrungen in starkem Maße die Lebensleistung ausgezeichnet wurde[52], hat der Verein schon in seiner Anfangszeit auch daran gedacht, junge Gelehrte durch Förderpreise zu ermutigen und auf sie aufmerksam zu machen. Schon die Elektrochemische Gesellschaft verlieh 1898 und 1899 je einen Ehrenpreis in Höhe von 600 Mark. 1900 und 1902 wurden die Ehrenpreise als Reisestipendien vergeben (Kap. 1.10).

Die Idee eines Förderpreises wurde 1952 wieder aufgenommen, nachdem sich verschiedene Industrieunternehmen bereit erklärt hatten, die erforderliche Summe (anfangs 6000.– DM, später 10000.– DM) zur Verfügung zu stellen (Kap. 1.46). Als Nernst-, Haber- oder Bodensteinpreis soll er der „Anerkennung hervorragender wis-

---

51 So wurden seinerzeit Vorschläge wie Niels Bohr (1929, 1951) oder Walter Heitler (1970) nicht weiter verfolgt, andere Nichtmitglieder der Gesellschaft aber geehrt.

52 In den Sitzungen des Ständigen Ausschusses vom 12. 11. 71 und 24. 10. 79 ist man übereingekommen, die Bunsen-Denkmünze an noch nicht Emeritierte zu verleihen, die Ehrenmitgliedschaft an Ältere, z.B. Emeritierte.

senschaftlicher Leistungen in der Physikalischen Chemie durch jüngere Wissenschaftler (bis zu etwa 40 Jahren)" dienen, und möglichst an noch nicht auf Lehrstühle Berufene gehen. Die erste Bedingung wurde in den Anfangsjahren großzügig ausgelegt und auch an etwas ältere gedacht, die bis dahin noch nicht die Stellung erreicht hatten, die sie verdienten. Meist versuchte man, eine gewisse Verbindung zwischen dem jeweiligen Namensgeber des Preises und den Arbeiten des Preisträgers zu finden, was jedoch nicht immer einfach war. Bei der Wahl der Namenspatrone hatte die Bunsen-Gesellschaft nicht geahnt, wohin sich ihr Fach noch ausdehnen könnte. Neuerdings ist der Preis vereinheitlicht und trägt den dreifachen Namen.

Die Erwartung, jedes Jahr einen Preisenswerten zu finden, ist ein wenig vermessen, und die Preiskommission war oft nicht zu beneiden. Nach 40 Jahren Preisverleihung wird es aber zunehmend möglich, die weiteren Lebenswege der Preisträger zu verfolgen. Eine Reihe der hoffnungsvollen Debütanten befindet sich bereits im Ruhestand, einige sind sogar schon gestorben. Es zeigt sich, daß sehr oft der Verheißung auch Erfüllung gefolgt ist. Manche wurden weltbekannt und viele auch anderweitig geehrt (auch durch die Bunsen-Gesellschaft), drei von ihnen erhielten den Nobelpreis.

Die Zahl von 42 bisherigen Preisträgern ist zwar geringer als die der infrage kommenden Forschungseinrichtungen, und im Lauf von 40 Jahren ändern sich viele Randbedingungen, aber derartige Kleinigkeiten pflegen den Statistiker nicht zu stören. So schließt er kühn, daß in Deutschland Preiswürdiges vor allem aus Göttingen (11) und dort bevorzugt aus dem Max-Planck-Institut für physikalische (später biophysikalische) Chemie kommt (7). Er stellt fest, daß sogar noch weitere 5 Preisträger einen wesentlichen Teil ihrer gewürdigten Arbeiten in Göttingen durchgeführt haben, was die Zahlen auf 16 und 11 erhöht. Bonn und München folgen mit je 5 auf dem zweiten Platz und eine so kleine Stadt wie Marburg (3) kann es mit Stuttgart und sogar Berlin aufnehmen. Alle anderen Orte folgen weit abgeschlagen.

Speziell Interessierte sind eingeladen, dies hochschul- oder landespolitisch auszuwerten. Will man eine ernsthaftere Folgerung aus der bisher so ungleichmäßigen Verteilung ziehen, so wäre sie, endlich einen größeren Kreis von Mitgliedern für das Aufspüren junger Talente zu gewinnen. Wer wie der Verfasser einmal der Preiskommission angehört hat, weiß allerdings, daß Aufrufe hier wenig helfen.

Biographien aller Preisträger würden den Rahmen dieser Schrift sprengen, das Herausheben einzelner willkürlich erscheinen. In Kap. 2.11 sind aber außer der Laudatio als kleiner Hinweis auf den Lebensweg die Tätigkeiten angegeben, die die Geehrten bei der Preisverleihung und zur Zeit dieses Berichts (oder zuletzt) innehatten.

Als eine neue nachahmenswerte Ehrung sind Vorlesungen zum Gedächtnis bedeutender Forscher hinzugekommen. Die Namen der damit Geehrten sind in Kap. 2.12 zusammengestellt.

2.8 Die Ehrenmitglieder 1894 – 1994

EM 1894 **Robert Wilhelm Bunsen**[53]

(31. 3. 1811 Göttingen – 16. 8. 1899 Heidelberg). Studierte Naturwissenschaften in Göttingen; nach seiner Promotion mit einer theoretischen Arbeit wanderte er mehrere Jahre durch Deutschland, die Schweiz und Frankreich, besuchte dabei Fabriken und trieb geologische Studien. 1834 in Göttingen habilitiert, wurde er 1836 Nachfolger Wöhlers an der Gewerbeschule in Kassel, aber bereits 1839 gegen den Protest der Fakultät nach Marburg versetzt[54], wo er großen Erfolg als Lehrer hatte, aber nur schwer den verspäteten Absolutismus des kurhessischen Duodezfürstentums ertrug. Seine kurzzeitige Tätigkeit in Breslau hatte weitreichende Folgen für die Wissenschaft, denn dort lernte er Gustav Kirchhoff kennen. Schon nach einem Jahr (1852) ging er nach Heidelberg und blieb dort bis 1889 im Amt.

Ein genialer Experimentator und Erfinder, dessen Vielseitigkeit doch eine erstaunliche innere Folgerichtigkeit aufweist. *„Alles was er anfaßte, wuchs über den ursprünglichen Rahmen hinaus ... als hätte er einen Zauberschlüssel in den Händen, mit dem er verschlossene Türen öffnete.“* (Th. Curtius) Nach kurzer Beschäftigung mit organischen Radikalen (Kakodyl) wandte er sich ganz Fragen der anorganischen Chemie zu, die er mit physikalischen Methoden anging: Untersuchung der Wärmebilanz im Hochofen durch Gasentnahme mit Sonden, Entwicklung der Gasanalyse und der Jodometrie, Theorie des Geysirs, Bunsenbrenner und Wasserstrahlpumpe, Eiskalorimeter und Fettfleckphotometer, Spektralanalyse (mit G. Kirchhoff), Entdeckung von Rb und Cs, elektrochemische Darstellung von Al, Mg, Ca, Li, Sr, Cr mit dem Bunsenelement als Stromquelle, Photochemie, z.B. Lumineszenz von seltenen Erden, Lichteinwirkung auf die Chlorknallgasreaktion (mit H. Roscoe). Ein Einzelgänger und Junggeselle, verehrt von allen, die mit ihm zu tun hatten, aber ohne Neigung, Schüler heranzuziehen. Er fütterte den Löwen, schrieb M. Trautz, und überließ den kleineren Tieren, für sich selbst zu sorgen[55].

EM 1894 **Johann Wilhelm Hittorf**[56]

(27. 3. 1824 Bonn – 28. 11. 1914 Münster). Promovierte 1846 in Bonn mit einer Arbeit über Kegelschnitte, erhielt 1852 die Professur für Physik und Chemie an der theologisch-philosophischen Akademie zu Münster, wo er seit 1848 Privatdozent

---

53 J. W. Brühl: Erinnerungen an Bunsen (1899). Manuskript, Universitätsbibliothek Heidelberg. – W. Ostwald, Gedenkrede auf R. W. Bunsen, Z. Elektrochem. 7 (1900/01) 608. – Th. Curtius, J. prakt. Chem. 169 (1900) 381. – G. Lockemann: R. W. Bunsen, Stuttgart 1949. – K. Freudenberg, Ber. Bunsenges. Phys. Chem. 64 (1969) 777. – R. Schmitz, Die Naturwissenschaften an der Philipps-Universität Marburg 1527 – 1977, Marburg 1978, S.231.

54 Siehe H. Hermelink, S. A. Kaehler, in: die Philipps-Universität zu Marburg 1527 – 1927, Marburg 1927, S. 557.

55 Z. Elektrochem. 36 (1930) 348.

56 S. Arrhenius, Z. Elektrochem. 21 (1915) 65.

war. Er lehrte bis 1890, viele Jahre von den Fachkollegen mit Kritik bedacht[57] und von den Theologen seines Umkreises als lauer Katholik, ja sogar als Abtrünniger mißtrauisch beäugt, nachdem er 1870 altkatholisch geworden war[58]. Erst in hohem Alter konnte er sich der Würdigung seines wissenschaftlichen Lebenswerks erfreuen, das er mit den bescheidensten apparativen Mitteln geschaffen hatte.

Grundlegende Arbeiten über die Leitfähigkeit fester Elektrolyte, über Komplexverbindungen, Passivität und Gasentladungen (magnetische Ablenkung von Kathodenstrahlen), am bekanntesten die Einführung der Überführungszahl (1853–1858).

EM 1894 **Friedrich Kohlrausch**[59]

(14. 10. 1840 Rinteln – 17. 1. 1910 Marburg). Promovierte 1863 in Erlangen, wo sein Vater († 1858) Professor für Physik gewesen war, wirkte als Dozent 1863 am Physikalischen Verein in Frankfurt, 1866 in Göttingen, als Professor der Physik 1870 in Zürich, 1871 in Darmstadt, 1875 in Würzburg, 1888 in Straßburg. Von 1894 bis 1905 Präsident der Physikalisch-Technischen Reichsanstalt in Berlin.

Ein Meister der Experimentiertechnik, dessen Meßergebnisse z. T. noch heute gültig sind. Sein Lehrbuch: Leitfaden der praktischen Physik wurde seit 1870 immer wieder neu bearbeitet. Wichtig für die physikalische Chemie sind vor allem seine Leitfähigkeitsmessungen mit Wechselstrom, das Gesetz der unabhängigen Ionenwanderung (1885), sein Quadratwurzelgesetz und die Bestimmung der Dissoziationskonstante des Wassers (1894).

EM 1894 **Gustav Wiedemann**[60]

(2. 10. 1826 Berlin – 23. 3. 1899 Leipzig). Promovierte 1850 in Physik bei G. Magnus in Berlin, wirkte als Ordinarius für Physik 1854 in Basel, 1863 in Braunschweig, 1865 in Karlsruhe. 1871 erhielt er den neugegründeten Lehrstuhl für physikalische Chemie in Leipzig, den er 1887 mit dem für Physik vertauschte (vgl. Kap. 1.18).

Bekannt durch das Wiedemann-Franzsche Gesetz der Proportionalität des elektrischen und thermischen Leitvermögens. Messungen des Magnetismus chemischer Verbindungen und des Dampfdrucks kristallwasserhaltiger Salze. Verfasser einer monumentalen „Lehre von der Elektrizität“ (4. Aufl. seit 1890) und seit 1877 Nachfolger Poggendorffs als Herausgeber der Annalen der Physik („Wiedemanns Annalen“).

---

57 z.B. durch G. Wiedemann, der gleichzeitig mit ihm Ehrenmitglied wurde.
58 H. Grossmann, Z. Elektrochem. 25 (1919) 212.
59 R. Abegg, Z. Elektrochem. 11 (1905) 193.
60 Wiedeburg, Z. Elektrochem. 5 (1898/99) 549.

EM 1895 **Svante Arrhenius**[61]

(19. 2. 1859 auf dem Gut Vik bei Upsala – 8. 10. 1927 Stockholm). Bereits mit 24 Jahren legte er in seiner Dissertation den Keim zur Theorie der elektrolytischen Dissoziation, fand damit aber wenig Anklang bei den Gutachtern (siehe Kap. 1.17). So erhielt er erst 1891 eine Dozentur an der Stockholmer Privatuniversität und mußte sich 1895, als es um die Umwandlung in eine Professur ging, einer erneuten Begutachtung unterziehen, bei der Lord Kelvin sich sehr ablehnend über die Ionentheorie äußerte. Umso größer dann die späteren Ehrungen: 1903 Nobelpreis für Chemie „für den Dienst, den er dem Fortschritt der Chemie durch seine Theorie der elektrolytischen Dissoziation geleistet hat“, bald darauf (1905), um einen Ruf nach Berlin abzuwenden, Leiter des für ihn errichteten Nobelinstituts für physikalische Chemie in Stockholm.

1887 Theorie des Dissoziationsgrads von Elektrolyten und dessen Messung über Leitfähigkeiten oder osmotische Erscheinungen, Bestimmung der Neutralisationswärme. Später Überlegungen zur Immunochemie, die allerdings wenig Anklang fanden (vgl. Kap. 1.23), und zur Astrophysik.

EM 1895 **Jacobus Hendricus van't Hoff**

Erster Vorsitzender 1898 – 1902.

EM 1899 **Henri Ferdinand-Frédéric Moissan**[62]

(28. 9. 1852 Paris – 20. 2. 1907 Paris). 1880 docteur ès sciences, 1886 Professor der Toxikologie an der École Supérieure de Pharmacie, 1891 Mitglied der Académie des Sciences, 1900 Professor für anorganische Chemie an der Université de Paris.

Einer der großen präparativen Anorganiker, die dem Fach neue Impulse gaben, als es durch das Übergewicht der organischen Chemie ganz ins Hintertreffen zu geraten drohte. Entdeckte 1887 das Fluor und viele seiner Verbindungen, bahnbrechend in der Chemie der hohen Temperaturen seit der Konstruktion seines elektrischen Ofens 1892: Siedepunkte hochsiedender Stoffe, Erzeugung zahlreicher Phosphide, Boride, Carbide, Silicide, Erstdarstellung reinen Bors. Erkannte die Notwendigkeit hohen Drucks zur Herstellung von Diamanten. Nobelpreis für Chemie 1906 „für seine Erforschung und Darstellung des Elements Fluor und für die Indienstnahme des nach ihm benannten elektrischen Ofens für die Wissenschaft.“

EM 1899 **Wilhelm Ostwald**

Erster Vorsitzender 1894 – 1898.

---

61 R. Abegg, Z. Elektrochem. 10 (1904) 109. – W. Palmaer in: G. Bugge (Hrsg), Das Buch der großen Chemiker, Bd. 2, Berlin 1930, S. 443. – Nekrologe: W. Nernst, Z. Elektrochem. 33 (1927) 537. – H. Riesenfeld, Ber. Dtsch. Chem. Ges. 63 IA (1930) 1.

62 P. Th. Muller, Z. Elektrochem. 13 (1907) 96. – A. Stock, Ber. Dtsch. Chem. Ges. 40 (1907) 5099.

EM 1904 **Hans Heinrich Landolt**[63]

(5. 12. 1831 Zürich – 15. 3. 1910 Berlin). Promotion 1853, Habilitation 1856 in Breslau, 1857 Prof. für organische Chemie in Bonn, 1869 an der TH Aachen. Seit 1880 in Berlin, zunächst an der landwirtschaftlichen Hochschule, 1891 am zweiten Chemischen Institut der Universität, nach der Emeritierung 1905 bis zuletzt an der Phys.-Techn. Reichsanstalt. Kennzeichnend für ihn, daß er sich an seinen letzten Tagen weigerte, Morphium einzunehmen, um noch eine Mitteilung über seine Messungen abschließen zu können[64].

Er widmete sich früh im Sinne von Hermann Kopp der Erforschung des Zusammenhangs von chemischer Konstitution und physikalischen Eigenschaften, fand z.B. die Atomrefraktion als charakteristische Größe, studierte die Dampfdrucke homologer Verbindungen und das optische Drehvermögen organischer Systeme. Seine Versuche (1893 – 1908), die Konstanz der Masse bei chemischen Reaktionen zu prüfen, erregten seinerzeit Aufsehen[65]. Im Tabellenwerk von Landolt-Börnstein lebt sein Name fort.

EM 1904 **(Sir) William Ramsay**[66]

(2. 10. 1852 Glasgow – 23. 7. 1916 High Wycombe, Buckinghamshire). Studierte zuerst bei Bunsen in Heidelberg, promovierte 1872 in Tübingen bei R. Fittig, war Assistent in Glasgow, 1880 Professor für Chemie in Bristol, 1887 – 1913 am University College in London.

Er bestimmte Dampfdrucke fester Körper, nutzte als einer der ersten die osmotische Theorie van't Hoffs, indem er aus der Dampfdruckerniedrigung des Hg die Einatomigkeit in Quecksilber gelöster Metalle nachwies. Weltberühmt durch die Entdeckung und Atomgewichtsbestimmung sämtlicher Edelgase (anfangs mit Lord Raleigh): Ar 1894, He 1895, dann anhand des Periodensystems vorausgesagt: Ne, Kr, X, gefunden 1897. Ferner: He aus Ra (mit Soddy) 1903, Rn 1909. Nobelpreis für Chemie 1904 „für seine Entdeckung der Edelgase und ihre Einordnung ins periodische System."

EM 1904 **(Sir) Henry E. Roscoe**[67]

(7. 1. 1833 London – 18. 12. 1915 West Honey, Surrey). Studierte in London und Heidelberg, promovierte bei Bunsen 1854 und arbeitete bis 1856 bei ihm. 1858 als Nachfolger von E. Frankland zum Professor für Chemie am Owen College, Man-

---

63 R. Abegg, Z. Elektrochem. 11 (1905) 194. – F. Herneck, Zur Geschichte der physikalischen Chemie an der Berliner Universität, Wiss. Zschr. Humboldt-Univ. Berlin, Math. Nat. Reihe, 35 (1985) 6.

64 Z. Elektrochem. 12 (1910) 411.

65 Als Abhandlung der Deutschen Bunsengesellschaft Nr. 1 erschienen, siehe Tabelle A.8.

66 W. Marckwald, Z. Elektrochem. 22 (1916) 325. – W. Ramsay, Vergangenes und Künftiges aus der Chemie (übersetzt von W. Ostwald), Leipzig 1913. –P. Walden in G. Bugge (Hrsg.) Das Buch der großen Chemiker, Bd. 2, Berlin 1930, S. 250.

67 R. H. Kargon in: Dictionary of Scientific Biography, Vol. 11, New York 1975, S. 536.

chester, gewählt, das er dank seines Lehrtalents von anfänglicher Bedeutungslosigkeit an die Spitze der englischen Ausbildungsstätten für Chemie brachte. Darüber hinaus verschaffte er ihm durch populäre Vortragsveranstaltungen zahlreiche Spender. 1874 errichtete er dort den ersten Lehrstuhl für organische Chemie in England, den der aus Deutschland emigrierte Carl Schorlemmer, der Freund und Mitarbeiter von Marx und Engels erhielt. 1885 – 1895 liberaler Abgeordneter im Unterhaus, 1896 – 1902 Vizekanzler des University College in London.

Seiner Zusammenarbeit mit Bunsen verdanken wir die ersten quantitativen Experimente zur Photochemie. Er arbeitete ferner über Verbindungen des Vanadiums, Wolframs, Urans und der seltenen Erden. Reformator der englischen Hochschulausbildung in den Naturwissenschaften.

EM 1906 **Henry Theodor v. Böttinger**

Erster Vorsitzender 1902 – 1905.

EM 1906 **Stanislao Cannizzaro**[68]

(13. 7. 1826 Palermo – 10. 5. 1910 Rom). Promovierte in Pisa 1847, mußte 1848 wegen seiner Beteiligung am Aufstand gegen die königliche Regierung in Sizilien fliehen, arbeitete zunächst in Paris, seit 1850 als Lehrer der Physik und Chemie am Collegio Nazionale in Alessandria, wo er Cyanamid synthetisierte und den später nach ihm benannten Reaktionstyp entdeckte. 1855 wurde er Professor der Chemie in Genua. Hier schrieb er 1858 „Sunto di un corso di filosofia chimica", mit dem er, auf Avogadro fußend, die Begriffe Atom und Molekül klar trennte und die Grundlage der Atom- und Molmassenbestimmung anhand der Gasdichte darlegte. Seine Ausführungen auf dem berühmten Chemiker-Kongress in Karlsruhe 1860 (an dem Lothar Meyer und Dmitrij Mendelejev teilnahmen) klärten damals mit einem Schlag jahrzehntelang strittige Fragen. – Erneut am Kampf gegen die Bourbonen in Sizilien beteiligt, wurde er nach deren Sturz 1861 Professor der Chemie in Palermo. Nach der Befreiung Roms 1871 erhielt er den Auftrag, an der dortigen Universität ein der Chemie gewidmetes Institut, das erste Italiens, zu errichten.

EM 1912 **August Friedrich Horstmann**[69]

(20. 11. 1842 Mannheim – 8. 10. 1929 Heidelberg). Begann eine Kaufmannslehre in der väterlichen Firma, konnte ohne Reifezeugnis 1865 in Heidelberg promovieren, wo er sich auch 1867 habilitierte und fortan als Privatgelehrter und Honorar-

---

68 Anonym, Z. Elektrochem. 16 (1910) 459. – D. Marotta in: Great Chemists (Ed. E. Farber), New York, London 1961, S. 662.

69 G. Bredig, Z. Elektrochem. 18 (1912) 993. – M. Trautz, Z. Elektrochem. 35 (1929) 875. – A. Mayer, Naturwiss. 18 (1930) 261.

professor für theoretische Chemie tätig blieb, bis eine frühzeitige Erblindung ihm weitere wissenschaftliche Arbeit unmöglich machte.

Er war der erste, der die Bedeutung der beiden Hauptsätze der Thermodynamik für chemische Vorgänge erkannte und mit ihrer Hilfe quantitative Aussagen über das chemische Gleichgewicht und seine Temperaturabhängigkeit machen konnte. 1869 – 1873 Arbeiten über Dampfdruck, Verdampfungswärme und thermische Dissoziation verschiedener Systeme, 1877 genaue Angaben über die Rolle der Partialdrucke der Reaktanden bei Gleichgewichten.

EM 1912 **Walther Nernst**

Erster Vorsitzender 1905 – 1908.

EM 1912 **Alfred Werner**[70]

(12. 12. 1866 Mühlhausen (Elsaß) – 15. 11. 1919 Zürich). Promovierte 1890 bei A. Hantzsch an der ETH Zürich mit einer Arbeit, in der er die Stereochemie des dreiwertigen Stickstoffs durch eine Anordnung deutete, in der das N-Atom eine der Ecken eines Tetraeders einnimmt. Er habilitierte sich 1891 an der ETH, wurde 1893 a.o. Prof. und 1895 o. Prof. für anorganische und organische Chemie an der Universität Zürich. Bereits 1913 begann eine Erkrankung, die sein Wirken beeinträchtigte. 1919 mußte er seine Professur aufgeben und starb bald darauf.

1893 begründete er seine Koordinationslehre mit ihrer Vorstellung der Nebenvalenz durch die Arbeit „Beiträge zur Konstitution anorganischer Verbindungen“, deren Idee ihm blitzartig eines Nachts um 2 Uhr kam, und deren Grundzüge um 5 Uhr morgens im wesentlichen vorlagen. In den folgenden Jahren baute er sie durch eine Vielzahl von Experimenten aus.

1913 erhielt er den Nobelpreis „für seine Arbeiten zur Verknüpfung von Atomen in Molekülen, durch die er neues Licht auf frühere Untersuchungen geworfen und neue Felder der Forschung, speziell in der anorganischen Chemie eröffnet hat.“

EM 1922 **Julius Wagner**[71]

(3. 7. 1857 Hanau – 17. 7. 1924 Leipzig). Nach dem Examen als Gymnasiallehrer promovierte er 1883 in Leipzig bei Wiedemann und wurde dessen Assistent. Als Ostwald den Lehrstuhl übernahm, erhielt Wagner die Leitung des chemischen Praktikums. 1898 habilitierte er sich mit einer analytischen Arbeit, 1901 wurde ihm ein Lehrauftrag für Didaktik in der Chemie erteilt.

---

70 J. Lifschitz, Z. Elektrochem. 26 (1920) 514. – P. Pfeiffer in: Deutsches biographisches Jahrbuch 1917 – 1920, Stuttgart 1928, S. 484. – G. B. Kauffman in: Dict. Scientific Biogr. Vol. 14, New York 1976, S. 264 – R. Willstätter, Mein Leben, Weinheim 1949, S. 168.

71 M. Le Blanc, Z. Elektrochem. 30 (1924) 349.

Die Ehrenmitgliedschaft der Bunsen-Gesellschaft verdankte er den außerordentlichen Verdiensten, die er sich um sie als Geschäftsführer von 1894 bis 1922 in Hilfsbereitschaft, Pflichtgefühl und Selbstlosigkeit erwarb. Die von ihm geplante Geschichte der Gesellschaft blieb ungeschrieben – ein psychischer Zusammenbruch zwang ihn zur Niederlegung seines Amtes, und er starb nicht lange danach durch eine Chemikalien-Verwechselung.

EM 1929 **Fritz Haber**[72]

(9. 12. 1868 Breslau – 29. 1. 1934 Basel). Promovierte 1891 bei C. Liebermann an der TH in Charlottenburg. Von Ostwald nicht als Mitarbeiter angenommen, fand er nach einigen Wanderjahren eine Stelle als Assistent bei H. Bunte in Karlsruhe. Dieser lenkte sein Interesse auf Verbrennungsvorgänge, über die er sich 1896 habilitierte. Als Physikochemiker Autodidakt, lernte er sein Fach durch Schreiben von Lehrbüchern: Technische Elektrochemie 1895, Thermodynamik technischer Gasreaktionen 1905 (wo er sich nicht getraute, die zum 3. Hauptsatz führende Schlußfolgerung zu ziehen, was ihn später sehr ärgerte). 1906 wurde er Nachfolger Le Blancs in Karlsruhe, 1911 bis zu seinem Rücktritt 1933 Direktor des Kaiser-Wilhelm-Instituts für physikalische Chemie in Dahlem. Den Abschied von ihm überlebte er nur wenige Monate.

Arbeiten zum Kontakt zwischen festem Elektrolyt und seiner Lösung, Habersches Schema der potentialabhängigen stufenweisen Reduktion von Nitroverbindungen, Reaktionen in Flammen (Bunsenbrenner), und in ionisierender Umgebung (Hochspannungsbogen), Ammoniaksynthese. Adsorption als Folge unabgesättigter Valenzen an der Oberfläche. Nach dem Krieg, dem er sein Institut zur Verfügung stellte (vgl. Kap. 1.25) versuchte er vergeblich, Gold aus dem Meerwasser zu gewinnen (Kap. 1.29), nahm frühere Arbeiten mit spektroskopischen Methoden und quantenmechanischen Anschauungen wieder auf, wirkte aber vor allem durch seine außerordentliche Gabe der schnellen Erkennung des Wesentlichen und seine Anregungen als Leiter des Instituts, das er für wenige Jahre zu einem Zentrum seines Faches machte, wobei er Mitarbeitern und Gästen aus aller Welt völlige Freiheit ließ und doch die geistige Führung des Ganzen in der Hand behielt.

Die wohlwollende Nachwelt sieht in ihm den Forscher und Wissenschaftsorganisator, die übelwollende den Geheimrat im Hauptmannsrang, der den Gaskrieg organisierte, aber beides ist nur ein kleiner Ausschnitt einer vielschichtigen Persönlichkeit.

Nobelpreis 1918 „für die Synthese des Ammoniaks aus seinen Elementen."

---

72 E. Berl, Z. Elektrochem. 34 (1928) 797. – M. Bodenstein, Z. Elektrochem. 40 (1934) 113. – W. Schlenk, Ber. Dtsch. Chem. Ges. 67 (1934) I, A 20. – J. E. Coates, J. Chem. Soc. (1939) 1642. – R. Willstätter, Aus meinem Leben, Weinheim 1949, Kap. X. – D. Nachmannsohn, Die große Ära der Wissenschaft in Deutschland 1900 bis 1933, Stuttgart 1988, S. 176. – K. F. Bonhoeffer, Z. Elektrochem. Ber. Bunsenges. Phys. Chem. 57 (1953) 2. – E. und J. Jaenicke, Neue Deutsche Biographie, Bd. 7, Berlin 1966, S. 386 – J. Jaenicke, Ber. Bunsenges. Phys. Chem. 73 (1969) 126.

EM 1929 **Carl Bosch**[73]

(27. 8. 1874 Köln – 26. 4. 1940 Heidelberg). Trotz seines Geburtsortes ein Schwabe. Nach Schlosserlehre Studium des Maschinenbaus an der TH Charlottenburg. 1898 in Leipzig Promotion als Organiker bei J. Wislicenus. 1898 Eintritt in die BASF, worüber W. Ostwald sich bald ärgern sollte, da der, wie er schrieb, „frisch eingetretene, unerfahrene Chemiker" seinen Anspruch auf eine Ammoniaksynthese zurückweisen mußte. 1910 mit der großtechnischen Entwicklung des Haberschen Verfahrens beauftragt, baute er das Forschungslaboratorium in Oppau auf und wurde der Schöpfer der Hochdruckhydriertechnik, nachdem es ihm gelang, die stählernen Reaktoren durch einen Innenmantel von Weicheisen und Durchlaßöffnungen im äußeren Mantel gegen Wasserstoffversprödung zu schützen. Sein Versprechen zu Kriegsanfang, Salpetersäure großtechnisch aus Ammoniak herstellen zu können, erfüllte er bereits ein Jahr später. 1925 setzte er gegen die Vorschläge Duisbergs die Fusion der bisher nur lose verknüpften Firmen der chemischen Großindustrie durch und wurde Vorstandsvorsitzender der so entstandenen IG-Farbenindustrie AG. Die Aufnahme der Kohleverflüssigung (Kap. 1.30), der Methanol- und der Harnstoffsynthese in das Fabrikationsprogramm waren seine Entscheidungen. Sein Erschrekken über Hitler kam zu spät, aber immerhin sehr viel früher als bei den meisten anderen und verstärkte seine Neigung zu Depressionen. Als Nachfolger Plancks wurde er 1936 Präsident der Kaiser-Wilhelm-Gesellschaft, was Schlimmeres verhütete.

1931 Nobelpreis (mit F. Bergius) „für die Beiträge zur Erfindung und Entwicklung von chemischen Hochdruckmethoden".

EM 1929 **Oscar von Miller**[74]

(7. 5. 1855 München – 9. 4. 1934 München). Ingenieur, Sohn des Erzgießers der „Bavaria", organisierte bereits als 27jähriger eine Ausstellung zur Anwendung der Elektrizität, arbeitete bei Edison, gründete 1884 mit Emil Rathenau die Deutsche Edison-Gesellschaft, aus der sich später die AEG entwickelte, machte sich 1890 selbstständig und führte 1891 die erste Fernleitung elektrischer Energie vor. Erbauer des Walchensee-Kraftwerks und Initiator des Deutschen Museums für Wissenschaft und Technik in München, für das er auf unwiderstehliche Weise Sach- und Geldspenden einzutreiben wußte.

EM 1929 **Max Planck**[75]

(23. 4. 1858 Kiel – 4. 10. 1947 Göttingen). Promotion 1879, Habilitation 1880, Extraordinarius in Kiel 1885, Nachfolger G. Kirchhoffs auf dem Lehrstuhl für theoretische Physik in Berlin 1889 – 1927.

---

73 K. Holdermann, Chem. Ber. 90 (1957) XIX., Naturwiss. 36 (1949) 161. – A. Mittasch, Z. Elektrochem. 46 (1940) 333. – W. Teltschik: Geschichte der deutschen Großchemie, Weinheim 1992, S. 19, 39, 58.

74 F. Fuchs, Phys. Bl. 11 (1955) 216.

75 K. Schäfer, Z. Elektrochem. 52 (1948) 3. – H. Kangro, Dict. Scientif. Biogr. Vol. 11, New York 1975, S. 7. – A. Hermann in: Berlinische Lebensbilder, Naturwissenschaftler, Berlin 1987, S. 115.

Ein konservativer Geist, der die Physik revolutionierte. Bis etwa 1897 hauptsächlich an methodischen Fragen interessierter Thermodynamiker, der die Atomistik mit Skepsis betrachtete. Später beschäftigte er sich mit Elektrodynamik, wobei er das Ziel hatte, die Maxwellsche Theorie mit der Thermodynamik zu verknüpfen. Hierbei fand er 1900 zunächst empirisch seine Strahlungsformel, die er mit der Vorstellung von Energiequanten deuten konnte, allerdings ohne zunächst die kühnen Folgerungen zu billigen, die Einstein 1905 daraus zog, dessen Berufung nach Berlin er veranlaßt hatte. 1910 fand er die statistische Deutung des Nernstschen Wärmesatzes.

Als unangefochtenes Haupt der deutschen Physiker wurde er 1930 – 1937 und noch einmal 1945 – 1946 Präsident der Kaiser-Wilhelm-Gesellschaft, die seit 1948 ihm als Mensch und Wissenschaftler zu Ehren seinen Namen trägt. Sein Sohn fiel 1945 der NS-Justiz zum Opfer.

Nobelpreis für Physik erst 1918 „in Würdigung der Dienste, die er dem Fortschritt der Physik durch seine Entdeckung der Energiequanten geleistet hat.“

EM 1929 **Gustav Tammann**

Erster Vorsitzender 1924 – 1926.

EM 1931 **Carl Duisberg**[76]

(29. 9. 1861 Barmen – 19. 3. 1935 Leverkusen). Promovierte 1882 in Jena bei J. G. Geuther, wobei er Volkswirtschaft als Nebenfach wählte. 1883 trat er in die Fa. Fr. Bayer & Co. in Elberfeld ein, synthetisierte dort eine Reihe erfolgreicher Farbstoffe und fand das Phenacetin, was ihm bald die Prokura eintrug. Den Ausbau der Bayerwerke an ihrem neuen Standort Leverkusen, ihres Forschungslabors und ihres Fabrikationsprogramms bestimmte er bis in Einzelheiten seit 1912 als Generaldirektor. Anläßlich eines Firmenkaufs in den USA lernte er die Vorzüge der Trusts gegenüber Abnehmern und Gewerkschaften schätzen und erreichte 1904 und 1916 die ersten Kooperationen der großen Farbenfabriken, die schließlich 1925 zur Fusion in der IG-Farbenindustrie AG führten, deren Aufsichtsratsvorsitz er übernahm. Viele Jahre war er – kein Freund der Republik – einer der politisch einflußreichsten Vertreter der deutschen Industrie, aber auch maßgebend in zahlreichen Gremien der Wissenschaftsförderung. *„Er war kraftvoll, lebensfreudig und zum Herrschen geschaffen, mit den Licht-und Schattenseiten, die dazu gehören. ... Widerspruch, Unabhängigkeit kannte er so wenig wie ein Monarch*[77].

---

76 C. Duisberg, Meine Lebenserinnerungen, Leipzig 1933. – H. Kühne, Z. Elektrochem. 41 (1935) 255. – A. Stock, Ber. Dtsch. Chem. Ges. 68 (1935) A 111. – H. J. Flechtner, Carl Duisberg, Düsseldorf 1959.

77 R. Willstätter, Aus meinem Leben, Weinheim 1949, S. 347.

EM 1933 **Frederic George Donnan**[78]

(5. 9. 1870 Colombo (Ceylon) – 16. 12. 1956 Canterbury). Kam mit einem Stipendium nach Leipzig, um bei Wislicenus zu arbeiten, wurde aber bald von Ostwald für die physikalische Chemie gewonnen. Nach der Promotion 1895 arbeitete er bei van't Hoff in Berlin und bei Ramsay am University College in London, zuletzt als Assistant Professor. 1904 erhielt er an der University of Liverpool den ersten Lehrstuhl für Physikalische Chemie Englands und wurde Direktor des Muspratt Laboratory. Dort entstanden 1911 die Arbeiten über Membrangleichgewichte, die seinen Namen bekannt gemacht haben. 1913 wurde er an das University College in London berufen, an dem er bis 1937 lehrte, zuletzt vor allem mit der Gesamtausgabe der Gibbsschen Abhandlungen beschäftigt. Während des Weltkriegs war er auf englischer Seite mit Ammoniaksynthese und -oxidation befaßt, nach 1918 nutzte er seinen Einfluß, um die wissenschaftlichen Beziehungen mit Deutschland neu zu knüpfen. 1933 erwarb er sich große Verdienste um die Aufnahme deutscher Emigranten. Der Grand Old Man der physikalischen Chemie in England.

EM 1933 **Paul Walden**[79]

(26. 7. 1863 Rosenbeck bei Riga – 22. 1. 1957 Gammertingen (Württ)). Studierte in Riga, promovierte 1891 bei Ostwald in Leipzig, wurde 1894 in Riga Professor für physikalische und analytische Chemie, 1896 für die gesamte Chemie. Er blieb auch dort, als er einen Ruf nach St. Petersburg als Nachfolger Mendelejevs erhielt, bis ihn die russische Revolution zur Emigration zwang. Von 1919 bis zur Emeritierung 1934 lehrte er als Professor der Chemie in Rostock und in hohem Alter noch einmal ab 1947 als Honorarprofessor für Geschichte der Chemie in Tübingen, wozu er durch sein Buch „Drei Jahrtausende Chemie“ (Berlin 1944) prädestiniert schien (vgl. Kap. 1.37).

Sein Name lebt in der Konfigurationsänderung bei Substitution am asymmetrischen Kohlenstoffatom, der „Waldenschen Umkehrung“ fort. Bedeutsam sind auch seine systematischen Arbeiten über nichtwässrige Lösungsmittel und die Chemie in ihnen.

EM 1936 **Max Le Blanc**

Erster Vorsitzender 1911 – 1914.

EM 1941 **Max Bodenstein**

Erster Vorsitzender 1929 – 1930.

---

78 H. Taylor, J. Amer. Chem. Soc. 83 (1961) 2979.

79 M. Bodenstein, Z. Elektrochem. 39 (1933) 661; Ber. Dtsch. Chem. Ges. 66 IA (1933) 76. – P. Günther, Z. angew. Chem. 46 (1933) 497. Nachrufe: S. Boström, Baltische Hefte 10, 205. – Chem. Ber. 91 (1958) XIX.

EM 1948 **Otto Hahn**[80]

(8. 3. 1879 Frankfurt/Main – 28. 7. 1968 Göttingen). Promovierte in organischer Chemie 1901 in Marburg, beabsichtigte eine Industriestellung anzunehmen, bei der aber englische Sprachkenntnisse verlangt wurden, so daß er mit einer Empfehlung seines Doktorvaters Th. Zincke zu W. Ramsay nach London ging. Mit der Unbefangenheit des Außenseiters entdeckte er dort nach kurzem das Radiothorium, woraufhin ihn Ramsay zu Rutherford nach Montreal schickte. Bei ihm fand er zur Radiochemie als Lebensaufgabe. 1906 ermöglichte ihm Emil Fischer die Arbeit in seinem neuen Berliner Institut, 1907 begann die Zusammenarbeit mit Lise Meitner, die 1913 im Kaiser-Wilhelm-Institut für Chemie in Dahlem fortgesetzt wurde, bis sie 1938 emigrieren mußte. Als man seine Kollegen entließ, schied auch er aus dem Hochschuldienst aus.

Bedeutsame Entdeckungen waren der radioaktive Rückstoß, das Protactinium, die Kernisomerie. Er entwickelte wesentliche chemische Trennmethoden, die zur Entwirrung radioaktiver Zerfallsreihen beitrugen und bei der Suche nach Transuranen 1938 die Entdeckung der Kernspaltung (mit Straßmann) ermöglichten.

Er wurde 1946 – 1960 erster Präsident der Max-Planck-Gesellschaft. Dank seiner Persönlichkeit hat er wie kaum ein anderer zur Bildung neuen Vertrauens nach dem Krieg beigetragen.

Nobelpreis 1944 „für seine Entdeckung der Spaltung schwerer Kerne."

EM 1949 **Alwin Mittasch**

Erster Vorsitzender 1927 – 1928.

EM 1951 **Georg von Hevesy**[81]

(1. 8. 1885 Budapest – 5. 7 .1966 Freiburg i.B.). Einer der Großen der analytischen Chemie. Er promovierte 1908 in Freiburg, arbeitete als Assistent in Zürich und ging dann zu Haber nach Karlsruhe. Bei Rutherford in Manchester lernte er das Arbeiten mit radioaktiven Stoffen. Den Gedanken, radioaktive Isotope als Indikatoren zu benutzen, verwirklichte er erstmals 1913 (zusammen mit F. Paneth) in Wien zur Bestimmung der Löslichkeit schwerlöslicher Verbindungen. Er erkannte Radium D als Blei und entdeckte 1923 das Hafnium. 1926 erhielt er den Ruf auf den Lehrstuhl für physikalische Chemie in Freiburg und entwickelte dort die Röntgenfluoreszenzanalyse. 1934 mußte er emigrieren. Bis 1952 arbeitete er im Bohrschen Institut in Kopenhagen, wo ihm die Trennung von K- und Hg-Isotopen mit einer Dif-

80 O. Hahn: Mein Leben, München 1968. – E. Regener, Z. Elektrochem. 53 (1949) 51. – K. Philipp, Phys. Bl. 5 (1949) 129. – W. Gerlach, Phys. Bl. 24 (1968) 337. – E. H. Berninger, Otto Hahn, Lise Meitner und Fritz Straßmann in Berlinische Lebensbilder, Naturwissenschaftler, Berlin 1987, S. 245.

81 W. Groth, Z. Elektrochem. Ber. Bunsenges. Phys. Chem. 59 (1955) 823. – A. Faessler in: Neue Deutsche Biographie, Bd. 9, Berlin 1972, S. 61.

fusionsmethode gelang. Während der Besetzung Dänemarks durch deutsche Truppen konnte er nach Stockholm flüchten.

Untersuchungen über die Ablagerung von markierten Stoffen im Körper begann er 1923 mit radioaktivem Blei, die Aufklärung von Stoffwechselvorgängen mit künstlichen Isotopen 1935. Hierbei fand er z.B. mit ^{32}P, daß die Skelettbestandteile dauernd erneuert werden.

Nobelpreis 1943 „für sein Werk zum Gebrauch von Isotopen als Indikatoren beim Studium chemischer Vorgänge.“

EM 1951 **Max von Laue**[82]

(9. 10. 1879 Pfaffendorf (bei Koblenz) – 24. 4. 1960 Berlin). Promovierte 1903 bei P. Drude an der Universität Berlin, wurde Assistent von M. Planck, habilitierte sich 1906, war Privatdozent in Berlin und München, erhielt 1912 das Extraordinariat für theoretische Physik an der Universität Zürich, 1914 den entsprechenden Lehrstuhl in Frankfurt. 1918 kehrte er nach Berlin zurück, da Max Born bereit war, mit ihm die Stelle zu tauschen.

Die Nachfolge Einsteins auf der Forschungsprofessur der Berliner Akademie verweigerte ihm der preußische Kultusminister 1933. 1951 – 1959 leitete er das Kaiser-Wilhelm-Institut für physikalische Chemie, das auf seine Veranlassung den Namen Fritz-Haber-Institut erhielt.

Mit seinem Gedanken der Röntgenbeugung an Kristallen (ausgeführt durch W. Friedrich und P. Knipping) wies er gleichzeitig die Wellennatur der Strahlen und die Gitteranordung der Atome nach. Arbeiten zur Theorie der Röntgeninterferenzen, zur Relativitätstheorie und Supraleitung.

Einen Hinweis auf seine Haltung mag ein Bericht von P. Ewald geben, der Einstein 1938 in Princeton besuchte und ihn fragte, ob er in Deutschland etwas für ihn bestellen könne und dabei trotz wiederholter Frage nur zu hören bekam „Grüßen Sie Laue!“[83]

Nobelpreis für Physik 1914 „für die Entdeckung der Beugung von X-Strahlen an Kristallen.“

EM 1952 **Gustav Pistor**[84]

(13. 7. 1872 Elberfeld – 29. 3. 1960 Tegernsee). Promovierte 1894 in Berlin als Organiker, trat nach einer kurzen Assistentenzeit bei Landolt in die chemische Fabrik Griesheim-Elektron ein, wo er gemeinsam mit H. Specketer an der Verbesserung der Chloralkali- und der Schmelzflußelektrolyse mitwirkte. Als eigene Aufgabe

82 M. v. Laue, Mein physikalischer Werdegang, in: H. Hartmann, Schöpfer des neuen Weltbildes, Bonn 1952. – W. H. Westphal, Phys. Bl. 16 (1960) 549. – M. Päsler, Phys. Bl. 16 (1960) 553.

83 P. P. Ewald, in: Vor 50 Jahren, Beiträge zur Physik und Chemie des 20. Jahrhunderts, Hrsg. O. R. Frisch, Braunschweig 1959, S. 146.

84 R. Suchy, Z. Elektrochem. 48 (1942) 341. – H. Lang, Z. Elektrochem. 64 (1960) 877.

löste er die Produktion von Phosphor im elektrischen Ofen. Daraufhin wurde er bereits 1905 Direktor des Werks. 20 Jahre später nahm er diese Arbeiten wieder auf und errichtete eine Großanlage zur Erzeugung von Phosphorprodukten in Piesteritz. Das Bitterfelder Kraftwerk entstand 1915 unter seiner Leitung, ebenso mehrere große Aluminiumhütten. Er erwarb sich Verdienste um die Entwicklung von Magnesiumlegierungen als neue Werkstoffe, später um die Erzeugung und Anwendung von Polyvinylchlorid. Nach Gründung der IG-Farben AG 1925 trat er an die Spitze der Betriebsgemeinschaft Mitteldeutschland mit Sitz in Bitterfeld.

EM 1954 **Niels Bjerrum**[85]

(11. 3. 1879 Kopenhagen – 30. 9. 1959 Kopenhagen). Promovierte 1903, arbeitete an den Universitäten von Leipzig, Zürich, Paris und Berlin, bis er 1914 die Professur für Chemie an der landwirtschaftlichen und tierärztlichen Hochschule in Kopenhagen erhielt, wo er bis zum Ruhestand 1949 blieb.

Auf zwei weit auseinanderliegenden Gebieten, der Elektrochemie und der Molekülspektroskopie hat er Bedeutendes geleistet: 1909 stellte er die erste Theorie der interionischen Wechselwirkung bei starken Elektrolyten auf, die er 1926 durch die Annahme zusätzlicher Assoziation erweiterte, wobei er sich mit Pufferlösungen, Indikatoren und pH-Werten beschäftigte und die Salzbrücke zur Unterdrückung von Diffusionspotentialen einführte. 1911 errechnete er bei Gasen aus der Ultrarotabsorption die Schwingungswärme anhand der Einsteinschen Theorie gequantelter Oszillatoren und deutete 1914 die Linienverbreiterung bei Dipolmolekülen als Rotationsstruktur.

EM 1957 **John Eggert**[86]

(1. 8. 1891 Berlin – 29. 9. 1973 Muttenz b. Basel). Nach der Promotion 1914 war er Vorlesungsassistent von W. Nernst und arbeitete der Zeit entsprechend über Explosionsprozesse, wovon auch seine Habilitationsschrift von 1921 handelte. Schon zuvor hatte er als erster den 3. Hauptsatz auf die Astronomie angewandt und ein Ionisationsgleichgewicht in Fixsterngasen nachgewiesen (Eggert-Saha-Gleichung). Seit 1921 in den Diensten der Agfa, wandte er sich wissenschaftlichen und technischen Problemen der Photographie zu, besonders nachdem ihm 1937 wegen der jüdischen Abstammung seiner Frau die Lehrbefugnis entzogen wurde. Wichtige Arbeiten (z.T. mit W. Noddack) über die zur Entwickelbarkeit des latenten Bildes erforderliche Quantenzahl, den Mechanismus seines Entstehens im sichtbaren und Röntgenlicht, über den Mechanismus der Sensibilisierung und eine Reihe photographischer Effekte. Als Leiter des wissenschaftlichen Zentrallaboratoriums der Agfa in Wolfen war er maßgebend an den großen Erfolgen ihrer Produkte beteiligt.

---

85 P. Günther, Z. Elektrochem. 53 (1949) 104. – E. A. Guggenheim, Proc. Chem. Soc. (1960) 104.

86 G. M. Schwab, Z. Elektrochem. Ber. Bunsenges. Phys. Chem. 65 (1961) 491. – D. Bilke, Ber. Bunsenges. Phys. Chem. 96 (1992) 1066.

Seine Universitätskarriere begann erst nach dem Krieg: 1946 Ordinariat für physikalische Chemie der TH München, 1947 – 1961 Lehrstuhl für Photographie an der ETH Zürich, dem nicht zuletzt er dank seiner kontaktfreudigen Persönlichkeit internationales Ansehen verschaffte.

EM 1960 **Walter Schottky**[87]

(23. 7. 1886 Zürich – 4. 3. 1976 Pretzfeld b. Forchheim). Promovierte 1912 bei M. Planck in Berlin, arbeitete zwei Jahre bei M. Wien in Jena und trat 1915 in das Zentrallaboratorium der Fa. Siemens & Halske in Berlin ein. Ausgehend von technischen Fragestellungen schuf er hier die thermodynamische und statistische Theorie der Elektronenemission aus Glühkathoden, die ihn zur Erfindung der Mehrgitterröhren führte. Seit 1920 war er Privatdozent in Würzburg. 1922 erhielt er einen Ruf auf den Lehrstuhl für theoretische Physik in Rostock, den er aber schon 1927 aufgab, um nach Berlin als wissenschaftlicher Berater der Firma Siemens zurückzukehren. Seiner Vorlesungstätigkeit entsprang der Plan zu dem berühmten Werk „Thermodynamik" (1929), das er gemeinsam mit H. Ulich und C. Wagner verfaßte.

Er wird als Pionier der Theorie der Glühemission und der Gasentladungen, der Fehlordnungserscheinungen in kristallinen Phasen und besonders der elektronischen Halbleiter fortleben, auf dessen Arbeiten die enorme technische Entwicklung der folgenden Jahrzehnte fußt.

EM 1964 **Peter Debye**[88]

(24. 3. 1884 Maastricht – 2. 11. 1966 Ithaca NY, USA). Studierte Elektrotechnik in Aachen, bis er auf A. Sommerfeld traf, der ihn später seine größte Entdeckung nennen sollte und zu seinem Assistenten machte. Promotion 1908, Habilitation 1910, Berufung als theoretischer Physiker an die Universität Zürich 1910, nach Utrecht 1912, nach Göttingen 1914, an die ETH Zürich 1920. Von 1927 bis 1934 hatte er den Lehrstuhl für Experimentalphysik in Leipzig inne, 1935 wurde er Direktor des Kaiser-Wilhelm-Instituts für Physik in Berlin-Dahlem. Als dieses 1939 vom Heereswaffenamt beschlagnahmt wurde und er es als Ausländer nicht mehr betreten durfte, reiste er über Italien in die USA und nahm eine Professur an der Cornell-University an, wo er bis 1952 lehrte.

Er war die ideale Verkörperung eines chemischen Physikers: Auf vielen Gebieten fand er Modellvorstellungen, die einfach genug waren, um mathematisch bequem behandelt werden zu können und exakt genug, um praktisch verwendbar zu sein.

87 C. Wagner, Z. Elektrochem. Ber. Bunsenges. Phys. Chem. 65 (1961) 489. – U. Günther, Walter Schottky, Leben und Werk, Forchheim 1987. – M. Kohler, Ansprache anläßlich der Verleihung der Gauß-Medaille, Braunschweig 1962.

88 M. v. Laue, Z. Elektrochem. Ber. Bunsenges. Phys. Chem. 58 (1954) 151. – E. Hückel, Phys. Bl. 28 (1972) 53. – C. P. Smyth in Dict. Scientif. Biogr. Vol. 3, New York 1971, S. 617. – K. v. Meyenn in: Berlinische Lebensbilder, Naturwissenschaftler, Berlin 1987, S. 317.

Wichtige Arbeiten: Einfluß der Temperatur bei Röntgenbeugung (Debye-Faktor), Pulverdiagramme (Debye-Scherrer-Aufnahmen), Röntgen- und Elektronenstreuung an Gasen zur Ermittlung der Molekülstruktur, Temperaturabhängigkeit der Wärmekapazität von Festkörpern (T^3-Gesetz), Erzeugung tiefster Temperaturen durch Entmagnetisierung, Dipoltheorie von Flüssigkeiten, Relaxationsphänomene, Theorie des Aktivitätskoeffizienten und der Leitfähigkeit starker Elektrolyte (Debye-Hückel-Theorie), Lichtbeugung an Schallwellen (Debye-Sears-Effekt).

Nobelpreis 1936 „für seine Beiträge zu unserer Kenntnis der Molekularstruktur durch seine Untersuchungen über Dipolmomente und die Streuung von X-Strahlen und Elektronen in Gasen."

EM 1969 **Lars Onsager**[89]

(27. 11. 1903 Oslo, Norwegen – 5. 10. 1976 Miami, Florida). Schloß sein Studium 1925 in Trondheim ab, begann seine wissenschaftliche Laufbahn bereits als 21jähriger, indem er Debye einen Fehler in seiner Theorie der Ionenwolke nachwies, worauf ihn dieser zu seinem Assistenten machte. 1928 ging er in die USA, arbeitete an der John Hopkins- und der Brown University, promovierte 1934 an der Yale University, wurde 1940 Associate Prof. und lehrte dort 1945 – 1972 als J. W. Gibbs Professor für Theoretische Chemie.

Berühmt für Vorlesungen, in denen er seine eigene Intelligenz bei den Hörern voraussetzte, und für ein immenses Wissen auf weit auseinander liegenden Gebieten („. . . aber das steht doch in jedem Standard-Lehrbuch der Paläontologie").

Bedeutende Arbeiten zur Revision der Debye-Hückel-Theorie (Relaxations- und elektrophoretische Effekte) 1926, zur irreversiblen Thermodynamik (Mikroreversibilität in Gleichgewichtsnähe, „Onsagersche Reziprozitätsbeziehungen" für Vorgänge unter der Einwirkung mehrerer Kräfte) 1931, zur Theorie der Phasenübergänge (mathematische Behandlung des zweidimensionalen Ising-Modells) 1944, zur Turbulenztheorie (gequantelte Wirbel in flüssigem He).

Nobelpreis 1968 „für die Entdeckung der Reziprozitätsbeziehungen, die seinen Namen tragen und grundlegend für die Thermodynamik irreversibler Prozesse sind."

EM 1970 **Friedrich Hund**[90]

(* 4. 2. 1896 Karlsruhe). Staatsprüfung für das höhere Lehramt, Promotion 1922 in Göttingen, Assistent von Max Born, Habilitation 1925, anschließend Gast in

89 C. Domb, Nature 264 (1976) 819 – H. C. Longuet-Higgins, M. E. Fisher, Mem. Fellows R. Soc 24 (1978) 443 – Nobel Lectures in Chemistry 1963 – 1970, Amsterdam 1972, S. 289 – W. Jost, M. Eigen, Nachr. Chem. Techn. 16 (1968) 387.

90 B. Mrowka, Phys. Bl. 12 (1956) 80. – M. Born, G. Heber, Phys. Bl. 22 (1966) 79. – B. Kockel, Phys. Bl. 32 (1976) 78.

Bohrs Kopenhagener Institut. 1927 Professur für theoretische Physik in Rostock, 1929 Gastdozent an der Harvard University, im gleichen Jahr o. Prof für mathematische Physik in Leipzig, wo mit W. Heisenberg und ihm als Theoretiker und P. Debye als Experimentalphysiker für einige Jahre ein Zentrum der neuen Physik entstand, das Wissenschaftler aus der ganzen Welt anzog.

Nach dem Krieg (wo er sich weigerte, wie seine Kollegen von den US-Streitkräften bei ihrem Abzug aus Leipzig mitgenommen zu werden) als theoretischer Physiker 1946 in Jena, 1951 in Frankfurt/Main und 1956 – 1964 in Göttingen. Ein großer Lehrer und der letzte derer, die die neue Physik mitgestaltet haben.

Arbeiten zum Magnetismus der Seltenen Erden (Hundsche Regeln), über die Veränderung der Termschemata beim Übergang von getrennten Atomen über das Molekül zum vereinigten Atom, über den Zusammenhang von Termstruktur und Symmetrie quantenmechanischer Systeme, Theorie und Systematik der Molekülspektren. Er legte unabhängig von Mulliken den Grund zur MO-Methode, arbeitete über die Theorie der Kernkräfte und diskutierte eine Feldtheorie der Materie.

Nach der Emeritierung schrieb er Bücher über die Geschichte der physikalischen Begriffe und der Quantentheorie, worüber er noch als über 90jähriger vor vollen Hörsälen liest.

EM 1973 **Wilhelm Jost**

Erster Vorsitzender 1963 – 1964.

EM 1973 **Carl Wagner**[91]

(25. 5. 1901 Leipzig – 10. 12. 1977 Göttingen). Als Sohn Julius Wagners (Ehrenmitglied 1922) und ihm im Wesen sehr ähnlich wurde er in die physikalische Chemie hineingeboren. Er promovierte 1924 bei Le Blanc in Leipzig, arbeitete im pharmazeutischen Institut der Universität München und als Stipendiat der Notgemeinschaft bei Bodenstein in Berlin. 1928 Habilitation in Jena, 1933 Lehrstuhlvertreter in Hamburg, 1934 Professur in Darmstadt.

Nach dem Krieg 12 Jahre in den USA, zuletzt als Full Professor am MIT in Cambridge (Mass). 1958 – 1967 als Nachfolger Bonhoeffers Direktor des Max-Planck-Instituts für physikalische Chemie in Göttingen.

Anläßlich eines Haber-Kolloquiums in Dahlem 1927 war W. Schottky von einer Diskussionsbemerkung Wagners so beeindruckt, daß er den jungen, ihm völlig Unbekannten um Mitarbeit an seiner „Thermodynamik" bat. So entstand eine

91 W. Jost, W. Kohlschütter, H. Witte, Ber. Bunsenges. Phys. Chem. 70 (1966) 397. – H. Schmalzried, Ber. Bunsenges. Phys. Chem. 95 (1991) 936. – E. Cremer, Gedenkrede anläßlich der Trauerfeier im MPI für biophysikalische Cheme, Göttingen 8. 12. 1978. – M. Kahlweit, MPG, Berichte u. Mitteilungen, Sonderheft 1978.

strenge Theorie der Punktfehlstellen. Mit ihrem Verhalten im Kontakt mit anderen Phasen (Dotierung) und bei zeitlicher Änderung durch Diffusion beschrieb er später die Reaktionskinetik in Gegenwart ionen- und halbleitender Phasen (z.B. Metalloxidation, heterogene Katalyse). Weitere Arbeiten: Theorie der Ostwald-Reifung, Untersuchungen auch von weitreichender technischer Bedeutung über Festkörperketten und zur Korrosion (Mischpotentiale), Methoden zur Titration von Fehlstellen. Er führte ein Leben als Mönch der Wissenschaft, aber als Verschwender mit den Gedanken, die er anderen in Briefen und Memoranden zur Verfügung stellte.

EM 1977 **Erich Hückel**[92]

(9. 8. 1896 Berlin – 16. 2. 1980 Marburg/Lahn). Promovierte 1921 als Schüler Debyes in Göttingen, war Assistent bei D. Hilbert und M. Born, folgte aber bald seinem Lehrer nach Zürich. Dort entstand, basierend auf dem Gedanken der Ionenwolke, 1923 die nach beiden benannte Theorie verdünnter Lösungen starker Elektrolyte. In seiner Habilitationsschrift von 1925 dehnte er die Untersuchung auf konzentrierte Lösungen aus.

Sein zweites, noch wichtigeres Thema fand er, als Debye auf die Frage, was zu arbeiten sich lohne, ihm den Rat gab, die gerade entstandene Wellenmechanik auf chemische Probleme anzuwenden. So ging er 1927 mit einem Stipendium zu Niels Bohr nach Kopenhagen. Dieser schlug vor, nachdem Heitler und London die einfache Bindung geklärt hätten, solle er es mit der Doppelbindung versuchen. Mit einem weiteren Stipendium versehen, arbeitete er die Vorstellung der σ- und π-Bindung in Leipzig 1929 in Kontakt mit F. Hund aus, die unter dem Namen HMO-Methode aus den USA zurückgekehrt, viele Jahre später auch in Deutschland Allgemeingut der Chemiker wurde.

Hückel mußte jahrelang mit einem Lehrauftrag an der TH Stuttgart vorlieb nehmen, für den er sich zuvor nochmals habilitieren mußte, was er 1930 mit seiner Arbeit über das Benzol tat. In Stuttgart entstanden seine wesentlichen Arbeiten über π-Elektronensysteme. 1937 bekam er seinen ersten und letzten Ruf, ein Extraordinariat für theoretische Physik in Marburg. Hier hatte er ohne Hilfskraft das gesamte Fach zu vertreten. Erst 1961, ein Jahr vor der Emeritierung wurde seine Stelle Ordinariat. Immerhin erreichte er, krank und verbittert, ein Alter, das ihn noch Ruhm und Ehrungen erleben ließ.

EM 1977 **Georg Maria Schwab**

Erster Vorsitzender 1955 – 1956.

92 E. Hückel: Ein Gelehrtenleben, Weinheim 1975. – H. Hartmann u. H. C. Longuet-Higgins, Biograph. Mem. Fellows R. Soc. London 28 (1982) 153. – H. Tietz, Rede zum Festkolloquium zum Gedenken an E. Hückel, Marburg, 14. 11. 1980. – W. Walcher, Phys. Bl. 27 (1971) 364.

EM 1978 **Helmut Witte**

Erster Vorsitzender 1967 – 1968.

EM 1979 **Manfred Eigen**[93]

(* 9. 5. 1927 Bochum). Obwohl er auch den Beruf des Klaviervirtuosen hätte wählen können, entschied er sich (wie seinerzeit Max Planck) für die Physik, promovierte als Doktorand von A. Eucken 1951 in Göttingen und fand anschließend mit E. Wicke einen neuen Ansatz zur interionischen Wechselwirkung. So zog ihn A. Tamm zur Diskussion seiner Messungen der Ultraschallabsorption in Seewasser heran. Ihre Deutung als Relaxationsphänomen eröffnete Eigen das Gebiet der bis dahin als „unendlich schnell" geltenden Ionenreaktionen. Er baute es ab 1953 im Max-Planck-Institut für physikalische Chemie bei K. F. Bonhoeffer systematisch aus, wozu er die Theorie und zahlreiche neue Methoden entwickelte. Diese Arbeiten, die er später auch auf biochemische Reaktionen ausdehnte, machten ihn rasch berühmt und trugen ihm 1967 den Nobelpreis ein „für seine Untersuchungen äußerst schneller chemischer Reaktionen mit Hilfe der Störung des Gleichgewichts durch sehr kurzzeitige Energiezufuhr."

Im gleichen Jahr folgte er C. Wagner in der Leitung des Instituts, das nun in Max-Planck-Institut für biophysikalische Chemie umbenannt ist und den Namen Bonhoeffers trägt. Schon zuvor hatte er sich der Molekularbiologie zugewandt und den Triebkräften der molekularen Selbstorganisation nachgespürt. Hier gelang es ihm inzwischen, Wege aufzeigen, wie die Evolution in der ihr zur Verfügung stehenden Zeit möglich sein konnte.

EM 1985 **Adolf Steinhofer**

Erster Vorsitzender 1965 – 1966.

EM 1990 **Ewald Wicke**

Erster Vorsitzender 1975 – 1976.

EM 1991 **Gerhard Geiseler**[94]

(* 21. 1. 1915 Soldin, Neumark). Promovierte 1942 in Königsberg, trat dann in das Leunawerk der IG-Farben AG ein, wo er nach 1945 die Hochdruck-Polyäthylensynthese aufbaute. 1959 wurde er als Nachfolger von H. Staude auf den Lehrstuhl für physikalische Chemie in Leipzig berufen, wo er mit zahlreichen Mitarbeitern For-

93 E. U. Franck, Ber. Bunsenges. Phys. Chem. 96 (1992) 737.
94 K. Schwabe, Ber. Bunsenges. Phys. Chem. 84 (1980) 1.

schungsarbeiten in enger Zusammenarbeit mit der chemischen Industrie durchführte.

Die Verleihung erfolgte „in Würdigung seiner Verdienste um die Entwicklung der physikalischen Chemie im geteilten Deutschland und stellvertretend für all diejenigen Kollegen in der ehemaligen DDR, die in der schweren Zeit der Trennung die Verbindung zur Deutschen Bunsen-Gesellschaft gewahrt haben."

EM 1992 **Alarich Weiss**

Erster Vorsitzender 1987 – 1988.

2.9 Die Inhaber der Bunsen-Denkmünze

BM 1908 **Friedrich Kohlrausch**

Ehrenmitglied 1894.

BM 1911 **Ignaz Stroof**[95]

(5. 4. 1838 Köln – 12. 11. 1920 Griesheim). Promovierte in Gießen, lernte das LeBlanc-Verfahren zur Sodaherstellung als Angestellter einer österreichischen Firma und die Schwefelsäureproduktion in einer belgischen Kunstdüngerfabrik kennen. Mit diesen Erfahrungen wurde er 1871 technischer Leiter der Chemischen Fabrik Griesheim und 1877 Vorstandsmitglied. Um die Schwefelsäure im eigenen Betrieb zu verwenden, erweiterte er ihn durch eine Fabrik organischer Zwischenprodukte. Als das Solvay-Verfahren den LeBlanc-Prozess zu verdrängen drohte, andererseits der Bedarf an Chlor stark anstieg, gelang es Stroof und seinen Mitarbeitern nach jahrelangen Vorarbeiten 1888, die Chloralkali-Elektrolyse großtechnisch einzuführen und mit wirtschaftlichem Erfolg zu betreiben (vgl. Kap. 1.2), insbesondere durch Diaphragmen aus Zement und die Herstellung geeigneter Kohleanoden. Er war auch am Ausbau der elektrochemischen Industrie in Bitterfeld, z.B. zur Herstellung von Magnesium, maßgebend beteiligt. 1899 wechselte er in den Aufsichtsrat der inzwischen Chemische Fabrik Griesheim-Elektron genannten Firma.

---

95 B. Lepsius, Z. Elektrochem. 27 (1921) 92. – H. Raschen, Beiträge zur Geschichte der Technik und Industrie 29 (1940) 53. – G. Pistor: 100 Jahre Griesheim 1856 – 1956, Tegernsee 1958, S. 23.

BM 1914 **Walther Nernst**

1905 – 1908 Erster Vorsitzender.

BM 1918 **Fritz Haber**

1929 Ehrenmitglied.

BM 1918 **Carl Bosch**

1929 Ehrenmitglied.

BM 1918 **Carl Duisberg**

1931 Ehrenmitglied.

BM 1921 **Gustav Tammann**

1924 – 1926 Erster Vorsitzender.

BM 1927 **Benno Strauß**[96]

(30. 1. 1873 Fürth – 27. 9. 1944 Arbeitslager Vorwohle, jetzt Eschershausen, Kr. Holzminden). Promovierte 1896 in Physik an der ETH Zürich und trat anschließend in das physikalische Versuchslaboratorium der Fa. Friedr. Krupp, Essen ein, dessen Leitung er 1899 erhielt. 1922 übernahm er die gesamte Forschung, 1924 auch die Prüfabteilung. Einer der Pioniere der angewandten Metallurgie. (Buch: Einführung der chemisch-physikalischen Untersuchung in der Eisenindustrie (Mikroskopie des Stahls) 1898). In seinem Laboratorium wurden systematisch die hochlegierten nichtrostenden Stähle wie Nirosta, V2A und hochhitzebeständige Spezialstähle entwickelt und entsprechende Prüfverfahren ausgearbeitet (z.B. „Strauß-Test“ für interkristalline Korrosion). In der Laudatio heißt es[97]: „dem unermüdlichen Förderer auf dem Gebiete der Metallurgie und erfolgreichen Schöpfer wertvoller Spezialstähle.“ Als Jude vorzeitig in den Ruhestand versetzt, starb er in einem Zwangsarbeitslager.

---

96 Reichshandbuch der deutschen Gesellschaft, Bd. 2, Berlin 1931, S. 1867. – F. Pudor, Nekrologe aus dem rheinisch-westfälischen Industriegebiet, Jahrgang 1939 – 1951, Düsseldorf 1955, S. 97. – E. Dickhoff, Essener Köpfe, wer war was?, Essen 1985, S. 225.

97 Z. Elektrochem. 33 (1927) 316.

BM 1929 **Nikodem Caro**[98]

(23. 5. 1871 Lodz – 27. 6. 1935 Zürich). Promovierte 1895 in Berlin und trat in das Laboratorium der Deutschen Dynamit-AG ein. Dort erhielt er zusammen mit Adolf Frank den Auftrag, eine technische Cyanidsynthese zu entwickeln, mit der das Monopol der Degussa gebrochen werden sollte. Das von den beiden entwickelte Verfahren der Erhitzung von Calciumcarbid im Stickstoffstrom lieferte zwar kein Cyanid (was später ihr Mitarbeiter F. Rothe erkannte[99]), aber mit dem Cyanamid ein nützliches Produkt, aus dem sich eine große Industrie entwickelte, zeitweilig auch Ammoniak gewonnen wurde. Seit 1907 war Caro Direktor der Bayerischen Stickstoffwerke, bis er 1933 emigrieren mußte.

BM 1929 **Alwin Mittasch**

1927 – 1928 Erster Vorsitzender.

BM 1936 **Max Bodenstein**

1929 – 1930 Erster Vorsitzender.

BM 1936 **Gustav Pistor**

1952 Ehrenmitglied.

BM 1940 **Rudolf Schenck**

1933 – 1934 und 1936 – 1941 Erster Vorsitzender.

BM 1944 **Arnold Eucken**

1950 Erster Vorsitzender.

BM 1948 **Georg Grube**[100]

(6. 5. 1883 Göttingen – 31. 8. 1966 Stuttgart). Promovierte 1906 bei Tammann in Göttingen. Nach einigen Jahren in der Industrie kehrte er zur Wissenschaft

98 W. R. Pötsch et al., Lexikon bedeutender Chemiker, Thun 1989, S. 79. – Briefwechsel M. Buchner, M. Bodenstein 1929 – 1930.

99 zu F. Rothe siehe K. Arndt, Z. Elektrochem. 38 (1932) 713.

100 P. A. Thiessen Z. Elektrochem. 49 (1943) 193. – G. Schmid, Z. Elektrochem. Ber. Bunsenges. Phys. Chem. 57 (1953) 229.

zurück, arbeitete bei F. Foerster und habilitierte sich 1913 an der TH Dresden. Schon im nächsten Jahr erhielt er einen Ruf auf das neu errichtete Extraordinariat für physikalische Chemie und Elektrochemie an der TH Stuttgart, wo er, seit 1918 als Ordinarius, bis zur Emeritierung 1951 blieb. Vor allem seinem Einfluß war es zu danken, daß die Kaiser-Wilhelm-Gesellschaft 1934 ihr Institut für Metallforschung in Stuttgart errichtete. Er erhielt die Leitung des mit diesem in Verbindung stehenden Instituts für physikalische Chemie der Metalle.

Grube vereinigte in seinen Arbeiten die Gebiete der Metallkunde und der Elektrochemie. Er benutzte elektrochemische, Leitfähigkeits- und Suszeptibilitätsmessungen zur Aufklärung von Zustandsdiagrammen von Legierungen und Umwandlungen im festen Zustand, arbeitete über Sinterung, Diffusion, Oberflächenveredelung und Passivität von Metallen.

Der Bunsen-Gesellschaft war er von 1932 – 1945 als Schriftleiter ihrer Zeitschrift verbunden.

BM 1950 **Max Volmer**[101]

(3. 5. 1885 Hilden, Rheinland – 3. 6. 1965 Potsdam). Promovierte 1910 mit einer photographischen Arbeit bei Schaum in Leipzig (mit dem Nebenfach Musikgeschichte), wandte sich der physikalischen Chemie zu und habilitierte sich mit einer Arbeit über lichtelektrische Erscheinungen am Anthracen. Während des Weltkriegs war er an das Nernstsche Institut in Berlin abkommandiert und lernte dort Otto Stern kennen. Das Ergebnis waren zwei berühmte Arbeiten über Fluoreszenz und ihre Abklingzeit (Stern-Volmer-Gleichung). 1920 erhielt er einen Ruf auf die a.o. Professur für physikalische Chemie an der neugegründeten Hamburger Universität. Angeregt durch Beobachtungen an der von ihm selbst aus Glas hergestellten Quecksilberdampfstrahlpumpe (Volmer-Pumpe), eine seiner vielen patentierten Erfindungen, begann er hier mit seinen Arbeiten zum Mechanismus des Kristallwachstums durch 2-dimensionale Keimbildung und Oberflächenwanderung. Er setzte sie ab 1922 auf dem Lehrstuhl für physikalische Chemie der TH Berlin fort, bis sie 1939 mit seiner „Kinetik der Phasenbildung“ ihren Abschluß fanden. Daneben entstanden grundlegende Untersuchungen zur Kinetik von Elektrodenprozessen, die zu dem heute als Butler-Volmer-Gleichung bezeichneten Ausdruck führten.

Während der NS-Zeit resignierte er. Mitarbeiter seines Instituts wurden wegen Beteiligung am Widerstand hingerichtet, er selbst wurde wegen Unterstützung untergetauchter Juden zeitweilig suspendiert. Es läßt sich verstehen, daß es nach dem Krieg keines Zwangs bedurfte, ihn für eine Forschungstätigkeit in der Sowjetunion zu gewinnen. Erst zehn Jahre später kehrte er zurück, um einen Lehrstuhl an der

101 O. Blumtritt: Max Volmer, eine Biographie, Berlin 1985. – I. N. Stranski, Z. Phys. Chem 196 (1950) 1. – K. Neumann, Phys. Bl. 11 (1955) 320. – I. N. Stranski, Ber. Bunsenges. Phys. Chem 69 (1965) 755. – J. Eggert, Phys. Bl. 21 (1965) 324.

Humboldt-Universität und die Präsidentschaft der Berliner Akademie zu übernehmen.

BM 1951 **Hans von Wartenberg**[102]

(24 .3. 1880 Kellinghusen, Schleswig-Holstein – 4. 10. 1960 Göttingen). Promovierte 1902 in Berlin, ging dann zu Nernst nach Göttingen, wo er sich 1908 habilitierte. 1913 folgte er einem Ruf als Physikochemiker an die TH Danzig, 1916 wechselte er auf den dortigen Lehrstuhl für anorganische Chemie. 1932 wurde er Tammanns Nachfolger in Göttingen, aber bereits 1937 zwangsweise in den Ruhestand versetzt, dank seiner Ansichten und der Abstammung seiner Frau Gertrud, geb. Warburg. Dies setzte den meisten seiner Arbeiten ein Ende, wenn R. W. Pohl ihm auch ermöglichte, im physikalischen Institut als Privatgelehrter weiter zu experimentieren. 1945 wurde er erneut in sein Amt eingesetzt, erreichte jedoch bereits drei Jahre später die Altersgrenze.

Ein Klassiker der Chemie hoher Temperaturen, „der Meister physikalisch-chemischer Experimentierkunst, der mit einfachsten Hilfsmitteln in die experimentell schwierigsten Gebiete der Chemie vorgedrungen ist", wie es in der Laudatio zur Bunsen-Denkmünze heißt. Arbeiten über Schmelzpunkte und Dampfdrucke hochschmelzender Metalle und Salze, über Zusstandsdiagramme von Oxiden, Dissoziationsgleichgewichte von Wasser, Chlor, Sauerstoff, Acethylen, thermochemische Messungen an Fluorverbindungen, Herstellung hochreiner Substanzen wie Silicium.

BM 1953 **Matthias Pier**[103]

(22. 7. 1882 Nackenheim, Rhein – 12. 9. 1965 Heidelberg). Promovierte 1907 bei Nernst in Berlin, arbeitete, durch Kriegsdienst unterbrochen, in einer Forschungsstelle der Sprengstoffindustrie, bis er 1920 in das von A. Mittasch geleitete Ammoniaklabor der BASF in Oppau eintrat. Hier bestand er seine Bewährungsprobe, indem er sehr bald einen neuartigen Mischkatalysator fand, mit dem Methanol unter Druck aus Kohlenoxid und Wasserstoff ohne Nebenprodukte zu synthetisieren war. Daraufhin wurde ihm eins der bisher aufwendigsten Unternehmungen der chemischen Industrie, die Kohlehydrierung übertragen (vgl. Kap 1.30), die er 1927 durch zwei entscheidende Ideen löste: Den Einsatz von Sulfiden als Katalysatoren, die unempfindlich gegen den Schwefelgehalt der Rohstoffe waren, und die zweistufige Hydrierung, zuerst in der Sumpf-, dann in der Gasphase. Obwohl die Hydrierung von Kohle inzwischen unwirtschaftlich ist, sind seine Verfahren noch immer bedeutsam für die Veredelung von Erdöl. Auch eine Reihe anderer Entwicklungen

102 J. Goubeau, Z. Elektrochem. Ber. Bunsenges. Phys. Chem. 59 (1955) 231., 65 (1961) 577.

103 H. Sachsse, Z. Elektrochem. Ber. Bunsenges. Phys. Chem. 61 (1957) 857. – T. H. Toepel, Ber. Bunsenges. Phys. Chem. 70 (1966) 111. – A. v. Nagel, Methanol, Treibstoffe, Ludwigshafen 1970.

gehen auf ihn zurück. Er wurde 1934 Direktor der BASF und trat 1949 in den Ruhestand.

BM 1955 **Karl Friedrich Bonhoeffer**

„Für seine Verdienste um die Kinetik der Reaktionen in Gasen und an Elektrodenoberflächen sowie den Zusammenhang der Passivitätserscheinungen mit den physiologischen Problemen der Nervenleitung."

1951 – 1952 Erster Vorsitzender.

BM 1958 **Paul Günther**

„Dem verdienstvollen Erforscher der Explosionsvorgänge, der quantitativen Analyse durch Röntgenstrahlen, der chemischen Wirkung dieser Strahlen und des Ultraschalls, der durch seine unermüdliche Arbeit die Zeitschrift für Elektrochemie zu einem Organ höchster wissenschaftlicher Geltung erhoben hat."

1947 – 1949 Erster Vorsitzender.

BM 1961 **Carl Wagner**

„Dem verdienstvollen Forscher, der durch seine Arbeiten über die Eigenschaften fester Körper, insbesondere die von Halbleitern, Legierungen und deren Oberflächen, die moderne Entwicklung der Festkörperphysik und der Korrosionsforschung wissenschaftlich vorbereitet hat, und der durch das Standardwerk der Thermodynamik, gemeinsam verfaßt mit Walter Schottky und Hermann Ulich, einer Generation von Chemikern die Richtung zu weisen vermochte."

Ehrenmitglied 1973.

BM 1965 **Reinhard Mecke**[104]

(14. 7. 1895 Stettin – 30. 12. 1969 Freiburg). Promovierte in Physik bei F. Richarz in Marburg, wurde Assistent in Bonn und habilitierte sich dort 1923 mit einer Arbeit über das Bandenspektrum des Jods. 1930 nahm er ein Extraordinariat in Heidelberg an, 1937 erhielt er den Lehrstuhl für theoretische Physik in Freiburg, 1942 wechselte er auf den für physikalische Chemie am gleichen Ort, den er bis 1963 innehatte.

Nachdem photographische Infrarot-Sensibilisatoren zugänglich wurden, wandte er sich der IR-Spektroskopie zu und entwickelte sich zu einem ihrer Pioniere. Er fand alternierende Intensitäten im Rotations-Schwingungsspektrum des Wassers, die den

104 G. Scheibe, Z. Elektrochem. Ber. Bunsenges. Phys. Chem. 64 (1960) 549. – G. Karagounis, Phys. Bl. 11 (1955) 321. – H. Brüche, Phys. Bl. 21 (1965) 378. – W. Luck, Phys. Bl. 26 (1970) 84.

ersten spektroskopischen Hinweis auf den Kernspin lieferten, er bestimmte Kraftkonstanten und Molekülstrukturen, prägte die Begriffe „Valenz"- und „Deformations"-Schwingungen, bestimmte spektroskopisch Dipolmomente einzelner Bindungen, Wasserstoffbrückenbindungen und Assoziationsgleichgewichte. Auch für die instrumentelle Entwicklung des Gebietes und seine Einführung als chemische Arbeitsmethode tat er viel.

BM 1967 **Wilhelm Jost**

„Für seine vielseitigen und wegweisenden Arbeiten auf den Gebieten der Fehlordnung und der Diffusion in Festkörpern sowie der Kinetik von Verbrennungs- und Gasreaktionen."

1963 – 1964 Erster Vorsitzender.

BM 1970 **Ernst Ulrich Franck**

„Für seine Forschungen auf dem Gebiet der überkritischen Mischungen, des Verhaltens reiner Stoffe und Lösungen bei sehr hohen Temperaturen und Drucken, und für seine Beobachtungen an Metalldämpfen unter extremen Bedingungen und während des Überganges vom Isolator zum Leiter."

1979 – 1980 Erster Vorsitzender.

BM 1972 **Theodor Förster**[105]

(15. 5. 1910 Frankfurt – 20. 5. 1974 Stuttgart). Nach seiner Promotion 1933 als Physiker bei E. Madelung in Frankfurt wurde er dort Assistent fürs Theoretische bei K. F. Bonhoeffer und folgte ihm ein Jahr später nach Leipzig. Dort begann er seine Untersuchungen über die Lichtabsorption organischer Verbindungen und die Anwendung der VB-Methode für chemische Zwecke. Er habilitierte sich 1938 und erhielt 1942 einen Ruf an die Reichssuniversität Posen.

In den ersten Nachkriegsjahren schrieb er sein berühmtes Buch „Fluoreszenz organischer Verbindungen". Seine theoretisch-spektroskopischen Arbeiten setzte er ab 1948 in Göttingen am neugegründeten MPI für physikalische Chemie fort, an das ihn K. F. Bonhoeffer als Abteilungsleiter verpflichtet hatte. Er postulierte eine Energieübertragung zwischen angeregtem Molekül und Akzeptor über mehrere Molekülabstände (Förster-Mechanismus), erkannte, daß protolytische Gleichgewichte in Grund- und angeregtem Zustand unterschieden werden können und gab Messmethoden an (Förster-Zyklus), Arbeiten, die sein damaliger Mitarbeiter Albert Weller weiterführte und ausbaute.

105 A. Weller, Ber. Bunsenges. Phys. Chem. 78 (1974) 969. – A. Weller, EPA Newsletter, April 1980, 7.

1951 wurde er nach Stuttgart berufen. Hier fand er Dimerisationsgleichgewichte zwischen je einem Molekül im Grund- und im angeregten Zustand (Excimere) und konnte experimentell und theoretisch diabatische und adiabatische Prozesse in der Photochemie unterscheiden.

BM 1976 **Heinz Gerischer**

„Für seine experimentellen und theoretischen Beiträge zum Verständnis von Elektrodenprozessen an Metallen und Halbleitern sowie seine Verdienste um die Erforschung des elektrochemischen Verhaltens von Stoffen in elektronisch angeregten Zuständen."

1971 – 1972 Erster Vorsitzender.

BM 1977 **Klaus Schäfer**

„Für seine Forschungen auf dem Gebiet der zwischenmolekularen Kräfte in der Gasphase und an festen Oberflächen, der Statistik der Nachbarschaftsanordnungen, die zu einer Theorie der kondensierten Phasen führte und zur Energieübertragung beim Stoß von Gasmolekülen."

1959 – 1960 Erster Vorsitzender.

BM 1979 **Erika Cremer**[106]

(* 20. 5. 1900 München). Sie kann sich als bisher einzige Frau im Kreise aller Vorsitzenden und Geehrten der Bunsen-Gesellschaft voll behaupten. Schon ihre Dissertation 1927 bei M. Bodenstein in Berlin ist eine bedeutsame Arbeit, in der sie als erste verzweigte Ketten und die Möglichkeit der Kettenexplosion diskutierte. Trotzdem erreichte sie erst während des Krieges im sogenannten Uran-Verein ihre erste adäquat bezahlte Stelle und (zwei Jahre nach der Habilitation in Berlin) 1940 mit einer Dozentur für physikalische Chemie in Innsbruck ihre erste wissenschaftliche Position. Bis dahin arbeitete sie als Stipendiatin oder Hilfskraft, z.B. 1928 bei G. v. Hevesy in Freiburg, 1930 bei M. Polanyi in Berlin-Dahlem, 1934 bei K. Fajans in München, 1937 bei O. Hahn in Berlin-Dahlem. Ihre Innsbrucker Dozentur wurde 1951 zum planmäßigen Extraordinariat, 1958 zum Ordinariat aufgewertet.

Arbeiten über die Kinetik der o-, p-Wasserstoff-Umwandlung im festen Zustand, über heterogene Katalyse und Adsorption. Wichtig vor allem ihre Untersuchungen zur Trennung von Gemischen in Gegenwart von Inertgas an Oberflächen, mit denen sie (noch vor A. J. P. Martin) die Grundlage zur Gaschromatographie legte.

---

106 F. Patat, Ber. Bunsenges. Phys. Chem. 69 (1965) 277. – W. Jost, Annu. Rev. Phys. Chem. 17 (1966) 11. – Interviews mit M. Stöger und W. Jaenicke, 1991 – 1992.

BM 1981 **Ewald Wicke**

„Für seine richtungweisenden wissenschaftlichen und anwendungsbezogenen Arbeiten über das physikalisch-chemische Geschehen an und in gasförmig-festen Systemen, gekennzeichnet durch vielseitige Untersuchungen insbesondere über Sorptionserscheinungen, den Transport und chemische Reaktionen von Gasen an Grenzflächen und porösen Körpern, den Ablauf heterogen katalytischer Prozesse, die technischen Reaktionsführungen in Wirbelschichten und Fließbetten, die Stofftrennung durch Gaschromatographie, sowie über Metall-Wasserstoffsysteme."

1975 – 1976 Erster Vorsitzender.

BM 1983 **Herbert Zimmermann**[107]

(* 7. 3. 1928 Leipzig). Promotion 1958 in München mit einer bei Richard Kuhn in Heidelberg angefertigten Arbeit, Assistent bei G. Scheibe am Institut für physikalische Chemie der TH München, 1962 Habilitation, 1963 Ruf auf ein neu geschaffenes Extraordinariat für theoretische Chemie an der Universität München, seit 1967 Nachfolger von R. Mecke auf dem Lehrstuhl für physikalische Chemie in Freiburg.

Arbeiten zur Wechselwirkung organischer Moleküle in kondensierten Phasen, z.B. die Wasserstoffbrückenbindung unter Berücksichtigung des Tunneleffekts, die Entropiebindung von Polyradikalen, die Wechselwirkung von Farbstoffen mit DNA, sowie deren Bindung an Membranen der Mitochondrien, was die Möglichkeit einer photodynamischen Krebstherapie eröffnet.

BM 1986 **Konrad Georg Weil**[108]

(* 27. 11. 1927 Berlin). Promovierte 1954 bei U. F. Franck am MPI für physikalische Chemie in Göttingen, habilitierte sich in Darmstadt 1964 und hatte dort von 1971 bis 1993 die Professur für Elektrochemie inne. Inzwischen setzt er seine Arbeiten als Gast an der Pennsylvania State University fort, falls er von seinem Hof abkömmlich ist, auf dem er Pferde züchtet.

Die Bunsenberichte redigierte er von 1965 ab über 25 Jahre lang mit Tatkraft und großem Überblick.

Ausgehend von seinem Promotionsthema, dem Wachstum der Passivschicht auf Eisen widmete er sich der Thermodynamik, Struktur und Bildung von dünnen Schichten und Clustern von Metallen und Salzen, wofür in seiner Arbeitsgruppe auch eine Reihe hochempfindlicher Meßmethoden entwickelt wurden. Er hat ferner eingehend die Mischbarkeit von Flüssigkeitspaaren untersucht, in denen Elektrolyte heteroselektiv solvatisiert werden.

---

107 H. Baumgärtl, Ber. Bunsenges. Phys. Chem. 97 (1993) 538.
108 R. Waser, H. Wiese, Ber. Bunsenges. Phys. Chem. 96 (1992) 1785.

BM 1988 **Hermann Schmalzried**[109]

(* 21. 1. 1932 Koblenz). Promovierte 1958 bei R. Glocker (Metallphysik) in Stuttgart. Bis 1965 war er Assistent, später Abteilungsleiter am MPI für physikalische Chemie in Göttingen. Unmittelbar nach der Habilitation in Hannover 1966 erhielt er einen Ruf an die TH Clausthal als Leiter des Instituts für theoretische Hüttenkunde und angewandte physikalische Chemie. 1975 wurde er Nachfolger G. Ertls am Institut für physikalische Chemie der TH Hannover. Dazu kamen Gastprofessuren in den USA, England und Frankreich.

Sein umfangreiches Werk über Thermodynamik, Mechanismus und Kinetik zahlreicher Festkörperreaktionen steht in der Nachfolge Carl Wagners. In der Laudatio heißt es: „Für seine erfolgreichen wissenschaftlichen Arbeiten über chemische Prozesse in Ionenkristallen, insbesondere in Gegenwart äußerer Potentialgradienten und über die Ausbildung typischer Mikrostrukturen als Folge gerichteter Prozesse und Phasengrenzreaktionen in Oxiden und Sulfiden, durch die er maßgeblich zum Verständnis des Reaktionsablaufs im festen Körper beigetragen hat."

BM 1990 **Horst Sackmann**[110]

(3. 2. 1921 Freiburg i.B. – 2. 11. 1993 Halle/S). Promovierte 1949 in Halle als Physiker bei W. Kast. 1954 habilitierte er sich mit einer Untersuchung über Isomorphiebeziehungen kugelförmiger Moleküle. Er dehnte diese Arbeiten auf stäbchenförmige Systeme aus und griff damit auf flüssigkristalline Systeme zurück, für die seit den Arbeiten von D. Vorländer und W. Kast in Halle schon umfangreiches Material vorlag. Das Ergebnis war eine Systematik polymorpher Flüssigkeitsphasen mit einer nematischen und 9 smektischen Modifikationen, deren Struktur und Gleichgewichte er, seit 1963 als Direktor des physikalisch-chemischen Instituts der Universität Halle, in den folgenden Jahren untersuchte.

BM 1992 **Gerhard Ertl**[111]

(* 10. 10. 1936 Stuttgart). Promovierte 1965 als Physiker mit einer katalytischen Arbeit bei H. Gerischer, dem er von Stuttgart nach München gefolgt war. Seine Habilitationsschrift 1967 war der Beobachtung eines Reaktionsablaufes anhand der Beugung langsamer Elektronen gewidmet. Schon 1968 erhielt er einen Ruf auf einen Lehrstuhl für physikalische Chemie an der TH Hannover, 1973 wurde er Nachfolger G. M. Schwabs an der Universität München und nach Ablehnung einiger weiterer Rufe 1986 Nachfolger seines Lehrers als Direktor am Fritz-Haber-Institut der MPG in Dahlem.

---

109 Persönl. Mitteilung.

110 H. Stegemeyer, Ber. Bunsenges. Phys. Chem. 90 (1986) 103.

111 Anonym, Nachr. Chem. Tech. Lab. 36 (1988) 63. – Introduction of Laureate, Japan Prize, 1992. – Persönl. Mitteilung.

Die Zahl seiner Preise und Ehrungen (darunter der Japan-Preis 1992) und ihre Verteilung über die Jahre zeigen, daß es ihm gelungen ist, seit 25 Jahren in der vordersten Linie der Oberflächenphysiker zu bleiben. Mit einer Vielzahl von nicht zuletzt in seinem Arbeitskreis entwickelten Methoden hat er Einzelschritte der Wechselwirkung von Gas und Festkörper-, besonders auf Einkristalloberflächen untersucht, z.B. raum-zeitliche Strukturänderungen und periodische Oberflächenreorganisationen unter dem Einfluss der Adsorption, Energieübertragungsprozesse beim Auftreffen von Teilchen, Mechanismus der heterogenen Katalyse an Mischkatalysatoren.

2.10 Inhaber der Walther Nernst-Denkmünze

NM 1993 **Heinz-Georg Wagner**

„Für seine Untersuchungen von Verbrennungsvorgängen, deren Anwendung in Flammen- und Detonationsreaktionen, seine Untersuchungen der Entstehung der Reaktionsprodukte bei der Verbrennung, sowie der Kinetik chemischer Elementarreaktionen."

Erster Vorsitzender 1983 – 1984.

2.11 Die Träger der verschiedenen Förderpreise

a. Ehrenpreis (EP) der Deutschen Elektrochemischen Gesellschaft

EP 1898 **Georg Bredig**[112]

(1. 10. 1868 Glogau – 24. 4. 1944 New York). Promovierte 1894 bei Ostwald in Leipzig, arbeitete anschließend bei van't Hoff und Arrhenius, habilitierte sich in Leipzig 1901 und ging kurz darauf als a.o. Prof für phys. Chemie nach Heidelberg. 1910 an die ETH Zürich berufen, kehrte er schon 1911 nach Deutschland zurück, um Nachfolger Habers auf dem Lehrstuhl für physikalische Chemie in Karlsruhe zu werden. In seiner Rektoratsrede 1921 bekannte er sich zur Empörung des Publikums

112 F. Haber, Z. Elektrochem. 34 (1928) 677. – A. König in: Die Technische Hochschule Fridericiana Karlsruhe, Festschrift zur 125-Jahrfeier, Karlsruhe 1950, S. 27. – W. Kuhn, Chem. Ber. 95 (1962) XLVII. – K. Fajans, Ber. Bunsenges. Phys. Chem. 72 (1968) 1079.

zum Pazifismus, was ihm Rücktrittsforderungen einbrachte. Als Jude 1933 entlassen, emigrierte er 1939 nach Holland, von wo es ihm 1940 noch rechtzeitig gelang, in die USA zu flüchten. Die ihm angebotene Professur in Princeton konnte er nicht mehr wahrnehmen, da er bereits schwer erkrankt war.

Wichtige Arbeiten zur Katalyse unter Bildung optisch aktiver Produkte, über Kinetik protonenkatalysierter Reaktionen, Zersetzungsprozesse an Metallsolen.

EP 1899 **Karl Elbs**

Erster Vorsitzender 1918 – 1920.

EP 1901 **Friedrich Quincke**[113]

(* 5. 8. 1865 Berlin – 30. 3. 1934 Hannover). (Der Preis wurde als Reisestipendium zum Besuch der Pariser Weltausstellung gegeben.)

Sohn des Berliner Physikers G. H. Quincke. Promotion 1889 in Göttingen, Assistent von Ludwig Mond, bei dem er das Nickelcarbonyl entdeckte, 1891 Betriebsführer der Firma Rhenania in Stolberg, 1898 in die Farbenfabriken Bayer & Co, Leverkusen eingetreten, später dort Direktor. 1920 erneut als Direktor in der Firma Rhenania AG, Köln. 1922–1933 o. Prof. für technische Chemie an der TH Hannover, 1925 Vorsitzender des Vereins deutscher Chemiker.

EP 1902 **Fritz Haber**

Damals Assistent an der TH Karlsruhe. (Der Preis, aufgestockt durch eine Spende van't Hoffs wurde als Reisestipendium zum Besuch der USA mit dem Auftrag vergeben, über die besuchten Fabriken und Universitäten zu berichten, siehe Kap. 1.10).

Ehrenmitglied 1929.

b. Nernst-, Haber- und Bodensteinpreis der Deutschen Bunsen-Gesellschaft

In der folgenden Liste sind Nernst- (N), Haber- (H) und Bodenstein-Preis (B) unterschieden. Bei der Laudatio sind die Worte „In Anerkennung..." oder „In Würdigung..." durch „Für..." ersetzt. Hinter den Lebensdaten ist die Tätigkeit zur Zeit der Preisverleihung, hinter der Laudatio die derzeitige oder die letzte Tätigkeit angegeben.

113 C. Duisberg, Z. angew. Chem. 38 (1925) 653.

B 1953 **Klaus J. Vetter**[114]

(13. 7. 1916 Berlin – 12. 12. 1974 Berlin). Schüler Bodensteins, Privatdozent, Assistent am physikalisch-chemischen Institut der Freien Universität Berlin.

„Für seine Verdienste um die Kinetik der Elektrodenreaktionen."

o. Prof, Direktor des Instituts für physikalische Chemie der FU Berlin.

B 1953 **Heinz Gerischer**

(* 31. 3. 1919 Wittenberg). Abteilungsleiter am MPI für Metallforschung, Stuttgart.

„Für seine Verdienste um die Kinetik der Elektrodenreaktionen."

Bis 1986 Direktor des Fritz-Haber-Instituts der MPG, Berlin-Dahlem.
Erster Vorsitzender 1971.

H 1954 **Ewald Wicke**

(* 17. 8. 1914 Wuppertal-Elberfeld). Lehrstuhlvertreter an der Universität Göttingen.

„Für seine Verdienste um die wissenschaftliche Fundierung der technischen Reaktionsführung."

Bis 1982 o. Prof. für phys. Chemie, Universität Münster.
Erster Vorsitzender 1975.

N 1955 **Mark, Frh. von Stackelberg**[115]

(16. 12. 1896 Dorpat – 4. 4. 1971 Bonn). a. o. Prof, Universität Bonn.

„Für seine grundlegenden Arbeiten über die Elektrolyse und deren Anwendung in der analytischen Chemie."

Bis 1965 Prof. für Elektrochemie, Universität Bonn.

B 1956 **Manfred Eigen**

(* 9. 5. 1927 Bochum). Assistent am Max-Planck-Institut für physikalische Chemie, Göttingen.

---

114 H. Gerischer, Ber. Bunsenges. Phys. Chem 79 (1975) 113.
115 J. Heyrovsky, Z. Elektrochem. Ber. Bunsenges. Phys. Chem. 65 (1961) 817.

„Für seine grundlegenden experimentellen Untersuchungen über die Geschwindigkeit sehr schneller Reaktionen in Lösungen.“

Direktor am MPI für biophysikalische Chemie (K. F. Bonhoeffer-Institut), Göttingen.

Ehrenmitglied 1979.

H 1957 **Gerhard Dickel**

(* 28. 10. 1913 Augsburg). Dozent, Universität München.

„Für seine maßgebliche Beteiligung an der Entwicklung des Trennrohres, das die größte Bedeutung errungen hat, für die theoretische Erforschung der Vorgänge in ihm, für seine sorgfältigen und grundlegenden Arbeiten über das Verhalten von Ionenaustauschern und ihre Verwendung für Trennverfahren.“

Bis 1978 Professor und Abteilungsvorstand am Institut für physikalische Chemie der Universität München.

N 1958 **Rolf Haase**[116]

(* 10. 8. 1918 Berlin). Dozent, TH Aachen.

„Für seine Verdienste auf dem Gebiet der Thermodynamik der Mischphasen und der irreversiblen Vorgänge.“

Bis 1983 o. Prof. für physikalische Chemie, TH Aachen.

B 1959 **Horst Tobias Witt**[117]

(* 1. 3. 1922 Bremen). Dozent, Universität Marburg.

„Für die Entwicklung von elektrischen und spektralen Blitzlicht-Methoden zur kinetischen und stofflichen Analyse schnell verlaufender photochemischer Primärvorgänge und ihre systematische Anwendung bei der Untersuchung des Primärprozesses der Photosynthese durch physikalische und chemische Eingriffe in das Zellsystem.“

Bis 1990 o. Prof und Direktor des Max-Volmer-Instituts für physikalische und biophysikalische Chemie der TU Berlin.

---

116 H. Gerischer, H, Schönert, Ber. Bunsenges. Phys. Chem. 87 (1983) 625.
117 M. Eigen, B. Rumberg, Ber. Bunsenges. Phys. Chem. 91 (1987) 172.

H 1960 **Ernst Ruch**[118]

(* 26. 8. 1919 München). Dozent, TH München.

„Für seine quantentheoretischen Arbeiten, die wesentliche Beiträge zur theoretischen Chemie darstellen."

Bis 1987 o. Prof. und Direktor des Institus für Quantenchemie der Freien Universität Berlin.

N 1961 **Franz-Eberhard Wittig**

(* 20. 8. 1917 Amsterdam). Dozent, Universität München.

„Für die Schaffung von Verfahren der Kalorimetrie bei hohen Temperaturen und ihre Anwendung auf flüssige und feste Legierungen, wodurch der Metallchemie eine zuverlässige thermodynamische Grundlage gegeben wurde."

Bis 1982 Professor und Abteilungsleiter am Institut für physikalische Chemie der Universität München.

B 1962 **Albert Weller**[119]

(* 5. 4. 1922 Welzheim/Württ.). Dozent, TH Stuttgart.

„Für seine Untersuchungen über die Kinetik der Fluoreszenzumwandlung, durch die er wesentliche Beiträge zur Kenntnis der physikalischen und chemischen Eigenschaften elektronenangeregter Moleküle geliefert hat."

Bis 1990 Direktor am MPI für Biophysikalische Chemie (K. F. Bonhoeffer-Institut), Göttingen.

H 1963 **Heinz-Georg Wagner**

(* 20. 9. 1928 Hof/Saale). Dozent, Univ. Göttingen.

„Für seine Messungen an Detonationen, Stoßwellen, Flammen, die für Grundlagen und Anwendungen gleichermaßen bedeutsam sind, und bei denen er wagte, an die Grenzen des experimentell Möglichen vorzustoßen."

o. Prof, Institut für physikalische Chemie, Universität Göttingen.
Erster Vorsitzender 1983.

---

118 J. Brickmann, Ber. Bunsenges. Phys. Chem. 88 (1984) 691.
119 J. Troe, Ber. Bunsenges. Phys. Chem. 91 (1987) 260.

N 1964 **Hans-Dieter Beckey**

(8. 6. 1921 Hamburg – 18. 6. 1992 Bonn). Dozent, Universität Bonn.

„Für seine erfolgreichen Untersuchungen insbesondere der Feldionisation, -desorption und -dissoziation und die Bestimmung allgemeiner Gesetzmäßigkeiten beim Zerfall organischer Moleküle in hohen elektrischen Feldern mit Hilfe des von ihm entwickelten Feldionen-Massenspektrometers."

Bis zum krankheitsbedingten vorzeitigen Ruhestand 1979 o. Prof. und Direktor des Instituts für physikalische Chemie, Bonn.

B 1965 **Friedrich Dörr**[120]

(* 13. 12. 1921 Landsberg/Lech). Dozent, TH München.

„Für seine erfolgreichen Untersuchungen auf dem Gebiet der Lichtabsorptions- und Fluoreszenzspektroskopie organischer Moleküle, insbesondere für die Entwicklung von Verfahren zur Bestimmung des Polarisationsgrades der einzelnen spektralen Übergänge, ferner für seine Arbeiten auf den Gebieten der organischen Farbstoffe und der Elektronenspinresonanz."

Bis 1987 o. Prof. für physikalische Chemie, TH München.

H 1966 **Dieter Beck**

(* 14. 8. 1930 Berlin). Dozent für Physik, Univ. Freiburg.

„Für seine Versuche an Molekularstrahlen, mit denen er neuartige Beugungseffekte untersuchte und die Kraftwirkungen zwischen Atomen sowie zwischen Atomen und Molekülen in direkter Weise bestimmt hat."

o. Prof für Physik, Universität Bielefeld.

B 1968 **Gerhard Schwarz**

(* 3. 2. 1930 Bremen). Dozent an der TH Braunschweig und Abteilungsleiter am MPI für physikalische Chemie, Göttingen.

„Für seine grundlegenden theoretischen und experimentellen Arbeiten über die Kinetik kooperativer Umwandlungen von Biopolymeren."

o. Prof. am Zentrum für biophysikalische Chemie, Universität Basel.

---

120 S. Schneider, Ber. Bunsenges. Phys. Chem. 90 (1986) 1109.

H 1968 **Fritz Peter Schäfer**

(* 15. 1. 1931 Bad Hersfeld). Dozent, Assistent am Institut für physikalische Chemie, Marburg.

„Für seine grundlegenden Arbeiten über die Lichtabsorption und -emission von organischen Farbstoffen bei hohen Bestrahlungsstärken."

Direktor am MPI für biophysikalische Chemie (K. F. Bonhoeffer-Institut), Göttingen (s. auch Kap. 2.12).

N 1969 **Gerhard M. Schneider**

(* 7. 5. 1932 Neufechingen/Saar). Dozent, TH Karlsruhe.

„Für seine grundlegenden thermodynamischen Arbeiten über Phasengleichgewichte und kritische Erscheinungen in fluiden Stoffen unter hohem Druck."

o. Prof für physikalische Chemie, Universität Bochum.

H 1970 **Franz Josef Comes**[121]

(* 18. 7. 1928 Bad Neuenahr). Dozent, Universität Bonn.

„Für seine grundlegenden Arbeiten über Photodissoziation und -ionisation, Molekül- und Photoelektronenspektroskopie."

Bis 1993 o. Prof, Institut für physikalische und theoretische Chemie, Universität Frankfurt/M.

B 1971 **Hans-Jürgen Troe**

(* 4. 8. 1940 Göttingen). Dozent, Universität Göttingen.

„Für seine experimenellen und theoretischen Arbeiten zur Klärung der Kinetik und des molekularen Mechanismus von Dissoziations- und Kombinationsprozessen."

o. Prof, Institut für physikalische Chemie der Universität Göttingen und Direktor am MPI für biophysikalische Chemie (K. F. Bonhoeffer-Institut), Göttingen.

N 1972 **Hans-Jürgen Grabke**

(* 29. 5. 1935 Hamburg). Dozent, TH Stuttgart.

---

121 E. W. Schlag, Ber. Bunsenges. Phys. Chem. 97 (1993) 946.

„Für seine grundlegenden Arbeiten über die Kinetik und den Mechanismus von Phasengrenzreaktionen, insbesondere im System Eisen – Stickstoff – Wasserstoff."

Prof. an der Universität Dortmund und Abteilungsleiter am MPI für Eisenforschung, Düsseldorf.

N 1974 **Alfred Saupe**

(* 14. 2. 1925 Badenweiler). Nach Habilitation 1967 in Freiburg Research Associate, Dept of Physics; Liquid Crystal Institute, Kent State University, Kent, OH (USA).

„Für seine theoretischen und experimentellen Arbeiten über die kristallinen Flüssigkeiten, und in besonderer Würdigung der dabei entdeckten Anwendungsmöglichkeiten in der Kernresonanzspektroskopie."

Leiter der Forschungsgruppe „Flüssigkristall-Systeme" der Max-Planck-Gesellschaft und Professor an der Universität Halle/Saale.

H 1974 **Alfred Laubereau**

(* 25. 2. 1942 Bamberg). Assistent am Physik-Department der TU München, Lehrstuhl W. Kaiser.

„Für seine experimentellen Arbeiten auf dem Gebiet der Molekülspektroskopie mit Picosekunden-Laserpulsen, insbesondere für die erste direkte Messung der Schwingungsrelaxation in Flüssigkeiten."

o. Prof. am Institut für Physik der Universität Bayreuth.

B 1975 **Hermann Träuble**

(7. 4. 1932 Nellingen/Alb – 3. 7. 1976 bei einem Autounfall). Wissenschaftlicher Mitarbeiter am MPI für biophysikalische Chemie (K. F. Bonhoeffer-Institut), Göttingen.

„Für seine Arbeiten über Struktur und Phasenumwandlungen von Lipidmembranen, mit denen er einen wesentlichen Beitrag zum Verständnis von Transportvorgängen in biologischen Systemen geleistet hat."

Wissenschaftliches Mitglied des MPI für biophysikalische Chemie (K. F. Bonhoeffer-Institut), Göttingen.
Frühere Auszeichnung: 1967 Physikpreis der Göttinger Akademie der Wissenschaften für Arbeiten zur Sichtbarmachung der Flußverteilung in Supraleitern zweiter Art[122].

122 A. Seeger, Ber. Bunsenges. Phys. Chem. 81 (1977) 784.

N 1976 **Heinz Hoffmann**

(* 23. 6. 1935 Käshofen/Pfalz). Wissenschaftlicher Rat am Institut für physikalische und theoretische Chemie, Universität Erlangen.

„Für seine experimentellen Arbeiten über die Bildung von Komplexverbindungen, insbesondere seine Relaxationsmessungen an Micell-Gleichgewichten."

o. Prof. für physikalische Chemie, Universität Bayreuth.

H 1977 **Erwin Neher**

(* 20. 3. 1944 Landsberg/Lech). Wissenschaftlicher Mitarbeiter am MPI für biophysikalische Chemie (K. F. Bonhoeffer-Institut), Göttingen, Abteilung H. Kuhn.

„Für seine experimentellen Arbeiten zur Ionenleitung durch Zellmembranen, insbesondere seine Meßverfahren zum Nachweis einzelner Leitungskanäle."

Direktor am MPI für biophysikalische Chemie (K. F. Bonhoeffer-Institut), Göttingen.
Nobelpreis für Medizin 1991.

H 1977 **Bert Sakmann**

(* 12. 6. 1942 Stuttgart). Wissenschaftlicher Mitarbeiter am MPI für biophysikalische Chemie (K. F. Bonhoeffer-Institut), Göttingen, Abteilung O. Creutzfeld.

„Für seine Arbeiten zu der durch Acetylcholin bewirkten Leitfähigkeitsänderung an Muskelfasermembranen und zur Kinetik der Interaktion von Acetylcholin und Acetylcholinrezeptor mittels Fluktuations- und Relaxationsmessungen."

Prof. am MPI für medizinische Forschung, Abt. Zellphysiologie, Heidelberg.
Nobelpreis für Medizin 1991.

B 1978 **Jürgen Wolfrum**

(* 23. 9. 1939 Jena). Wissenschaftlicher Mitarbeiter am MPI für Strömungsforschung, Göttingen.

„Für seine Untersuchungen des Einflusses von Schwingungsenergie auf den Ablauf bimolekularer Reaktionen."

o. Prof. und Direktor des Physikalisch-chemischen Instituts der Universität Heidelberg.

N 1979 **Wolf Weyrich**

(* 23. 7. 1941 Brünn). Dozent, TH Darmstadt.

„Für seine Beiträge zur Compton-Spektroskopie und deren Anwendung auf chemische Fragestellungen.“

o. Prof. für physikalische Chemie, Universität Konstanz.

H 1980 **Dieter Kolb**

(* 11. 10. 1942 Amberg). Wissenschaftlicher Mitarbeiter am Fritz-Haber-Institut der MPG, Dozent an der FU Berlin.

„Für seine Verdienste um die Entwicklung spektroskopischer Methoden zur Charakterisierung der Eigenschaften von Festkörper-Oberflächen im Kontakt mit Elektrolyten.“

o. Prof. für Elektrochemie, Universität Ulm.

N 1981 **Klaus Schulten**

(* 12. 1. 1947 Recklinghausen). Wissenschaftlicher Mitarbeiter am MPI für biophysikalische Chemie (K. F. Bonhoeffer-Institut), Göttingen.

„Für seine Beiträge zu Radikalrekombinationen im Magnetfeld.“

a. o. Prof. für theoretische Physik, TU München.

B 1982 **Martin Quack**

(* 22. 7. 1948 Darmstadt). Dozent, Unversität Göttingen.

„Für seine Arbeiten zur statistischen Beschreibung chemischer Elementarreaktionen sowie zur Klärung des molekularen Mechanismus und der spektroskopischen Grundlagen der Infrarot-Photochemie.“

o. Prof. für physikalische Chemie, ETH Zürich.

H 1983 **Werner Freyland**

(31. 10. 42 Halle/S). Dozent, Unversität Marburg.

„Für seine grundlegenden Untersuchungen über magnetische und thermodynamische Eigenschaften elektronisch leitender Flüssigkeiten bei hohen Temperaturen, durch die er wesentliche Beiträge zum Verständnis des Übergangs Isolator-Metall in nichtkristallinen Materialien geliefert hat.“

o. Prof für physikalische Chemie, Universität Karlsruhe.

N 1984 **Rüdiger Dieckmann**

(* 2. 5. 1947 Bremervörde). Heisenberg-Stipendiat, TH Hannover.

„Für seine Untersuchungen zur Kristall-Fehlordnung und zu den Transporteigenschaften von Übergangsmetall-Oxiden bei hohen Temperaturen, wodurch das Verständnis technisch wichtiger Materialeigenschaften grundlegend gefördert wurde."

Professor, Dept. of Material Science and Engineering, Cornell University, Ithaca NY (USA).

B 1985 **Wolfgang Schmickler**

(11. 9. 1946 Bonn). Heisenberg-Stipendiat, Universität Bonn.

„Für seine grundlegenden theoretischen und experimentellen Untersuchungen zur Struktur der Phasengrenze Metall/Elektrolyt sowie zum Ablauf des Ladungsüberganges, durch die er wesentliche Beiträge zum Verständnis von Elektrodenreaktionen geliefert hat."

Prof. für Elektrochemie, Universität Ulm.

H 1986 **Samuel Leutwyler**

(* 28. 4. 1952 Reinach, Schweiz). Dozent, Institut für anorganische, analytische und physikalische Chemie der Universität Bern.

„Für seine grundlegenden spektroskopischen Untersuchungen an van der Waals Clustern, durch die er wesentliche Beiträge zum Verständnis der Wechselwirkungen Molekül – Solvathülle geliefert hat."

Professor für physikalische Chemie am obigen Institut in Bern.

N 1987 **Rolf Hempelmann**

(* 27. 2. 1951 Herford). Dozent TH Aachen, wissenschaftlicher Mitarbeiter am Kernforschungszentrum Jülich.

„Für seine richtungsweisenden Untersuchungen der Struktur von Legierungshydriden und der Dynamik des Wasserstoffs und seiner Isotopen in den Hydridgittern mit Mitteln der Neutronenstreuung, wodurch er das Verständnis der Wasserstoff-Diffusion wesentlich gefördert sowie für die Neutronen-Schwingungsspektroskopie bedeutende Fortschritte erzielt hat."

o. Professor für physikalische Chemie, Universität Saarbrücken.

B 1988 **Joachim Römelt**

(* 23. 8. 1950 Wilhelmshaven). Dozent für theoretische Chemie, Universität Bonn.

„Für seine richtungweisenden Arbeiten zur quantentheoretischen Behandlung molekularer Reaktionsdynamik, insbesondere der Vorhersage und Interpretation von Resonanzphänomenen, durch welche er Experimente stimuliert und wesentliche Beiträge zum Verständnis chemischer Elementarreaktionen geliefert hat."

Forschungslaboratorium der Bayer AG, Leverkusen.

H 1989 **Hellmut Eckert**

(* 20. 3. 1956 Frankfurt/Main). Nach der Promotion in Münster Postdoc in den USA, seit 1987 Assistant Professor, Dept of Chemistry, University of California, Santa Barbara CA.

„Für seine bahnbrechenden Arbeiten zur Lösung festkörperchemischer Fragestellungen mit modernen NMR- und Mössbauer-Methoden, sowie der Aufklärung von Struktur und innerem Bewegungsverhalten in Gläsern, Einlagerungsverbindungen und anderen komplexen Stoffen."

Associate Professor, Dept. of Chemistry, University of California, Santa Barbara, CA.

N 1990 **Bernhard Dick**

(* 8. 12. 1953 Köln). Wissenschaftlicher Mitarbeiter am MPI für biophysikalische Chemie (K. F. Bonhoeffer-Institut), Göttingen, Abt. Schäfer.

„Für seine experimentellen und theoretischen Arbeiten zur Laserspektroskopie und Dynamik großer Moleküle."

o. Prof. am Institut für physikalische und theoretische Chemie, Universität Regensburg.

B 1991 **Horst Weller**

(* 21. 10. 1954 Siegen). Wissenschaftlicher Mitarbeiter am Hahn-Meitner-Institut, Berlin, Abt. Photochemie.

„Für seine vielseitigen experimentellen Arbeiten zur Photochemie und Photophysik kleinster kolloidaler Halbleiterteilchen."

Wissenschaftlicher Mitarbeiter am Hahn-Meitner-Institut, Berlin.

H 1992 **John Simpson Mc Caskill**

(* 7. 6. 1957 Sydney, Australien). Wissenschaftlicher Mitarbeiter am MPI für biophysikalische Chemie (K. F. Bonhoeffer-Institut), Göttingen, Abt. Eigen.

„Für seine theoretischen und experimentellen Arbeiten zur Selbstorganisation und Evolution selbstreplizierender Moleküle."

Wissenschaftlicher Mitarbeiter am MPI für biophysikalische Chermie (K. F. Bonhoeffer-Institut), Göttingen, Professor am Institut für molekulare Biotechnologie, Jena.

2.12 Mit Gedächtnisvorlesungen Geehrte

Am Schluß sei noch auf Gedächtnisvorlesungen hingewiesen, an denen die Bunsen-Gesellschaft beteiligt ist. Diese schöne Form der Ehrung, die gleichzeitig die Erinnerung an einen bedeutenden Gelehrten aufrecht erhält, einem anderen bedeutenden Gelehrten Reverenz erweist (ihm allerdings dafür einiges abverlangt) und dem Publikum einen Genuß verschafft, ist in jüngster Zeit für zwei Physikochemiker geschaffen worden: Wilhelm Jost (Erster Vorsitzender 1963) und Theodor Förster (Bunsen-Denkmünze 1972).

Die „Theodor Förster-Gedächtnisvorlesung" (FG) war 1976 gestiftet und seinerzeit von der European Photochemical Association (EPA) an George Porter, Albert Weller und Zbigniew Grabowski vergeben, aber dann nicht fortgesetzt worden. 1991 haben Bunsen-Gesellschaft und GDCh beschlossen, sie wieder aufleben zu lassen und alle zwei Jahre zu vergeben. Es sollen in der Regel vier Vorträge gehalten werden, davon möglichst jeweils einer bei der Fachgruppe Photochemie der GDCh und bei der Hauptversammlung der Bunsen-Gesellschaft oder der GDCh. Das Auswahlgremium besteht aus je zwei Vertretern der Fachgruppe und der Bunsen-Gesellschaft, die Finanzierung besorgen die beiden Gesellschaften jeweils zur Hälfte.

Bisher sind Fritz Peter Schäfer und Jan W. Verhoeven ausgezeichnet worden.

Die „Wilhelm-Jost-Gedächtnisvorlesung" (JG) hat Heinrich Röck[123] (Süddeutsche Kalkstickstoff-Werke AG) 1991 zum Gedenken an seinen Lehrer gestiftet. Nach ihren Statuten schlägt die Bunsen-Gesellschaft der Göttinger Akademie, die das Vermögen der Stiftung verwaltet, jährlich geeignete Kandidaten vor, die an den Wirkungsstätten Josts (leider war er nur an sieben Hochschulen tätig) Vorlesungen halten sollen. Die Akademie wählt aus und zahlt Honorar und Reisekosten.

Die Wahl fiel 1992 auf Ernst Ulrich Franck, 1993 auf Hermann Schmalzried.

Vielleicht finden sich noch andere erfolgreiche Schüler bedeutender Lehrer zu ähnlichem Tun, damit auch weitere Hochschulorte in den Genuß von Gedächtnisvorlesungen kommen.

---

123 H.-G. Wagner, Ber. Bunsenges. Phys. Chem. 97 (1993) 944.

FG 1991/1992 **Fritz Peter Schäfer**

Direktor am MPI für Biophysikalische Chemie, Göttingen.

„Für seine hervorragenden Verdienste um die Photophysik und Photochemie von Farbstoffmolekülen, deren Einsatz in Lasern und die Entwicklung neuer Lasertypen im Ultrakurzzeitbereich."

1968 Haber-Preis.

1993/1994 **Jan W. Verhoeven**

Laboratorium für organische Chemie, Universität Amsterdam

„Für seine hervorragenden Verdienste um das Studium der photoinduzierten Elektronenübertragung über viele Bindungen und deren Beziehungen zur Photochemie."

JG 1992 **Ernst Ulrich Franck**

Erster Vorsitzender 1979.

JG 1993 **Hermann Schmalzried**

Bunsen-Denkmünze 1988.

Nachwort und Dank

Keine Arbeit mehr ohne „Acknowledgments". Auch diese bedarf ihrer. Sie mußte unter erschwerten äußeren Umständen fertiggestellt werden. *„Ich hatte keine Zeit, mich kurz zu fassen"*, schrieb Wilhelm v. Humboldt einmal an seine Frau.

Der Verfasser dankt zunächst den Lesern, die ihm bis hierher gefolgt sind (falls sie nicht von hinten angefangen haben), aber auch den Verantwortlichen der Bunsen-Gesellschaft, die ihn sagen ließen, was er wollte. Ohne Unterstützung anderer hätte er es kaum schaffen können. Dank gebührt zuerst Herrn Prof. H. Witte, der das Archiv der Bunsen-Gesellschaft begründet hat, ferner dem Geschäftsführer Dr. H. Behret und der Sekretärin Frau D. Hartmann für mancherlei Hilfe, der Lektorin des Steinkopff-Verlags, Frau Dr. M. M. Nabbe, für die Bereitwilligkeit, mit der sie auf die Wünsche des Autors eingegangen ist. Frau Prof. E. Brauer für Hinweise und Korrekturen, Herrn Prof. E. Wicke für Material. Bereitwillig geholfen haben die Archive der Stadt Kassel, der Universitäten Bonn und Heidelberg, der Farbwerke Hoechst und der Bayerwerke (Herr H. H. Pogarell), Frau G. Brauer vom Haus Energie in Großbothen, Herr Dr. O. Krätz (Deutsches Museum, München), vor allem aber Frau Dr. M. Kazemi (Archiv der MPG, Berlin-Dahlem) und Herr Dr. G. Wiemers (Archiv der Universität Leipzig). Besonderen Dank schulde ich Herrn Dr. F. Schmithals (Universität Bielefeld) für viele Diskussionen und Ratschläge und für die Großzügigkeit, mit der er mir seine Brieffunde im Archiv der Berliner Akademie zugänglich gemacht hat.

Dem Fonds der Chemie verdanke ich Mittel für eine Emeritus-Sekretärin in Gestalt von Computer und Textverarbeitungssystem.

Walther Jaenicke

Erlangen, im Januar 1994

Svante Arrhenius

Ernst Bartholomé

Paul Baumann

Dieter Beck

Hans-Dieter Beckey

Friedrich Carl Rudolf Bergius

August Bernthsen

Niels Bjerrum

Max Bodenstein

Henry Theodor v. Böttinger

Karl Friedrich Bonhoeffer

Carl Bosch

Georg Bredig

Max Buchner

Robert Wilhelm Bunsen

Stanislao Cannizzaro

Nikodem Caro

Franz J. Comes

Erika Cremer

Peter Debye

Bernhard Dick

Gerhard Dickel

Rüdiger Dieckmann

Friedrich Dörr

Frederick George Donnan

Carl Duisberg

Hellmut Eckert

John Eggert

Manfred Eigen

Karl Elbs

Gerhard Ertl

Arnold Eucken

Fritz Foerster

Theodor Förster

Ernst Ulrich Franck

Werner Freyland

Gerhard Geiseler

Heinz Gerischer

Hans Goldschmidt

Theo Goldschmidt

Hans-Jürgen Grabke

Hans Grimm

Georg Grube

Wolfgang Grünbein

Paul Günther

Rolf Haase

Fritz Haber

Otto Hahn

Heinz Harnisch

Werner Heimsoeth

Rolf Hempelmann

Friedrich Hensel

Georg v. Hevesy

Wilhelm Hittorf

Jacobus Henricus van't Hoff

Heinz Hoffmann

August Horstmann

Erich Hückel

Friedrich Hund

Wilhelm Jost

Friedrich Kohlrausch

Dieter M. Kolb

Ernst Kuss

Hans Heinrich Landolt

Alfred Laubereau

Max von Laue

Max Le Blanc

Samuel Leutwyler

John Simpson McCaskill

Reinhard Mecke

Oskar v. Miller

Alwin Mittasch

Henri Moissan

Erwin Neher

Walther Nernst

Lars Onsager

Wilhelm Ostwald

Matthias Pier

Gustav Adolf Pistor

Max Planck

Martin Quack

Friedrich Quincke

Sir William Ramsay

Joachim Römelt

Henry Roscoe

Ernst Ruch

Horst Sackmann

Bert Sakmann

Rolf Sammet

Alfred Saupe

Fritz Peter Schäfer

Klaus Schäfer

Rudolf Schenck

Hermann Schmalzried

Wolfgang Schmickler

Gerhard M. Schneider

Walter Schottky

Karl Schuhmann

Klaus Schulten

Georg Maria Schwab

Gerhard Schwarz

Heinrich Specketer

Mark Frh. v. Stackelberg

Adolf Steinhofer

Benno Strauss

Ignaz Stroof

Wolfgang Swodenk

Gustav Tammann

Peter Adolf Thiessen

Hans Träuble

Hans-Jürgen Troe

Klaus J. Vetter

Max Volmer

Carl Wagner

Julius Wagner

Heinz-Georg Wagner

Paul Walden

Hans Joachim v. Wartenberg

Konrad G. Weil

Alarich Weiss

Albert Weller

Horst Weller

Alfred Werner

Wolf Weyrich

Ewald Wicke

Gustav Heinrich Wiedemann

Horst Tobias Witt

Helmut Witte

Eberhard Wittig

Jürgen Wolfrum

Herbert Zimmermann

Anhang

Übersichten und Tabellen

Tabelle A.1
Hauptversammlungen 1894 – 1944 · Die ersten 50 Jahre[1]

Nr.	Datum	Ort	Teil-neh-mer	Hauptthema	Vorträge Haupt-thema.	ge-samt	gedruckt in Zeitschrift (Band, Seite)
0	21. 4. 1894	Kassel	26	Gründungsversammlung	–	8	Sonderdruck, 1, 33, 74
1	5/6. 10. 94	Berlin	85		–	8	1, E220, K285
2	6/8. 6. 95	Frankfurt	48		–	9	2, G115, 123–78
3	25/8. 6. 96	Stuttgart			–	7	3, G25, 40–79
4	22/26. 6. 97	München	165		–	9	4, G33, 1–31, 42–78
5	14/5. 4. 98	Leipzig			–	16	4, G477, 482–515, 527–49
6	25/7. 5. 99	Göttingen			–	18	6, G24, 1–23, 27–103
7	6/8. 8. 1900	Zürich	109		–	20	7, G208, 165–88, 201–27, 253–71, 277–315,
	15. 12. 1900	Berlin		Außerord. Versammlung			7, 417
8	17/20. 4. 01	Freiburg	92		–	17	7, G878, 605–49, 681–88,
9	9/10. 5. 02	Würzburg	*147		–	26	8, G448, G461, 481–540, 575–95, 604–23, 638–49, 675–87
10	3/8. 6. 03	Berlin[2]				40	9, P437, G608, 619–661, 679–99, 723–73
11	12/14. 5. 04	Bonn	135		–	19	10, P340, K383, G454, 489–547, 572–97, 759–73
12	1/4. 6. 05	Karlsruhe	180		–	36	11, P299, G529, 705–63, 777–94, 829–52, 944-55
13	20/23. 5. 06	Dresden	130	Aktivierung des Stickstoffs	5+ 2	25	12, P316, G493, 525–68, 578–613, 623–47
14	9/12. 5. 07	Hamburg	194	Radioaktivität, Atomzerfall	7	27	13, P123, G353, 369–406, 437–63, 509–41, 545–67
15	28/31. 5. 08	Wien	*164	Photochemie	8+ 3	27	14, P220, G381, 445–506, 525–64, 581–623
16	23/26. 5. 09	Aachen		Physikalische Chemie in der Metallurgie	4+ 5	24	15, P260, G460, G779, 473–89, 565–600, 617–57, 673–702, 705–734, 769–79
17	5/8. 5. 10	Gießen	*113	Neue Entwicklungen in der Elektrochemie	6+ 3	21	16, P252, G409, 517–53, 577–613, 649–72, 693–723, 741–44
18	25/28. 5. 11	Kiel	*138	Neue Entwicklungen in der organischen Chemie	6+ 9	(29)	17, P388, G545, 601–42, 665–94, 725–49, 789–809, 841–51

1 Siehe Erläuterungen am Schluß.

2 Zusammen mit dem 5. Internationalen Kongress für Angewandte Chemie.

Nr.	Datum	Ort	Teil-neh-mer	Hauptthema	Vorträge Haupt-thema.	Vorträge gesamt	gedruckt in Zeitschrift (Band, Seite)
19	16/19. 5. 12	Heidelberg	*189	Neue Entwicklungen in der Spektralanalyse	5+ 1	28	18, P312, G405, 457–93, 513–68, 581–619, 641–62, 705–10
20	3/6. 8. 13	Breslau		Arbeitsleistung von Verbrennungsvorgängen	4	16	19, P505, G655, 699–711, 731–46, 779–810, 827–61
21	21/24. 5. 14	Leipzig		Physikalische Chemie im Buchgewerbe	4	31	20, P236, G353, 393–406, 437–60, 471–94, 515–24, 539–52, 563–70, 587–97, 21, 1–5, 37–50, 69–80, 113–128, 181–91
22	18/9. 10. 15	Berlin	*120		–	20	21, P491, G533, 540–62, 22, 1–33, 53–71, 85–109, 121–133
23	20/1. 12. 16	Berlin	*115		–	20	22, P471, 23, G1, 33–49, 65–95, 105–26, 137–54, 161–77, 189–206 (Forts. folgt[3])
24	9. 4. 18	Berlin	*160		–	23	24, P90, G119, 131–37, 147–73, 183–213, 221–55, 261–70, 285–99, 361–85, 25, 91–97
25	21/23. 4. 20	Halle		Atom- und Molekelbau	9	> 25	26, P96, P128, G213, 258–86, 305–29, 357–83, 401–24, 445–55, 489–513 (Forts. folgt)
26	14/17. 9. 21	Jena	*250	Grenzflächenkräfte	3+ 4	> 24	27, P286, G479, G539, 481–511, 539–46, 28, 2–46, 65–81, 113–15 (Forts. folgt)
27	21/23. 9. 22.	Leipzig		Beziehungen der physikalischen Chemie zu den anderen Naturwissenschaften[4]	5	> 30	28, P305, G395, G427, 397–422, 435–77, 483–526, 29, 1–8, 97–100, 189–192, 342–344
28	10/13. 5. 23	Hannover		Phys. Chemie des kristallisierten Zustands	5+ 8	> 23	29, P141, G290, 295–313, 344–73, 411–15, 509–20, 30, 1–12
29	29.5/1.6.24	Göttingen		Chemie hoher Temperaturen	5	> 24	30, P193, G302, 309–18, 351–97, 401–23, 453–73, 501–28
30	21/24. 5. 25	Darmstadt		Unelastische Atom- und Molekülzusammenstöße	2+ 3	40 (30)	31, G337, 343–59, 390–454, 461–503, 521–54, 572–93

3 weitere Vorträge wurden angekündigt, sind aber nicht erschienen.
4 Anläßlich der 100-Jahrfeier der Gesellschaft deutscher Naturforscher und Ärzte.

Nr.	Datum	Ort	Teilnehmer	Hauptthema	Vorträge Hauptthema	Vorträge gesamt	gedruckt in Zeitschrift (Band, Seite)
31	13/16.5.26	Stuttgart		Chemie des Siliciums	14+ 4 (12+ 3)	38 (30)	32, P177, G319, 328–62, 367–95, 415–34, 463–501, 515–37, 555–66
32	26/29.5.27	Dresden		Elektrochemische Fragen	4+ 9	29	33, P121, 34, G10, 33, 313–21, 353–99, 401–55, 481–518, 540–71, 34, 1–10
33	17/20.5.28	München	*318	Arten chemischer Bindung und der Bau der Atome	14+ 6	45	34, P157, K332, G667, 421–667
34	8/12.5.29	Berlin	452	Heterogene Katalyse	8+11	45	35, P161, K381, G741, 527–741
35	28.5/1.6.30	Heidelberg	439	Spektroskopie und Molekelbau	13+10	60	36, P285, K488, G823, 565–823
36	25/28.5.31	Wien	*500	Fortschritt der Metallkunde mit besonderer Berücksichtigung der Leichtmetalle	5+10	68[5]	37, P172a, K389, G745, 393–745
37	16/19.5.32	Münster	241	Radioaktivität	8+12	48	38, P257, K397, G641, 473–641
38	25/28.5.33	Karlsruhe	210	Elektrolytische Leitfähigkeit unter extremen Bedingungen	5+15	44	39, E125, P266, G655, 473–655
39	17/19.5.34	Bonn	224	Aufgaben und Ziele der physikochemischen Forschung in der organischen Chemie	4+25	42	40, E59, P229, G542[6], 401–542
40	30.5/2.6.35	Berlin	443	Bedeutung der physchemischen Forschung für die deutsche Volkswirtschaft	7+ 1	41	41, E73, E129, P307, G583, 365–582
41	21/24.5.36	Düsseldorf	351	Verbrennungsvorgänge und Explosionen in der Gasphase	8+ 5	32	42, E49, P213, G424, 429–584
42	12/15.5.37	Graz	344	Physikalische Chemie und Hüttenwesen	7+17	59	43, E145, P205, G425, 429–691
43	1/4.6.38	Breslau	*371	Physikalische Chemie der Grenzflächenvorgänge	11+13	42	44, E123, E171, P331, G452, 455–695
44	18/21.5.39	Danzig	307	Magnetismus und Chemie	5+ 8	29	45, E125, P345, G494, 577–629, 647–740

5 Im Programm sind nur 35 genannt.

6 Nach der Mitgliederversammlung ein Vortrag über die physikalisch-chemische und technologische Ausbildung der Chemiker (gedruckt auf S. 548).

Nr.	Datum	Ort	Teil- neh- mer	Hauptthema	Vorträge Haupt- thema.	ge- samt	gedruckt in Zeitschrift (Band, Seite)
45	25/6.10.40	Leipzig	346	(Konstitution und Lichtabsorption (11))[7]		1+44	46, G410, E413, P533, 47, 1–80, 101–172, 216–288
46	26/27.3.41	Frankfurt	458	Kinetik chemischer Reaktionen	6+ 9[8]	35	47, E215, E339, P467, G620, 667–716, 737– 811, 813–94
	(13/16.5.42 (geplant) (1943 (1944	Stuttgart		Energie und Stoff[9]	5+ ?		48, E61, E115, P171, G339, Absage: 48, 300) 49, G357) kein Jahresbericht)

7 Ursprünglich geplantes Hauptthema. Später wurde auf ein Thema verzichtet. Die eingeklammerte Zahl in Spalte 5 ist die der Vorträge zum ursprünglichen Thema, in Spalte 7 befindet sich der zusammenfassende Vortrag.

8 2 Kurzvorträge zum Hauptthema sind in Kurzform abgedruckt, wurden aber nicht gehalten.

9 Übrig blieb eine Robert Mayer-Gedenkstunde am 4. 12. 1942 im Hofmannhaus, Berlin (Z. Elektrochem. 48 (1942) 665.

Erläuterungen

Zur Spalte 4 (Teilnehmerzahl):
Ohne Kennzeichnung: Aus Teilnehmerliste ermittelt (aktiv teilnehmende Damen und Ehrengäste mitgezählt). Dies ergibt eine Mindestzahl, da die Listen zu verschiedenen Zeiten vor Tagungsbeginn abgeschlossen wurden, und weil z.B. studentische Teilnehmer am Ort dabei nicht mitgezählt sind.
* vor der Zahl: Aus anderen Quellen, z.B. 15. HV, 17. HV, 18. HV, 19. HV: aus Abrechnung. (Anläßlich der Eröffnung wurden gelegentlich andere Zahlen angegeben, z.B. bei 15. HV: 200, bei 24. HV 250 Teilnehmer)

Zur Spalte 6a und 6b (Vorträge):
( ) Zahl der gedruckten Vorträge, falls nicht mit dem Programm übereinstimmend

Zur Spalte 8 (Zitat in Zeitschrift): die Buchstaben vor der Seitenzahl bedeuten:
G: Geschäftlicher Teil, d.h. Bericht des Vorstands und Mitgliederversammlung
E: Einladung
P: Programm
K: Kurzbericht

Tabelle A.2
Hauptversammlungen und Gedenkfeiern 1948 – 1994 · Die zweiten 50 Jahre

Nr.	Datum	Ort	Teilnehmer[1]	Hauptthema ([ ] vorbereitet von)	Vorträge Hauptthema[2]	Vorträge gesamt	gedruckt in Zeitschrift (Band, Seite)[3]
47	7/10.10.48	Stuttgart	181	Struktur der Flüssigkeiten [K. Schäfer]	5+10	48	52, P147, G238, 243–92, 53, 93, 54, 191, 204, 224
48	13/16.10.49	Wiesbaden	193	Fortschrittsberichte über wichtige Sondergebiete der physikalischen Chemie [A. Eucken]	7+ 7	47	53, P261, 54, G94, 5–91, 99–107, 169–73, 184–200, 219–27, 560–66
49	18/21.5.50	Marburg	296	Grenzgebiete zwischen phys. und org. Chemie, unter bes. Berücksichtigung a) Chromatographische Trennverfahren [H. Brockmann] b) Ultrarot- u. Ramanspektroskopie organischer Molekeln [R. Mecke]	2 4+ 5 6	34	54, P163, G388, 393–456, 495–540
	19.10.50	Karlsruhe	76	Außerordentliche Mitgliederversammlung während Diskussionstagung			54, 582, Wahl des 1. Vorsitzenden
50	3/6.5.51	Göttingen	315	Physikalisch-chemische Probleme der Biologie [K. F. Bonhoeffer]	1+ 8 +12	43	55, E73, P178, G591, G668, 445–590, 593–657
51	22/25.5.52	Lindau	470	Photochemie u. Photographie [J. Eggert, G. Scheibe, G. M. Schwab]	6+13	63	56, E85, P261, G924, 705–917
	9.12.52	Berlin		Enthüllung der Haber-Gedenktafel	2+ 2	4	57, 1–8
52	14/17.5.53	Duisburg	695	Phys.-chemische Grundlagen der technischen Reaktionsführung [E. Bartholomé, W. Brötz, E. Wicke]	1+ 6 + 9	55	57, E72, P231, G780, 455–778
	2.9.53	Hamburg		100. Geburtstag von W. Ostwald	4+ 2	6	57, 867
53	27/30.5.54	Bayreuth	635	Kernchemie [W. Groth, J. Mattauch]	9+18	65	58, E85, P207, G815, 541–814

1 Siehe am Ende der Tabelle unter Erläuterungen zu Spalte 4.

2 Bei zwei Zahlen bedeutet die erste die eingeladenen Plenar- und Diskussionsvorträge, die zweite die Einzelvorträge zum Hauptthema. Bei drei Zahlen gibt die erste zusätzliche gedruckte Vorträge außerhalb des Themas an, z.B. von Trägern der Bunsen-Denkmünze. Weiteres siehe am Schluß der Tabelle unter Erläuterungen zu Spalte 6.

3 Zu den Buchstaben E, G, K, P siehe Erläuterungen am Ende der Tabelle.

Nr.	Datum	Ort	Teil-nehmer[1]	Hauptthema ([ ] vorbereitet von)	Vorträge Haupt-thema[2]	Vorträge gesamt	gedruckt in Zeitschrift (Band, Seite)[3]
54	19/22.5.55	Goslar	615	Elektrochemische Vorgänge an metallischen Elektroden [K. F. Bonhoeffer]	1+ 8 +36	77	59, P141, 593–821, 903–1059
55	10/13.5.56	Freiburg	828 *963	Kennzeichnung und katalytische Wirkung von Festkörpern [G. M. Schwab]	6+23	89	60, E107, P196, 771–1204
56	30.5/2.6.57	Kiel	742 *857	Theorie und Experimente zum Problem der chemischen Bindung [H. Hartmann]	8+36	78	61, E335, P460, 859–1260
57	15/18.5.58	Würzburg	689 *845	Physikalische Chemie flüssiger Mischsysteme [G. Briegleb]	3+21	76	62, E107, P111, 1041–1174, 63, 155–341
58	7/10.5.59	Darmstadt	737	Festkörpereigenschaften, ihre Anwendung in Wissenschaft und Technik [K. Schäfer, H. Witte]	3+25	82	63, E153, P345, 861–1015
59[4]	26/29.5.60	Bonn	828	Strahlen- und Kernchemie [W. Groth]	4+36	109	64, E207, P343, 973–1115
60	11/14.5.61	Karlsruhe	775 *770	Relaxationsverhalten und molekularer Aufbau der Stoffe [H. Fischer, P. Günther, W. Zeil]	1+ 3 +27	109	65, E107, P205, 579–713
61	31.5/3.6.62	Münster	741	Reaktionen von Gasen mit festen Stoffen [E. Wicke]	3+20	91	66, E85, P197, 611–769
62	23/26.5.63	Mainz	694	Elementarvorgänge von Reaktionen in homogener Lösung [G. V. Schulz]	4+18	103	67, E140, P246, 729–850
63	7/10.5.64	Berlin	756	Molekularbiologie [M. Eigen, U. F. Franck, H. T. Witt]	5+43	88	68, E2, P124, 705–903
	27.6.64	Göttingen		100. Geburtstag von W. Nernst		2	68, E224, 525–534
64	27/30.5.65	Innsbruck	702 *880	Grundlagen chromatographischer Trennverfahren unter besonderer Berücksichtigung der Gas-Chromatographie [E. Cremer, H. Kienitz]	5+18	104	69, E1, P186, 758–919

4 Ab der 59. HV (Z. Elektrochem, Ber. Bunsenges. Phys. Chem 64 (1960)) werden die nicht zum Hauptthema gehörenden Vorträge nur in Kurzfassung abgedruckt.

Nr.	Datum	Ort	Teil-neh-mer[1]	Hauptthema ([ ] vorbereitet von)	Vorträge Haupt-thema[2]	Vorträge ge-samt	gedruckt in Zeitschrift (Band, Seite)[3]
65	19/22.5.66	Freuden-stadt	657	Materie unter hohen Drucken mit besonderer Berücksichtigung fluider Zustände [E. U. Franck]	1[5]+14 +30	120	70, E3, P114, 941–1180
66	4/7.5.67	Köln	544 *656	Stofftransport durch Membranen in Chemie und Biologie [R. Schlögl, U. F. Franck, G. Schmid]	1+ 9 +25	107	70, E940, 71, P131, 750–927
67	23/26.5.68	Augsburg	553 *601	Chemische Elementar-prozesse [H. Hartmann, W. Jost, H. G. Wagner]	7+18	106	71, E935, 72, P125, 901–1070
	23.11.68	Karlsruhe		100. Geburtstag von F. Haber		4	73, 126–143
68	15/18.5.69	Frankfurt	628 *709	Photochemische Primär-prozesse [Th. Förster, H. Kuhn, A. Weller, H. T. Witt]	5+23	104	72, E1083, 73, P122, 732–929
69	7/10.5.70	Heidelberg	443	Ordnungszustände und Umwandlungen in festen Hochpolymeren [E. W. Fischer, F. H. Müller, W. Pechhold, G. Rehage, K. Schäfer]	8+21	107	74, E1, P182, 734–946
70	20/23.5.71	Hannover		Oberflächenstruktur fester Stoffe und Adsorp-tion aus der Gasphase [J. Block, G. Ertl, R. Haul, G. Wedler]	6+24	118	75, E1, P98, 961–1146
71	11/14.5.72	Hamburg	468	Physikalische Chemie der Komplexverbindungen [H. P. Fritz, H. Hartmann, H. Kelm, A. Knappwost]	1+ 6 +22	108	76, E2, P89, 958–1119
72	31.5/2.6.73	Erlangen	479 *600	Neue Entwicklungen in der Elektrochemie [H. Gerischer, W. Jaenicke, W. Vielstich]	5+42	119	76, E1127, 77, 65, 746–1027
73	23/26.5.74	Kassel	649	Neue Methoden in der Molekülspektroskopie [F. Dörr, E. Lippert, H. Moell]	6+23	119	77, 744, 78, P106, 1101–1272
74	8/10.5.75	Wien	496 *700	Neue Methoden und Ergebnisse der Erforschung kristallisierter Festkörper [H. Novotny, H. Schmalz-ried, A. Weiss]	7+32	119	78, E816, 79, P1, 931–1170

5 Erste Zahl: Abschlußvortrag von P. Günther: Goethe und die Naturwissenschaftler des 19. Jahrhunderts (als Beilage ohne Seiten-Numerierung dem Band 70 der Zeitschrift beigefügt).

Nr.	Datum	Ort	Teilnehmer[1]	Hauptthema ([ ] vorbereitet von)	Vorträge Hauptthema[2]	Vorträge gesamt	gedruckt in Zeitschrift (Band, Seite)[3]
75	27/29.5.76	Saarbrücken	424	Phys.-chemische Mechanismen zur Speicherung und Wiedergewinnung von Information [M. Eigen, E. Klein, H. Kuhn, H. Moesta]	1[6]+ 7 +20	115	79, E929, 80, P103, 1041–1245
76	19/21.5.77	Braunschweig	480	Thermodynamik flüssiger und gasförmiger Mischungen [R. Haase, F. Kohler, R. Lacmann, G. Rehage, G. M. Schneider]	10+37	145	80, E939, 81, P109, 882–1120
77	4/8.5.78	Konstanz	552 *580	Chemie in der Atmosphäre [D. H. Ehhalt, H. Harnisch, C. Junge, H. G. Wagner, K. H. Welge]	4+22	122	81, E881, 82, P147, 1124–1257
78[7]	24/26.5.79	Düsseldorf	525 *540	Trennung und Anreicherung von Stoffen [U. Onken, U. Schindewolf, D. Woermann, H. Kienitz]	1+ 8 +32P[8]	126	82, E1021, 83, P95, 1053–1205
79	15/17.5.80	München	720[9]	Phys.-chemische Prozesse zur Umwandlung und Speicherung von Energie [H. Friz, H. Gerischer, L. Riekert]	9+19P	127	83, E967, 84, 115, 940–1081
80	28/30.5.81	Marburg	538 600[9]	Flüssigkeiten [H. G. Hertz, W. A. Luck, F. Kohler, H. Zimmermann]	1[10]+ 7 +23	126	84, E938, 85, P101, 928–1082
81	20/22.5.82	Ulm	515 620[9]	Phys.-chemische Aspekte der Geochemie[11] [E. Althaus, E. U. Franck, P. Metz, H. Schmalzried]	9+17	114	85, E823, 86, P103, 963–1082
82	12/14.5.83	Bielefeld	527 630[9]	Phys.-chemische Aspekte von Verbrennungsvorgängen [R. Günther, H. Harnisch, K. H. Homann, F. Pischinger, H. G. Wagner]	8+20	118	86, E877, 87, P77, 964–1099

6 Festvortrag M. R. Schroeder, Kunst aus dem Computer?

7 Ab der 78. HV (Ber. Bunsenges. Phys. Chem. 83 (1979)) wurden die nicht zum Hauptthema gehörigen Einzelvorträge nicht mehr in den Bericht aufgenommen. Sie sind nur noch im Programm zu finden.

8 Einzelbeiträge zum Hauptthema als Poster (P).

9 Gesamtteilnehmerzahl einschließlich Begleitpersonen.

10 Erste Zahl: zusätzlicher Vortrag von R. Schmitz „Bunsen in Heidelberg".

11 Gemeinsam mit der Deutschen Mineralogischen Gesellschaft.

Nr.	Datum	Ort	Teilnehmer[1]	Hauptthema ([ ] vorbereitet von)	Vorträge Hauptthema[2]	Vorträge gesamt	gedruckt in Zeitschrift (Band, Seite)[3]
83	31.5/2.6.84	Kaiserslautern	489 640[9]	Disperse Systeme (Suspensionen, Emulsionen, Aerosole, Schäume – Grundlagen, Eigenschaften, Anwendungen, Meßmethoden) [H. Hoffmann, H. Nassenstein, M. J. Schwuger, W. Stöber, L. Riekert]	8+21	121	87, E841, 88, P88, 1032–1161
84	16/18.5.85	Aachen	560 *592 699[9]	Morphologie und Eigenschaften polymerer Systeme [H. Cherdron, E. Fischer, F. Haaf, R. Koningsfeld, W. Swodenk, G. Wegner]	8+22	125	88, E927, 89, P107, 1129–1244
85	8/10.5.86	Heidelberg	587 750[9]	Modellierung komplexer chemischer Systeme [M. Eigen, G. Eigenberger, W. Jäger, H.-J. Troe]	9+19 +14P	135	89, E1023, 90, P105, G1104, 928–1091
86	28/30.5.87	Göttingen	619 786[9]	Spektroskopie in kondensierten Phasen [F. Dörr, G. Kämpf, H. W. Spieß, W. Weyrich, M. Zeidler]	8+21 +26P	147	90, E845, 91, P81, 1081–1310
87	12/14.5.88	Passau	497 794[9]	Neue Entwicklungen in der Elektrochemie [H. Millauer, G. Sandstede, J.W. Schultze, W. Vielstich]	8+23 +60P	185	91, E993, 92, P111, G1449, 1169–1444
88	4/6.5.89	Siegen	646 732[9]	Festkörper: Dynamik und Kinetik [K. Funke, W. Müller-Warmuth, H.-W. Spieß, H. Schmalzried]	8+21 +41P	163	92, E1065, 93, P107, G1403, 1155–1398
89	24/26.5.90	Tübingen	915[9]	Chemische Elementarreaktionen [R. Ahlrichs, H. Fischer, H. Harnisch, E. W. Schlag, J. P. Toennies, H. G. Wagner]	8+19 +39P	153	93, E1053, 94, P104, G1431, 1179–1425
90	9/11.5.91	Bochum	772 912[9]	Phys-chem. Aspekte dünner Schichten [H. Cherdron, G. Ertl, H. Oechsner, K. G. Weil]	9+19 +38P	170[12]	94, E1060, 95, P203, 1311–1567
	11.5.91	Bochum		Sondersymposium: Grenzflächen-physikalische Aspekte bei der Präparation und Anwendung disperser Systeme [D. Horn]	11		95, P213

12 Einschließlich Sondersymposium.

Nr.	Datum	Ort	Teilnehmer[1]	Hauptthema ([ ] vorbereitet von)	Vorträge Hauptthema[2]	Vorträge gesamt	gedruckt in Zeitschrift (Band, Seite)[3]
91	28/30.5.92	Wien	808 962[9]	Festkörper: Thermodynamik, Struktur und Bindung [R. Hoppe, K. L. Komarek, A. Neckel, H. Schmalzried]	9+19 +69P	224[12]	95, E1300, 96, P205, G1790, 1503–1783, 1787
	29/30.5.92	Wien		Sondersymposium: Physikalisch-chemische Aspekte der Hartstoffe und Hartmetalle [R. Ettmayer]	9+10		96, E106
92	20/22.5.93	Leipzig	700 784[9]	Neue Eigenschaften und Anwendungen von Flüssigkeiten [H. Finkelmann, L. Pohl, R. Rubner, H. Sackmann, H. Stegemeyer]	8+19 +49P	187[12]	96, E1494, 97, P260, G1419, 1413, 1169–1410
	22.5.93	Leipzig		Sondersymposium: Die Anwendung phys.-chem. Methoden auf verfahrenstechnische Probleme [W. Grünbein, H. Hespe]	18		96, P272
93	12/14.5.94	Berlin		100 Jahre Physikalische Chemie [H. Harnisch, F. Hensel, H. G. Wagner]			97, E1423
	14.5.94	Berlin		Sondersymposium: „Scientific Computing" in der chemischen Industrie [W. Grünbein, H. Sixl]			

Erläuterungen

Zur Spalte 4 (Teilnehmerzahl):
Ohne Kennzeichnung: Aus Teilnehmerliste ermittelt (ohne Begleitpersonen). Da die Listen zu verschiedenen Zeiten vor Tagungsbeginn abgeschlossen wurden, geben sie nur Mindestzahlen an.
* vor der Zahl: Aus anderen Quellen ermittelt. (Angaben im Ständigen Ausschuß, verkaufte Karten, bei Pressekonferenz etc.)

Zur Spalte 6a und 6b (Vorträge):
P: Poster, werden bei der Ermittlung der Gesamtzahl der Beiträge mitgezählt.

Zur Spalte 8 (Zitat in Zeitschrift): die Buchstaben vor der Seitenzahl bedeuten:
ohne Bezeichnung: Wissenschaftlicher Teil einschließlich Eröffnung.
G: Geschäftlicher Teil, d.h. Bericht des Vorstands und Mitgliederversammlung. Dieser ist im Zeitraum zwischen 1955 und 1985 nicht in die Zeitschrift aufgenommen worden. Er fehlt auch in Bd 95 (1991).
E: Einladung
P: Programm
K: Kurzbericht

Tabelle A.3
Diskussionstagungen 1937 – 1944

Nr.	Datum	Ort	Teil-neh-mer	Thema ([ ] vorbereitet von)	Vorträge gesamt[1]	gedruckt in Zeitschrift (Band, Seite)[2]
1	28/29.9.37	Leipzig	46 >29[3]	Chemie der Deuteriumverbindungen [K.F. Bonhoeffer]	11	43, P722, 44, 3–98 K452
2	28/29.10.38	Darmstadt	>50	Übergänge zwischen Ordnung und Unordnung in festen und flüssigen Phasen [C. Wagner]	1+11	44, P717, 45, 1–72, 126–226
3	24/25.5.40	Dahlem	169 >37	Röntgenmethoden in der Chemie [P. A. Thießen	1+10	46, E247, E331, 414–448, 491–527, 535–555
	(1941	geplant:		Isotopentrennung [K. Clusius]		vom Heereswaffenamt untersagt)
4	26/27.3.43	Frankfurt	250[4] >53	Grundlagen und Methoden physikalisch-chemischer Konstitutionsbestimmungen [E. Müller]	1+18	48, E666, E721, 49, P139, 49, 359–376, 383–400, 407–426, 431–446, 455–466, 479-486, 50, 35–71, 122–138, 51, 1–31
5	16/17.7.43	Stuttgart		Plastische Verformung der Metalle [W. Köster]	10[5]	50, 75–91

1 Die erste Zahl bedeutet eine Einleitung des Veranstalters.
2 E: Einladung, P: Programm, K: Kurzbericht
3 > bedeutet im folgenden die Mindestzahl der Anwesenden, gegeben durch die Zahl der Diskutanten.
4 laut Sitzung des Ständigen Auschusses vom 25. 3. 1943 lagen 380 Anmeldungen vor, von denen aus Gründen von Reisebeschränkungen nur 250 angenommen werden konnten, davon 150 Auswärtige.
5 Druck der Arbeiten verteilt auf: Z. Metallk. (3), Arch. Eisenhüttenw. (4) Z. Elektrochem. (2) (A. Schneider an P. A. Thießen, 3. 9. 1943).

Tabelle A.4
Diskussionstagungen ab 1948[1]

Nr.	Datum	Ort	Teil-neh-mer	Thema ([ ] vorbereitet von)	Zahl der Vorträge	Zitat in Zeitschrift[2]
6	22/23.4.49	Göttingen	100	Gelöste und ungelöste Probleme auf dem Gebiet der Kontaktkatalyse [A. Eucken]	9	53, P180, 269–331
7	19/21.10.50	Karlsruhe	185	Elektrochem. Vorgänge an metallischen Grenzflächen [H. Fischer]	19	54, E162, P336, 55, 74–172
8	10/13.1.52	Berlin-Dahlem	498	Vorgänge an Kristalloberflächen [M. v. Laue, I. Stranski]	44	55, P667, 56, 263–496
9	29/31.10.52	Große Ledder	86	Ionen-Austauscher [K. F. Bonhoeffer, R. Grießbach, W. Hagge]	12	56, E704, 57, 147–225
10	28/29.10.54	Ludwigshafen	83	Grenzflächenaktive Stoffe [J. Stauff]	10	58, E363, 59, 233–331
11	24/26.11.55	Frankfurt/Höchst	127	Probleme des Molgewichts und der Reaktionskinetik bei Hochpolymeren [G. V. Schulz, L. Küchler]	14	59, E593, 60, 199–348
12	18/20.10.56	Troisdorf	88	Flammenreaktionen und Detonationen [W. Jost, H. Elsner]	20	60, E640, 61, 559–692
J1[3]	2/7.9.57	Darmstadt-Heiligenberg	59	Passivität der Metalle (gemeinsam mit FS und Electrochem. Soc.) [K. F. Bonhoeffer, U. F. Franck]	30	62, 619–827
13	22/24.10.58	Bad Homburg	74	Reaktionen zwischen Metallen und Gasen [J. Jaenicke, H. Witte]	13	63, 737–859
	20/25.8.59	Wattens/Innsbruck	135	Thermodynamik (gemeinsam mit IUPAC[4])	52	63, E344
14	14/17.9.59	Hahnenklee/Harz	150	Schnelle Reaktionen in Lösungen (Internationales Kolloquium, mit MPG) [M. Eigen]	31+23	64, P1, 3–204
15	4/6.5.60	Heidelberg	86	Spektroskopie (zur 100. Wiederkehr der Entdeckung der Spektralanalyse) [K. Schäfer]	2+25	64, E339, 777–792[5]

1 Tagungen „Unter Schirmherrschaft der Bunsen-Gesellschaft" sind nicht aufgenommen.
2 A: kurze Ankündigung, E: Einladung, P: Programm.
3 J bedeutet Joint Meeting (gemeinsame Veranstaltung mit mindestens einer der englischen, französischen oder italienischen Schwester-Gesellschaft). Die Beiträge sind in den Bunsenberichten nur abgedruckt, wenn die Bunsen-Gesellschaft federführend war.
4 Anschließend an IUPAC-Kongress in München, publiziert in IUPAC-Bulletin. (IUPAC = International Union of Pure and Applied Chemistry)

Nr.	Datum	Ort	Teilnehmer	Thema ([ ] vorbereitet von)	Zahl der Vorträge	Zitat in Zeitschrift[2]
16	20/21.10.60	Ludwigshafen	137	Temperaturführung und Stabilitätsverhältnisse chemischer Reaktoren [E. Bartholomé, E. Wicke]	11	64, E972, 65, 209–303
17	25/26.10.62	Marl-Hüls	102	Kernresonanz [E. Wicke]	9	67, 250–340
	2/8.8.1964	München		5. Internationales Symposium für die Reaktionsfähigkeit fester Stoffe (mit IUPAC) [G. M. Schwab, N. Riehl, H. J. Born, H. Frieser, W. Hoppe, R. Klement, E. Wiberg, B. Stuke]		
J2	15/17.9.64	Göttingen	154[6]	Dislocations in Solids (Faraday Discussion, auf Einladung von Göttinger Akademie und DBG)	3+24	68, P314[7]
18	21/22.10.65	Ludwigshafen		Entstehung, Struktur und Eigenschaften von Copolymeren (mit Fachgruppen der GDCh und DPhG) [E. Bartholomé]	12	70, 233–391
19	20/21.10.66	Frankfurt/Höchst	137	Phys. Grundlagen der anwendungstechnischen Eigenschaften von Pigmenten [K. Hamann, M. A. Maikowski]	9	71, 239–339
	24/29.4.67	Elmau		Zusammenhänge zw. elektrochemischen Reaktionen und Energiezuständen der Elektronen (CITCE[9] gemeinsam mit DBG) [H. Gerischer, M. Fleischmann]	8+37	71, E126[8]
20	6/9.9.67	München		Photochemie (Internationale Konferenz) [W. Groth, G. v. Bünau]	65	72, 129–354
J3	17/20.9.68	Montpellier	179	Problèmes de structure et processus de transport dans les solutions électrolytiques et les sels fondus (SCP[11] mit DBG)	28	72, E263[10]

5 Nur die beiden Festvorträge sind in Z. Elektrochem. gedruckt.

6 Davon 55 deutsche Teilnehmer. Nur wissenschaftliche Teilnehmer gezählt.

7 Publiziert als Faraday Discussion 38 (1964).

8 Publikation in Electrochim. Acta 13 (1968) 995 – 1515.

9 Comité international de thermodynamique et cinetique electrochimiques (jetzt International Society of Electrochemistry).

10 Publiziert als Beilage zu J. Chim. Phys. 66 (1969), 214S.

11 Abkürzungen: FS = Faraday Division, SCP = Société de chimie physique, AICF = Associazione Italiana di chimica fisica.

Nr.	Datum	Ort	Teil-neh-mer	Thema ([ ] vorbereitet von)	Zahl der Vorträge	Zitat in Zeitschrift[2]
21	23/24.10.69	Königstein	126	Mathem. Modellbehandlung technischer heterogener katalytischer Prozesse (gemeinsam mit Dechema) [F. Horn, P. Hugo, U. Onken]	10+2	73, E3, P121, 74, 81–168
22	15/18.3.70	Hirschegg	60	Methoden zur Untersuchung der atomaren Struktur von biogenen Makromolekülen	20	74, 1089–1216
23	5/8.10.70	Herrenalb	125	Molekulare Bewegungen in Flüssigkeiten [H. G. Hertz, Al. Weiss]	8+39	74, E315, 75, 183–396
24	29/31.3.71	Herrenalb	88	Solvatisierte Elektronen in flüssigen und festen Lösungen [U. Schindewolf, D. Schulte-Frohlinde]	6+27	74, E733, 75, 607–714, 728–736
J4	21/23.9.71	Lindau	144	Kritische Erscheinungen (mit SCP) [C. Brot, D. Cribier, G. Mayer, C. Troyanowski, B. Vodar, E. U. Franck, A. Münster, T. Springer, G. M. Schneider]	18+28	75, E3, 76, 179–361
25	20/24.3.72	Jülich		Wasserstoff in Metallen (mit KFA Jülich) [G. Alefeld, H. Brodowski, J. Völkl, E. Wicke]	18+46	75, E1155, 76, 705–863
26	16/19.4.72	Berlin	*80	Ion-Molecule-Reaktions [J. H. Block, A. Henglein]	7+ 3	76, E957, 77, 557–655
27	2/3.10.72	Saarbrücken		Theorie und Leistung chromatographischer Verfahren [H. Kienitz, E. Bayer, I. Halász, G. Schomburg]	11+ 5	76, P93, 77, 140–222
J5	2/6.7.73	Orsay		Mouvements moléculaires dans les liquides (SCP mit DBG, FS, AICF) [J. Lascombe et al., M. Davies, G. Hertz, L. Paolini]	11+47	
28	4/7.9.73	Berchtes-gaden		XI Intern. Symposium on Free Radicals [W. Groth, E. Schlag, D. Schulte-Frohlinde]	11+14 +31[12]	77, E139, 78, 111–207
	6/10.9.73	Kiel		Plasma Chemistry (mit IUPAC) [J. R. Hollahan, H. Suhr, C. H. Beckett, D. E. Jensen]		76, E869
29	20/22.3.74	Königstein		Phys.-chem. Aspekte flüssiger Kristalle [H. Kelker, E. Sackmann, H. Stegemeyer]	6+24	77, E475, 818–965

12 Letzte Zahl: Kurzvorträge.

Nr.	Datum	Ort	Teil-neh-mer	Thema ([ ] vorbereitet von)	Zahl der Vorträge	Zitat in Zeitschrift[2]
J6	10/12.9.74	Cambridge	155	Photoeffects in Adsorbed Species (FS [Linnet, Stone, Tompkins] mit SCP [Bourdon, Juillet] und DBG [D. Menzel, H. Moesta])	2+23	77, E475[13]
30	7/9.4.75	Königstein	130	Stofftransport in porösen Systemen, Grundlagen [R. Haul, E. Wicke, D. Behrens, E. Koberstein] und Anwendungen)	10+13	78, E525, 79, 723–836
31	24/26.9.75	Königstein		Elektro- und magneto-optische Effekte [H. G. Kuball, H. Labhart, W. Liptay]	7+ 7	79, E5, E489, 80, 183–249
32	10/12.3.76	Königstein		Physical Chemistry of Fluid Metals [H. Hensel, E. U. Franck, U. Schindewolf]	6+30	79, E407, E849, 80, 678–822
J7	13/16.9.76	Königstein	120	Energieübertragungsprozesse in chemischen Reaktionen (mit FS, SPC, AICF) [H. J. Troe, H. G. Wagner]	6+34	79, E1179, 81, 114–236
33	21/24.6.77	Berlin	110	Matrix Isolation Spectroscopy [F. W. Froben, H. Gerischer, G. C. Pimentel]	75	80, E469, 82, 2–139
34	6/8.10.77	Königstein	60	Vorgänge an Korngrenzen und Phasengrenzen zwischen Kristallen[15] [H. Schmalzried, A. L. Stuijts, K. G. Weil, Al. Weiss]	6+13	81, E3, 82, 244–341
35	10/12.4.78	Elmau		Processes on Organized Molecular Systems [A. Henglein, H. Hoffmann, H. Kuhn, P. Läuger]	9+ 5 +60P[16]	81, E783,
36	6/8.9.78	Königstein	101	Transportvorgänge in hochmolekularen Systemen[17] [G. Rehage, G. Wegner, H. Wilski]	8+18	82, E355

13 Publiziert als Faraday Discussions 58 (1974).
15 Nur noch 2 Vorträge in Deutsch publiziert.
16 Postertagung. Erste Zahl: Eingeladene Vorträge, zweite Zahl: Übersichtsvorträge über die einzelnen Postergruppen.
17 Die Tagung wurde deutsch-englisch abgehalten (19 % Ausländer).

Nr.	Datum	Ort	Teil-neh-mer	Thema ([ ] vorbereitet von)	Zahl der Vorträge	Zitat in Zeitschrift[2]
J8	25/29.9.78	Fontevraud		Nonlinear Behaviour of Molecules, Atoms, and Ions in Electric, Magnetic and Electromagnetic Fields (SCP mit DBG, FS, AICF) [L. Néel, A. D. Buckingham, S. Califano, M. Davies, E. U. Franck, G. Giacometti, P. Rigny, F. P. Schäfer, J. P. Taran, J. Bourdon, J. Troyanowski]	10+30	82, E2
J9	6/9.3.79	Münster		Hydrogen in Metals (in memoriam C. Wagner) (mit FS) (DBG mit FS) [E. Wicke]	10+68	82, A557
J10	25/29.6.79	Aviemore (Scotland)		Solvated Electrons and Metal Ammonia Solutions (Colloque Weyl V) (FS mit DBG, SCP) [G. Lepoutre, U. Schindewolf, P. Chieux, R. Catterall, B. Webster]	12	82, E773
37	20/22/9.79	Aachen	150	Kinetik physikal.-chemischer Oszillationen [U. F. Franck, B. Hess, F. Schlögl, E. Wicke]	10+62	82, E1124, 84, 295–418
J11	14/16.4.80	Pisa		European Conference on the Dynamics of Excited States (AICF mit DBG, FS, SCP) [F. Dörr, A. Weller, J. P. Simons, S. Leach, D. Husain, R. Voltz, P. Favero, R. Moccia]		83, E649
38	16/17.10.80	Würzburg	95	Raman-Spectroskopy in Chemistry and Biochemistry [F. W. Schneider, E. D. Schmid]	14+18[18]	85, P522, 467–522
39	29.3/1.4.81	Elmau	80	Dynamische Erscheinungen an Grenzflächen zw. fluiden Phasen [H. Hoffmann, W. Nitsch]	17	84, E714, 85, 826–919
40	12/15.10.81	Berlin	153	50 Years Dynamics of Chemical Reactions [J. P. Toennies, A. Ding, H. Gerischer, A. Henglein, G. L. Hofacker]	17+70	84, E1089, 86, 348–483

18 19 Beiträge gedruckt.

Nr.	Datum	Ort	Teil-neh-mer	Thema ([ ] vorbereitet von)	Zahl der Vorträge	Zitat in Zeitschrift[2]
41	24/26.3.82	Bad Honnef		Small Molecules in the Gas Phase, Preparation, Identification, Properties [J. Block, T. Toerring, K. G. Weil]	6+13 +21P[19]	85, E100, 86, 767–870
J12	14/16.9.82	Southampton	222	Electron and Proton Transfer (FS mit DBG, SCP, AICF) [W. J. Albery et al]	1+22 +34P	85, A822[20]
42	27/29.9.82	Königstein		Stability and Phase Transformation of Solids [H. Schmalzried, Al. Weiss, Ar. Weiss, K. Funke]	22	86, E1, 87, 183–285
43	14/17.3.83	Stuttgart	97	Thermodynamics of Alloys [H. Brodowski, B. Predel, H. J. Schaller, F. Sommer]	8+16	86, E694, 87, 709–834
44	13/15.10.83	Königstein	87	Experiments on Clusters [F. Hensel, E. W. Schlag]	11+28	87, E82, 88, 188–314
45	4/6.4.84	Königstein	120[21]	Supercritical Fluid Solvents [E. U. Franck, G. M. Schneider]	9+20 +10P	87, E627, 88, 784–923
J13	24/27.9.84	Tutzing	135	Laser Studies in Reaction Kinetics (DBG mit FS, SCP, AICF) [H. J. Troe, E. W. Schlag, K. H. Welge, I. W. M. Smith, R. Ben Aim]	47+23P	88, E1, 89, 213–349
46	15/17.10.84	Elmau	60	Dynamically Organized Systems [M. Eigen, F. W. Schneider, P. Schuster]	12+12P	88, A85, 89, 564–718
47	25/27.9.85	Erlangen	90	Phase Transitions on Solid Surfaces [G. Ertl, G. Wedler]	7+24	88, E1176, 90, 184–316
48	3/5.3.86	Königstein	81	Structure and Reactivity of Solids (mit GDCh) [H. Müller-Buschbaum, H. Schmalzried, A. Simon, Al. Weiss]	9+21 +14P	89, E727, 90, 634–767
J14	30.6/4.7.86	Grenoble		Dynamics of Molecular Crystals (SCP mit FS, DBG, AICF) [H. Stegemeyer, A. J. Leadbetter, M. Couzi, J. Lascombe, R. Pick, H. P. Trommsdorff, C. Troyanowski, S. Califano]		89, E829, E1253
49	2/5.9.86	Berlin	127	Structure and Dynamics of Solid/Electrolyte Interfaces [H. Gerischer, D. Kolb]	19+78P	89, A1025, 91, 262–496

19 P = ausgestellte Poster.

20 Publiziert als Faraday Discussion 74 (1982).

21 mit Studenten ca. 150.

Nr.	Datum	Ort	Teil-neh-mer	Thema ([ ] vorbereitet von)	Zahl der Vorträge	Zitat in Zeitschrift[2]
50	29.4/1.5.87	Wiesbaden		Physics and Chemistry of Unconventional Organic Materials[22] [H. Schmalzried, Al. Weiss, G. Wegner, H. C. Wolf]	9+17 +10P	90, A772, 91, 845–984
51	17/20.8.87	Grainau		Intramolecular Processes [E. W. Schlag, M. Quack]	27+18	91, E506 92, 209–450
52	21/23.3.88	Königstein	69	Mechanism of Membrane Transport [P. Fromherz, P. Läuger, B. Sakmann, D. Woermann]	50+17P	91, E687, 92, 953–1056
53	29.8./1.9.88	Heidelberg		Laser in Life Sciences [K. O. Greulich, J. Wolfrum]	37	92, E565, 93, 233–415
J15	13/16.9.88	Triest		European Conference on Structure and Reactivity of Surfaces (AICF mit DBG, SPC, FS)		
54	13/15.3.89	Schwerte		Physico-Chemical Separation Processes in Biotechnology (with Dechema) [U. Onken, F. Richard, K. Unger, D. Woermann]	6+20	92, E666, 93, 939–1046
J16	25/27.9.89	Aachen		Transport Processes in Fluids and Mobile Phases (DBG mit FS, SCP, AICF) [H. Versmold, Al. Weiss, M. Zeidler, G. R. Luckhurst, P. Turq]	43	93, E1, 94, 215–430
55	21/23.3.90	Bonn-	160	Fuel Cells and their Applications – Power Sources Sensors [H. Schmalzried, W. Vielstich]	24+11P	93, E751, 94, 902–1045
J17	10/12.9.90	Bristol		Colloidal Dispersions (FS mit DBG, SCP, AICF)		
56	10/13.9.90	Tutzing		Rate Processes in Dissipative Systems: 50 Years after Kramers [B. J. Berne, H. Grabert, P. Hänggi, E. Pollak, J. Troe]	1+35[23]	94, E111, 95, 255–442
57	20/22.3.91	Münster		Atomic and Molecular Motion in Condensed Matter: Universal Response, Correlation Functions, Spectra [K. Funke, W. Müller-Warmuth]	38	94, E901, 95, 955–1153

22 Anläßlich der Beendigung des Forschungsschwerpunkts „Physik und Chemie unkonventioneller Materialien: Herstellung und Charakterisierung", den die Stiftung Volkswagenwerk für den Zeitraum 1979 – 1986 eingerichtet hatte.

23 Der zusätzliche Vortrag war die Rede zum Bankett.

Nr.	Datum	Ort	Teil-neh-mer	Thema ([ ] vorbereitet von)	Zahl der Vorträge	Zitat in Zeitschrift[2]
J18	9/13.9.91	Grenoble		Synchrotron Radiation and Dynamic Phenomena (SCP mit DBG, FS, AICF) [H. Baumgärtel, C. R. A. Catlow, J. A. Beswick, H. Dexpert, E. Geissler, J. Goulon, J. Lajzerowicz, I. Nenner, J. Pannetier, C. Troyanowski, P. Decleva]		94, E719
58	7/9.10.91	Schliersee	151	Physics and Chemistry of Atmosphere [H. Baumgärtel, R. Zellner, C. Zetsch]	29+50P	95, E216, 96, 229–513
59	30.3/1.4.92	Schliersee		Reactions in and with Clusters [H. Baumgärtel, F. Hensel, E. W. Schlag]	47	95, E1571, 96, 1091–1313
	26/31.7.92	Konstanz		Intern. Symposium: Magnetic Field and Spin Effects in Chemistry and Related Phenomena [N. J. Turro, U. E. Steiner]		96, E520
J19	24/28.8.92	Abano Terme (Padua)		European Conference on Molecular Electronics (AICF mit DBG, FS, SCP) [R. Bozio, G. Giacometti, F. Hensel, C. Pecile, A. E. Underhill]		96, A107
60	30.9/2.10.92	Lahnstein	86	In Situ – Investigations of Physico-Chemical Processes at Interfaces [G. Ertl, W. Göpel, H. Knözinger, J. W. Schultze]	17+40P	96, E221
61	28.6/1.7.93	Heidelberg		Laser Diagnostic for Industrial Processes [K. Kompa, V. Sick, J. Wolfrum]		96, E1319
J20	13/15.9.93	Cambridge		Dynamics at the Gas-Solid Interface (FS mit DBG, SCP, AICF) [D. A. King, B. Hayden, D. Holloway, J. P. Simons, A. Kleyn, G. Ertl]		96, A106
62	22/24.9.93	Bad Herrenalb	104	Phase Transitions at Interfaces [S. Dietrich, G. H. Findenegg, W. Freyland]	23+51P	97, E274
J21	10/13.4.94	Jena		Self Organization of Polymers (DBG mit FS, SCP, AICF) [M. Eigen, R. Jaenicke, J. S. McCaskill, P. Schuster, L. Fisher, G. Giacometti, G. Weill]	18+	97, E1426
63	28.8./1.9.94	Grainau		Molecular Spectroscopy and Molecular Dynamics: Theory and Experiment [W. Kutzelnigg, M. Quack]	29+	

Tabelle A.5
Bunsen-Kolloquien

Nr.	Datum	Ort	Thema	Veranstalter
1	1980, 12.6.	Frankfurt	Die kathodische Sauerstoffreduktion Kinetik und Anwendung	H. Behret, G. Sandstede
2	1980, 6.10.	Edersee/ Marburg	Ionen-Wasser-Wechselwirkungen und Schwingungsspektren des Wassers in festen Hydraten	W. Luck
3	1980, 9.10.	Göttingen	Neuere Methoden zur Untersuchung von Radikalreaktionen in der Gasphase	H. G. Wagner
4	1980, 12.11.	Heidelberg	Thermodynamische Excessgrößen und Phasenverhalten fluider Mischungen	R. Lichtenthaler, A. Heintz
5	1981, 24/25.9.	Paderborn	Strukturen und Phasenumwandlungen thermotroper Flüssigkristalle	H. Stegemeyer, F. Schneider
9	1981, 5.10.	Münster	Beziehungen zwischen Nullfeldaufspaltungen und Punktsymmetrie paramagnetischer Systeme	G. Lehmann
6	1981, 22.10.	Frankfurt	Beeinflussung der Stratosphäre durch anthropogene Spurengase	H. Harnisch
8	1981, 19.11.	Frankfurt	Phys.-chemische Probleme bei der Messung von Sorptionsisothermen und bei ihrer Auswertung zur Bestimmung der spezifischen Oberfläche	K. Unger, E. Robens
7	1982, 29.2.	Frankfurt	Thermische Stabilität und sichere Handhabung von kondensierten Stoffen	T. Grewer, H. G. Schecker
14	1982, 1/2.6.	Bielefeld	Dynamische und statische Orientierungskorrelation in Flüssigkeiten	Th. Dorfmüller
10	1982, 22.6.	Frankfurt	Neue Ergebnisse der praktischen Elektrokatalyse	H. Wendt
13	1982, 30.9/ 1.10.	Lambach/ Bayr. Wald	Assoziation in nichtwässrigen Elektrolytlösungen	J. Barthel
11	1982, 1.10.	Wien	In-Situ-Untersuchungen von Elektrodenprozessen	A. Neckel, G. Nauer
15	1982, 14/15.10.	Düsseldorf	Photo-Akustik-Spektroskopie und ihre Anwendungen	H. H. Perkampus
12	1982, 22.10.	Ludwigs-hafen	Apparate und Methoden zur Bestimmung der Makrokinetik	H. Gerrens, U. Wagner
17	1983, 18.2.	Erlangen	Impedanzmessungen zur Aufklärung von Elektrodenprozessen	H. Göhr, K. G. Weil
16	1983, 1.3.	Frankfurt	Labormethoden zum Studium des Abbaus von Chemikalien in der Troposphäre	W. Klöpffer
19	1983, 14.4.	Leverkusen	Phys.-chemische Untersuchungen an realen Katalysatoroberflächen	H. Nassenstein, W. Swodenk
21	1983, 22/23.9.	Berlin	Materialeigenschaften und Ordnungssysteme in Flüssigkristallen	G. Heppke, W. Helfrich
18	1983, 15.11.	Aachen	Phasenbildung und Transportphänomene unter verminderter Schwerkraft	J. Richter

Nr.	Datum	Ort	Thema	Veranstalter
23	1984, 12/13.3.	Hannover	Phys.-chemische Grundlagen bei der Aufarbeitung biologischer Medien[1]	K. Schügerl, H. R. Kula, U. Onken
22	1984, 26/27.3.	Clausthal	Phys.-chemische Probleme der Korrosion[2]	K. Heusler, E. Heitz
20	1984, 27.6.	Frankfurt	Phys.-chemische Grundlagen der Trocknung	E. U. Schlünder, W. Kast, E. Sommer, R. Steiner
24	1984, 19.10.	Darmstadt	Hochtemperatur-Massenspektroskopie	K. G. Weil
26	1984, 15/16.11.	Heidelberg	Stofftrennung durch nicht-poröse Membranen	H. Brüschke, A. Heintz, R. N. Lichtenthaler
25	1984, 16.11.	Berlin	Ultra-Hochvakuum-Methoden in der Elektrochemie	H. Gerischer, D. Kolb
27	1984, 19.11.	Mainz	Druckeinflüsse in der Polymerchemie	B. A. Wolf
28	1985, 7/8.3.	Göttingen	Methoden zur Untersuchung monomolekularer Filme	D. Möbius, M. J. Schwuger
29	1985, 29.3.	Frankfurt	Photochemische Abbau- und Transformationsprozesse in der Atmosphäre	W. Klöpffer
30	1985, 3/4.10.	Konstanz	Impulsdichteverteilung der Elektronen in Molekülen und Festkörpern	W. Weyrich
31	1985, 19.11.	Ludwigshafen	Laser-optische Methoden zur Charakterisierung kondensierter disperser Systeme	H. W. Schmidt, D. Horn
32	1986, 14.3.	Darmstadt	Spinkopplung in molekularen Systemen	W. Haase
33	1986, 23/24.10.	Leverkusen	Grenzflächen in der Bioverfahrenstechnik	G. H. Findenegg, H. Nassenstein
			Adhäsion und Aggregation in biologischen Systemen[2]	H. Sahm, M. Slokarnik
34	1986, 23/24.10.	Marburg	Metall-Salz-Schmelzen	W. Freyland
35	1987, 2/3.4.	Marburg	Wechselwirkungen des Wassers in ionischen und organischen Hydraten	W. Luck
36	1987, 24.6.	Regensburg	Unterkühltes Wasser, neue Experimente M-D Simulationen und Theorien	H. D. Lüdemann
37	1987, 26.11.	Frankfurt	Dynamik von Ladungs-Transfer-Prozessen an Membranelektroden	E. W. Grabner, F. Beck, K. Doblhofer
38	1988, 29.1.	Darmstadt	Höchstreine Lösungsmittel-Herstellung, Handhabung und Anwendungen	H. Baumgärtl, K. G. Weil
39	1988, 30.9.	Clausthal	Anwendung von Quarz-Oszillatoren in der Elektrochemie	K. Heusler, K. G. Weil
40	1989, 23.2.	Berlin	Exzess-Elektronen in isolierten Molekülen molekularen Aggregaten und kondensierter Materie	E. Illenberger
41	1989, 9/10.3.	Regensburg	Assoziation und Solvatation in Flüssig-Elektrolyten	J. Barthel, G. Schmeer, R. Wachter, K. G. Weil
42	1989, 13/14.4.	Ludwigshafen	Moderne Methoden zur Charakterisierung von Polymer-Substrat-Grenzflächen	M. Grunze, D. Horn
43	1989, 28/30.9.	Freiburg	Dynamics of Hydrogen Transfer Reactions	H. H. Limbach

1 Unter Mitwirkung der DECHEMA
2 In Zusammenarbeit mit den GVC-Fachausschüssen „Bioverfahrenstechnik“ und „Grenzflächen“

Nr.	Datum	Ort	Thema	Veranstalter
44	1989, 16/17.11.	Ludwigs-hafen	Technische Trennverfahren mit nichtporösen Membranen	B. Blumenberg, R. N. Lichtenthal
45	1990, 5/6.4.	Marburg	Größenselektierte Metall- und Metall-ionencluster – Ionisation und Reaktivität	M. Irion, K. Rademann
46	1990, 26/28.9.	Erlangen	Kinetische Parameter bei Elektronen-transfer-Reaktionen in Lösung	G. Grampp, W. Jaenicke
47	1990, 4/5.10.	Jülich	Atomare Aspekte der Diffusion in Festkörpern	R. Hempelmann, T. Springer, H. Zabel
49	1991, 5.7.	Berlin	Die Anwendung der Synchrotron-strahlung zur Lösung chemischer Probleme	F. Hensel, H. Baumgärtel
48	1991, 28/30.8.	Aachen	Nichtlineare Prozesse in Oxiden unter hohen elektrischen Feldern	H. Martin, R. Waser
51	1991, 4.10.	Großbothen	Chemische Elementarreaktionen elektronisch angeregter Spezies	W. Hack, W. Stiller
54	1991, 19.11.	Berlin	Molekulare Aspekte des Stoff- und Ladungstransfers an Grenzflächen mit flüssigen Phasen	G. Findenegg, L. Müller, W. Plieth
52	1992, 25/26.2.	Marburg	Phasenübergänge in komplexen biophysikalischen Systemen	R. Winter, D. Woermann
53	1992, 17/19.6.	Friedrichroda	Mikro-Elektrochemie[3]	G. Kreysa, J. W. Schultze
55	1992, 26.6.	Karlsruhe	Moleküle im Gas, in der Flüssigkeit und im Kristall	H. Versmold, M. Zeidler, M. Holz
56	1992, 11.9.	Merseburg	Berechnung thermodynamischer Eigenschaften von Fluiden auf molekularer Grundlage	J. Winkelmann, F. Kohler
57	1993, 9.3.	Frankfurt	Grundlagen und Anwendungen von Salzschmelzen-Prozessen	J. Heitbaum, H. Wendt
50	1993, 15.9.	Bochum	Phasenübergänge in Fluiden	R. Winter, D. Woermann
59	1993, 30.9.	Saarbrücken	Wasserstoff-Transport in Festkörpern	H. D. Breuer, R. Hempelmann, G. Schwitzgebel
58	1994, 22.2.	Aachen	Phys.-chemische Experimente unter Weltraumbedingungen	J. Richter

3 Gemeinsam mit DECHEMA und GDCh.

Tabelle A.6

Vorsitzende der Unterrichtskommission[1]

1950–1952	Paul Günther*	Karlsruhe
1952–1962	Erich Lange	Erlangen
1962–1964	Klaus Schäfer*	Heidelberg
1964–1966	Ewald Wicke*	Münster
1966–1968	Walther Jaenicke	Erlangen
1968–1970	Heinz Gerischer*	München
1970–1972	Heinz-Georg Wagner*	Göttingen
1972–1975	Wolfgang Liptay	Mainz
1976–1977	Georg Hohlneicher	Köln
1978–1980	Heinz-Georg Wagner*	Göttingen
1981–1982	Friedrich Hensel*	Marburg
1983–1984	Hans-Georg Kuball	Kaiserslautern
1985–1988	Gerd Kothe	Stuttgart
1989–1990	Herbert Dreeskamp	Braunschweig
1991–1994	Werner Freyland*	Karlsruhe

Vorsitzende der Themenkommission[2]

1963–1965	Helmut Witte*	Darmstadt
1966–1968	Wilhelm Jost*	Göttingen
1969–1971	Ernst Ulrich Franck*	Karlsruhe
1971–1973	Heinz Gerischer*	Berlin
1973–1976	Jochen Block	Berlin
1976–1980	Lothar Riekert	Karlsruhe
1981–1983	Walther Jaenicke	Erlangen
1984–1986	Jürgen Troe*	Göttingen
1987–1991	Klaus Funke	Münster
1992–1993	Dietrich Woermann	Köln
1994–	Gerd Kothe	Stuttgart

Vorsitzende des Preisträger-Kuratoriums

seit 1953: die Ersten Vorsitzenden der Bunsen-Gesellschaft

* Biographische Angaben im 2. Teil vorhanden (siehe Tabelle 2.1)

1 Ab 1978 werden die Mitglieder der Kommissionen im Jahresbericht des Vorstands genannt.

2 Während der Jahre 1953 bis 1968 sind die Vorsitzenden der Kommission nicht mit Sicherheit zu ermitteln. Mitglieder (mit 4-jähriger Amtszeit) waren in diesen Jahren: K. F. Bonhoeffer, P. Günther, F. Patat, C. Wurster, C. Winnacker, E. Bartholomé, W. Jost, H. Witte, K. Schäfer, E. U. Franck, L. Küchler, H. Gerischer, W. Brötz, M. Eigen, T. Witt.

Tabelle A.7
Zahl der Mitglieder[1] und Umfang der Zeitschrift 1894 – 1994

Jahr	Mitglieder	Band	Seiten
April 1894	65		
Okt. 1894	271		
1894/95	420	1	571
1895/96	509	2	679
1896/97	530	3	552
1897/98	589	4	568
1898/99	597	5	594
1899/00	601	6	630
1900/01	630	7	1131[3]
1902	650	8	991
1903	650	9	1018
1904	665	10	995
1905	703	11	1003
1906	712	12	951
1907	702	13	862
1908	692	14	1003
1909	696	15	1038
1910	718	16	1078
1911	719	17	1061
1912	753	18	1138
1913	777	19	995
1914	792	20	643
1915	(765)[4]	21	617
1916	(740)	22	491
1917		23	390
1918	(758)	24	400
1919		25	440
1920	(803)	26	532
1921	(864)	27	604
1922	(950)	28	582
1923	893	29	588
1924	946	30	619
1925	920	31	668
1926	878	32	602
1927	850	33	589
1928	867	34	871
1929	951	35	950
1930	1050	36	1040
1931	1059	37	898
1932	1084	38	984
1933	1061	39	1004
1934	960	40	900
1935	973	41	902
1936	1068	42	910
1937	1150	43	948
1938	1166	44	928
1939	1204	45	902
1940	1193	46	706
1941	1197	47	902
1942	1232	48	726
1943	1139	49	502
1944	1140	50	306
1945		51	42
1946	–	–	–
1947	–	–	–
1948	565	52	292
1949	749	53	402
1950	763	54	583
1951	786	55	720
1952	898	56	1004
1953	936	57	960
1954	1034	58	926
1955	1044	59	1060
1956	1243	60	1210
1957	1283	61	1344
1958	1385	62	1174
1959	1421	63	1200
1960	1433	64	1252
1961	1502	65	916
1962	1489	66	886
1963	1464	67	998
1964	1542	68	1002
1965	1525	69	934
1966	1507	70	1188[2]
1967	1514	71	1166
1968	1539	72	1246

1 Die Mitgliedszahlen wurden im allgemeinen anläßlich der Hauptversammlung mitgeteilt. Sie beziehen sich meist auf den 1. Januar des laufenden Jahres, aber zuweilen, besonders in den Anfangsjahren, auf das Datum der Hauptversammlung.

2 Zusätzlich 9 unnumerierte Seiten mit einem Vortrag von P. Günther: „Die deutschen Naturwissenschaftler des 19. Jahrhunderts und Goethe“ anläßlich der 65. HV in Freudenstadt.

3 Seitenzahl auf 1 Jahr umgerechnet: 755.

4 Eingeklammert: Maximale Mitgliedszahlen, da während des Krieges keine Verbindung mit einem großen Teil der ausländischen Mitglieder möglich war.

Jahr	Mit-glieder	Band	Seiten
1969	1525	73	1101
1970	1494	74	1296
1971	1466[6]	75	1362
1972	1417	76	1288
1973	1445	77	1166
1974	1439	78	1400
1975	1388	79	1254
1976	1368	80	1378
1977	1375	81	1300
1978	1340	82	1358
1979	1355	83	1300
1980	1366	84	1276
1981	1343	85	1168

Jahr	Mit-glieder	Band	Seiten
1982	1379	86	1172
1983	1424	87	1232
	1329[5]		
1984	1359	88	1246
1985	1374	89	1346
1986	1376	90	1250
1987	1402	91	1406
1988	1458	92	1568
1989	1491	93	1504
1990	1535	94	1524
1991	1536[6]	95	1696
1992	1577	96	1898
1993	1575	97	1750

5 Ab 1983 Zahlen ohne Mitglieder in der DDR.

6 Aufteilung der Mitglieder im Jahr:

	1971	1991
persönliche	1122	1195
studentische	159	249
Institute, Bibliotheken	105	56
Firmen	80	36
Summe	1466	1536

Tabelle A.8
Veröffentlichungen der Deutschen Bunsen-Gesellschaft 1894 – 1994

Abhandlungen der Deutschen Bunsen-Gesellschaft

Herausgegeben im Auftrag der Gesellschaft von R. Abegg, ab 1911 von W. Nernst

Verlag W. Knapp, Halle, später vom Verlag Chemie, Berlin, übernommen

1 H. Landolt: Über die Erhaltung der Masse bei chemischen Umsetzungen (1909)
2 F. Foerster: Beiträge zur Kenntnis des elektrochemischen Verhaltens des Eisens (1909)
3 M. Le Blanc: Die elektromotorischen Kräfte der Polarisation und ihre Messung mit Hilfe des Oszillographen (1910)
4 R. Leiser: Elektrische Doppelbrechung der Kohlenstoffverbindungen (1910)
5 R. Abbegg, Fr. Auerbach, R. Luther: Messungen elektromotorischer Kräfte galvanischer Ketten mit wässrigen Elektrolyten (1911)
6 R. Meyer: Zur Kenntnis des negativen Drucks in Flüssigkeiten (1911)
7 A. Eucken: Die Theorie der Strahlung und der Quanten (1914)
Verhandlungen auf einer von E. Solvay einberufenen Zusammenkunft (30. Oktober bis 3. November), in deutscher Sprache herausgegeben von A. Eucken, mit einem Anhang über die Entwicklung der Quantentheorie vom Herbst 1911 bis zum Sommer 1913.
8 Fr. Auerbach: Messungen elektromotorischer Kräfte galvanischer Ketten mit wässrigen Elektrolyten. Erstes Ergänzungsheft zu Nr. 5. (1915)
9 H. Miething: Tabellen zur Berechnung des gesamten und freien Wärmeinhalts fester Körper (1920)
10 C. Drucker: Messungen elektromotorischer Kräfte galvanischer Ketten mit wässrigen Elektrolyten. Zweites Ergänzungsheft zu Nr. 5 (1929)

Topics in Physical Chemistry

Edited by H. Baumgärtel, E. U. Franck, W. Grünbein
On behalf of Deutsche Bunsen-Gesellschaft für Physikalische Chemie

Steinkopff Verlag Darmstadt, Springer Verlag New York

1 K. Christmann: Introduction to Surface Physical Chemistry (1991)
2 E. Illenberger, I. Momigny: Gaseous Molecular Ions, an Introduction to Elementary Processes, Induced by Ionisation (1992)
3 H. Stegemeyer (Guest-Ed.) Liquid Crystals (1994)

Namenregister